INSIDE SSD

SOLID STATE STORAGE TECHNOLOGY, PRINCIPLE AND PRACTICE

（Second Edition）

深入浅出SSD

固态存储核心技术、原理与实战

第2版

SSDFans 胡波 石亮 岑彪 ◎著

机械工业出版社
CHINA MACHINE PRESS

图书在版编目（CIP）数据

深入浅出 SSD：固态存储核心技术、原理与实战 / SSDFans 等著 . —2 版 . —北京：机械工业出版社，2023.8

ISBN 978-7-111-73198-6

Ⅰ. ①深… Ⅱ. ① S… Ⅲ. ①存储技术 - 研究 Ⅳ. ① TP333

中国国家版本馆 CIP 数据核字（2023）第 088949 号

机械工业出版社（北京市百万庄大街 22 号 邮政编码 100037）
策划编辑：孙海亮 责任编辑：孙海亮
责任校对：贾海霞 卢志坚 责任印制：常天培
北京铭成印刷有限公司印刷
2023 年 8 月第 2 版第 1 次印刷
186mm×240mm · 30.75 印张 · 686 千字
标准书号：ISBN 978-7-111-73198-6
定价：129.00 元

电话服务 网络服务
客服电话：010-88361066 机 工 官 网：www.cmpbook.com
010-88379833 机 工 官 博：weibo.com/cmp1952
010-68326294 金 书 网：www.golden-book.com
封底无防伪标均为盗版 机工教育服务网：www.cmpedu.com

我对本书作者之一段星辉[⊖]博士的认知提升源于一个小插曲。段博士第一次来我们公司，我带他参观 SSD 测试实验室时恰好看到一名测试员工在看书。我发现她看的是《深入浅出 SSD》后，就说可以介绍这本书的作者同她交流，小姑娘当时表现出的那种惊喜，让我深深体会到《深入浅出 SSD》是多么受读者欢迎，多么深入工程师的心。

有数据就必然会有存储。技术创新推动了存储行业不断发展，也推动了 SSD 不断更新迭代：SSD 的速度不断提高，容量不断变大，成本却在不断降低；SSD 接口从 SATA 演进到 PCIe，而 PCIe 从第 3 代快速迭代到第 5 代；存储介质 QLC 在消费级 SSD 和企业级 SSD 产品上应用越来越广泛；计算存储、存算一体等存储新应用方向不断出现。我国企业近几年在存储领域发展迅速，在存储技术创新和制造方面的实力越来越强，在这个过程中《深入浅出 SSD》在技术普及方面的贡献也是一股推动力。期待《深入浅出 SSD》第 2 版带给我们更多新的知识。

——蔡华波　江波龙董事长

前不久，我在美国出差时见到了一位韩裔的闪存行业工作者，他的桌上放了一本《深入浅出 SSD》。他告诉我，虽然他的工作是设计电路，但《深入浅出 SSD》仍旧对他很有帮助，这本书能让他跳出自己的专业领域，从应用端了解设计工作的目标是什么。我很惊讶，在大洋彼岸，一位母语非中文、对 SSD 没有太多接触的工程师，竟然也被《深入浅出 SSD》深深吸引，甚至一边翻字典一边研读。我很高兴地告诉他，《深入浅出 SSD》很快就会出第 2 版，新版本中有许多反映这几年 NAND 闪存及 SSD 技术最新进展的内容。

《深入浅出 SSD》第 2 版对闪存技术原理和发展趋势进行了专业、系统、全面、完整的讲

⊖　段星辉为 SSDFans 成员。——编辑注

解，必将推动 SSD 的进一步发展和普及。

随着人和机器所产生的数据爆发式增长，人们对闪存的要求将越来越高。正如长江存储的使命"用芯书写记忆，让世间美好长存"所描绘的那样，闪存技术的迭代升级必将推动信息产业的长足发展，闪存负有承载人类文明和美好记忆的使命，在这一点上长江存储与《深入浅出 SSD》创作团队志同道合。

——陈轶 长江存储执行副总裁

数据存储是超级赛道，国际 TOP 10 的半导体公司，有一半从事存储相关业务。过去 5 年，闪存和 SSD 取得长足发展，替代机械硬盘的趋势明显。技术与产业的大变革为我国的企业和人才带来宝贵机遇，存储行业不断吸引有识之士投身其中。《深入浅出 SSD》第 1 版早已成为圈内人士的必备良器，而第 2 版在内容方面进行了大幅更新，补充了对 ZNS 等新技术和市场新格局的介绍，强烈推荐大家阅读。存储工具是人类文明的载体，是数字经济的基石。投身于闪存创新，在 SSD 领域建功立业，将对世界文明做出重大贡献。

——杨亚飞 博士、大普微电子董事长

喜闻《深入浅出 SSD》即将出新版，不禁感叹。SSD 是一个小圈子，但却是一个大行业；SSD 是一个小部件，但却是一个具有大跨度的系统产品。20 多年来，SSD 一直在不断进化和演变，其中的技术是复杂的，有难度的。《深入浅出 SSD》是存储领域难得一见的好作品，无论是想了解 SSD 的新人，还是 SSD 领域想跨功能深造的进阶者，都能从这本书中受益。就像书名一样，它把很多复杂的技术问题深入浅出地阐释出来。

作为 SSD 行业的专业公司，得瑞领新已经将《深入浅出 SSD》作为新员工培训的必备教材。无论是研发新人入门，还是销售团队了解 SSD 技术原理，又或者是投资机构了解行业，这本书都能提供帮助。我代表得瑞领新祝贺《深入浅出 SSD》第 2 版顺利上市，希望这本书能给行业带来更多新关注、新血液、新资源。

——张建涛 得瑞领新董事长

本书最大的价值是帮助你系统而深入地学习 SSD 技术及知识，它囊括了 SSD 的全景知识，精深、实用又易读，是固态存储领域从业者的必读好书。

——康毅 芯盛智能总裁

过去 15 年，在成本与性能的双轮驱动下，SSD 在存储领域持续发展与演进，成为数据中心、PC 等领域重要的存储载体之一。伴随着 NAND 制程的持续迭代，加之应用场景、需求变化的深度驱动，SSD 经历了接口形态、物理形态、用户场景的深度变迁。如何有效提供高可靠性、降低 TCO？用户可用的存储作为 SSD 技术发展的主线，不断驱动着纠错技术、可靠性管理算法、性能管理算法的持续提升，并驱动着系统级存储特性持续向 SSD 层级转移，让 SSD 技术栈越来越复杂。本书分析了 SSD 技术发展的脉络，全面覆盖了 SSD 技术栈，真正做到了"深入浅出"，是有志从事 SSD 行业的工程师的良师益友。

——王灿　佰维存储 CTO

这是一本讲述 SSD 所有秘密的书。它不仅介绍了 SSD 内部结构的方方面面，包括底层、核心的技术知识，还对 SSD 行业标准、产品、市场、生态环境做了详细介绍。无论是刚刚入行的新人，还是久战沙场的老兵，阅读本书都会收获满满。

——张泰乐　忆恒创源 CEO

在大数据时代，数据存储在整个计算系统生态中起着越来越重要的作用。同时，在可预见的将来，闪存技术在数据存储领域会保持绝对主导地位。所以，对于众多科技从业人员来说，对基于闪存技术的 SSD 有一个全面且深入的理解显得尤为重要。但关于 SSD 的高质量中文书非常少，《深入浅出 SSD》第 1 版的上市无疑是个好消息。由于闪存技术、SSD 在不断发展，该书作者对第 1 版内容进行了及时的更新与扩展，推出了第 2 版，新版必将成为数据存储领域不可或缺的参考书。

——张彤 ScaleFlux 首席科学家、IEEE Fellow(会士)、伦斯勒理工学院终身教授

过去三年有些不平常，但这并没有影响全球，特别是我国闪存、固态存储产业的蓬勃发展，也没能阻挡住来自 SSDFans 的几位作者传播知识和创作的热情。《深入浅出 SSD》第 1 版在我手中仍留有余香，SSD 形态（EDSFF）、协议（NVMe-oF）、访问接口（ZNS、Key-Value）及存内计算等技术的不断演进又驱动了第 2 版的上市。希望第 2 版能够为广大存储从业者、爱好者带来帮助。

——黄亮　微信公众号"企业存储技术"主理人

序 1 *Foreword*

信息存储介质是人类延续文化的工具，从洞穴壁画到竹简纸张，从磁带到半导体内存，存储介质的尺寸越来越小，容量却越来越大。特别是以半导体 NAND 闪存作为存储介质的固态硬盘（Solid State Disk，SSD）产品，速度更快、功耗更低、尺寸更小、稳定性更好，成为台式机、笔记本电脑、平板电脑等的必备存储部件，被认为是磁盘设备的替代者。

在企业级应用方面，近几年来全球数字化进程加速，随着远程办公、视频会议、大数据应用等需求激增，云基础设施需求快速增长，这直接带动了数据中心对存储的需求，SSD 市场规模不断扩大。据 IDC 统计，2021 年全球企业级 SSD 的市场规模约为 190 亿美元，预测2026 年市场规模约为 380 亿美元，年复合增长率约为 15%。

在消费级应用方面，居家办公、远程会议及在线教育需求的增加拉动了全球台式机、笔记本电脑和平板电脑出货量的快速增长，这同时也拉动了 SSD 出货量的大幅增长。据 IDC 统计，2021 年全球消费级 SSD 的市场规模约为 185 亿美元，预测 2026 年市场规模约为 230 亿美元，年复合增长率约为 4%。

无论是企业级应用还是消费级应用，对 SSD 产品的需求都在不断增长，因此众多厂商积极和深度参与固态存储市场。参与者既有三星、SK 海力士等国际厂商，也有长江存储等国内厂商。

SSD 核心部件包括主控、闪存芯片和固件。国内在 NAND 闪存、主控以及完整 SSD 产品方面已有多家有代表性的公司，垂直产品链布局已基本完成。如 2016 年成立的长江存储，总部位于国家存储生产基地武汉，定位生产 SSD 的核心部件、NAND 闪存颗粒。

近年来国家大力支持半导体行业，鼓励自主创新，中国 SSD 技术和产业良性发展，产业链在不断完善，与国际厂商的差距逐渐缩小。但从行业发展趋势来看，SSD 相关技术仍有大幅进步的空间，SSD 相关技术也确实在不断前进。随着闪存芯片制程工艺的进步、堆叠层数的增加等，SSD 面临闪存大页问题、写放大导致的性能问题、3D 堆叠导致的可靠性问题等，因此，我们仍需不断攻克核心技术，通过软硬件协同等多种方法提升 SSD 的性能和寿命，从而满足日益增长的应用需求。

中国在 SSD 技术方面只有面向国际前沿，加强企业研发和自主创新，才能逐步建立起核心竞争力，并在市场中占据更高份额。

《深入浅出 SSD》第 1 版在 2018 年上市，随即成为 SSD 从业者，包括研究者、设计者、生产者和应用者，了解 SSD 工作原理和技术的畅销书。快 5 年过去了，SSD 技术在不断发展，标准也在不断更新，出现了系列新技术或新标准，如可计算存储、ZNS、NVMe 协议标准、NVMe over Fabrics、NAND 新协议标准等，于是，本书诞生了。本书在第 1 版的基础上增加了大量新内容，覆盖面更广。本书的作者团队依然来自固态存储行业的技术精英，他们有多年经验，秉持专业、通俗和易懂风格著书，相信本书将继续给读者以良好的体验，助力 SSD 技术和产业发展。

冯丹

华中科技大学计算机科学与技术学院院长、教授、博士生导师

武汉光电国家研究中心信息存储与光显示功能实验室主任

信息存储系统教育部重点实验室主任

序2 *Foreword*

信息存储是人类社会的重要组成部分。有了存储，人类的知识才有机会传承，新一代才能在前辈积累的知识的基础上发展出对自然和科学更加深刻的认识，形成更加有组织的社会结构，从而更好地利用自然。可以说，对信息的存储是区别人类和其他动物的主要特征之一。

近几十年的信息化革命也离不开存储。现在全球的计算机大多数采用的是冯·诺依曼架构。这个计算机架构主要由控制单元、计算单元、存储单元、输入输出单元组成。这些单元相辅相成，迭代发展，支撑了过去几十年算力的提升。

早期的存储单元是以磁介质为主的，包括磁带和磁盘。磁介质天然具有的南北极的特性恰好对应了信息的单元"位"（bit），比如从南到北的极化对应"0"，从北到南的极化则对应"1"。磁盘外部的磁头通过电磁效应控制磁介质的极化，这就使磁介质可以一对一存储二进制的数字信息。在计算机发展的前60多年里，通过对磁介质、磁头、控制磁头位置的机械单元、连接数据接口的控制器的不断改进，机械硬盘成为计算机存储的绝对主力。在这个过程中，两个"标准化"为存储行业的发展铺平了道路。一是外观尺寸（form factor）的标准化，从早期的5.25in[⊖]硬盘到3.5in，再到2.5in，整个硬盘的外形、尺寸和接口位置都形成了标准。二是接口的电气性能的标准化，从早期的 ATA 到 SATA、SAS 等。这两个标准化为产品的互换提供了便利，使更多的厂商能够参与存储产品的开发，促进存储行业的发展。

到了21世纪初期，磁介质的发展遇到了瓶颈：一方面，随着存储密度的提高，每个位单元包含的原子数量越来越少，从而导致每个单元的稳定性变差，读取信息时更容易出错；另一方面，虽然硬盘里面电子部分的速度遵循摩尔定律不断提升，但机械部分的速度（比如磁盘的转速）一直没有很大提高，这就导致机械硬盘的随机读写速度多年来维持在较低的水平。存储单元成为整个计算体系结构发展的瓶颈。幸运的是，以 NAND 闪存为介质的固态硬盘

⊖ 1in=0.0254m。——编辑注

（SSD）及时出现，为存储单元的发展提供了新的动力。

闪存在 2000 年前后开始应用在 MP3 播放器和数码相机中。它的出现跟过去 50 年集成电路的发展息息相关。闪存利用集成电路里面金属氧化物场效应晶体管的浮栅或者绝缘层存储电荷，通过控制电荷的有无达到记录 0 和 1 的目标。由于闪存对信息的存取是依靠电荷的移动实现的，SSD 不需要机械装置来进行读写操作，从而在可靠性和节能方面相对于机械硬盘有了质的飞跃。同时，由于电子的移动速度远超机械部件的移动速度，SSD 的读写速度，尤其是随机读写速度相比机械硬盘有了数量级的提升。这些优点使得 SSD 在 PC 和数据中心中被广泛采用，成为过去 15 ～ 20 年综合算力提升的重要推手。

与机械硬盘相似，SSD 也由存储介质（闪存颗粒）和控制器组成。存储介质是信息的载体，而控制器是存储单元与其他计算单元的接口，对于整个 SSD 起到调度和管控的作用。SSD 的发展延续了机械硬盘的两大特征——统一的接口和统一的外观尺寸。在这两方面的统一之下，闪存颗粒和控制器都可以自由发展。这就保证了各个厂家之间的 SSD 既可以互换使用，又可以通过选择不同的闪存颗粒和控制器满足定制化的需要，促进了整个 SSD 行业的发展。

SSD 是一个跨学科的复杂系统。闪存颗粒的演进既跟随又在一定程度上超越了集成电路摩尔定律的发展规律。近年来多阈值存储单元（MLC、TLC 和 QLC）、3D NAND 技术和长江存储发明的 Xtacking® 技术使得闪存颗粒的密度增长速度超越了单纯依靠光刻技术带来的增长。同时，这些技术也对制造工艺和材料提出了更高的要求。

控制器则是一个以数字逻辑为主的 SoC（System-on-Chip，片上系统）芯片。它像一个大脑，通过嵌入式的 CPU 和固件控制数据的传输与调度。与闪存颗粒不同的是，控制器需要相对强大的计算和数据处理能力，因此需要采用 CMOS 逻辑工艺来制造。

正因为闪存颗粒和控制器截然不同的特性，以往对于 SSD 的技术讨论以分散的论文为主。《深入浅出 SSD》这本书的出现为 SSD 行业的从业者和科研人员提供了一个快速了解相关知识的入口。4 年前，我读到《深入浅出 SSD》第 1 版的时候就深深感受到它的及时性和全面性，这次出新版，SSDFans 团队在第 1 版的基础上修改或者重写了大部分章节，补充了闪存颗粒和控制器方面的最新进展，增加了 ZNS 等最新的技术。此外，这一版增加了闪存文件系统，能够让读者对 SSD 的应用有更好的了解。无论是 SSD 行业的资深研发人员还是对存储有兴趣的人员，都能从本书中获得想要的知识。

SSD 省电、体积小、速度快的特征决定了它比传统磁介质的存储有更广泛的应用场景。带有 UFS 或者 eMMC 接口的嵌入式 SSD 是智能手机和穿戴设备的主要存储单元。类似的小型 SSD 还被广泛用于工业级设备，比如智能电表，以记录各种仪器的数据。由于计算单元都需要配套存储单元，所以 IoT 的广泛部署也为 SSD 打开了新的应用领域。

我在半导体行业工作 20 多年，有幸见证了存储行业的持续飞速发展以及存储从机械硬盘到 SSD 的演进。我相信在可以预见的未来，SSD 还会有更加广泛的应用，性能还会不断提升。希望有更多的科研人员和工业界的朋友加入 SSD 的研发队伍当中。

吴子宁　博士

英韧科技董事长

前 Marvell 全球 CTO

为什么要出第 2 版

《深入浅出 SSD》第 1 版是在 2018 年出版的。这是一本写给 SSD 领域的研究者、设计者、生产者和应用者的专业技术书，可帮助读者全面、深入理解 SSD 的市场、技术和原理。第 1 版自上市以来，得到读者的广泛认可，被从事 SSD 固件开发和测试、主控设计、NAND设计、SSD 产品生产、SSD 产品销售、存储系统和软件开发、存储学术研究等工作的人员作为案头必备书，并获得了"SSD 入门好书""SSD 工具书""SSD 宝典"等称号。

时光荏苒，一晃快 5 年时间过去了，在 2023 年，虽然 SSD 还是那个 SSD，但出现了多项新的技术和标准，无论是介质、接口协议，还是各种技术、功能，都在不断向前发展。这几年 SSD 技术的快速发展主要体现在如下几个方面。

❑ NVMe 版本从 1.4 升级到 2.0；

❑ 最新一代 NAND 堆叠到了 230 多层，并且每吉字节的成本更低；

❑ NAND I/O 接口规范发展到 JEDEC 230E 版本，该版本可提供 2400MT/s（百万次每秒）的传输速度；

❑ 长江存储首次量产了基于 Xtacking® 架构的 NAND，2022 年又将该架构升级到了Xtacking® 3.0 版本；

❑ ZNS 标准更加完善，生态更加成熟，这给 SSD 带来更高的性能和更好的延时效应，同时降低了写放大系数，提升了闪存寿命；

❑ 可计算存储形态的 SSD 诞生，这为 CPU 缓解了部分计算压力；

❑ 人们开始讨论基于 PCIe 5.0 的企业级和消费级 SSD。

因为 SSD 领域出现了上述变化，所以我们有了更新《深入浅出 SSD》第 1 版内容的想法。有了该想法之后，我们开始积极规划内容。我们希望本书除了增加对上述内容的介绍外，还增加对 SSD 厂商、市场及行业形势、原厂动态、闪存文件系统、UFS 协议等内容的介绍。相对于第 1 版，本书要做到内容更全、更新，覆盖面更广。

读者对象

- ❑ **SSD 研发人员**：通过阅读本书，可以全面学习与 SSD 相关的硬件、协议、固件以及测试等各方面的基础知识，提升整体认知，具备完整、系统的理论知识。
- ❑ **IT 运维人员**：通过阅读本书，可以充分了解 SSD 的优劣及其适用的工作场景，为公司的 IT 部署提供技术支持，实现整体运营成本的最优配置。
- ❑ **SSD 销售和采购人员**：通过阅读本书，可以全面了解 SSD 产业的现状、各家产品优劣势，为企业销售和采购决策提供参考；掌握基本的技术术语，以便更好地与客户或供应商沟通。
- ❑ **计算机、电子相关专业的在校本科生，存储方向的研究生**：通过阅读本书，能够更好地将所学理论知识与业界实践结合，对相关知识有更加深刻的理解，为未来加入心仪的企业打好坚实的基础。
- ❑ **广大的 DIY、游戏爱好者**：通过阅读本书，可以学会如何选择最适合自己的 SSD，以便用更小的投入获得更好的娱乐体验。
- ❑ **对 SSD 产业感兴趣的投资人**：通过阅读本书，可以全面了解 SSD 产业的现状，掌握基本的技术术语，以便更好地与企业沟通。
- ❑ **其他对 SSD 感兴趣的人**。

本书特色

- ❑ **所有内容均来自一线知名企业技术专家**：本书的作者都在业内知名公司任职，具备丰富的理论和实践知识，本书是作者多年工作经验和知识的凝练。
- ❑ **内容贴合读者实践需求**：作者在日常维护公众号期间，跟读者互动频繁，会刻意收集并积累读者需要或者感兴趣的内容，这些内容都以不同的形式体现在了本书中。
- ❑ **内容深入浅出，结合一线场景进行解读**：在撰写本书的过程中，对于技术和原理的解读，作者尽最大努力做到深入浅出，对于重点和难点，会结合自身工作经验以读者最容易理解的方式进行剖析。

本书主要内容

本书几乎覆盖了 SSD 相关的所有内容，包括产品与市场、核心技术、协议、测试以及其他相关内容，所以本书既可以作为一本入门书，也可以作为案头手册，供读者在工作中遇到问题时进行查阅。

❑ **产品与市场篇**：介绍了 SSD 与 HDD 的异同、SSD 的发展历史及产品形态、固态存储市场、NAND 原厂的动态、闪存发展趋势、SSD 存储产品的应用场景（包括可计算存储和航天存储产品）。

❑ **核心技术篇**：深度解读 SSD 主控内部模块构成和工作原理，NAND 闪存的器件原理、实际应用、特性及数据完整性，FTL 的映射管理、垃圾回收、磨损均衡、坏块管理，LDPC 的编解码原理、在 NAND 上的应用等内容。

❑ **协议篇**：深度剖析 PCIe 的总线拓扑结构、分层结构、TLP 类型与路由、配置和地址空间，NVMe 的基础架构、寻址方式、数据安全和 NVMe over Fabrics，UFS 存储协议栈、UPIU、RPMB、UFS 低功耗原理等。

❑ **测试篇**：详述常用的测试软件、测试流程、测试设备与仪器、业界认证及专业的测试标准等。

❑ **扩展篇**：从原理层面对传统文件系统、EXT4 文件系统和对闪存更友好的 F2FS 文件系统进行解读。

相较于第 1 版，本书扩充了近 40% 的新内容，并对 30% 左右的内容进行了大幅改写，对 20% 左右的过时内容进行了删减，具体变化如下。

❑ **产品与市场篇**：新增了近 5 年固态存储市场和闪存市场的变化，并重点介绍了一些特殊的 SSD 存储知识，如可计算存储、航天存储。

❑ **核心技术篇**：对 SSD 主控、NAND、FTL 相关内容进行了全篇扩充改写。

❑ **协议篇**：在原有基础上对 PCIe、NVMe 扩展了近 30% 的新内容，同时新增了对 UFS 协议、ZNS、CMB、HMB 和 Key Value 命令集的介绍与解读。

❑ **测试篇**：对第 1 版中部分不适用的内容进行了删减，并新增了对 SSD 基本测试流程、性能测试、SNIA 测试、写放大测试、垃圾回收测试、磨损平衡测试、掉电测试、完整性测试及主要测试工具的介绍。

❑ **扩展篇**：本篇均为新增内容。

勘误和支持

为了高质量完成本书，我们逐字逐句对书中的内容进行校正，目的就是不负读者所望，希望本书能像第 1 版一样，继续为 SSD 技术和生态的发展作出贡献。但是，我们的水平毕竟有限，书中难免会出现一些错误或者不准确的地方，恳请读者批评指正。你可通过我们的网站（http://www.ssdfans.com）、微信公众号或微博（SSDFans），或者斯托瑞吉的微信号（bobhu002）、邮箱（bob@ssdfans.com）与我们交流。

致谢

借此机会特别感谢一直以来支持本书撰写工作的各位朋友和公司（排名不分先后）。

❑ 感谢谭华、罗小波、黄亮、吕熠娜、罗龙飞、俞丁翠、张祎为本书提供的宝贵材料和建议。

❑ 感谢长江存储、英韧科技、铠侠、大普微、得瑞领新、芯盛智能、江波龙、佰维、艾可萨、益思芯、鸢起科技、Scaleflux、忆恒创源、联芸科技、闪存市场等公司提供的支持。

Contents 目　　录

协 议 篇

产品与市场篇

Chapter 1 第1章

SSD 综述

SSD（Solid State Drive）即固态硬盘，是一种以半导体闪存（NAND Flash）为介质的存储设备。和传统机械硬盘（Hard Disk Drive，HDD）不同，SSD 以半导体存储数据，用纯电子电路实现，不含任何机械设备，这就决定了它在性能、功耗、可靠性等方面和 HDD 有很大不同。其实 SSD 的概念很早就有了，但它真正成为主流存储设备还是最近 10 余年的事情。在 2008 年初，只有几家公司研发 SSD，如今已有上百家大大小小的公司参与其中。无论在消费级市场还是企业级市场，SSD 都动了两家 HDD 巨无霸公司——西部数据（简称西数或 WD）和希捷（Seagate）的根基，正在取代 HDD 成为主流的存储设备。

在 SSD 大行其道的今天，从事存储行业的人如果不知道 SSD，犹如"平生不见陈近南，就称英雄也枉然"。本章将带领大家初识"陈近南"。

1.1 引子

先从开机速度说起。

过去，电脑启动一般需要几十秒甚至 1min 以上。开机，出去倒茶，回来，电脑还在打转转。如今，使用了 SSD 后，开机只要几秒。开机，正起身准备去倒茶，开机助手就已经提示你：本次开机用时 8 秒，击败全国 99% 的用户。算了，茶还是不倒了。不同硬盘的开机时间对比如图 1-1 所示。

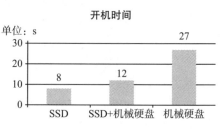

图 1-1 不同硬盘的开机时间对比

速度快，是用户在使用 SSD 过程中最为直观的感受。那是什么成就了 SSD 的神速呢？除了速度快，相比 HDD，SSD 还有什么优点呢？这就得从 SSD 的原理说起了。

SSD 是一种以半导体为主要存储介质，外形和数据传输接口与传统的 HDD 相同的存储产品。目前主流 SSD 使用一种叫闪存的存储介质，未来随着存储半导体芯片技术的发展，它也可以使用更快、更可靠、更省电的新介质，例如 3D XPoint、MRAM 等。由于业界当前主要使用的还是闪存，所以本书的讨论以闪存为主。

外观上，加上铝盒的 2.5in[⊖]的 SSD 和 2.5in 的 HDD 基本相同。除了有传统 HDD 的 2.5in 和 3.5in 的外观外，SSD 还可以有更小的封装和尺寸，图 1-2 所示为使用 M.2 接口的 SSD。（关于 SSD 的接口形态，后续有详细介绍。）

a）2.5in SSD　　　　　　　　　　　　　b）M.2 SSD

图 1-2　SSD 外观

SSD 是用固态电子存储芯片阵列制成的硬盘，主要部件为控制器和存储芯片，内部构造十分简单。详细来看，SSD 的硬件包括几大部分：主控、闪存、缓存芯片 DRAM（可选，有些 SSD 上可能只有 SRAM，并没有配置 DRAM）、PCB（电源芯片、电阻、电容等）、接口（SATA、SAS、PCIe 等）。SSD 的主体其实就是一块 PCB，如图 1-3 所示。从软件角度看，SSD 内部运行固件（Firmware，FW）负责调度从接口端到介质端的数据读写，包括嵌入核心的闪存介质寿命和可靠性管理调度算法，以及其他一些 SSD 内部算法。控制器、闪存和固件是 SSD 的三大技术核心，后面章节会依次深度介绍。

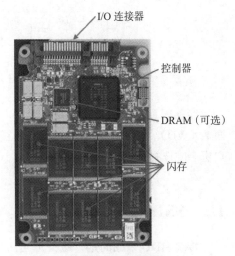

图 1-3　SSD 结构

前面讲了当前 SSD 的存储介质主要是闪存，故首先讲一下什么是存储介质。

存储介质按物理材料的不同可分为三大类：光学存储介质、磁性存储介质和半导体存储介质。光学存储介质就是大家之前都使用过的 DVD、CD 等光盘介质，靠光驱等主机读取或写入数据。在 SSD 出现之前，个人和企业的数据存储市场是 HDD 的天下，HDD 是以磁性存储介质来存储数据的。SSD 的出现打破了这一格局，它采用半导体作为存储介质。现在及未来技术变革最快的无疑是半导体存储。从图 1-4 可以看出，半导体存储介质五花八门。目前可以看出的主要方向是闪存、3D XPoint（PCM）、MRAM、RRAM 等。

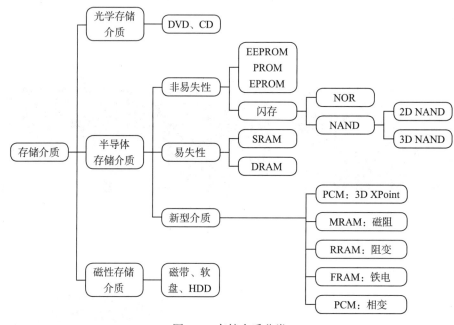

图 1-4　存储介质分类

当前闪存生产供应商主要有三星（Samsung）、SK 海力士（SK Hynix）、铠侠（Kioxia）、西数（WD）、长存（YMTC），这几家主宰了闪存市场，当然未来可能会有新的加入者，给用户更多的选择。

1.2　SSD 与 HDD

传统 HDD 采用的是"磁头 + 马达 + 磁盘"的机械结构，SSD 则变成了"闪存介质 + 主控"的半导体存储芯片结构，两者有完全不同的数据存储介质和读写方式，如表 1-1 所示。它们的物理结构也大不相同，如图 1-5 所示。

表 1-1　HDD 与 SSD 的结构对比

	方　式	数据存储介质	读　写
HDD	机械	磁盘（磁性介质）	磁头 + 马达（寻址）
SSD	电子	闪存	控制器

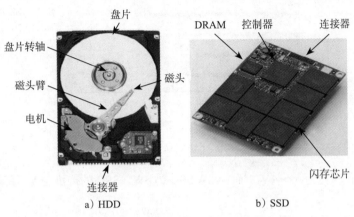

a) HDD　　　　b) SSD

图 1-5　HDD 与 SSD 的物理结构

从技术参数上来看，与 HDD 相比，SSD 具有如下优点。

1. 性能好

毫无疑问，在速度上，无论是用户感观体验还是测试数据，SSD 都远超 HDD。

表 1-2 所示是一款 SSD 和一款 HDD 的对比，从中可以看出，二者的读写速度有几倍到几百倍的差异，其中随机读写性能（速度和时延）差异最大。

表 1-2　HDD 与 SSD 的性能对比

对比项	SATA SSD（500GB）	SATA HDD（500GB 7 200rpm）	差　异
介质	闪存	磁盘	—
连续读写 /（MB/s）	540/330[①]	160/60	3 倍 /6 倍
随机读写 /IOPS	98 000/70 000	450/400	217 倍 /175 倍
数据访问时间 /ms	0.1	10 ～ 12	100 ～ 120 倍
性能得分（基于 PCMark）	78 700	5 600	14 倍

①前为读速度，后为写速度。余同。

性能测试工具分连续读写吞吐量工具和随机读写 IOPS 工具两种，包括但不限于 IoMeter 和 FIO。也有针对用户体验的性能测试工具——PCMark Vantage，它以应用运行和加载时间作为考察对象。性能测试项一般都是影响用户体验的项，影响用户体验的项有系统启动时间、文件加载时间、文件编辑方式等。从图 1-6 可以看出，HDD 的得分在 SSD 面前显得太低了。

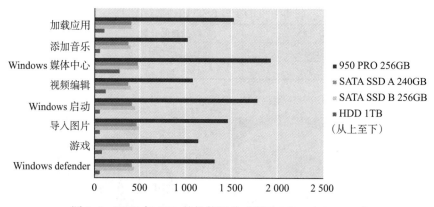

图 1-6 HDD 与 SSD 的性能得分（基于 PCMark Vantage）

2. 功耗低

HDD 的工作功耗为 6 ~ 8W，而 SATA SSD 为 5W，SSD 的待机功耗可降低到毫瓦（mW）级别。

关于功耗，业界定义有几类：峰值功耗（Peak Power）、读写功耗（Active Power）、空闲功耗（Idle Power）、省电功耗（启动睡眠模式，尽可能多地关掉不工作的硬件模块，专业上定义为 Standby/Sleep Power 和 DevSleep Power）。特别是 DevSleep Power，功耗可降到 10mW 以下，可应用于对能耗要求苛刻的场景，如消费级笔记本电脑的休眠状态（此种场景下 SSD 足够省电是非常重要的）。HDD 与 SSD 的功耗对比如表 1-3 所示。

表 1-3　HDD 与 SSD 的功耗对比

对比项	峰值功耗 /W	读写功耗 /W	睡眠功耗 /mW	深度睡眠功耗 /mW
HDD	8	6	500	不支持
SATA SSD	6	5	100	5
PCIe SSD	25	15	200	10

通过分解 SSD 功耗可以看出，读写功耗主要消耗在闪存上。数据读取和写入操作并发在后端的闪存中，因此闪存的单位读写功耗是最重要的，如 16KB 闪存页（Page）的读写功耗决定了主机端满负荷下 SSD 的平均读写功耗。

另外，影响读写功耗的还有主控，其功耗约占总功耗的 20%，而 ASIC 主控 CPU 的频率和个数、后端通道的个数、数据 ECC 的编码器 / 解码器的个数和设计等因素影响了主控整体的功耗。

科学比较功耗的方法应该是功耗 /IOPS，也就是比较单位 IOPS 的功耗输出，该值越低越好。由于 SSD 的性能极高，单位功耗产生的性能是 HDD 的上百倍，所以 SSD 被称为高性能、低功耗的节能产品，符合数据中心（Data Center）的使用定位。

3. 抗震防摔

SSD 内部不存在任何机械部件，相比 HDD 更加抗震。

HDD 是机械式结构，磁头和磁片会在发生跌落时因接触与碰撞而产生物理损坏，且无法复原。SSD 是电子和 PCB 结构，跌落时不存在机械损伤问题，因此更加抗震和可靠。

另外，SSD 对环境的要求没有 HDD 那么苛刻，更适合作为便携式笔记本电脑、平板电脑的存储设备。从可靠性角度来看，出现物理层面的损伤并因此带来数据损坏的概率，SSD 比 HDD 更低。

4. 无噪声

由于结构上没有马达的高速运转，所以 SSD 是静音的。

5. 身形小巧百变

HDD 一般只有 3.5 英寸和 2.5 英寸两种形式，SSD 除了这两种，还有更小的可以贴放在主板上的 M.2 形式，甚至可以小到芯片级，例如 BGA SSD 的大小只有 16mm × 30mm。

最后再综合对比一下 SSD 和 HDD，如表 1-4 所示。

表 1-4　HDD 与 SSD 的对比矩阵

对比项	SSD	HDD	对比项	SSD	HDD
容量	√		噪声	√	
性能	√		重量	√	
可靠性	√		抗震	√	
寿命	√		温度	√	
尺寸	√		价格		√
功耗	√				

注：打钩代表更有优势。

由上表可以看出，SSD 各项指标全面优于 HDD，同时近些年来 SSD 的价格不断下降，作为主流存储部件的 SSD，取代 HDD 已成为现实。

1.3　固态存储及 SSD 技术发展史

SSD 一路走来，从技术层面的发展演进和各个初创公司的涌现，到少数公司壮大，再到今天汇聚成一股推动 SSD 普及应用的强大力量，可谓不易。回顾 SSD 的历史，会让我们更深刻地理解这场技术革命对人类生活的改变是多么艰辛和曲折，真可谓"山重水复疑无路，柳暗花明又一村"。

早在 1976 年就出现了第一款使用 RAM 的 SSD，1983 年 Psion 公司的计算器使用了闪存卡，1991 年 SanDisk 推出了 20MB 的闪存 SSD。经过成千上万科学家、工程师以及各行各业的人 40 多年的努力，SSD 终于改变了我们的生活。下面我们来回顾一下 SSD 的逆袭之路。

StorageSearch 是一个专门介绍各大固态存储公司产品的网站，本节中所涉 SSD 发展史大部分来自该网站的一篇文章：http://www.storagesearch.com/chartingtheriseofssds.html。

---

1. 昂贵的 RAM SSD

我们都知道芯片巨头英特尔现在最赚钱的产品是 CPU，但是在 20 世纪 70 年代，英特尔最赚钱的产品是 RAM，就是我们电脑内存条里面的芯片。当 RAM 刚被发明的时候，就有一些脑子灵活的人开始用很多 RAM 组装成容量很大的硬盘来卖。

据史料记载，1976 年，Dataram 公司开始出售名为 Bulk Core 的 SSD，容量是 2MB（在当时很大了）。Bulk Core 使用了 8 块大电路板，每个板子有 18 位宽 256KB 的 RAM（细心的读者肯定在想 2MB 是怎么算出来的，其实很简单，好好想想吧）。这款 SSD 是个大块头，具体外观如图 1-7 所示。

图 1-7　Bulk Core

RAM 的优点是可以随机寻址，就是每次可以只读写一字节的数据，速度很快；缺点也很明显，掉电数据就没了，价格还特别高。它注定是"土豪"的玩具，不能进入寻常百姓家。

在以后的 20 多年时间里，TMS（Texas Memory Systems）、EMC、DEC 等玩家不断推出各种 RAM SSD，在这个小众的市场里自娱自乐。其中，最主要的玩家是 TMS。

2. HDD 称霸世界

当 SSD 还在富豪的俱乐部里被把玩的时候，HDD 异军突起，迅速普及全世界。HDD 本来也很昂贵，而且容量小，但是 1988 年费尔和格林贝格尔发现了巨磁阻效应，这个革命性的技术使 HDD 容量变得很大。在各大企业的推广下，HDD 进入千家万户。费尔和格林贝格尔也因此获得了 2007 年诺贝尔物理学奖。

2013 年全球卖出了 5.7 亿块 HDD，总销售额为 320 亿美元。但是，此时 HDD 已经过了鼎盛时期。图 1-8 所示是根据希捷、西部数据和东芝的出货量做出的全球 HDD 销量统计，可以看出，从 2010 年开始，HDD 出货量处于下滑趋势（2014 年有小的反弹）。

3. 闪存——源于华人科学家的发明

1967 年，贝尔实验室的韩裔科学家姜大元和华人科学家施敏一起发明了浮栅晶体管（Floating Gate Transistor），这是 SSD 的基础——闪存的技术来源。学过 MOS 管的读者肯定对图 1-9 很熟悉，相比 MOSFET，浮栅晶体管多了一个悬浮在中间的浮栅极，所以它被称为浮栅。浮栅被高阻抗的材料包裹，和上下绝缘，能够保存电荷，而电荷通过量子隧道效应进入浮栅。

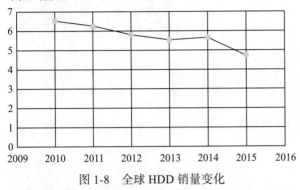

图 1-8　全球 HDD 销量变化

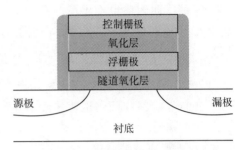

图 1-9　浮栅晶体管结构

4. 闪存 SSD 异军突起

20 世纪 90 年代末，终于有一些厂商开始尝试使用闪存制造 SSD，进行艰难的市场探索。1997 年，Altec ComputerSysteme 推出了一款并行 SCSI 闪存 SSD，接着 1999 年 BiTMICRO 推出了 18GB 的闪存 SSD，从此，闪存 SSD 逐渐取代 RAM SSD，成为 SSD 市场的主流。闪存的特点是掉电后数据还在，真的像我们所熟知的硬盘了。

新技术的应用是如此之快，引起了科技巨头的关注。2002 年比尔·盖茨就预见到 SSD 的普及。他保守地说，有一种叫 SSD 的东西，未来三四年内将会成为某些平板电脑的硬盘。可惜的是微软那时候没有成功推广平板电脑。

从 2003 年开始，SSD 的时代终于到来，SSD 开始成为存储行业的一个热词，固态硬盘的概念开始为许多人知晓。

2005 年 5 月，三星电子宣布进入 SSD 市场，这是第一家进入这个市场的科技巨头。

5. 2006 年，SSD 进入笔记本电脑领域

2006 年，NextCom 制造的笔记本电脑开始使用 SSD。三星推出了 32GB 的 SSD，并认为 2007 年 SSD 市场容量可达 13 亿美元，2010 年将达到 45 亿美元。2006 年 9 月，三星推出的 PRAM SSD 采用了 PRAM 作为载体，三星希望该产品能取代 NOR 闪存。

同年 11 月，微软推出 Windows Vista，这是第一款支持 SSD 特殊功能的 PC 操作系统。

6. 2007 年，革命之年

2007 年，Mtron 和忆正（Memoright）公司开发了 2.5 英寸和 3.5 英寸的闪存 SSD，读写带宽和随机 IOPS 性能终于达到了最快的企业级 HDD 水平，同时闪存 SSD 开始在某些领域替代原来的 RAM SSD。硬盘大战的序幕从此拉开。

同年 2 月，Mtron 推出的 PATA SSD 写速度为 80MB/s，但是仅仅 8 个月后，忆正的 PATA 和 SATA SSD 的读写速度达到 100MB/s。

企业级市场玩家 Violin Memory 和 TMS 也推出了大型 SSD。TMS 的 RamSan-500 容量达 2TB，它将 DDR RAM 作为缓存，将闪存作为存储。随机读达到 100k IOPS，随机写达到 10k IOPS，顺序读写带宽达到了惊人的 2GB/s！来看看这个大家伙，如图 1-10 所示。

图 1-10　大型 SSD

闪存厂商闪迪也推出了一系列的 SATA SSD，东芝也宣布要做 SSD。2007 年底，市场上有 60 家 SSD OEM 厂商。

7. 2008 年，速度大战爆发

2008 年，SSD 厂商迅速达到 100 家，也就是说一年内新冒出了 40 家新的 SSD 厂商。这一年大家使用的闪存还是 SLC。SLC 虽然容量小、价格高，但是挡不住大家的热情，单位 IOPS 数量不断被打破。

EMC 再次推出了使用 SSD 的网络存储系统 Symmetrix DMX-4。EMC 上一次使用 SSD 是在 20 年前，不过那时候是 RAM SSD。三星想要收购闪迪，但是被拒绝了，（2015 年闪迪以 190 亿美元价格被西数收购）。Violin Memory 甚至宣布它们的 4TB 1010 存储设备的 4KB 随机读可以达到 200k IOPS，随机写可以达到 100k IOPS，支持 PCIe、Fibre 通道和以太网接口。Fusion-IO 的 SSD 开始为 HP 的 BladeSystem 服务器提供加速功能。

著名的 OCZ 公司开始进入 2.5 英寸 SSD 市场。英特尔开始出售 X-25E 2.5 英寸 32GB SATA SSD，读延迟 75μs，拥有 10 个通道，读写带宽分别是 250MB/s 和 170MB/s。4KB 随机读写分别为 35k IOPS 和 3.3k IOPS。

8. 2009 年，SSD 的容量赶上了 HDD

浦芯微电子（PureSilicon）公司的 2.5 英寸 SSD 做到了 1TB 容量，由 128 片 64Gb 的 MLC 闪存组成。SSD 终于在同样的空间内，实现了和 HDD 一样大的容量。这一点很重要，因为之前 HDD 厂商认为 HDD 的优势是增大容量很容易，增加盘片密度就可以了，成本很低，而 SSD 必须将内部芯片数量翻番才能实现容量翻倍。但是这款 MLC SSD 证明一个存储单元（Cell）多存几位数据也可以让容量翻倍，而性能却远超 HDD：读写带宽分别为 240MB/s 和 215MB/s，读延迟小于 100μs，随机读写分别为 50k IOPS 和 10k IOPS。HDD 厂商的危机来临了。

SSD 的巨大革新惊动了很多技术大牛，比如苹果公司的早期创始人 Steve Wozniak 成为 Fushion-IO 的首席科学家。

大名鼎鼎的 SandForce 推出了第一代 SSD 控制器 SF-1000。这是当时最快的 2.5 英寸 SATA SSD 芯片，拥有 250MB/s 的读写带宽，30k IOPS 的随机读写速度。英特尔为内部员工配备了 1 万台 SSD 笔记本电脑。

在 SSD 的热潮中，HDD 的巨头希捷也坐不住了，开始试验性地销售 SSD 产品。

9. 2010 年，SSD 市场开始繁荣

2010 年，SSD 市场达到了 10 亿美元。

Fusion-IO 宣布年度营收增长 300%。SandForce 开始使用广告词"SandForce Driven SSDs"（见图 1-11）。这一年企业级市场还是以 SLC 为主，但是消费级产品开始广泛使用 MLC 了。

10. 2011 年和 2012 年，上市、收购，群雄并起

2011 年 6 月，Fusion-IO 上市，市值 18 亿美元，后来一度超过 40 亿美元，这家明

图 1-11　SandForce 宣传 SSD 击败 HDD 的海报

星公司后来被以 11 亿美元的低价卖掉，令人唏嘘不已，可见大家看好的 SSD 市场竞争之激烈。

SandForce 的 SSD 控制器内置了数据实时压缩功能，这使得 SSD 的使用寿命进一步延长，读写带宽也得到提高。因为经过压缩后，实际写入 SSD 内部的数据大幅度减少。这个实时压缩技术听起来简单，可是实现起来异常复杂，因为压缩之后每一个用户数据页的大小都不一样，映射表等的设计需要非常精妙。所以，至今仍然没有几家公司实现 SSD 内置数据实时压缩功能。不得不说，被轮番收购，最后落入希捷手中的 SandForce 是 SSD 控制器市场最成功的公司：做出了最成功的产品，技术非常精妙，市场也很成功。

新的厂商不断出现，巨头的市场兼并也开始了。几个著名的控制器芯片厂商消失：2011年初，OCZ 以 3200 万美元收购英洛迪（Indilinx）；年底，老牌存储芯片玩家 LSI 以 3.7 亿美元收购了 SandForce；2012 年 6 月，海力士收购了 LAMD（Link A Media Devices）。

企业级市场也开始使用 MLC。闪存阵列厂商 Skyera（施家乐，Logo 如图 1-12 所示）推出了 44TB 的 SSD，售价 13.1 万美元。

图 1-12　Skyera Logo

这一年的另一个重大事件是 IBM 收购了老牌 RAM SSD 厂商 TMS。

11. 2013 年，PCIe SSD 进入消费者市场

在台式电脑和笔记本电脑上 SATA 已经不够用了，因为 SATA 是为 HDD 设计的接口，最大速度是 6Gb/s，只能达到最高 600MB/s 的带宽（扣除协议开销，实际速度只有 560MB/s 左右），同时命令队列不够深，不适合 SSD 使用。SSD 开始在协议上引发存储技术的变革。

同时出现了可以插在内存 DIMM 插槽里的 SSD。这种 SSD 容量大，速度快，掉电后数

据还在。

闪存阵列厂商 Violin Memory 在纳斯达克上市，但当天股价从 9 美元跌到 7 美元，两周后 CEO Donald Basile 被赶跑了。看来全闪存阵列的前景并不被看好。

2013 年底，LSI 被 Avago 以 66 亿美元收购。

12. 2014 年，SSD 软件平台重构企业级存储

SSD 的大放异彩需要整个生态链的支持，因为以前的软件和协议都是为慢速 HDD 设计的，而现在它们需要适应快速的硬盘。

VMware 的 VSAN 能够支持 3～8 个服务器节点。闪迪的企业级存储软件 ZetaScale 支持占用大量内存的应用，有了 SSD 后，DRAM 作为缓存，SSD 被用来存储程序数据，速度依然很快。这对有着大量数据的数据库来说非常有用，不用开发硬盘的接口了，数据都可以放在内存里面。

闪迪用 11 亿美元收购了 Fusion-IO，希捷用 4.5 亿美元收购了 Avago（LSI）的企业级 SSD 部门 ASD 和 SSD 控制器芯片部门 FCD（SandForce）。

2014 年底，原 SandForce 创始团队创建的创业公司 Skyera 被 WD 收购。

13. 2015 年，3D XPoint

Tezarron 说会在 2016 年采用 Rambus 的 ReRAM 来做 SSD。

Northwest Logic 开发的 FPGA 控制器可以支持 Everspin 的 MRAM。

东芝发布 48 层 3D 闪存样品，容量为 16GB。

Diablo 和 Netlist 打官司，Diablo 赢了，官司的焦点是 ultrafast Flash DIMM。它们都发布了 Memory1，都号称自己的产品能在需要大内存的环境下替换内存。

Netlist 宣布和三星合作开发 Flash As RAM 的 DIMM。

SSD 控制器厂商 SMI 用 5700 万美元收购了 SSD 厂商宝存科技（Shannon Systems）。

7 月，英特尔宣布开发出新型存储器——3D XPoint。

Pure Storage 完成 IPO，上市。

Crossbar D 轮融资 3500 万美元，开发 RRAM SSD。

西部数据用 190 亿美元收购闪迪。

14. 2016 年，NVDIMM 开始供货

谷歌经过测试，认为不值得花那么多钱去买 SLC，其实 MLC 性价比更高。

NVMdurance 再次融资，号称能延长闪存寿命。

Cadence 和 Mellanox 展示了 PCIe 4.0 技术，带宽达到 16Gb/s。

Pure Storage 表示 2016 年第一季度全闪存阵列收入超过了机械硬盘阵列头号厂商。

Diablo 的 128GB DDR4 Memory1 开始供货。

希捷展示 60TB 的 3.5 英寸 SAS SSD。

Nimbus 在 FMS 上展示 4PB 4U HA 全闪存阵列。

Everspin（MRAM）启动上市 IPO 进程。

Rambus 宣布基于 FPGA 的数据加速卡项目。

SiliconMotion 发布世界上第一颗 SD 5.1 标准的 SD 卡控制器。

Violin 破产保护。

15. 2017 年，英特尔推出基于 3D XPoint 的 SSD

海力士发布 72 层 3D NAND。

东芝将所有新 SSD 迁移到 64 层 BiCS TLC 闪存。

英特尔推出 Optane（3D XPoint）SSD。

三星、东芝和西部数据发布 96 层 3D NAND。

NGD Systems 发布 NVMe 24TB 可计算存储设备（CSD）。

Everspin 推出 1Gb STT MRAM 芯片样品。

Global Foundries 推出嵌入式 eMRAM。

西部数据开发 64 层 3D TLC NAND。

ScaleFlux 首次部署符合生产要求的可计算存储设备。

16. 2018 年，QLC 开始应用在企业级 SSD

Cypress 推出 16Mb FRAM。

东芝完成 180 亿美元的内存业务销售。

三星推出高速 Z-SSD。

Hyperstone 推出带有人工智能和机器学习功能的闪存控制器。

英特尔推出 Optane（3D XPoint）DC 持久内存 DIMM 样品。

中国 "大基金" 第二阶段的半导体投资目标超过 300 亿美元。

SNIA 成立可计算存储技术工作组（TWG）。

Gyrfalcon Technology 推出人工智能加速器，首次使用台积电的 eMRAM。

SNIA 发布固态存储和真实存储工作负载的性能规范。

17. 2019 年，长江存储推出 32 层 Xtacking 闪存

所有主要闪存供应商都发布 96 层 NAND 产品或样品。

海力士、三星发布 128 层 NAND 样品。

长江存储（YMTC）推出 32 层 Xtacking NAND 样品，国内终于有了自己的闪存厂商。

英特尔发布 Optane（3D XPoint）DIMM。

英特尔发布带 Optane（3D XPoint）和 QLC NAND 的固态硬盘。

人们开始从 Open-Channel SSD 转向 NVMe ZNS。

英特尔推出 Computer Express Link（CXL），并发布 Spec V1.1。

NGD System 推出第一款基于可扩展 ASIC 的可计算存储 NVMe SSD。

Eideticom 推出第一款基于 NVMe 的可计算存储处理器。

东芝内存更名为 KIOXIA（中文名：铠侠）。

Phison 和 AMD 推出首款 PCIe 4.0 x4 NVMe SSD 和主板解决方案。

18. 2020 年，铠侠推出首款 PCIe 4.0 x4 企业级 NVMe SSD

西部数据推出 112 层 512Gb BiCS 3D NAND。

铠侠第一个推出 512GB 车规级 UFS。

Lightbits Labs 推出了第一个支持集群、冗余、横向扩展（scale-out）的 NVMe/TCP 软件解决方案。

英飞凌收购 Cypress 半导体。

铠侠收购 LiteOn。

NVMe ZNS 1.0 版本指令集规范发布。

NVMe 可计算存储任务组成立。

铠侠推出首款 PCIe 4.0 x4 企业级 NVMe SSD。

Dialog 半导体收购 Adesto Technologies。

DNA 数据存储联盟成立。

19. 2021 年，英特尔出售 NAND 和 SSD 业务

NOR 闪存营收超过 36 亿美元。

铠侠和西部数据发布 162 层 3D NAND。

三星发布第一款运行在 CXL 上的 DDR5 内存。

JEDEC 发布 XFM（交叉闪存）嵌入式和可移动存储设备标准。

海力士开始收购英特尔的 NAND 和 SSD 业务，并将新公司命名为 Solidigm。

铠侠和三星宣布 PCIe 5.0 x4 企业级 NVMe SSD。

Renesas 收购 Dialog 半导体。

NVMe 2.0 标准发布。

海力士开始量产 176 层 4D NAND。4D 闪存的本质还是 3D 闪存，海力士之所以称之为 4D 闪存，是因为其采用了类似 CuA 和 Xtacking 的技术，将外围电路置于闪存阵列之下。

20. 2022 年，3D NAND 闪存进入 200+ 层时代

PCI-SIG 发布 PCIe 6.0 规范。

JEDEC 发布 UFS 4.0 规范，手机存储读写速度达 4.0GB/s。

SK 海力士发布 238 层 3D NAND，并计划于 2023 年上半年量产；西部数据和铠侠的新一代闪存产品为 212 层，尚未出货；长江存储也宣布了新一代闪存技术，虽官方未正式公布但业界消息称其将达 232 层。

1.4　SSD 基本工作原理

从主机开始，用户从操作系统应用层面对 SSD 发出请求，文件系统将读写请求经驱动转化为相应的符合协议的读写和其他命令，SSD 收到命令执行相应操作，然后输出结果。

每个命令的输入和输出经协议标准组织标准化，这和 HDD 无异，只不过将 HDD 替换成 SSD 硬件来存储数据，访问的对象变成 SSD。

SSD 的输入是命令（Command），输出是数据（Data）和命令状态（Command Status）。SSD 前端（Front End）接收用户命令请求，经过内部计算和处理，输出用户所需要的数据或状态。

从图 1-13 可以看出，SSD 主要由三大功能模块组成：

❑ 前端接口和相关的协议模块。
❑ 中间的 FTL（Flash Translation Layer）模块。
❑ 后端和闪存通信模块。

SSD 前端负责和主机直接通信，接收主机发来的命令和相关数据，命令经 SSD 处理后，最终交由前端将命令状态或数据返回给主机。SSD 通过 SATA、SAS 和 PCIe 等接口与主机相连，实现对应的 ATA、SCSI 和 NVMe 等协议，如表 1-5 所示。

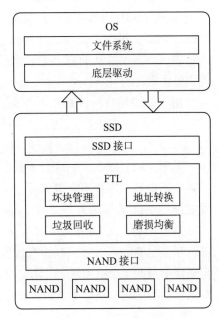

图 1-13　SSD 系统调用

表 1-5　SATA/SAS/PCIe 接口协议

接　口	协议命令	主机控制器接口	标准组织
SATA	ATA/SATA 命令集	AHCI[①]	ATA-IO
SAS	SCSI命令集	SCSI	T10 of INCITS
PCIe	NVMe 命令集	NVMe	PCIExpress/NVM Express

① AHCI 即 Advanced Host Controller Interface，高级主机控制器接口。

我们看看 SSD 是怎么进行读写的。下面以写为例。

主机通过接口将写命令发送给 SSD，SSD 收到该命令后执行命令，并接收主机要写入的数据。数据一般会先缓存在 SSD 内部的 RAM 中，FTL 会为每个逻辑数据块分配一个闪存地址，当数据达到一定数量后，FTL 便会给后端发送写闪存请求，然后后端根据写请求把缓存中的数据写到对应的闪存空间。

由于闪存不能覆盖写，所以闪存块需擦除才能写入。主机发来的某个数据块不是写在闪存固定位置，SSD 可以为其分配任何可能的闪存空间以供其写入。因此，SSD 内部需要 FTL 来完成逻辑数据块到闪存物理空间的转换或者映射。

举个例子。假设 SSD 容量为 128GB，逻辑数据块大小为 4KB，则该 SSD 一共有 128GB/4KB=32M 个逻辑数据块。每个逻辑块都有一个映射，即每个逻辑块在闪存空间中都有一个存储位置。闪存地址的大小如果用 4B 表示，那么存储 32M 个逻辑数据块在闪存中的地址则需要 32M × 4B=128MB 大小的映射表。

正因为 SSD 内部维护了一张逻辑地址到物理地址转换的映射表，所以当主机发来读命令时，SSD 能根据需要读取的逻辑数据块查找该映射表，获取这些逻辑数据在闪存空间中的位置，后端便能从闪存上把对应数据读到 SSD 内部缓存空间，然后前端负责把这些数据返回给主机。

由于前端接口协议都是标准化的，后端和闪存的接口及操作也是标准化的（闪存遵循 ONFI 或者 Toggle 协议），因此，一个 SSD 在前端协议及闪存确定下来后，差异化就体现在 FTL 算法上了。FTL 算法决定了性能、可靠性、功耗等 SSD 的核心指标。

其实，FTL 除了要完成逻辑数据到闪存空间的映射外，还要做很多其他事情。

前面提到，闪存不能覆盖写，因此随着用户数据的不断写入，闪存空间会产生垃圾（无效数据）。FTL 需要做垃圾回收（Garbage Collection），以腾出可用闪存空间来写用户数据。

以图 1-14 为例，在块 x 和块 y 上有很多垃圾数据，其中块 x 上的 A、B、C 为有效数据，块 y 上的 D、E、F、G 为有效数据。垃圾回收就是把一个或者几个块上的有效数据搬出来集中写到某个空闲块上（比如块 z）。当这些块上的有效数据都搬走后，FTL 便能擦除这些块，然后把这些块拿出来供 SSD 写入新的数据。

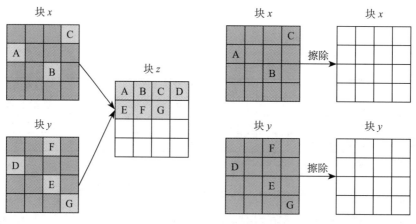

图 1-14　垃圾回收

还有，闪存都是有寿命的，每个闪存块不能一直写数据，因此，为保证最大的数据写入量，FTL 必须尽量让每个闪存块均衡写入，这就是磨损平衡。

除此之外，FTL 还需要实现坏块管理、读干扰处理、数据保持处理、错误处理等很多其他事情。理解了 FTL，SSD 的工作原理也就掌握了。关于 FTL，后文会详细介绍，这里暂不展开。

1.5　SSD 产品核心指标

　　用户在购买 SSD 之前，会关注它的一些指标，比如能跑多快、用的是什么闪存等。特别是企业级用户，需要全方位研究 SSD 的核心指标，解决应关注什么指标、如何关注、如何进行竞争产品对比等问题，最终找到产品本质。本节以英特尔的一款企业级 SATA 接口数据中心盘 S3710 SSD 产品手册为例（见图 1-15），带大家一起解读 SSD 产品的核心指标。

Intel® Solid-State Drive DC S3710 Series

Product Specification

- Capacity:
  - 200GB, 400GB, 800GB, 1.2TB
- Components:
  - Intel® 20nm NAND Flash Memory
  - High Endurance Technology (HET)
    Multi-Level Cell (MLC)
- Form Factor: 2.5-inch
- Read and Write IOPS[1,2]
  (Full LBA Range, IOMeter* Queue Depth 32)
  - Random 4KB[3] Reads: Up to 85,000 IOPS
  - Random 4KB Writes: Up to 45,000 IOPS
  - Random 8KB[3] Reads: Up to 52,000 IOPS
  - Random 8KB Writes: Up to 21,000 IOPS
- Bandwidth Performance[1]
  - Sustained Sequential Read: Up to 550 MB/s[4]
  - Sustained Sequential Write: Up to 520 MB/s
- Endurance: 10 drive writes per day[5] for 5 years
  - 200GB:　3.6PB　　400GB:　8.3PB
  - 800GB:　16.9PB　　1.2TB:　24.3PB
- Latency (average sequential)
  - Read:　55 μs (TYP)
  - Write:　66 μs (TYP)
- Quality of Service[6,8]
  - Read/Write:　500 μs / 5 ms (99.9%)
- Performance Consistency[7,8]
  - Read/Write:　Up to 90%/90% (99.9%)
- AES 256-bit Encryption
- Altitude[9]
  - Operating: -1,000 to 10,000 ft
  - Operating[10]: 10,000 to 15,000 ft
  - Non-operating: -1,000 to 40,000 ft
- Product Ecological Compliance
  - RoHS*
- Compliance
  - SATA Revision 3.0; compatible with SATA 6Gb/s, 3Gb/s and 1.5Gb/s interface rates
  - ATA/ATAPI Command Set – 2 (ACS-2 Rev 7); includes SCT (Smart Command Transport) and device statistics log support
  - Enhanced SMART ATA feature set
  - Native Command Queuing (NCQ) command set
  - Data set management Trim command

- Power Management
  - 5V or 5V+12V SATA Supply Rail[11]
  - SATA Interface Power Management
  - OS-aware hot plug/removal
  - Enhanced power-loss data protection feature
- Power[12]
  - Active: Up to 6.9 W (TYP)[8]
  - Idle: 600 mW
- Weight:
  - 200GB: 82 grams ± 2 grams
  - 400GB: 82 grams ± 2 grams
  - 800GB: 88 grams ± 2 grams
  - 1.2TB: 94 grams ± 2 grams
- Temperature
  - Operating: 0° C to 70° C
  - Non-Operating[13]: -55° C to 95° C
  - Temperature monitoring and logging
  - Thermal throttling
- Shock (operating and non-operating):
  1,000 G/0.5 ms
- Vibration
  - Operating: 2.17 G$_{RMS}$ (5-700 Hz)
  - Non-Operating: 3.13 G$_{RMS}$ (5-800 Hz)
- Reliability
  - Uncorrectable Bit Error Rate (UBER):
    1 sector per 10^{17} bits read
  - Mean Time Between Failures (MTBF): 2 million hours
  - End-to-End data protection
- Certifications and Declarations
  - UL*, CE*, C-Tick*, BSMI*, KCC*, Microsoft* WHCK, VCCI*, SATA-IO*
- Compatibility
  - Windows 7* and Windows 8*, and Windows 8.1*
  - Windows Server 2012* R2
  - Windows Server 2012*
  - Windows Server 2008* Enterprise 32/64bit SP2
  - Windows Server 2008* R2 SP1
  - Windows Server 2003* Enterprise R2 54bit SP2
  - VMWare* 5.1, 5.5
  - Red Hat* Enterprise Linux* 5.5, 5.6, 6.1, 6.3, 7.0
  - SUSE* Linux* Enterprise Server 10, 11 SP1
  - CentOS* 64bit 5.7, 6.3
  - Intel® SSD Toolbox with Intel® SSD Optimizer

图 1-15　Intel DC S3710 固态硬盘规格书截图

从图 1-15 所示分类来看，这份文档给用户展示了 SSD 的几大核心指标，具体如下。

❑ **基本信息**：包括容量配置（Capacity）、介质信息（Component）、外观尺寸（Form Factor）、重量（Weight）、环境温度（Temperature）、震动可靠性（Shock and Vibration）、认证（Certification）、加密（Encryption）等信息。

❑ **性能指标**：连续读写带宽、随机读写 IOPS、时延（Latency）、最大时延（Quality of Service）。

❑ **数据可靠性**（Reliability）**和寿命**（Endurance）。

❑ **功耗**：功耗管理（Power Management）、工作功耗（Active Power）和空闲功耗（Idle Power）。

❑ **兼容性等**：适配性（Compliance）、兼容性（Compatibility，与操作系统集成时参考）。

当然，还有其他一些重要信息是无法在产品规范书里体现的，比如产品可靠性（RMA Rate）。由固件或者硬件缺陷导致的产品返修率的高低是很关键的指标，在保质期内产品返修率越低越好。尤其是企业级硬件，数据比 SSD 本身更重要，用户不能容忍的是由固件、硬件可靠性问题或缺陷导致丢数据，或者数据无法通过技术手段恢复。

产品的测试条件信息、产品的系统兼容性信息等也是无法在产品规范书里体现的。这些也考验购买 SSD 的用户对 SSD 理解的深度。从测试条件的苛刻设计中提炼出用户想要的测试用例，用测试结果来反映产品规范书里无法透露和显示的产品的实际数据信息。当然，能通过苛刻的测试，并在实际上线运行中经受住系统的考验，日积月累，产品的品牌就打出来了。每家 SSD OEM 客户都有自己的标准和测试，以求通过实际测试和运行数据检验出质量好或差的 SSD 供应商。

行业是公平的，长期来看，对于各供应商的 SSD 的质量客户心中是有数的。

1.5.1　基本信息剖析

1. SSD 容量

SSD 容量是指提供给终端用户使用的最终容量，以字节（B）为单位。这里要注意，标称的数据都以十进制为单位，程序员出身的人容易认为它是以二进制的。同样一组数据，二进制比十进制会多出 7% 的容量，例如：

十进制 128GB：$128 \times 1\,000 \times 1\,000 \times 1\,000B = 128\,000\,000\,000B$

二进制 128GB：$128 \times 1\,024 \times 1\,024 \times 1\,024B = 137\,438\,953\,472B$

以二进制为单位的容量在行业内称为裸容量，以十进制为单位的容量称为用户容量。

裸容量比用户容量多出 7% 是针对 GB 级而言的，对于 TB 级，这个数值会更大。读者可自行计算。

闪存本身是裸容量。那么，裸容量多出的 7% 的容量在 SSD 内部做什么用呢？SSD 可以利用这多出来的 7% 的空间管理和存储内部数据，比如把这部分额外的空间用作 FTL 映射表存储空间、垃圾回收所需的预留交换空间、闪存坏块的替代空间等。这里的 7% 的空间

可以转换为 OP（Over Provisioning）概念，公式是：

$$OP = \frac{SSD\ 裸容量 - 用户容量}{用户容量}$$

2. 介质信息

当前 SSD 的核心存储介质是闪存，闪存这种半导体介质有其自身的物理参数，例如 PE cycles（编程擦除次数）、Program（写编程）时间、数据 Erase（擦除）和 Read（读）时间、温度对读写擦的影响、闪存页的大小、闪存块的大小……这些都是介质的信息，介质的好坏直接影响数据存储的性能和完整性。

闪存分为 SLC、MLC、TLC（甚至 QLC），这指的是一个存储单元存储的位数（见表 1-6）。

- ❑ SLC（Single-Level Cell）即单个存储单元存储 1bit 的数据。SLC 速度快，寿命长（5 万～ 10 万次擦写寿命），但价格昂贵（是 MLC 的 3 倍以上）。

- ❑ MLC（Multi-Level Cell）即单个存储单元存储 2bit 的数据。MLC 速度一般，寿命一般（约为 3000 ～ 10 000 次擦写寿命），价格一般。

- ❑ TLC（Trinary-Level Cell）即单个存储单元存储 3bit 的数据，也有闪存厂家称之为 8LC。它速度慢，寿命短（500 ～ 1500 次擦写寿命），价格便宜。

闪存发展到现在，经历了 2D 平面到 3D 立体制程（Process）两个大阶段。发展目标只有一个：硅片单位面积（mm^2）能设计生产出更多的位（bit），让每 GB 成本和价格更低。这既是介质厂商的目标，也是客户的诉求，还是半导体工业发展的趋势。

表 1-6　SLC、MLC 和 TLC 参数比较

闪存类型	SLC	MLC	TLC
每单元比特数	1	2	3
擦除次数	100k	3k	1k
读取时间 /μs	30	50	75
编程时间 /μs	300	600	1 000
擦除时间 /μs	1 500	3 000	4 500

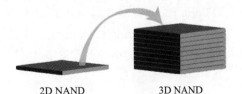

图 1-16　2D 与 3D 闪存结构示意图

来看一下 2D 到 3D 的单位面积位数的比较（见表 1-7），48 层三星的 3D V-NAND 每平方毫米能生产出 2600Mb 的数据，3 倍于 2D 闪存，所以同样的晶元 3D 可以比 2D 多切割出 2 倍的数据量。简单计算一下，每 GB 的价格能降为原来的 1/3。

表 1-7　不同闪存密度对比

对比项	海力士 16nm	三星 16nm	三星 48L V-NAND
年份	2014	2015	2016
制程节点 /nm	16	16	21
Die 容量 /Gb	64	64	256
Die 面积 /mm²	93	86.4	99
密度 /（Mb/mm²）	690	740	2 600

最后我们来看一下几家闪存厂商的生产发展节点示意图（见图 1-17）。用一句话来概括最终竞争的目标：在制程允许的范围内，发展更密、更快、价格更低的闪存产品。

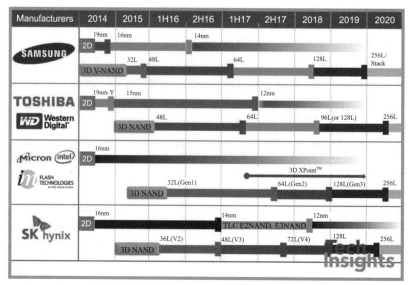

图 1-17 闪存原厂路线图

3. 外观尺寸

SSD 是标准件，外观尺寸需要满足一定的规定要求（长宽高和接口连接器），这又通常称为 Form Factor。那 SSD 会有哪些 Form Factor 呢？其中尺寸细分为 3.5in、2.5in、1.8in，还包括 M.2、PCIe Add-In、mSATA、U.2、EDSFF 等 Form Factor 标准（见图 1-18），每个 Form Factor 都有三围大小、重量和接口引脚等明确规范。

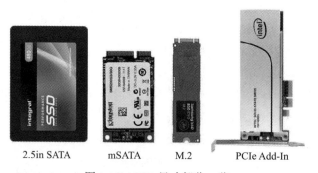

2.5in SATA　　　mSATA　　　M.2　　　PCIe Add-In

图 1-18　SSD 尺寸部分一览

Form Factor 标准组织：
❏ https://www.snia.org/forums/sssi/knowledge/formfactors
❏ http://www.ssdformfactor.org/

4. 其他

下面介绍温度及认证与兼容性信息这两个参数。

❑ 温度：SSD 应在 0 ～ 70℃温度范围内使用，超出这个温度范围，SSD 可能出现产品异常和数据异常。SSD 的非工作温度为 -50 ～ 90℃，这是 SSD 储存和运输期间的温度，也就是在非开机工作状态下，产品运输和仓库存储时的参考温度。在 -50 ～ 90℃ 之外的温度下，SSD 可能会损坏。

❑ 认证与兼容性信息（见图 1-19）：SSD 硬件和软件都应通过认证测试，以此反映产品的标准测试情况，同时让客户明确产品通过了相应的测试。认证和兼容性信息是对应标准组织的测试集，而标

```
■ Certifications and Declarations
  – UL*, CE*, C-Tick*, BSMI*, KCC*, Microsoft* WHCK, VCCI*,
    SATA-IO*
■ Compatibility
  – Windows 7* and Windows 8*, and Windows 8.1*
  – Windows Server 2012* R2
  – Windows Server 2012*
```

图 1-19　SSD 兼容性示例

准组织属于第三方，具有独立、客观的特点，所以这个测试通过就意味着可以免去客户再做这部分测试了。

1.5.2　性能剖析

1. 性能指标

硬盘性能指标一般包括 IOPS（反映的是随机读写性能）、吞吐量（单位为 MB/s，反映的是顺序读写性能）、响应时间 / 延时（单位为 ms 或 μs）。

❑ IOPS：设备每秒完成的输入输出请求数，一般是小块数据读写命令的响应次数，比如 4KB 数据块。IOPS 越大越好。

❑ 吞吐量：每秒读写命令完成的数据传输量，也叫带宽（Bandwidth），一般对应大块数据读写命令，比如 512KB 数据块。吞吐量也是越大越好。

❑ 响应时间：也叫延时（Latency），即每条命令从发出到收到状态回复所需要的响应时间，有平均延时（Average Latency）和最大延时（Max Latency）两项。响应时间越小越好。

2. 访问模式

性能测试设计要考虑访问模式（Access Pattern），包括以下 3 个部分：

❑ Random/Sequential：指随机（Random）和连续（Sequential）数据命令请求。随机和连续指的是前后两条命令的 LBA（逻辑块地址）是不是连续的，连续的 LBA 称为 Sequential，不连续的 LBA 称为 Random。

❑ Block Size：块大小，即单条命令传输的数据大小。在性能测试中，Block Size 从 4KB 到 512KB 不等。随机测试一般用小数据块，比如 4KB；顺序测试一般用大数据块，比如 512KB。

❑ Read/Write Ratio：指读写命令数混合的比例。

任何测试负荷都是上述这些模式的组合。

❑ 顺序读测试：指的是 LBA 连续读，块大小为 256KB、512KB 等，读写比例为 100%∶0。

❑ 随机写测试：指的是 LBA 不连续的写，块大小一般为 4KB，读写比例为 0∶100%。

❑ 随机混合读写：指的是 LBA 不连续的读写混合测试，块大小一般为 4KB，读写保持一定的比例。

3. 延时指标

上文提到，延时有平均延时和最大延时两种，数值越低越好。平均延时的计算公式是用整个应用或者测试过程中所有命令响应时间的总和除以命令的个数，反映的是 SSD 总体性能；最大延时是指在测试周期内所有命令中响应时间最长的那笔，反映的是用户体验，例如最大延时影响应用通过操作系统操作 SSD 时有无卡顿的用户体验。延时达到秒级，用户就会有明显的卡顿感。

4. 服务质量

服务质量（Quality of Service，QoS）反映的是延时"置信级"（Confidence Level）。图 1-20 所示为在测试规定的时间内使用 2 个 9（99%）到 5 个 9（99.999%）的百分比的命令中的最大延时，也就是最慢的那条命令的响应时间。整体上看，一个 SSD 的 QoS 延时分布整体越靠左越好，即延时越小越好。

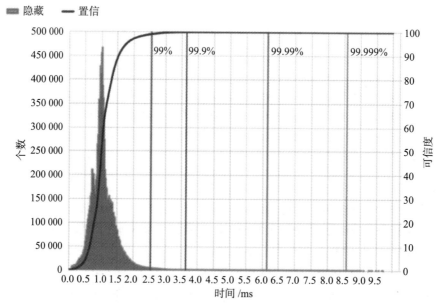

图 1-20　SSD 延时分布图

对消费级硬盘来说，用户对延时的要求可能不是很高。但对企业级硬盘来说，像数据中心（Data Center）等企业应用对延时很敏感，比如 BAT（百度、阿里巴巴、腾讯）的互联网应用，延时的大小关乎用户体验和互联网应用快慢的问题。这类应用对 IOPS 和吞吐量并不十分敏感，更在乎延时（包括平均延时、最大延时或服务质量等指标）。

5. 性能数据一览

我们来看一组性能测试数据，包括 SSD、HDD 和 SSHD（SSD 和 HDD 混合硬盘）的性能数据，如图 1-21 所示。

SSD、HDD 和 SSHD 性能数据总结									
级别	种类	空盘 IOPS	IOPS（数字越大越好）				吞吐量（数字越大越好）		响应时间（越快越好）	
存储设备	Form Factor, Capacity, Cache	RND 4KB 100% W	RND 4KB 100% W	RND 4KB 65:35 RW	RND 4KB 100% R	SEQ 1 024KB 100% W	SEQ 1 024KB 100% R	RND 4KB 100% W AVE	RND 4KB 100% W MAX
HDD 和 SSHD									
7 200RPM SATA Hybrid R30-4	2.5" SATA 500GB WCD	125	147	150	135	97MB/s	99MB/s	15.55ms	44.84ms
15 000RPM SAS HDD IN-1117	2.5" SAS 80GB WCD	350	340	398	401	84MB/s	90MB/s	5.39ms	97.28ms
消费级 SSD									
SATA 3 SSD R32-336	mSATA 32GB WCD	18 000	838	1 318	52 793	79MB/s	529MB/s	1.39ms	75.57ms
SATA 3 SSD IN8-1025	SATA3 256GB WCD	56 986	3 147	3 779	29 876	240MB/s	400MB/s	0.51ms	1 218.45ms
SATA 3 SSD R30-5148	SATA3 256GB WCE	60 090	60 302	41 045	40 686	249MB/s	386MB/s	0.35ms	17.83ms
企业级 SSD									
Enterprise SAS SSD RI-2288	SAS 400GB WCD	61 929	24 848	29 863	53 942	393MB/s	496MB/s	0.05ms	19.60ms
Server PCIe SSD INI-1727	PCIe 320GB WCD	133 560	73 008	53 797	54 327	663MB/s	772MB/s	0.05ms	12.60ms
Server PCIe SSD IN24-1349	PCIe 700GB WCD	417 469	202 929	411 390	684 284	1 343MB/s	2 053MB/s	0.03ms	0.58ms

图 1-21　SSD、HDD 和 SSHD 性能数据一览

测量指标包括空盘（Fresh out of Box，FOB）和满盘下的 IOPS、吞吐量、平均延时和最大延时。

测试空盘 IOPS 用的测试模式是 "RND 4KB 100% W"，即 4KB（二进制 4KB，即 4 096 字节）随机 100% 写。

测试满盘 IOPS 用了 3 种测试模式，分别如下。

❑ RND 4KB 100% W：数据块大小为 4KB 的写命令，100% 随机写。

❑ RND 4KB 65:35 RW：数据块大小为 4KB 的读写命令，65% 的读，35% 的写，混合
随机读写。

❑ RND 4KB 100% R：数据块大小为 4KB 的读命令，100% 随机读。

从图 1-21 可以看出，对于 HDD 和 SSHD 来说，满盘和空盘写的 IOPS 相差不大（都很
糟糕），而对 SSD 来说，满盘和空盘写的 IOPS 相差很大。这是因为对 HDD 来说，满盘后
没有垃圾回收操作，所以空盘和满盘写的性能差不多；但对 SSD 来说，满盘后写会触发垃
圾回收，导致写性能下降。

对消费级 SSD 来说，商家给的测试数据一般是空盘测试的数据，数字相当好看，"最高
可达"常挂嘴边。新买的盘，我们测试时会发现性能和商家标称的差不多，但随着对盘的使
用，会出现掉速问题。垃圾回收是其中一个原因，还有可能是 SLC 缓存用完了，这里就不
具体展开了。

对企业级 SSD 来说，客户更关注稳态性能，即满盘性能。所以，商家给出的性能数据
一般是满盘数据，"最高可达"字眼消失。我们可以从宣传文案中有没有"最高可达"字眼
来快速判断一个盘是企业级还是消费级。

吞吐量测试有 2 种模式，分别如下。

❑ SEQ 1 024KB 100% W：数据块大小为 1 024KB 的顺序写测试。

❑ SEQ 1 024KB 100% R：数据块大小为 1 024KB 的顺序读测试。

延时中的最大延时反映的是服务质量，所有测试模式都是 4KB 100% 随机写。由上可
以看出，SSD 测试的是数据到 SSD 内部缓冲区的延时。为什么不是 FUA？因为对闪存来
说，即使是 SLC，也没有办法在几十微秒内将数据写入闪存。如果是 FUA 命令测试，那么
平均延时至少是几百微秒。

1.5.3　寿命剖析

用户拿到一款 SSD，除了关心其容量和性能参数外，还会关心它的寿命指标，也就是
在 SSD 产品保质期内，总的寿命是多少，能写入多少字节的数据。SSD 寿命主要有两个衡
量指标，一是 DWPD（Drive Writes Per Day 每天驱动器写入次数），即在 SSD 保质期内，用
户每天可以把盘写满多少次；另一指标是 TBW（Terabytes Written，写入的 TB 数），即在
SSD 的生命周期内可以写入的总字节数。

1. DWPD

我们来看一下 S3710 SSD 的 Endurance 项，
如图 1-22 所示。

上图中，200GB 表示 SSD 在 5 年使用期限

Endurance: 10 drive writes per day[5] for 5 years			
– 200GB:	3.6PB	400GB:	8.3PB
– 800GB:	16.9PB	1.2TB:	24.3PB

图 1-22　S3710 SSD 的 Endurance 项

内对应的寿命是 3 600TB，平均每天可以写入 3 600TB/（5 × 365）=1 972GB 的数据。这块盘本身容量是 200GB，那么 1 972GB 相当于每天写入 10 次，也就是规范书中说的 10 Drive Writes Per Day，简称 10 DWPD。

由以上内容可以看出，总的写入量可以换算成 DWPD。SSD 更多使用 DWPD 作为寿命参数。这里要特别说明的是，从应用的角度出发，多数应用读多写少，少数应用写多读少，应用不同，对 SSD 的寿命要求也不同。所以我们可以将其归类为写密集（Write Intensive）和读密集（Read Intensive）两种类型。

表 1-8 较好地归纳出在不同应用场合和应用读写特点下对 DWPD 的要求。

表 1-8　DWPD 参数

用户场景	需求寿命，DWPD	成　本	应　用
写密集	10 ～ 25	高	关键应用：数据库、媒体编辑、虚拟化
一般读密集	3 ～ 10	较高	读写差不多的应用：数据仓库、读缓存
重度读密集	1 ～ 3	低	写少读多应用：启动分区、网页或文件服务器、视频播放

天下没有免费的午餐，DWPD 越大，单盘价格自然越高。所以用户需要思考的是在什么应用场景下使用什么类型的 SSD，以及使用哪种 DWPD 寿命的 SSD，以在性能和经济性之间寻求平衡。最好的平衡艺术就是根据用户数据的生存期及热度分层，或者在技术架构上根据数据冷热和存在时间为数据打标签，然后放入对应的层级并选择不同 DWPD 的 SSD。

图 1-23 所示是一个典型的应用场景的 SSD 分级应用。OLTP（联机事务处理）有大量写应用的数据（术语叫热数据），性能要求极高，所以放入 T1-WI SSD 层（第一层），这一层 SSD 单盘价格高，总容量低；第二层是写少读多应用（术语叫温数据），性能要求也很高，所以使用 T2-RI SSD 存放数据；第三层基本上是冷数据，极少被读到和写到，所以用大容量、低价的 HDD。总体来说，OLTP 用到了 40% 的 SSD，算是对 SSD 需求量较高的应用类型。当然也有对 SSD 需求不高的应用，如图 1-23 最右列所示的容灾恢复。

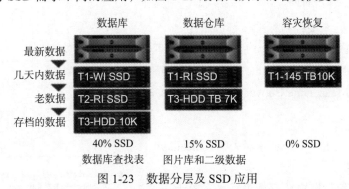

图 1-23　数据分层及 SSD 应用

最后我们来看一下现实世界对 SSD 的 DWPD 要求。图 1-24 所示数据显示，更多的应用是写少读多，83% 的应用使用不高于 1 DWPD 的 SSD。想象一下消费级 SSD，我们每天的数据写入量是极少的，盘在生命周期内几乎不会被填满，所以极低的 DWPD 是可以接受的。
业界主流的消费级 SSD DWPD 是 0.3。可以预见的是，
在数据爆炸的时代，用户对数据总量的需求是逐年递
增的，即数据逐年成倍增加，尤其是企业级应用，这
个数据是否会低于 83%？答案是肯定的。

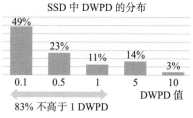

图 1-24 SSD DWPD 现实需求

2. TBW

TBW 就是在 SSD 的生命周期内可以写入的总字节
数，用来表达 SSD 的寿命指标。从 SSD 的设计来看，如
何设计来满足 SSD 的 TBW 要求？SSD 的 TBW 是如何计算的？哪些因素会影响 SSD 的 TBW？

先给一个公式：

$$总写入量 TBW = Capacity \times \frac{NAND\ PE\ Cycles}{WA}$$

式中各个变量的说明如下。

❑ NAND PE Cycles：SSD 使用的闪存标称写擦除次数，如 3k、5k。

❑ Capacity：SSD 单盘用户可使用的容量。

❑ WA：写入放大系数，这跟 SSD FW 的设计和用户写入的数据类型（顺序写还是随机
写）强相关。

TBW 和 DWPD 的计算公式为

$$DWPD = \frac{TBW}{Years（SSD 盘标称使用年限）\times 365 \times Capacity}$$

有了上面的公式，就可以简单计算一块 SSD 的 TBW 或者由 TBW 计算每天的写入量了。

1.5.4 数据可靠性剖析

SSD 用如下几个关键指标来衡量可靠性。

❑ UBER：Uncorrectable Bit Error Rate，不可修复的错误比特率。

❑ RBER：Raw Bit Error Rate，原始错误比特率。

❑ MTBF：Mean Time Between Failure，平均故障间隔时间。

1. 数据可靠性

图 1-25 所示为 S3710 SSD 手册中的 Reliability
（可靠性）项。

UBER 是一种数据损坏率衡量标准，等于在
应用了任意特定的错误纠正机制后依然产生的每位
读取的数据错误数量占总读取数量的比例（概率）。

■ **Reliability**
  – Uncorrectable Bit Error Rate (UBER):
    1 sector per 10^17 bits read
  – Mean Time Between Failures (MTBF): 2 million hours
  – End-to-End data protection

图 1-25 S3710 SSD 手册中的 Reliability

为什么 SSD 要定义 UBER？对于任何一项存储设备，包括 HDD，用户最关心的都是数据保存后的读取正确性。试想数据丢失或损坏会对客户产生什么后果，尤其是企业级用户数据。那如何让用户相信存储设备是可靠的呢？UBER 指标描述的是出现数据错误的概率。

为什么会产生错误数据？SSD 的存储介质是闪存，闪存有天然的数据位翻转率。主要有以下几种原因：

❑ 擦写磨损（P/E Cycle）。

❑ 读取干扰（Read Disturb）。

❑ 编程干扰（Program Disturb）。

❑ 数据保持（Data Retention）发生错误。

虽然 SSD 主控和固件设计会用纠错码（ECC）的方式（可能还包括其他方式，如 RAID）来修正错误数据，但在某种条件下错误数据依然有纠不回来的可能，所以需要用 UBER 让用户知道数据错误码纠不回来的概率。

闪存原始的数据位翻转加上 BCH 码（一种 ECC 纠错算法）经 ECC 校验码保护后，可以计算转换到 UBER。影响 UBER 的最核心因素是 RBER。图 1-26 所示为从 RBER、ECC 编码长度（Code Length）和保护强度（Strength）换算到 UBER 的过程，从中得出结论：在相同的 ECC 编码长度和 RBER 下，随着保护强度的增大，UBER 在大幅度降低。

编码长度	RBER	保护强度	码率	UBER	
8 192	1.25e-3	37	0.937	1.016e-13	
8 192	1.25e-3	38	0.935	2.705e-14	
8 192	1.25e-3	39	0.933	7.012e-15	
8 192	1.25e-3	40	0.932	1.775e-15	↓ 4 000 倍
8 192	1.25e-3	41	0.930	4.383e-16	
8 192	1.25e-3	42	0.928	1.057e-16	
8 192	1.25e-3	43	0.927	2.489e-17	

图 1-26　UBER 和保护强度的关系

在相同的 ECC 编码长度和保护强度下，RBER 越低，UBER 就越低，并呈指数级降低，如图 1-27 所示。

编码长度	RBER	保护强度	码率	UBER	
8 192	2.75e-3	40	0.932	1.503e-06	
8 192	2.50e-3	40	0.932	2.116e-07	
8 192	2.25e-3	40	0.932	1.987e-08	
8 192	2.00e-3	40	0.932	1.128e-09	↓ 840 000 000 倍
8 192	1.75e-3	40	0.932	3.373e-11	
8 192	1.50e-3	40	0.932	4.350e-13	
8 192	1.25e-3	40	0.932	1.775e-15	

图 1-27　UBER 和 RBER 的关系

　　RBER 反映的是闪存的质量。所有闪存出厂时都有一个 RBER 指标,企业级闪存和消费级闪存的 RBER 是不同的,价格当然也有所不同。RBER 指标也不是固定不变的,如图 1-28 所示,闪存的数据错误率会随着使用时间(PE Cycle)的增加而增加。为了应对极限情况,必须准备好处理每 100 位数据就有 1 位坏掉的情况。

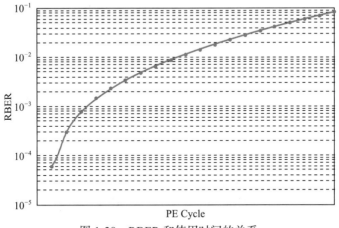

图 1-28　RBER 和使用时间的关系

　　RBER 还跟闪存内部结构有关。两个相邻闪存块的 RBER 有可能完全不同,图 1-29 是单个闪存块里面不同闪存页的 RBER 分布图。看得出来,Upper Page(又称慢页,简称 UP)的 RBER 比 Lower Page(又称快页,简称 LP)的 RBER 要高两个数量级。

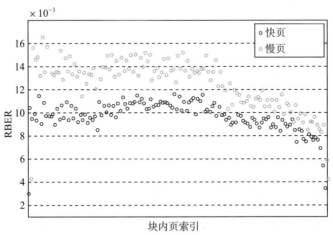

图 1-29　快页与慢页的 RBER

　　通常商用企业级和消费级 SSD 的 UBER 指标如表 1-9 所示。

2. MTBF

工业界 MTBF 指标反映的是产品的无故

表 1-9　企业级和消费级 SSD 的 UBER 值需求

SSD 类型	UBER
企业级	10^{-17} 甚至 10^{-18}
消费级	10^{-15}

障连续运行时间，也是产品的可靠性指标。计算 MTBF 有一些标准，目前最通用的权威性标准是 MIL-HDBK-217、GJB/Z299B 和 Bellcore。其中，MIL-HDBK-217 是由美国国防部可靠性分析中心及 Rome 实验室提出的，现已成为行业标准，专门用于军工产品 MTBF 值的计算；GJB/Z299B 是我国的军用标准；Bellcore 是由 AT&T 贝尔实验室提出的，现已成为商用电子产品 MTBF 值计算的行业标准。

MTBF 主要考虑的是产品中每个器件的失效率。但由于器件在不同的环境、不同的使用条件下失效率会有很大区别，例如，同一产品在不同的环境下，如在实验室和海洋平台上，其可靠性肯定是不同的；又如一个额定电压为 16V 的电容在实际电压为 25V 和 5V 的条件下失效率肯定也是不同的。所以，在计算可靠性指标时，必须考虑多种因素。所有这些因素几乎无法通过人工进行计算，但借助软件（如 MTBFcal 软件）和其庞大的参数库，能够轻松得出 MTBF 值。

对于 SSD 而言，JESD218A 标准定义了测试 SSD 每天读 / 写量的方法，还补充了 SSD 的一些额外的失败测试。要考虑的另一件事是：什么工作负载用于测试 MTBF？例如合格的 SSD 使用工作负载每天写 20GB 数据，一共持续 5 年，基于这个工作负载加上补充性失效测试，得知这款 SSD MTBF 可达 120 万小时。但如果工作量减少到每天写 10GB 数据，MTBF 将变为 250 万小时；如果每天写 5GB 数据，MTBF 就是 400 万小时。

1.5.5　功耗和其他剖析

1. SSD 产品功耗

SSD 中定义了以下几种功耗类型。

❑ **空闲（Idle）功耗**：当主机无任何命令发给 SSD，即 SSD 处于空闲状态但也没有进入省电模式时，设备所消耗的功耗。

❑ **最大峰值（Max active）功耗**：这是 SSD 处于最大工作负载时的功耗。SSD 的最大工作负载条件一般是连续写，让闪存并发忙写和主控 ASIC 满负荷工作，这时的功耗即为最大功耗。

❑ **Standby/Sleep 功耗**：规范规定了 SSD 状态，包括 Active（活跃）、Idle（空闲）、Standby（待机）和 Sleep（睡眠），功耗值从 Active 到 Sleep 逐级递减，具体的实现由各商家自行定义。一般来讲，在 Standby 和 Sleep 状态下，设备应尽可能把不工作的硬件模块关闭，以降低功耗。一般消费级 SSD 在 Standby 和 Sleep 状态下功耗为 100 ～ 500mW。

❑ **DevSleep（深度睡眠）功耗**：这是 SATA 和 PCIe 新定义的一种功耗标准，目的是在 Standby 和 Sleep 的基础上再降一级功耗，即主机和操作系统在休眠状态下，SSD 关掉一切自身模块，处于极致低功耗模式，甚至是零功耗，一般功耗在 10mW 以下。

对于主机而言，功耗状态和 SSD（作为设备端）状态是一一对应的，而功耗模式发起端是主机，SSD 被动执行和切换对应功耗状态。

系统功耗状态（Power State，SATA SSD 作为 OS 盘）如下。

❑ S0：工作模式，OS 可以管理 SATA SSD 的功耗状态，D0 或者 D3 都可以。

❑ S1：低唤醒延时的状态，系统上下文不会丢失（CPU 和 Chipset），硬件负责维持所有的系统上下文。

❑ S2：与 S1 相似，不同的是处理器和系统缓存上下文会丢失（OS 负责维护缓存和处理器上下文）。收到唤醒请求后，从处理器的 reset vector（重置向量）开始执行请求。

❑ S3：睡眠模式（Sleep），CPU 不运行指令，SATA SSD 关闭，除了内存之外的所有上下文都会丢失。硬件会保存一部分处理器和 L2 缓存以配置上下文，从处理器的 reset vector 开始执行唤醒请求。

❑ S4：休眠模式（Hibernation），CPU 不运行指令，SATA SSD 关闭，DDR 内容写入 SSD 中，所有的系统上下文都会丢失，OS 负责上下文的保存与恢复。

❑ S5：软关闭状态（Soft off state），与 S4 相似，但 OS 不会保存和恢复系统上下文。消耗很少的电能，可通过鼠标、键盘等设备唤醒。

进入功耗模式有一定的延时，退出功耗模式也有，通常恢复 SSD 到初始功耗模式所花费的时间更长，如表 1-10 所示。

表 1-10　各种功耗模式下 SSD 进入和退出的时间

SSD 链路状态	功耗 /mW	进入时间 /s	退出时间 /s	SSD 链路状态	功耗 /mW	进入时间 /s	退出时间 /s
Active（Ready）	>1 000	0	0	Idle（DEVSLP）	5	0.02	0.02
Idle（Partial）	100	10^{-6}	10^{-4}	Off-RTD3	0	1.5	0.5
Idle（Slumber）	50	10^{-3}	0.01				

延时和性能之间存在某种平衡，频繁地在低功耗模式与正常模式之间进行切换一定会带来性能损失。对于 SSD 设备功耗模块设计而言，建议尽可能缩短低功耗模式的进入和退出时间。

从正常工作模式 Active 状态切换到低功耗模式，需要找到正确的切换时间。太短的时间会较早进入低功耗模式，但唤醒需要延时，进而带来主机端性能损失；太长的时间有利于维持性能，但牺牲了功耗。

总之低功耗是一个好的 SSD 特性，消费级应用出于低功耗需求，非常需要这个特性，但企业级应用为了维持性能，对低功耗的需求较弱。

最后，SSD 各项功耗是 SSD 产品竞争力的一个方面，尤其是对功耗敏感的消费级 SSD，最大写入功耗和低功耗是核心竞争力之一。最大写入功耗代表的是写入同样数据量所消耗的电能，主要是闪存写入功耗；低功耗是设备处于空闲或休眠状态时的功耗，这些对绿色能源数据中心等有很大意义。我们来看看几款消费级 SSD 的功耗对比，如图 1-30 所示。

最大写入功耗的对比（除了 ASIC 主控和板级 PCB 工作状态功耗，最大写入功耗和连续写性能紧密相关，写性能越高，功耗越高）如图 1-31 所示。

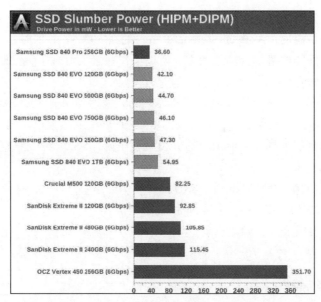

图 1-30 AnandTech 对比几款消费级 SSD 的 HIPM 或 DIPM slumber 模式下的功耗

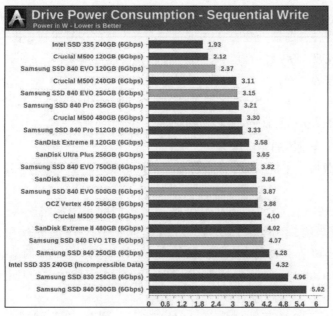

图 1-31 AnandTech 对比几款 SSD 的最大写入功耗

2. 最大工作功耗与发热控制

前面已解释过最大工作功耗，这里再次单独把最大工作功耗拿出来讨论，是因为当 SSD 一直处于最大工作功耗模式下，器件会存在发热问题。SSD 中功耗最大的是 ASIC 主控和闪存模块，因此二者也是发热大户，当热量积累到一定程度时，器件会损坏，而这是不能容忍的。当外界环境温度（Ambient Temperature）处在 50℃或 60℃时，如不加以控制，发热的速度和损坏器件的概率也会随之增大。所以工作在最大负载下，控制 SSD 温度是固件设计要考虑的，此时重点是设计降温的处理算法。

算法的具体原理为：当 SSD 温度传感器侦测到温度达到阈值，如 70℃时，固件会启动降温算法模块，限制闪存后端并发写的个数。由于 SSD 中发热大户是闪存芯片，故当写并发数减少后，温度自然下降。同时由于写并发数量下降，SSD 写性能也会下降，这是性能和温度的一个折中。

当温度下降到阈值 70℃以下后，SSD固件重新恢复到正常的后端写并发个数，性能上升，温度也会再次上升，如此往复，如图 1-32 所示。

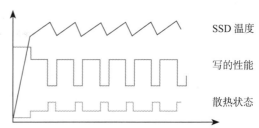

图 1-32　温度控制和 SSD 性能的关系

1.5.6　SSD 系统兼容性

在 SSD 的各项参数中，系统兼容性指标无法量化，最不直观，也最容易被忽视。但不可否认的是，在实际应用场合中除了性能功耗和可靠性问题，最让人头疼的就是系统兼容性问题，表现为各种场景下 SSD 无法识别、不兼容某些型号主板、操作系统无法兼容等问题。站在用户角度，SSD 的性能、功耗、可靠性设计得都不错，测试出来的成绩也很漂亮，但若是系统兼容性差，再好的 SSD 产品放到电脑上也会变砖，所以渐渐地用户开始重视系统兼容性问题，在引入 SSD 前期通过充分的测试验证和观察系统兼容性。

在技术上可将系统兼容性问题归为如下几类。

1. BIOS 和操作系统的兼容性

SSD 上电加载后，主机 BIOS 开始自检，主机中的 BIOS 作为第一层软件和 SSD 进行交互的步骤如下。

第一步，和 SSD 发生连接，SATA 和 PCIe 走不同的底层链路连接，协商（negotiate）到正确的速度上（当然，不同接口也会有上下兼容的问题），自此主机端和 SSD 连接成功。

第二步，发出识别 SSD 的命令（如 SATA Identify）来读取 SSD 的基本信息，基本信息包括产品型号（part number）、FW 版本号、产品版本号等，BIOS 会验证信息的格式和数据的正确性。

第三步，读取 SSD 的其他信息，如 SMART，直到 BIOS 找到硬盘上的主引导记录MBR，加载 MBR。

第四步，MBR 开始读取硬盘分区表（DPT），找到活动分区中的分区引导记录（PBR），并且把控制权交给 PBR。

第五步，SSD 通过数据读写功能来完成 OS 加载。

完成以上所有步骤就标志着 BIOS 和 OS 在 SSD 上电加载成功。任何一步发生错误，都会导致 SSD 交互失败，进而导致系统启动失败，弹出 Error 窗口或出现蓝屏。

对 SSD 而言，它的功能已经通过了白盒和黑盒测试，但上述加载初始化流程以及特定的 BIOS 和 OS 版本结合的相关功能测试并没有被覆盖到，所以涉及这些功能时可能出现 SSD 设备加载失败。

现实世界中有太多的主板型号和版本号，而一块兼容性良好的 SSD 需要在这些主板上都能正常运行。从测试角度来看，系统认证兼容性涉及以下各个方面。

- ❑ OS 种类（Windows、Linux）和各种版本的 OS。
- ❑ 主板上 CPU 南北桥芯片组型号（Intel、AMD）和各个版本。
- ❑ BIOS 的各个版本。
- ❑ 特殊应用程序类型和各个版本（性能 Benchmark 工具、Oracle 数据库等）。

2. 电信号和硬件兼容性

电信号和硬件兼容性指的是在 SSD 工作时，主机提供的电信号处于非稳定状态，比如存在抖动、信号完整性差等情况，但依然在规范误差范围内，此时 SSD 通过自身的硬件设计和接口信号完整性设计依然能正常工作，数据也依然能正确收发的概率。同理，在高低温、电磁干扰的环境下，SSD 通过硬件设计要有足够好的鲁棒性。

3. 容错处理

错误处理与硬件、软件相关。系统兼容性的容错特指在主机端发生错误的条件下，SSD 即使不能正常和主机交互数据，也至少要保证不变砖。当然，SSD 若能容错并返回错误状态，提供足够的日志来帮助主机软硬件开发人员调试就更好了。这里的错误包括接口总线上的数据 CRC 错误、丢包、数据命令格式错误、命令参数错误等。

从设计角度考虑加入容错模块、加大系统兼容性测试的覆盖面，这些都是提高 SSD 系统兼容性的手段和方法。但从过去的经验看，系统兼容性重在对主机系统的理解，这需要长期积累经验，蹚坑是难免的，蹚过后就有了经验，这些不是能从书本上直接学到的。

最后要强调的是，SSD 的系统兼容性是 SSD 的核心竞争力之一，不可忽视。

1.6　接口形态

SSD 接口形态和尺寸的英文是 SSD Form Factor。由于 SSD 是标准件，故它必须符合一定的接口规范、尺寸和电气特性，这样在应用层面才易于统一和部署，所以厂商和标准组织制定了 Form Factor 规范。SSD 厂商和系统提供商都应遵守该规范。

不同应用场景下的 SSD，其接口形态和尺寸也不一样，如图 1-33 所示。表 1-11 列出了当下使用 SATA、PCIe、SAS 接口和协议的 SSD 所使用的接口形态和尺寸。

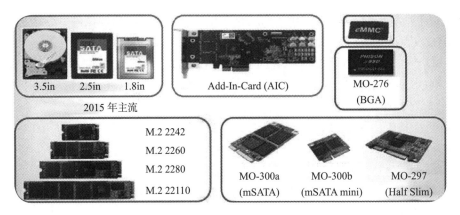

图 1-33 各种类型的 SSD 示意图

表 1-11 SSD 接口形态和尺寸

	U.2	AIC	2.5in	Half slim	mSATA	M.2 22110	M.2 2280	M.2 2260	BGA
SATA	√		√	√	√	√	√	√	√
PCIe	√	√				√	√		√
SAS	√		√						

SATA SSD 目前主要为消费级产品和企业级低端产品（如数据中心盘），这类产品接口和电气功能比较成熟，是目前出货量最大的 SSD。它的接口形态和尺寸的种类比较多，其中消费级产品以 M.2 和 2.5in 最为流行。消费级产品以 SATA M.2 为主导，企业级产品以 SATA 2.5in 为主导。

PCIe SSD 借助它的高性能、NVMe 标准的制定和普及，以及软件生态，从 2016 年开始兴起。PCIe SSD 接口形态和尺寸最开始起步于 AIC，采用主板上插卡的形式，后加入 M.2 和 U.2 形态。消费级 PCIe SSD 由 M.2 主导，企业级 PCIe SSD 多为 2.5in、U.2 和 AIC 的形态。

SAS SSD 主要为企业级 SSD，它借助成熟的 SAS 协议和软件生态，在企业级存储上获得大量应用。从 HDD 转换到 SSD，虽然介质变了，但接口依然保留着，原因是 SAS 在企业级应用中已经普及，所以在传统的企业级存储阵列上，主要出货量还是 SAS，形态为 2.5in。

mSATA 是前些年出现的，与标准 SATA 相比体积大为缩小，主要应用于消费级笔记本电脑领域。M.2 出现后，mSATA 基本被替代了，革了它的命。

M.2 原名是 NGFF（Next Generation Form Factor），它是为超极本（Ultrabook）量身定做的新一代接口标准，主要用来取代 mSATA 接口，具备体积小巧、性能主流等特点。

U.2 Form Factor（SFF-8639）起步于 PCIe SSD 2.5in 盘接口，后来统一了 SATA、SAS 和 PCIe 这三种物理接口，目的是减小下游 SSD 应用场合的接口复杂度。

1.6.1　2.5in

2.5in 是主流企业级 SSD 的尺寸，这类 SSD 包括 SATA、SAS 和 PCIe 三种不同接口。1U 存储和服务器机架上可以放入 20 ~ 30 块 2.5in 硬盘。消费级 SSD 的主流尺寸包括 2.5 英寸和更小的 M.2。2.5in 多应用于桌面型 PC，而轻薄型笔记本电脑更多使用 M.2。

2.5in 也是 HDD 时代笔记本电脑的硬盘的主流尺寸，到了 SSD 时代，虽然可以在笔记本电脑和桌面型 PC 上沿用 HDD，但面对消费者更轻薄、更小尺寸的需求，HDD 就无能为力了，而 SSD 依然可以往更小尺寸的方向发展。

对 2.5in 的 SSD 而言，由于闪存密度的逐年增大，往这个盒子里塞入的容量可以越来越大，比如现在已有了 3 层 PCB 的 16TB、32TB 容量的 SSD，这是一种高密度 SSD 发展趋势。SSD 规格尺寸如表 1-12 所示。

表 1-12　SSD 规格尺寸

尺寸 /in	三围			最大承载容量
	长 /mm	宽 /mm	高 /mm	
3.5	146	101.6	19，25.4 or 26	12TB HDD（2016 年）
2.5	100	69.85	5，7，9.5，12.5，15 or 19	32TB SSD（2017 年）

1.6.2　M.2

各种 M.2 规格如图 1-34 所示。首先看看 M.2 Form Factor（包括 M.2 普通和 BGA SSD）的三围标准：Type 1216、Type 1620、Type 1630、Type 2024、Type 2226、Type 2228、Type 2230、Type 2242、Type 2260、Type 2280、Type 2828、Type 3026、Type 3030、Type 3042、Type 22110。前 2 个数字为宽度，后 2 个（或 3 个）数字是高度。注意，PM971 就是 Type 1620，厚度需要另外定义，单面贴片和双面贴片厚度不同。对于对厚度有要求的，比如平板电脑，一般采用单面贴片。

实际上 4 个（或 5 个）数字并不能完整定义 M.2 SSD Form Factor，PCI-SIG 定义了更完整的命名规则，包括宽、高、厚度和接口。如 D2 对应双面，单面厚度是 1.35mm；B-M 是 M.2 connector key ID，表示同时支持 PCIe x2、x4 和 SATA 接口；等等。其他参数定义参考图 1-35，由图可知 M.2 支持 USB/SD 卡接口，同时又保留了一些总线接口。总之 M.2 只是规范了一种引脚物理形式，它上面运行什么协议和使用什么总线，要看具体的产品。

这里需要解释一下 key ID 中的 B 和 M，这是两种主流的 M.2 key 定义，B 又称 Socket2，M 又称 Socket3，B+M 表示同时支持 Socket2 和 Scoket3。B 和 M 的区别在于：M 可以支持 4 个通道，接口带宽最高可以到 4GB/s，实际上顶部和底部两面都有接口金手指，引脚数翻倍；B 仅支持 SATA/PCIe x2，接口带宽最高可以到 2GB/s，仅支持顶部有金手指引脚。M 无论在消费级还是企业级都是未来的主流形式。

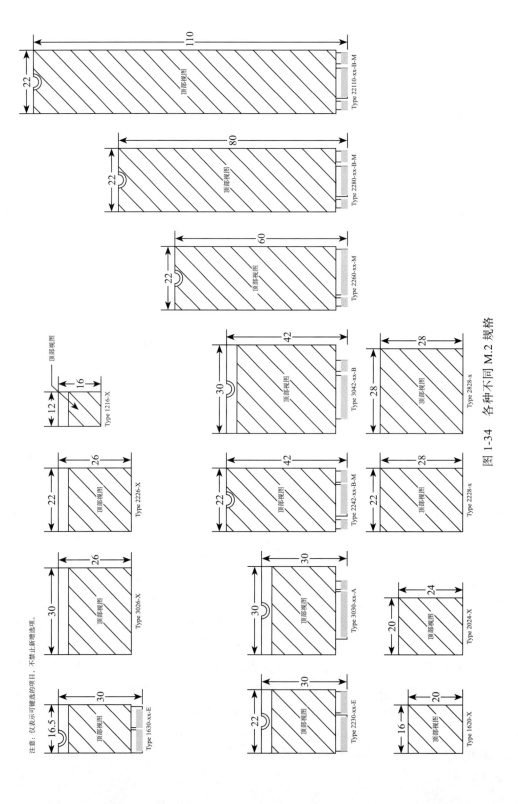

图 1-34　各种不同 M.2 规格

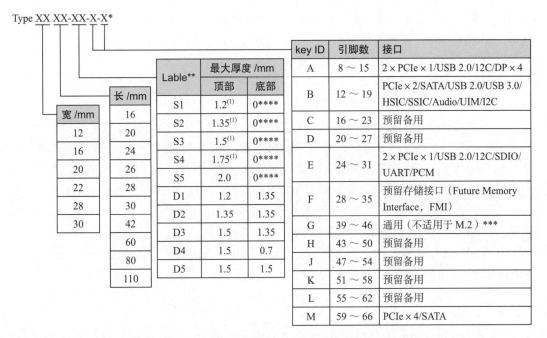

图 1-35　M.2 的命名规则

1.6.3　BGA SSD

半导体的发展规律是从单个分立元件走向高度集成化。想象一下，过去的单个 HDD，从只能存储几十 MB 的庞然大物发展到现在一个能装下几十 TB 的 2.5in SSD，这些都是半导体技术进步、制程进步和生产制造进步带来的。

SSD 也走在这条道路上，随着制程和封装技术的成熟，当今一个 PCB 2.5in 大小的存储器可以放到一个 16mm×20mm BGA 封装中，这就是 BGA uSSD，如图 1-36 所示。

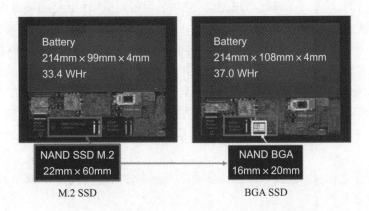

图 1-36　传统 M.2 SSD 与 BGA SSD 空间占用对比

早在几年前，英特尔和几家公司就在讨论在消费级平板电脑或笔记本电脑市场推出 M.2 BGA SSD 及其标准，如比较传统的 M.2 2260/2280/22110 SSD，它有如下技术优势。

- ❑ 节省了 15% 以上的平台空间。
- ❑ 增加了 10% 的电池寿命。
- ❑ 节省了 0.5 ～ 1.5mm SSD 本身的高度。
- ❑ 具有更好的散热性（由于是 BGA 封装，热可以由球形焊点传导到 PCB 板散出）。

实际上那时候标准规范滞后，SSD 也刚刚兴起，BGA 封装技术还不成熟并且缺乏消费级平台主板的支持，故并没有在消费级笔记本电脑和平板电脑上看到 BGA M.2 的产品，在工业级和其他细分市场倒是有少量的 BGA SSD 在售。2016 年 PM971 被三星投放到市场，从此拉开了 BGA SSD 在消费级平板类产品中普及的大幕。当然了，BGA SSD 是否能普及关键还要看价格，只要价格到位，普及不是问题。

BGA uSSD 引脚纳入 M.2 标准，包括 Type 1620、Type 2024、Type 2228、Type 2828，主流的是 Type 1620。

1.6.4　U.2

U.2 俗称 SFF-8639，这是新生产物，采用非 AIC 形式，以盘的形态存在。开发 U.2 的目的是统一 SAS、SATA、PCIe 三种接口，方便用户部署。不可否认的是，在 PCIe 取代 SATA 甚至 SAS 的未来，U.2 连接器和 Form Factor 已成为企业级 SSD 的主要形态，PCIe 接口成为主要接口。

1.6.5　EDSFF

EDSFF 全称为 Enterprise & Data Center SSD Form Factor，翻译过来就是企业和数据中心固态硬盘规格。相比较传统的 U.2 和 M.2 硬盘规格，EDSFF 可为企业级 1U/2U 服务器提供更优的存储空间、密度及散热设计，从而降低服务器和存储盒 TCO（Total Cost of Ownership，总拥有成本），同时也为企业级 SSD 后面的规格尺寸走势指明方向。

过去数据中心和企业级存储以 2.5 英寸 U2、M.2规格的 SSD 为主，与 1U/2U 服务器的存储空间相比，2.5 英寸和 M.2的SSD 在空间利用率（SSD 容量 / 空间体积）、散热（影响性能）及信号完整性等方面存在不足。2017 年英特尔专门发明了一种为服务器和企业级存储提供优化功能的新型 SSD（细长条状，看着像一把尺子），并成立 EDSFF 组起草 E1 等新 SSD 规格。E1 规格在 SSD 容量、密度、可维护性、成本、信号兼容性及可靠性上有了明显的提升，特别适合 1U/2U 服务器上装载的 SSD。EDSFF 发展历史如图 1-37 所示。

2020 年至今，E1 和 E3 标准版本还在不断更新中，目的都是做好 PCIe G3/G4/G5 企业级 SSD 尺寸这道菜。

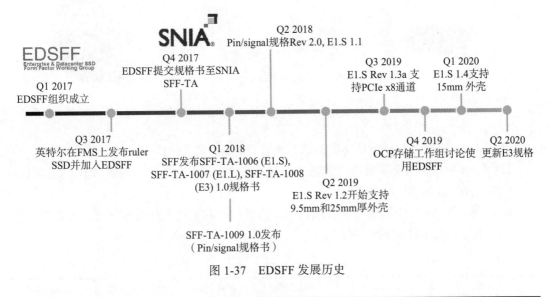

图 1-37　EDSFF 发展历史

技术标准参考

❑ SFF-TA-1006: Enterprise and Datacenter 1U Short Standard Form Factor (E1.S)，企业级和数据中心 1U E1.S 尺寸。

❑ SFF-TA-1007: Enterprise and Datacenter 1U Long Standard Form Factor (E1.L)，企业级和数据中心 1U E1.L 尺寸。

❑ SFF-TA-1008: Enterprise and Datacenter Form Factor (E3)，企业级和数据中心 E3 尺寸。

❑ SFF-TA-1009: Enterprise and Datacenter Standard Pin and Signal Specification，企业级和数据中心信号和引脚定义。

---

1. EDSFF E1 和 E3 硬盘规格

E1 有长型和短型的两种，但是无论是哪种都和 M.2 类似，属于细长型。短型叫 E1.S，长型叫 E1.L，它们有不同的厚度及功耗上限。厚度和容量、散热设计有关，原则上功耗大的 SSD 需要采用更厚的散热设计，例如图 1-44 所示的 E1.S 25mm 鳍状设计，通过增加散热面积来加快散热速度，维持正常 SSD 温度。E1.S 适合中等容量及灵活配置的服务器存储设备，适用于 1U 服务器，将来有望替代 M.2 规格。E1.L 适合大容量的服务器存储设备，如 QLC SSD，特别适合用于 1U 服务器。各尺寸的 E1 和 E3 如图 1-38 所示。

规格方面，E1.S 的厚度随着功耗的增加而相应增加，从 5.9mm 到 25mm 不等。EDSFF 组织对 E1.S 各种型号的尺寸、功耗都有明确的规定，详见表 1-13。

❑ 5.9mm 版本类似于我们熟悉的 M.2 SSD，不具备散热片。

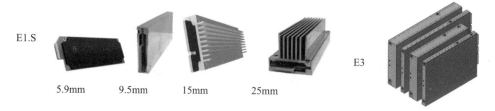

图 1-38 E1 和 E3 SSD 实际样盘图

❏ 8.01mm 版本在 5.9mm 版本的基础上增加了基础的散热配置。

❏ 9.5mm 版本带有上下对称的散热外壳，因散热面积更大，可配置的功率也比 5.9mm
和 8.01mm 版本更高一些。

❏ 15mm 和 25mm 版本增加了大面积的散热鳍片，它们的散热性能更好，可以配置更
高的运行功率并带来更好的性能。

表 1-13 E1.S 规格

型　号	宽度 /mm	长度 /mm	厚度 /mm	PCIe 通道数	功耗 /W
E1.S 5.9mm	31.5	111.49	5.9	4/8	12
E1.S 8.01mm（带散热贴）	31.5	111.49	8.01	4/8	16
E1.S 9.5mm（带外壳）	33.75	118.75	9.5	4/8	20
E1.S 15mm（带外壳）	33.75	118.75	15	4/8	25
E1.S 25mm（带外壳）	33.75	118.75	25	4/8	25

E1.L 有两种厚度——9.5mm 和 18mm，对应的功耗分别是 25W 和 40W。E1.L 长 318.75mm，
看起来像一把细长的尺子，所以叫 Ruler。E1.L 针对 1U 的高度进行了特别设计，在同样的
1U 大小的服务器空间里可以塞下 PB 级容量，使 1U 服务器可承载的容量大大增加。同时
E1.L 自带外壳，具有良好的散热性能，自带把手和 LED 灯，提供 Carrier-less 设计，可有效
降低成本。表 1-14 列出了两种型号的 E1.L 规格。

表 1-14 E1.L 规格

型　号	宽度 /mm	长度 /mm	厚度 /mm	PCIe 通道数	功耗 /W
E1.L 9.5mm	38.4	318.75	9.5	4/8	25
E1.L 18mm	38.4	318.75	18	4/8	40

有人说 E3 是为 PCIe Gen5 时代准备的 SSD 规格版本，它复用了 U.2 2.5 英寸盘易于部
署、管理、维护以及高性能的特点。E3 的宽度允许 SSD 使用 4 通道或 8 通道甚至 16 通道
的 PCIe 接口，所以可实现的带宽更高；可以配置更高的运行功率，其中，E3.L 2T 甚至可
以实现 70W 的全功率运行，这些都有利于 SSD 爆发出更强性能。

E3.S 是 E3 中尺寸比较接近 U.2/U.3 2.5 英寸盘的版本，二者可以共享一个机箱。现有的服务器既可以使用 E3.S，也可以使用 SAS、SATA、NVMe 的 2.5 英寸盘，实现不同类型硬盘的混合部署。另外，一些服务器厂商也在探索基于 E3 的新型设备，如 GPU、FPGA、NIC 等。在存储之外，EDSFF E3 也将为企业级应用带来更多可能。表 1-15 列出了各种型号 E3 的规格。

表 1-15　E3 规格

型　号	宽度 /mm	长度 /mm	厚度 /mm	功耗 /W	PCIe 通道数	应用场景
E3.S	76	112.75	7.5	25	4/8/16	主要为 NAND 存储器
E3.S 2T	76	112.75	16.8	40	4/8/16	除 NAND 存储外，还支持 CXL based SCM 等
E3.L	76	142.2	7.5	40	4/8/16	大容量 NAND 存储器
E3.L 2T	76	142.2	16.8	70	4/8/16	除 NAND 存储外，还支持 FPGAs 和加速器等

2. E1 与 E3 的应用部署

上面对 E1 和 E3 进行了基本介绍，本节讲讲 E1 和 E3 的应用。

英特尔推动的 EDSFF SSD 规格（见表 1-16），是为了满足服务器数据中心及企业级存储对当前 PCIe 4.0 SSD 及未来 PCIe 5.0 SSD 更高性能、更优散热、更大容量及更密空间的需求。PCIe 4.0 SSD 以 U.2 为主，附以新的 E1.S/E1.L 规格。到了 PCIe 5.0 时代，由于需要更高性能和更高功耗的 SSD，SSD 规格会全面切到 E1 或 E3。

表 1-16　英特尔推荐的平台设计参考

	2U 服务器	1U 服务器	Storage/JBOF	企业级 SSD 存储阵列	启动盘
PCIe 4.0	U2	OEM 为 U.2 Hyperscale 为 U2/E1.S	E1.L 或 U2	U2 双端口	M.2
PCIe 4.0 → 5.0	U2 和 E3.S	OEM 为 U.2、E1.S 或 E3 Hyperscale 为 E1.S	E1.L	U2 双端口	M.2
PCIe 5.0	E3.S	E1.S 和 E3.S	E1.L	E3.S 或 E3.L	E1.S

E1 规格让企业级 NVMe SSD 的体积得到大幅缩减，并允许我们在 1U 服务器中部署更多的硬盘。我们通常可以在 1U 服务器的前面板中部署 10 块 U.2 或 U.3 的 2.5 英寸盘，而在采用 9.5mm 的 E1 之后，部署数量可以达到 32 块。

E3 SSD 相较于 U2 SSD，部署数量可以从 24 块 U2 增加到 46 块（有 7.5mm 或 16.8mm 两种厚度），并且可以提供单块功耗最高达 70W 的 SSD。E3 SSD 实际服务器部署如图 1-39 所示。

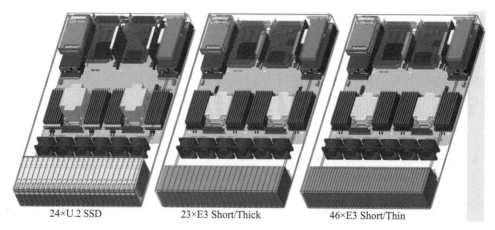

24×U.2 SSD   23×E3 Short/Thick   46×E3 Short/Thin

图 1-39 E3 SSD 实际服务器部署图

SSD 及闪存市场

本章将基于上一章的内容，对 SSD 整体市场情况进行概要性介绍，其中包括 SSD 和闪存两个方面。

2.1 SSD 市场

2.1.1 消费级 SSD 取代 HDD

从 2000 年初 SSD 诞生，到几大闪存原厂积极布局，SSD 产品经历了用户对闪存和数据可靠性的质疑、产品试水、产品铺开、批量部署等过程。根据 IDC 报告可知，到 2022 年，SSD 在笔记本电脑（包括平板电脑）领域的渗透率已接近 80%，如果合并 SSD 和其他 eMMC、UFS 等嵌入式闪存存储设备，总的装机率达到 95%，而 HDD 装机率下降到 5% 左右，如图 2-1 所示。2023 年之后 SSD（包括嵌入式闪存）在笔记本电脑市场也会一直维持在 95% 以上的装机率。

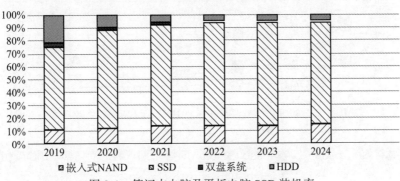

图 2-1 笔记本电脑及平板电脑 SSD 装机率

在台式机市场，2022 年 SSD 渗透率已达到 60% 以上，3.5in 和 2.5in HDD 装机率在25% 左右。从趋势上看，SSD 在台式机上的装机率也会持续增加，2024 年将达到 80%。到那时，台式机市场基本形成 SSD 取代 HDD 的格局，如图 2-2 所示。

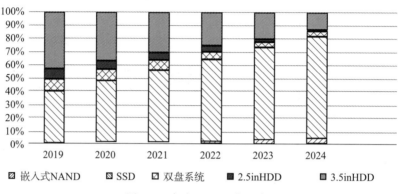

图 2-2　台式机 SSD 装机率

上述市场数据一方面反映了 SSD 的普及率，另一方面反映了 SSD 的成长性。不可否认，SSD 已有主导存储设备市场的趋势，如今基本做到了替代 HDD 成为主流存储器。所以对于希捷和西部数据 HDD 厂商而言，拥抱 SSD 是可以预见的必然，为 HDD 宣传只是维持HDD 出货量的手段，最终的结果丝毫不受影响。

SSD 为什么能做到市场占有率快速攀升并取代 HDD 绝大部分份额？一个重要的原因是闪存单位存储量的价格快速走低。图 2-3 所示是 SSD 与 HDD 的价格趋势对比，1TB 的HDD 和 512GB 的 SSD 同价。

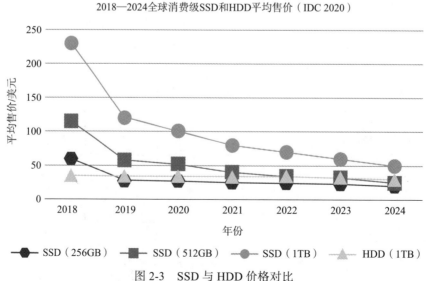

图 2-3　SSD 与 HDD 价格对比

另外一个事实是，3D 闪存时代已经到来。按照摩尔定律，闪存密度的增大，给每吉字节闪存的价格下降提供了绝佳的机会，SSD 价格和成本问题未来都会解决。

2.1.2　SSD 和 HDD 应用场合

根据冷热程度可对数据进行分层存储，在存储的过程中还要考虑性能和成本，俗称性价比。在 HDD 和 SSD 二分天下的今天，SSD 存放跟用户贴近的热数据，总容量需求较小，性能优先；HDD 存放离用户较远的下层温数据和冷数据，总容量需求较大，价格优先。这是一种设计的平衡。具体来讲，如图 2-4 所示。

- □ 数据加速层：采用 PCIe 接口的高性能 SSD。
- □ 热数据（频繁访问）层：普通 SATA、SAS SSD。
- □ 温数据层：高性能 HDD。
- □ 冷数据层：大容量 HDD。
- □ 归档层：大容量且价格低廉的 HDD，甚至可能为磁带。

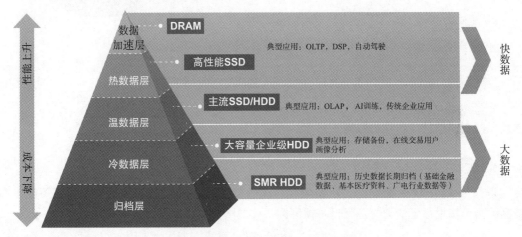

图 2-4　数据分层和 SSD、HDD 应用

2.1.3　SSD 市场情况

2021 年消费级 SSD 市场占有率，西部数据和三星分别以 22% 和 21% 领头，SK 海力士为 12%，铠侠为 10%，金士顿为 6%。2021 年企业级 SSD 市场占有率三星为 35%、英特尔（如今的 Solidigm）为 25%，这两家之所以可以领跑企业级 SSD 市场，是因为它们的领先技术、产品的高稳定性及多年在数据中心及企业级市场的耕耘。具体如图 2-5 所示。

SSD 的研发需要主控厂商、闪存厂商和生产制造商三方配合。闪存大厂都有自己的主控和闪存颗粒，研发的核心掌握在自己手中。对于 SSD 来说，80% 以上的成本取决于闪存，闪存厂商对闪存的成本和供应有自主权。可以预见，闪存厂商会继续主导消费级及企业级

SSD 市场。没有主控和闪存颗粒的 SSD 厂商（俗称模组厂），可凭借自身品牌和渠道优势，通过购买第三方主控和闪存来建立生产和销售体系，建兴、金士顿、江波龙、佰维、时创意和威刚科技等都是典型代表。

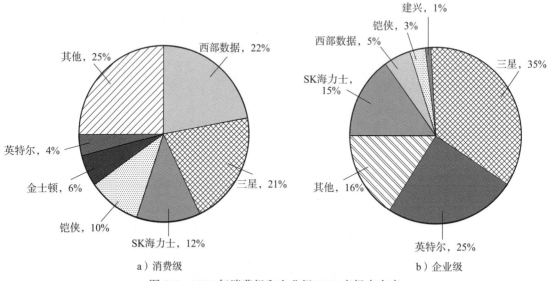

a）消费级   b）企业级

图 2-5　2021 年消费级和企业级 SSD 市场占有率

总之，SSD 的市场是闪存厂商、主控厂商、SSD 模组厂三方共舞的市场。目前该市场继续保持高速增长，各参与方激烈博弈，希望在这个市场占有一席之地。

2.1.4　国产 SSD 厂商和产品

近些年来，国产存储新势力不断崛起，在消费级渠道、PCOEM 和企业级市场不断发布新品，给市场增添了活力。下面将一捋国内一些典型代表厂商及其代表产品。

1. 江波龙

作为国内存储器行业龙头企业，深圳市江波龙电子股份有限公司（以下简称江波龙）拥有消费级存储 Lexar（雷克沙）品牌和企业级存储 FORESEE 品牌，一直以来在手机、PC、数据中心、汽车、消费零售终端市场占有重要的地位。近年来更是一直加大研发投入，在SSD 市场不断推出有竞争力的产品。

（1）Lexar NM800PRO 产品

Lexar 作为国际高端消费类存储品牌，它整合了多个品牌的技术优势，提供了一款专为游戏狂人和高阶发烧友设计的 Lexar NM800PRO（下面简称 NM800PRO）SSD，如图 2-6 所示。

NM800PRO SSD 使用 PCIe 4.0 x4 接口，支持 NVMe1.4 协议标准，连续读和写的速度分别可达 7500MB/s 和 6500MB/s，传输性能是 PCIe 3.0 SSD 的 2 倍，是 SATA SSD 的 13.6 倍。卓越的性能表现，使配有 NM800PRO SSD 的新一代主机平台系统可充分发挥自身优势，如缩短开机和加载时间、运行顺畅、响应快速等，可为游戏玩家或专业人士带来更直观的竞速体验。

图 2-6　江波龙 Lexar NM800PRO

在拥有超高性能表现的同时，NM800PRO SSD 还提供了 512GB、1TB 和 2TB 等多种大容量存储方案，这让操作系统、主机游戏与高质量影音大文件可存储在一个盘中。

值得一提的是，在产品设计工艺方面，NM800PRO SSD 采用 12nm 工艺，主控搭配176 层 3D TLC 闪存，支持低功耗 L1.2，在深度睡眠（PS4）状态下功耗可降到 3mW 以下。同时，该产品配置独立物理缓存，随机读和写的性能分别可达 800k IOPS[⊖]和 700k IOPS，有效提升了数据存储交互速度。

为了保障 PCIe 4.0 SSD 的高性能，NM800PRO SSD 还配置了带散热片的版本，整体采用鲨鱼鳍散热设计方式，散热片为全铝合金材质，多层次的 V 形线条能快速散热并维持性能稳定，降温比例高达 35%。

（2）FORESEE XP2100 PCIe SSD 产品

2022 年第一季度，江波龙旗下企业级存储品牌 FORESEE 推出首款 PCIe 4.0 x4 SSD——FORESEE XP2100 PCIe SSD（见图 2-7）。该产品采用 DRAM-less 架构，容量覆盖 256GB ～ 1TB，同时遵循市场主流的 NVMe 1.4 协议，并支持温控算法，能够在持续工作中平衡效能与温度。它还支持 L1.2，这让它实现了更低的功耗，提升了终端设备的续航时间。除此之外，该产品支持 TRIM 和 S.M.A.R.T 功能。FORESEE XP2100 PCIe SSD 已通过 UNH-IOL 认证，并已实现量产。

图 2-7　江波龙 FORESEE XP2100

⊖　IOPS 即每秒的读写次数，是衡量磁盘性能的主要指标之一。——编辑注

江波龙 SSD 研发团队利用先进算法，为 FORESEE XP2100 PCIe SSD 产品提供 5300MB/s 的顺序读取速度和 4900MB/s 的顺序写入速度，800k IOPS 的极高处理性能。未来，FORESEE XP2100 PCIe SSD 在 2400MT/s NAND 闪存的加持下，读取性能可达到 7000MB/s。

（3）BGA PCIe SSD

2017 年，江波龙首次发布当时最小尺寸的 SSD 创新形态产品——P900 BGA PCIe SSD，尺寸仅为 11.5mm×13mm，成为了移动、便携设备更优的存储解决方案。2018 年，江波龙发布了容量为 1TB 的 P700 BGA PCIe SSD，引领存储行业进入 TB 大容量时代。BGA PCIe SSD 示意如图 2-8 所示。

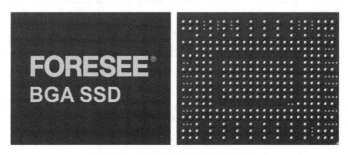

图 2-8　江波龙 BGA PCIe SSD

相比市场上常见的 M.2 2280 尺寸的 PCIe SSD，江波龙推出的 BGA PCIe SSD 尺寸更小，能够满足终端设备轻薄的极致体验。相比于其他 BGA 封装的 eMMC、UFS 产品，该产品可满足终端设备对高性能、低功耗的要求，江波龙通过 HMB 技术使 SSD 省去 DRAM 缓存芯片，同时不影响性能。

2. 佰维

深圳佰维存储科技股份有限公司（以下简称佰维）成立于 2010 年。佰维布局了存储介质特性研究、核心固件算法开发、存储芯片先进封装、存储芯片测试设备研发与算法开发的研发封测一体化的经营模式，使得佰维在大批量供应、定制化开发、产品一致性保证等方面具备巨大优势，可持续助力客户取得商业成功。

佰维秉承"立足中国，服务全球"的发展战略，布局了三大产品线——嵌入式存储、消费级存储、工业级存储，一个特色服务——先进封测服务。公司面向移动智能终端、PC、行业终端、数据中心、智能汽车、移动存储等信息技术领域提供端到端的存储产品解决方案。

（1）定制存储芯片和 ePOP E100 系列存储芯片

佰维针对智能穿戴市场推出的 ePOP E100 系列存储芯片，通过领先的封装技术集成了 NAND、主控和 LPDDR；通过定制化的固件开发和测试方案，使该系列产品兼具高性能、高可靠和低功耗的特性。该产品可直接贴装在 CPU 之上，在减小占用面积的同时，减小了信号传输距离，广受轻薄型终端厂商的追捧。佰维 ePOP 封装截面如图 2-9 所示。

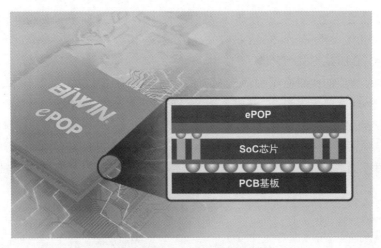

图 2-9　佰维 ePOP 封装截面图

佰维 ePOP E100 系列芯片的主要优势如下（见图 2-10）。

❑ 集成高性能 eMMC 和 LPDDR 芯片，在更小的体积内实现更高性能、更大容量。

❑ 定制化开发存储固件算法，拥有寿命监控、在线升级、智能休眠、低功耗等功能
模块。

❑ 最大顺序读取速度为 310MB/s，最大写入速度为 240MB/s。

❑ 采用垂直贴装，较传统的平行装载方式节省了约 60% 的板载面积。

❑ 减少电路连接设计，缩短产品上市周期。

❑ 可承受 –20 ～ 85℃的宽温工作环境。

图 2-10　佰维 ePOP E100系列

为进一步满足终端对小尺寸存储芯片的需求，佰维还推出了目前行业内尺寸最小的 ePOP 产品，尺寸仅为 8mm×9.5mm×0.79mm。

（2）PCIe 4.0 BGA SSD EP400

在半导体存储器的典型应用中，eMMC 和 UFS 主要应用于移动智能终端，对功耗、体积极其敏感；SSD 主要应用于 PC 和服务器，要求有超大容量（GB～TB 级别），极高的并行性，且要兼容已有接口技术（如 SATA、PCIe 等）。PCIe BGA SSD 的出现打破了这两类产品之间的界限，其尺寸与 eMMC 和 UFS 相当，又兼具 PCIe 的高性能与跨平台等优势。佰维充分发挥存储芯片端到端的研发优势及自身先进封测能力，推出 PCIe 4.0 BGA SSD EP400 系列（见图 2-11），主要面向旗舰级智能终端应用。

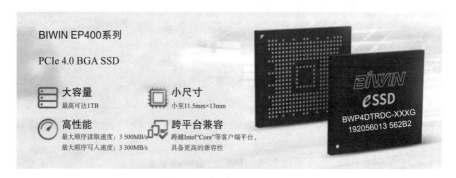

图 2-11　佰维 EP400 系列

PCIe 4.0 BGA SSD EP400 的关键特性如下。

❑ 支持 PCIe 4.0 x2 和 NVMe 1.4 接口协议标准，最大顺序读写速度分别达到 3500MB/s、3300MB/s。

❑ 采用自研固件，可灵活适配各类个性化需求。

❑ 用 Type 1113 的最小封装（11.5mm×13mm）实现 256GB～1TB 的存储容量。

❑ 支持低功耗管理（L1.2）。

❑ 采用 DRAM-less 架构，支持 HMB（Host Memory Buffer，主机内存缓冲）技术，这可提升读写性能。

❑ 支持 4KB LDPC 纠错技术，全面提升 NAND 颗粒使用寿命。

❑ 支持全区均匀磨损技术，能全面有效地提升固态硬盘使用寿命。

PCIe 4.0 BGA SSD EP400 在与 eMMC、UFS 同尺寸的前提下，最大顺序读写速度是 BGA SSD Gen 3 的两倍，且远高于 UFS 3.0/3.1 产品，在旗舰型移动智能终端应用上综合优势明显，是二合一笔记本电脑、旗舰智能手机、自动驾驶汽车、无人机等应用的绝佳存储选择。

（3）先进封测

在国内半导体存储器封测厂商中，佰维存储子公司惠州佰维专精于高端 NAND 和

DRAM 的先进封装和测试业务。惠州佰维位于惠州仲恺经济高新区的生产基地，占地 $3.8 \times 10^4 m^2$，建筑面积 $11 \times 10^4 m^2$，总规划产能为每月 7500 万颗芯片。惠州佰维入选"广东省 2018 年重点建设项目计划"，目前已完工并投产，以存储芯片封测 +SiP 先进封测双轮驱动发展。公司的存储芯片封测主要服务于佰维母公司、国内外存储晶圆厂及其他存储芯片厂商。图 2-12 和图 2-13 所示是惠州佰维产品堆叠示意。

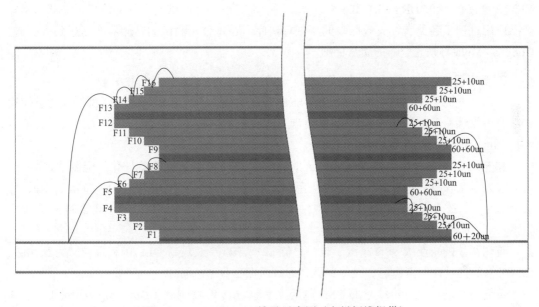

图 2-12　eMMC 16+1 堆叠示意图（惠州佰维提供）

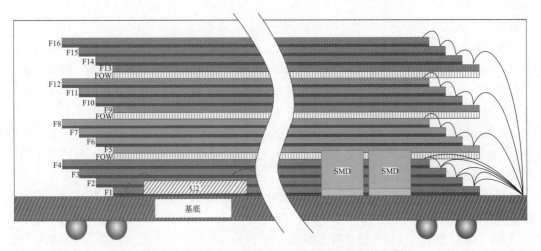

图 2-13　BGA SSD 16 层堆叠示意图（惠州佰维提供）

惠州佰维攻克了存储芯片先进封测面临的高 I/O 密度基板设计与仿真、晶圆减薄后翘曲、晶圆厚度均一性、超薄 Die 金属离子迁移污染、超薄 Die 切割和取放、多层堆叠应力分布、低压力模流、超低线弧引线键合、高精度高密度 Flip Chip（倒装芯片）等一系列技术难点。

测试方面，佰维存储自主开发了一系列先进测试设备，是国内少数在存储芯片测试领域具备从硬件到算法再到软件平台全栈开发能力的企业。公司具备针对 eMMC、UFS、ePOP、eMCP、LPDDR4、LPDDR5 等智能终端存储设备的测试能力，并构建了完整的覆盖产品应用过程中各类潜在失效风险的测试算法库。经过公司测试的存储器产品达到了中兴、Google、Meta 等领先企业的质量标准。

3. 英韧科技

目前，业界不少主控厂商陆续进入 SSD 研发领域。主控芯片对固态硬盘的性能、使用寿命及可靠性有重要影响，掌握 SSD 硬盘的核心技术也是主控厂商入局的优势之一。英韧科技（InnoGrit）就是此类厂家。

在充分发挥自有主控技术优势的同时，英韧科技利用具有的差异化、定制化的特点，为多家大型互联网企业、云厂商提供包括 QLC 闪存颗粒适配、ZNS（Zoned Namespace，分区命名空间）技术应用、CDN 性能保障在内的多种高端企业级 SSD 及专用化定制 SSD 解决方案。

英韧科技的企业级 SSD 搭配了长江存储 128 层 TLC 及最新 QLC 闪存颗粒，为互联网、云服务商等提供性能更稳定、性价比更高的数据中心存储产品。

英韧科技的 PCIe 4.0 企业级 SSD 包括标准 NVMe SSD 洞庭（Dongting）系列和云存储专用的 ZNS SSD 东湖（Donghu）系列。这两个系列的产品均采用英韧科技自研的主控芯片 Rainier（IG5636），最高支持 16TB 存储容量，支持 PCIe 4.0 x4 接口和 NVMe 1.4 标准，各项性能指标比肩国际品牌，已被多家互联网头部企业采用。

NVMe SSD 洞庭系列主要用于对存储设备有不断增加的加速需求的各类数据中心。该系列产品采用的快速 TRIM 算法可有效降低运行时后台负载，降低写放大系数，降低延迟和提升寿命。该系列产品提供了出众而稳定的性能，提供了端到端的数据保护功能和完善的企业级特性。

ZNS SSD 东湖系列主要用于云存储架构。该系列产品根据 ZNS 的技术要点设计了全新的 NVMe 控制器架构，提供了深度定制整合，可满足公有云厂商的云存储引擎对最佳整体性能和最优整体建设成本的需求。

另外，InnoGrit 东湖 -Z1 是一款 ZNS SSD 产品（见表 2-1），采用英韧科技的主控芯片 RainierHS（IG5638），支持 PCIe Gen4 x4 接口和 NVMe 1.4 标准，采用英韧科技自主研发的 4K LDPC ECC 技术，从而大幅改善了数据持久保持的能力。东湖 -Z1 的 LBA 空间被划分为很多独立的区域（Zone），内部保留极低空间，无须垃圾回收来整理数据，从而大大提升了空间利用率和 QoS。

表 2-1 东湖 -Z1 ZNS SSD 性能

参数项	参数值
主机接口	PCIe Gen4 x4
形态（硬件接口）	U.2
顺序读取速度	6 000MB/s
顺序写入速度	4 200MB/s
随机读性能	1 000k IOPS
顺序写性能	1 000k IOPS
随机读延迟（4KB）	58μs
顺序写延迟（4KB）	4μs

4. 大普微

深圳大普微电子科技有限公司（以下简称大普微或 DapuStor）成立于 2016 年，是国内先进的 SSD 主控芯片设计和智能企业级 SSD 定制开发厂商。公司具备 SSD 主控芯片设计、固件开发与测试、硬件开发、SSD 产品开发和量产交付能力，旗下有企业级智能固态硬盘、数据存储处理器芯片和边缘计算相关产品，广泛应用于主流服务器、运营商和互联网数据中心。

大普微作为国家高新技术企业，率先于业内提出存储 DPU 的概念，致力于推动中国"存算一体"与"智能存储"产业的发展。公司拥有全球先进的核心技术，已申请国内外发明专利超过 200 项，并在 2022 年荣获国家"专精特新小巨人"称号。

在当下这个数字化变革及信息爆炸的时代，大普微可为企业级客户及数据中心客户提供更高性能、更低能耗和简易运维的企业级 SSD 解决方案，同时提供 Open-Channel、KV、Zoned 命名空间等专业定制化企业级 SSD 产品。

2021 年，大普微自研并量产了 DPU600 PCIe 4.0 x4 SSD 企业级控制器，随后基于 DPU600 成功开发了具有高可靠性和高性能的多个系列的企业级 SSD 产品。这些产品面向不同的企业级存储应用场景，具体如下。

❑ Xlenstor：自研主控，面向 PCIe 4.0 x4 存储级内存 SCM SSD，已发布。

❑ 嵘神（Roealsen）：自研主控，面向 PCIe 4.0 x4 企业级 SSD，已发布。

❑ 蛟容（Jiaorong）：自研主控，面向 PCIe 4.0 x4 企业级纯国产化 SSD，已发布。

除自研主控之外，大普微还使用第三方国际知名控制器进行企业级 SSD 产品开发，如海神（Haishen）系列产品：第三方国际知名企业级 SSD 控制器，面向 PCIe 3.0 x4 和 PCIe 5.0 x4 企业级 SSD，已发布。

大普微的 SSD 产品形态有 U.2、E1、E3、AIC 和 M.2 等，容量从 400GB 到 16TB，实际的产品示意如图 2-14 所示。

图 2-14　大普微系列产品示意图

出色的产品性能、稳定的产品质量和节节攀升的出货容量，使得大普微成为国内少有的能在企业级 SSD 赛道上与英特尔（Solidigm）和三星等国际巨头同台竞技的中国存储厂商。

（1）嵘神和蛟容产品系列

嵘神 5 和蛟容 5 是大普微 PCIe 4.0 x4 企业级 SSD 产品，采用自研控制器 DPU600 和固件，搭载不同的 NAND。嵘神系列搭载铠侠 3D eTLC，蛟容系列搭载长江存储 3D eTLC。

嵘神和蛟容系列是国产化技术的引领者，是基于国产自研主控芯片已量产的企业级 SSD，是具有高性能、低延时、高可靠及易扩展等特性的企业级 SSD。嵘神 5 和蛟容 5 的性能超过了全球主流的企业级 PCIe 4.0 SSD，具体产品参数如表 2-2 所示。

表 2-2　嵘神 5 和蛟容 5 产品参数

产品型号	R5101	R5100	J5100	J5300
容量 /TB	3.84	7.68/15.36	3.84/7.68/15.36	3.2/6.4/12.8
颗粒	KIOXIA 112L eTLC		YMTC 128L eTLC	
外形	U.2 15mm		U.2 15mm	
接口	PCIe 4.0 x4, NVMe 1.4a		PCIe 4.0 x4, NVMe 1.4a	
DWPD	1		1	3
连续读写速度（128KB）/MB/s	7 400/5 350	7 400/7 000	7 400/7 000	7 400/7 000
随机读写性能（4KB）/k IOPS	1 750/240	1 750/320	1 750/340	1 750/640
随机读写时延（4KB）/μs	65/9	65/9	67/9	67/9
功耗	活跃状态＜22.5W，空闲状态＜7W		活跃状态＜19.5W，空闲状态＜7W	
MTBF	2.5Mh（兆小时）		2.5Mh	
UBER	10^{-17}		10^{-17}	
质保	5 年		5 年	
支持的操作系统	RHEL/SLES/CentOS/Ubuntu/Windows Server/VMware ESXi			

（2）存储级内存产品 Xlenstor 系列

Xlenstor 系列产品是为类似数据中心这样的具有数据密集度高、工作负载高等特点的使用场景提供的面向存储级内存（SCM）的企业级 SSD 存储方案，采用自研控制器 DPU600 和固件。在全球范围内另一家可提供存储级内存 SSD 产品的厂商是英特尔。英特尔的产品就是大名鼎鼎的傲腾（Optane）。

Xlenstor Gen2 作为大普微最新一代存储级内存的企业级 SSD，具备极低延时、高寿命和超高性能，支持端到端数据保护、VSS、多命名空间、NVMe-MI 等产品特性，专为对工作负载有严苛要求的企业存储、云服务等设计。

Xlenstor X2900P 容量高达 1.6TB，DWPD 高达 100，顺序读写速度分别高达 7.5GB/s 和 7.1GB/s（顺序写比英特尔傲腾 P5800X 高出 14%），随机读写性能分别高达 1 750k IOPS 和 1 340k IOPS（随机读比英特尔傲腾 P5800X 高出 20%），随机读写延时分别低至 17μs 和 5μs（随机写延时比英特尔傲腾 P5800X 低 28%），如图 2-15 所示。

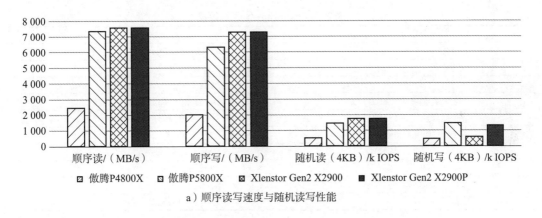

a）顺序读写速度与随机读写性能

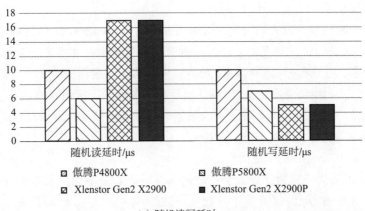

b）随机读写延时

图 2-15　大普微 X2900&X2900P 与 P5800X&P4800X 性能对比

（3）海神产品系列

大普微海神系列产品采用国际知名 SSD 主控芯片。Haishen 3 是 PCIe 3.0 x4 企业级 SSD，产品型号包括 H3200 和 H3100，支持 NVMe 1.3，单盘容量高达 8TB，DWPD 为 1，顺序读写速度分别高达 3 500MB/s 和 3 100MB/s，随机读写性能分别高达 820k IOPS 和 250k IOPS，随机读写延时分别低至 81μs 和 12μs，功耗低至 8 ～ 12.5W，可为数据中心带来 20% ～ 40% 的能效比提升。在安全性和可靠性方面，Haishen 3 通过软硬件多重保护，包括 LDPC 纠错、全路径数据保护和增强掉电保护等，为企业级用户的业务保驾护航。Haisen 3 采用 Smart-IO 和机器学习技术，在 SSD 内部对数据进行优化分组处理以降低写放大系数，提升 SSD 使用寿命，同时保证出色的性能一致性。

Haishen 5 是 PCIe 5.0 x4 的企业级 SSD，容量高达 16TB，顺序读写速度分别高达 14GB/s 和 8GB/s，随机读写性能分别高达 2800k IOPS 和 600k IOPS，尺寸包括 U.2、E1.S 和 E3.S 等，其他参数如表 2-3 所示。

表 2-3　Haishen 5 产品参数

参数项	参数值
容量	15.36 ～ 16TB
尺寸	E3.S/E1.S/U.2
接口	PCIe 5.0 x4/NVMe 2.0/Dual Port
连续读速度（128KB）	14GB/s（最高）
连续写速度（128KB）	8GB/s（最高）
随机读性能（4KB）	2 800k IOPS（最高）
随机写性能（4KB）	600k IOPS（最高）
随机 4KB 读 / 写延时	60μs/9μs
连续 4KB 读 / 写延时	8μs/9μs
支持特性	ZNS/SRIOV/TCG OPAL

5. 忆恒创源

北京忆恒创源科技股份有限公司（简称忆恒创源或 Memblaze）是国内最早一批投身企业级高性能 PCIe SSD 设计研发的公司，是拥有全球领先型技术实力的企业级 SSD 产品及解决方案供应商，也是积极推动 NVMe 规范在国内落地和应用的企业。历经十余年技术累积和产品打磨，其 PBlaze 系列企业级 SSD 已经在数据库、虚拟化、云计算、大数据、人工智能等热门领域广泛应用，为互联网、云服务、金融、电信等行业中的近千家企业客户提供了稳定可靠的高速存储解决方案。PBlaze 中的 P 代表 PCIe，Blaze 代表"闪耀和光亮"，PBlaze 表示"做 PCIe SSD 行业之光"。

Memblaze 团队从一开始就致力于打造最高性能的固态硬盘，成为领域内的性能王者。早在 2007 年，Memblaze 便笃定基于性能更高的 PCIe 接口进行产品开发，并在 2011 年推出业界首款 PCIe SSD 原型机，这不仅让业界感受到了 PCIe 带来的巨大魅力，更开启了 SSD 从 SATA、SAS 这样的 1.0 时代，向以 PCIe 为基础的 2.0 时代进军的新征程。

　　在随后的几年时间里，Memblaze 连续推出多款具有里程碑意义的产品。2012 年产品成功商用；2013 年 PBlaze 3 系列企业级 SSD 性能达 700k IOPS；2015 年推出支持 NVMe 协议规范的 PBlaze 4 系列，成功推动 NVMe 协议在国内数据中心的落地应用；2018 年推出基于 3D NAND 的 PBlaze 5 系列，将 SSD 性能推高至百万级 IOPS；2021 年基于自主研发的统一架构平台（MUFP）开发了 PCIe 4.0 高性能企业级 SSD PBlaze6 6920 系列，产品性能大幅提升，一举成为高性能企业级 SSD 的标杆。出色的产品性能、优秀的产品质量和巨大的出货量，也使得 Memblaze 成为少有的能与英特尔（Solidigm）、三星等国际巨头同台竞技的中国存储厂商。

　　2021 年，Memblaze 成功打造出以高能效比、高性能为特色的 PBlaze6 6530 系列企业级 SSD（见图 2-16），引领了 PCIe 4.0 时代主流产品的设计理念。它采用 8 通道主控，支持 PCIe 4.0 接口，有高达 1100k IOPS 的 4KB 随机读性能和 6.8GB/s 顺序读速度，典型写入功率仅为 12W，能效比相较于上一代产品有了近 2 倍的提升。

图 2-16　PBlaze6 6530 系列企业级 SSD

　　PBlaze6 6530 系列产品的研发设计，融入了 Memblaze 十余年的产品设计经验以及对 PCIe SSD 行业的深刻理解。为了将产品的能效比做到极致，Memblaze 从硬件选型、电路设计、固件设计等多方面进行了深度优化，通过 I/O 路径优化、多核计算、硬件多队列引擎、动态平滑等关键技术最大化降低额外开销，使得芯片性能得到充分发挥。

2.2　闪存市场

　　闪存围绕着市场、产品和厂商三块向前不断发展的核心原因是闪存原厂驱动 NAND 产品和技术向前发展，同时扩充产能以满足客户对存储空间高速增长的需求。本节对闪存的原厂动态和技术发展趋势进行介绍。

2.2.1　最新原厂动态

　　本节要介绍的闪存原厂包括韩国三星、韩国 SK 海力士（合并了 Solidigm）、日本铠侠、美国西部数据、中国长江存储。各家产品的 NAND 堆叠层数越来越大（目的是降低存储成本），但各家原厂堆叠层数增长速度和品质不尽相同，性能、参数和架构也有明显差异。

1. 3D NAND 的发展

　　自三星 2013 年推出第一代 24 层 3D V-NAND 以来，为增加闪存密度和闪存容量，闪存厂商"八仙过海各显神通"，不断增加 3D NAND 的堆叠层数。目前（2022 年 8 月）已量产的 3D NAND 堆叠层数的代表为 SK 海力士的 238 层，以后将是 300 层以上 3D NAND 的天下。

NAND 原厂各代次产品型号、堆叠层数统计如表 2-4 所示。

表 2-4　NAND 原厂的各代次产品统计

	早　　期			2019 年	2020 年	2021 年	2022 年	2023 年	未　　来		
SK 海力士	V3:48	V4:72	V5:96	V6:128	V7:176		V8:238				
三星	V3:48	V4:64	V5:96	V6:128			V7:176	V8:2xx	V9:3xx	V10	V11:5xx
Solidigm	G1:32	G2:64	G3:96		G4:144		G5:192				
西部数据 /铠侠	B2:48	B3:64	B4:96		B5:112		B6:162	B8:2xx			
长江存储				X1:64	X2:128		X3		X4	X5	X6

注：说明项中空白表示无产品发布；形如 "V3:48" 的项，冒号前为产品型号，冒号后为堆叠层数；形如"2YY" 为堆叠层数。

根据图 2-17 所示的闪存原厂路线图可知，各家原厂在不同的时间节点推出不同层数的 NAND 产品。SK 海力士在最近几年较为激进，在层数增长上跑得最快，在 2020 年下半年都推出了 176 层的 NAND，同时在 2022 年 8 月推出 230+ 层的 NAND。

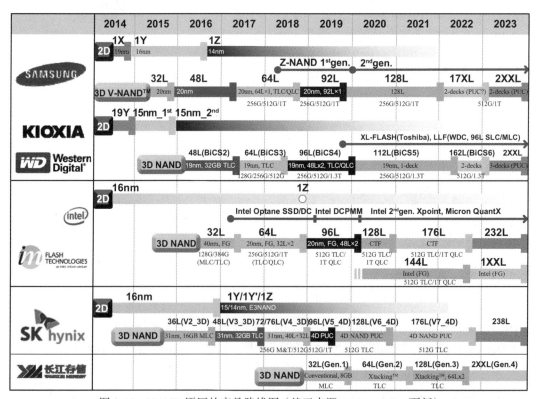

图 2-17　NAND 原厂的产品路线图（基于来源 Tech Insights 更新）

按照 Tech Insights 的预估，到 2023 年各家原厂闪存产品的 NAND 堆叠层数会一直增长，400+ 甚至更高层数会相继出现。

国产存储新势力长江存储从 32 层和 64 层开始，跳过 96 层直接来到 128 层并实现量产，实属不易。它的 128 层 NAND 产品接口速度达到 1600MT/s，读写擦性能和国际原厂的对应产品基本持平。

三星 176 层 NAND 原计划于 2021 年出来，但由于某些原因延迟到 2022 年上半年才量产，而 SK 海力士 NAND 抢先在 2020 年第四季度发布。从近期产品端的表现来看，三星有一些衰退的迹象。

纵观各原厂的 NAND 产品，竞争格局取决于两方面：一方面是决定 NAND 成本的层数和密度设计，这方面强调产品量产时间进度；另一方面是产能供应，这方面强调稳定性和规模化。

2. NAND 产能

当前全球闪存市场呈现"多头竞争"态势。从 2021 年第四季 NAND 闪存厂商市场占有率来看，三星以 33% 位列第一，SK 海力士以 21%（合并 Solidigm）占据全球市场第二位，铠侠以 19% 居第三位，其后是西部数据 14%。市场占有率竞争背后，是厂商间的产能之战。各厂商已有产能及工厂汇总如表 2-5 所示。

表 2-5　全球 NAND 生产基地

所在国家	厂　商	产　品	地点或工厂
中国	三星	NAND 闪存	西安工厂一期、二期
	Solidigm		大连工厂一期、二期
	长江存储		武汉存储基地一期、二期
	三星	DRAM	苏州
	SK 海力士		无锡工厂一期、二期
	长鑫存储		合肥工厂一期、二期
			桃园厂、台中厂、A3
	南亚科		桃园 DRAM 工厂
韩国	三星	NAND 闪存	华城 Fab12、Fab16、Fab17 平泽 P1、P2、P3
	SK 海力士		清州 M11、M12、M15 利川 M14
	三星	DRAM	华城 Fab13、Fab15、Fab17 平泽 P1、P2
	SK 海力士		利川 M10、M14、M16
日本	铠侠	NAND 闪存	四日 Fab2、Fab3、Fab4、Fab5、Fab6、Fab7 严守 K1

（1）三星

三星在韩国平泽拥有较大的半导体厂区，并计划 2030 年前在平泽厂区兴建 6 个半导体工厂。其中平泽 P1 厂，NAND 和 DRAM 月总产能约 30 万片。平泽 P2 厂于 2018 年开始兴建，2019 年竣工并且配备完毕，自 2021 年开始营运，主要用于扩大 DRAM、NAND Flash 存储器的产能，产能与 P1 厂相当。2020 年 5 月，三星投资 8 兆韩元扩增 DRAM 和 NAND Flash 生产线，并于 2021 下半年开始量产先进的 V-NAND 芯片。

平泽 P3 厂于 2020 年开始动工，用于生产 DRAM、NAND 闪存、系统半导体等混合产品。至本书完稿时，P3 厂已经进入基础设施投放环节，并计划于 2023 年下半年竣工，将成为全球最大的半导体工厂。业界人士透露，P3 厂完工后，三星将提前建设 P4 厂。

除了韩国平泽外，三星还计划在中国西安打造全球最大的闪存基地。三星已完成在西安建设的半导体二期扩建工程，相应设施已正式投入生产。三星西安二期产能达到每月 13 万片晶圆，若再加上原来每月 12 万片晶圆的产量，总产能达到每月 25 万片晶圆。

（2）铠侠

铠侠是全球第二大闪存制造商。日本四日市是铠侠重要的生产基地，1992 年铠侠开始投建四日市工厂，1992 年 4 月第一座制造大楼落成，目前用于生产 3D NAND 的厂房包括 Fab2、Fab3、Fab4、Fab5、Fab6。

2020 年 10 月铠侠宣布，为了加强 3D NAND Flash 产品 BiCS FLASH 的产能，决定于 2021 年春季，在四日市兴建新厂房 Fab7，并于 2022 年 4 月竣工，2022 年 7 月投产。2022 年 3 月 23 日，铠侠宣布，将开始对位于日本岩手县北上市的工厂进行扩建，在 K1 工厂旁边兴建新的 K2 工厂，以提高 3D NAND 闪存的产量。铠侠表示，此次扩建于 2022 年 4 月开始动工，预计 2023 年竣工，未来会专注于 BiCS Flash 的生产。

（3）SK 海力士

从产能方面来看，SK 海力士的 NAND 闪存产能主要来自韩国，目前主要生产基地有清州的 M11、M12、M15 以及利川的 M14。据韩媒 Ddaily 报道，SK 海力士将在现有 M15 厂区内通过扩充生产设备的方式全力运营 M15。据悉，M15 已开始投入无尘室建设，因此 NAND 产能有望得到进一步提升。

除了上述 NAND 生产基地外，SK 海力士通过收购美国英特尔 NSG 存储业务，在中国大连也有了 NAND 的布局。2020 年 10 月，英特尔宣布把存储业务以 90 亿美元的价格出售给 SK 海力士，包括英特尔的 NAND（非易失性存储）固态硬盘业务、NAND 组件和晶圆业务，以及位于中国大连的 NAND 闪存生产基地 Fab 68。

CFM 闪存市场数据显示，SK 海力士收购英特尔大连 NAND 工厂之后，其 NAND 市场占有率有望超过 20%。

（4）长江存储

根据之前媒体的公开报道，国内 NAND 厂商长江存储的一号工厂已经实现稳定量产。2021 年一号工厂月产能达到 10 万片晶圆。2020 年 6 月 20 日，长江存储二号工厂项目在武汉东湖高新区开工，规划每月生产 20 万片晶圆。

3. NAND 参数对比

ISSCC 在 2021 年公布了一些厂商的 NAND 数据（见表 2-6），下面从这些数据中看看

176 层 NAND 的表现。对于 TLC NAND，主要看三星 V7、SK 海力士 V7 和铠侠 BiCS6。

表 2-6　不同厂商 TLC NAND 参数对比

对比项	三　星		SK 海力士	西部数据 / 铠侠		
年份	2021	2019	2021	2021	2019	2018
层数	176（V7）	128（V6）	176（V7）	162（BiCS6）	128（BiCS5）	96
单 Die 容量 /Gb	512	512	512	1 024	512	512
Die 尺寸 /mm²	NA	101.58	NA	98	66	86
密度 /（Gb/mm²）	8.5	5	10.8	10.4	7.8	5.95
I/O 速率 /（GT/s）	2.0	1.2	1.6	2.0	1.066	0.533
写入速度 /（MB/s）	184	82	168	160	132	57
读取时间 /μs	40	45	50	50	56	58
闪存块大小 /MB	49.5	48.375	66	38	21	18
Plane 个数	4	2	4	4	4	2
CuA/PuC 技术	是	否	是	是	是	否

从量产时间上看，SK 海力士 V7 最早于 2020 年第四季度宣布量产。三星 V7 和铠侠 BiCS6 有一年多的滞后，到目前（2022 年第二季度）还没有官方量产消息发布。

2021 年 ISSCC 公布了一些 QLC 方面的数据（见表 2-7），毫无疑问，英特尔 QLC NAND 表现最为出色，它在 144L QLC 密度方面达到 13.8Gb/mm²，领先 SK 海力士、西部数据 / 铠侠很多，当然后者仅为 96L QLC。在性能方面，英特尔 144L QLC NAND 写入带宽为 40MB/s，读写延时分别为 85μs 和 1630μs，Plane 个数是 4，对异步的 Plane 提供了很好的随机读性能。整体来看，英特尔 144L QLC NAND 在各方面都遥遥领先，这得益于它在 QLC 领域多年的深耕和取得的 QLC 技术突破。

表 2-7　不同厂商 QLC NAND 参数对比

对比项		英特尔		三　星		SK 海力士	西部数据 / 铠侠
年份		2021	2020	2020	2018	2020	2019
层数		144	96	92	64	96	96
单 Die 容量 /Tb		1	1	1	1	1	1.33
Die 尺寸 /mm²		74	114.6	136	182	122	158.4
密度 /（Gb/mm²）		13.8	8.9	7.53	5.63	8.4	8.5
I/O 速率		1.2GT/s	800MT/s	1.2GT/s	1.0GT/s	800MT/s	800MT/s
写入性能 /（MB/s）		40	31.5	18	12	30	9.3
写入延时 /μs		1 630	2 080	2 000	3 000	2 150	3 380
读取延时 /μs	平均	85	90	110	145	170	160
	最大	128	168	NA	NA	NA	165
闪存块大小 /MB		48	96	NA	16	24	24
Plane 个数		4	4	2	2	4	2

4. 长江存储

国内厂商长江存储（下文简称"长存"）在 3D NAND 上发展非常不错，其产品在各项性能指标上均可以追平同类型的国际原厂 NAND。

产品方面，长存紧跟业界 3D NAND 的堆叠层数，以开先河的 Xtacking® 晶栈高速 I/O 架构来设计 NAND 产品。完成 NAND 的发展之后，长存开始布局系统级解决方案，包括 SSD 产品。下面介绍长存的最新 NAND、Xtacking® 晶栈技术及最新 SSD 产品。

（1）TLC NAND：X2-9060 和 X3-9070

长存于 2021 年量产 128 层 X2-9060 TLC NAND，Die 大小为 512Gb，Plane 的个数是 4。得益于 Xtacking® 晶栈架构，该产品的 I/O 速度做到了 1 600MT/s，与其他国际原厂 176 层的速度相同，这是当年已量产的 NAND 中最高的接口速度。

X3-9070 TLC NAND 支持的协议从 ONFI 4.1 升级到 ONFI 5.0，也就是支持最高速度 2 400MT/s，这不仅会提升 NAND I/O 速度，还会大大提升系统性能。它的 Plane 个数为 6，并完整支持 AMPI（Asynchronous Multi-Plane Independent，异步独立多平面），这极大提升了闪存读写的并发度，尤其极大提升了系统随机读取的性能。X3-9070 的推出，在同一时期基本追平国际原厂的最新 NAND 产品参数。

上述两款产品的参数如表 2-8 所示。

表 2-8　长存 NAND 参数

NAND 型号	X2-9060	X3-9070
ONFI 协议	4.1	5.0
Die 容量 /Gb	512	1 024
Plane 个数	4	6
最大 I/O 速度 /（MT/s）	1 600	2 400

（2）Xtacking® 晶栈技术

传统的 CnA（CMOS next to Array，CMOS 紧邻的阵列）结构是将 CMOS 电路和存储器阵列（NAND Array）左右平铺在晶圆特定单元上，各占一块地盘，相当于各占一个独立的小房间。这么做导致两个房间占用面积过大，而对晶圆来讲面积就是成本。节省占用面积的思路是把两个房间叠起来变成两层小楼，于是出现了 CuA（CMOS under Array，CMOS 阵列下）或 PuC（Periphery under Cell，单元外围）。把 CMOS 电路放在一楼，存储器阵列放二楼，这样两栋小房子变成两层小楼，空间不变但占用面积减少一半。

长存独辟蹊径，发明了一种 Xtacking® 晶栈技术，从空间摆放位置上看（见图 2-18c）与 CuA 或 PuC 结构相同，可让两栋小平房变成两层小楼，减少占用面积。但原理上完全不同，Xtacking® 晶栈原理是让 CMOS 电路和存储器阵列分别在两块晶圆上进行设计、生产和流片，然后两片晶片键合在一起，相当于两块芯片上下通过键合技术连接组装在一起。

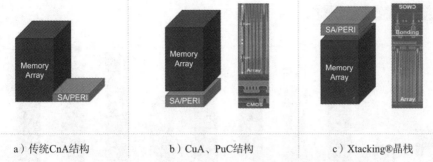

| a）传统CnA结构 | b）CuA、PuC结构 | c）Xtacking®晶栈 |

图 2-18　CnA、CuA、PuC、Xtacking® 晶栈三维结构图

Xtacking® 晶栈多出来的一道工序——CMOS 电路和存储器阵列键合在一起，这对产品良率和成本有何影响？实际上，键合工艺已经很成熟，对接的难度并不大。Xtacking® 晶栈在晶圆平整度、强度及设计上进行了优化，可把单道工艺良率控制在非常高的水平，故总的产品良率和其他架构产品良率相当。另外，随着硅片制造成本的下降，多用一片晶圆对总成本的影响并不大。

Xtacking® 晶栈把 CMOS 电路和存储器阵列分开，在两块晶圆上独立设计、生产和流片，这种方式称为模块化和解耦。使用这种方式可以根据模块的不同需求，进行针对性优化。在电路设计方面，可按照标准 JEDEC I/O 找出最优制程及电路实现方法，使 CMOS 电路独立设计，不必受制或依附于存储器阵列的制程。存储器阵列按照自己的层数及最优制程去设计。在生产制造方面，传统方法因为有沉积、注入等工序，存储器阵列生产时温度可高达近千摄氏度，如此高温对先进逻辑工艺模块 CMOS 电路制造将带来非常大的挑战，模块化可以解决此挑战。

模块化的其他好处是什么呢？

拥有更好的性能和更低的功耗

ONFI 5.0 最高速度是 2400MT/s，以后还会升级到新标准，速度达到 3600MT/s、4800MT/s，速度越来越快。为了实现更快的 I/O 速度，可以用更先进的制程来设计 CMOS 电路，这样做不仅可以提供更快的 I/O 速度，还可以使电路面积更小，使功耗更低。

提高存储密度

在设计传统存储器阵列的时候，需要考虑与 CMOS 电路设计兼容的问题，而 Xtacking® 晶栈架构摆脱了 CMOS 设计的束缚。数据表明，Xtacking® 晶栈架构与传统 CuA 方法相比可以提高 5% ～ 10% 的存储单元效率（有效存储单元面积 / 总面积），如图 2-19 所示。同时，存储器阵列可以继续通过不断增加层数来提高存储密度。

缩短研发生产周期

Xtacking® 晶栈的理念是解耦，CMOS 和存储器阵列的研发和生产都可以在一定程度上并行，需要的时候再对接在一起，从而显著缩短产品研发和生产制造周期。这也是模块化思维的一种体现。

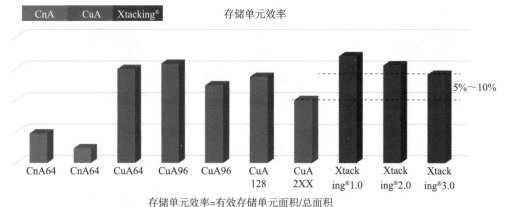

存储单元效率=有效存储单元面积/总面积

图 2-19　CnA、CuA、Xtacking® 晶栈存储单元效率对比

从生产周期上看，传统 NAND 在同一块晶圆上实现 CMOS 和存储器阵列，生产工序是有先后顺序的。由于 Xtacking® 晶栈使用的二片晶圆可以同时生产，然后键合在一起，所以与传统方式的生产周期相比节省了 20% 以上的时间（见图 2-20），这是一个巨大的提升。这意味着基于 Xtacking® 晶栈技术进行生产，每月产能可以从 3 万片提升到 3.6 万片，多产出的部分相当于直接变现。

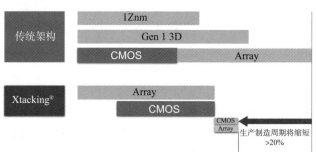

图 2-20　传统和 Xtacking® 晶栈 NAND 生产周期示意图

集成更多功能

由于独立的 CMOS 电路设计可以使用更先进的制程，所以在同样的晶圆面积上可以集成更多的电路功能。例如可以在闪存中集成数据计算、加速和人工智能功能，实现存算一体，从而带来带宽和算力提升以及整体功耗的优化。当然，也可以根据应用需求把所需的其他算法集成到电路中。

独立的 CMOS 芯片设计，可为未来应用提供无限可能，如图 2-21 所示。

图 2-21　Xtacking® 晶栈 CMOS 电路创新设计

不影响可靠性

JEDEC 标准规定，芯片即使处在复杂的环境中也要保持良好的可靠性，对于晶圆键合来说，可靠性的高低主要取决于金属电阻和击穿电压是否发生退化。采用 Xtacking® 晶栈架构键合的晶圆在经受严苛的测试（如变温循环测试、高温储存测试和高温高湿测试）后，金属电阻变化小于 3% 且击穿电压基本不变，这一表现高出 JEDEC 标准数倍，表明 Xtacking® 晶栈架构具有良好的电学可靠性。同时，Xtacking® 晶栈架构的键合界面还具有良好的机械强度。在经过变温循环测试后再进行双悬臂梁测试，即对两片晶圆分别施加反向的拉伸应力直至键合界面撕裂，最终得到的撕裂界面不是沿着界面处平整裂开，这说明键合界面具有良好的机械稳定性。这类似于在两片晶圆之间用了"502"胶水，具有很强的黏合度。

长存是第一个将 Xtacking® 晶栈技术应用在闪存行业的。这个"第一"不是概念上的，而且真正实现规模量产，并通过市场检验，得到了客户认可。

（3）最新 cSSD 产品 PC411

基于长存最新的 Xtacking® 晶栈 3.0 技术设计的第四代 TLC NAND，I/O 接口速度高达 2400MT/s。用这样高速 I/O 的 NAND 来设计一款消费级 PCIe 4.0 x4 SSD，为了达到用户顺序读 7.4GB/s 的要求，需要几个 NAND 通道可以满足呢？答案是只需要 4 个通道，而不是传统的 8 个通道。这种技术节省了 50% 的通道，降低了 SSD 主控、NAND 和 SSD 整体功耗，并维持等同于 8 个通道 7.4GB/s 的性能。这是如何做到的？答案是基于"饱和总线带宽"进行设计。

什么是"饱和总线带宽"？首先看一下 NAND I/O 连续读条件下的理论带宽计算，如图 2-22 所示，无论是 8 通道还是 4 通道，顺序读性能都跟 NAND I/O 速度呈线性增长关系，I/O 速度越快，顺序读性能越高。在 Xtacking® 晶栈 2400MT/s 的速度下，对于 PCIe 4.0 x4 SSD 来说，4 个 NAND 通道 9.6GB/s 就可以满足 8GB/s 前端 PCIe 总数据带宽需求，不需要 8 通道提供的 19.2GB/s 带宽（属于性能过剩）。

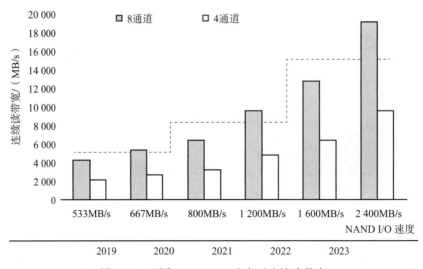

图 2-22　不同 NAND I/O 速度下连续读带宽

　　连续写性能不仅依赖 NAND I/O 速度，还受限于 NAND 编程速度（tPROG 参数）、Plane 个数和并发写 Die 个数。如图 2-23 所示，在控制器 4 通道、8 个 Die 的情况下，4 Plane 和 6 Plane 在不同的 NAND SLC tPROG 编程参数下可以实现不同的 SSD 连续写带宽，其中 6 Plane 可最先在 SLC tPROG 编程参数 100μs 及以下实现 PCIe 4.0 x4 8GB/s 连续写带宽。

　　基于上面的理论，长存最新的消费级 SSD 产品 PC411 融合了 Xtacking® 晶栈高速 2 400MT/s NAND I/O 优势，使用 4 通道 NAND 后端架构，配合 6 Plane 和 6 路 AMPI NAND，同时整体设计为 DRAM-less 架构，采用 PCIe 4.0 x4 前端。先看该产品实际的性能和功耗表现（对比 8 通道 NAND 带 DRAM 的 PCIe 4.0 友商 SSD 产品）。

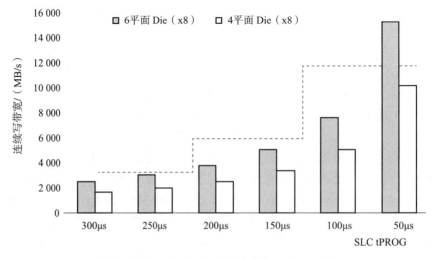

图 2-23　不同 SLC tPROG 参数下连续写带宽

1）**CDM 性能**：连续读写速度分别约为 7000MB/s 和 6500MB/s，随机读写性能分别约为 850k IOPS 和 630k IOPS，如图 2-24 所示。

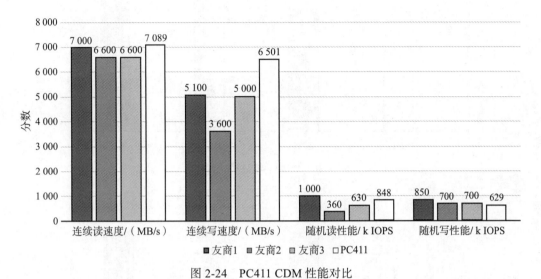

图 2-24　PC411 CDM 性能对比

2）**PCVantage 跑分**：20 万分，领先部分其他原厂 8 通道 NAND 带 DRAM SSD，如图 2-25 所示。

3）**峰值功耗**：在满性能读写速度下，PC411 峰值功耗为 4.1W，是最低的，友商产品为使用 8 通道的 SSD，峰值功耗为 6 ～ 8W，如图 2-26 所示。

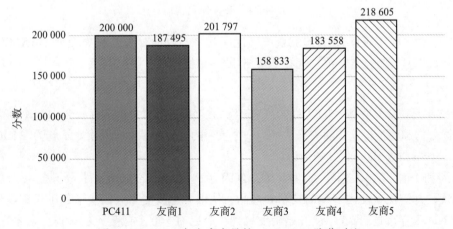

图 2-25　PC411 与友商产品的 PCVantage 跑分对比

4）**PS4 低功耗**：PC411 低功耗为 2.6mW，位列最后一名，友商产品使用 8 通道 SSD PS4，低功耗分别在 3 ～ 7mW 之间，如图 2-27 所示。

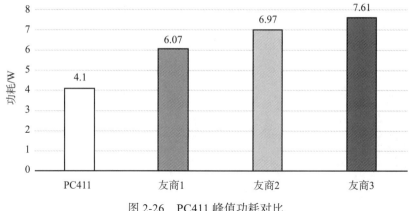

图 2-26　PC411 峰值功耗对比

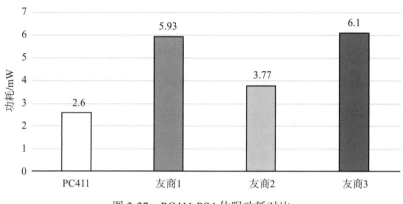

图 2-27　PC411 PS4 休眠功耗对比

结论：PC411 4 通道 NAND SSD 产品性能几乎与友商 8 通道 NAND 带 DRAM 的 SSD 性能同等，但具有更低的峰值功耗和 PS4 省电休眠功耗。

5. 铠侠

2022 年是铠侠发明 NAND 闪存的第 35 年，在当年 8 月举办的闪存峰会（FMS 2022）上，铠侠美国公司和整个行业共同庆祝了这样一个重要的里程碑日期，并发表了题为"KIOXIA：35 Years of Flash & Beyond"的演讲。

回溯到 1987 年，人们很难想象 NAND 闪存这项当时的全新技术会开创一个崭新的技术时代，并淘汰了使用多年的技术和产品，从根本上改变了人们生活、工作和娱乐的方式。NAND 闪存市场自 35 年前开始，发展到如今已有 700 多亿美元的规模。在容量方面，NAND 闪存已经从 4Mb 增加到 1.33Tb，实现了约 333 000 倍的增长。

铠侠 NAND 闪存从出现至今所经历的发展节点如图 2-28 所示。

根据集邦科技市场调研数据，铠侠 NAND 闪存产品在 2022 年第一季度市场占有率为 18.9%，全球排名第二。

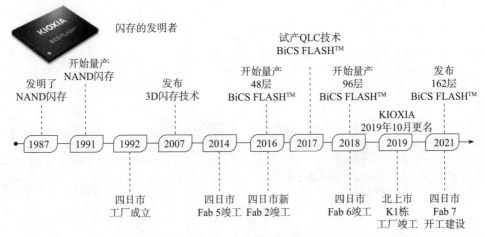

图 2-28　NAND 闪存的重要发展节点

铠侠在四日市和西部数据合资投建了 Y1 ～ Y6 六座工厂和一座研发大楼，占地面积 694 000m²，是世界上最大的闪存生产基地，可生产 NAND 的数量占全球 30% 以上。铠侠新建的四日市 Fab7 工厂已于 2022 年 4 月竣工，并于秋季投产。Fab7 采用减震结构和环保设计，其中还包括最新的节能制造设备，以及 AI 先进制造系统。下一步铠侠计划扩大北上市 K2 工厂的产能，预计 2023 年竣工，这将继续巩固铠侠 NAND 的领导地位和新一代 3D NAND 的发展。

2022年铠侠发布 BiCS6（162 层 3D NAND），与 BiCS5（112 层 3D NAND）技术相比，BiCS6 产品的容量密度提高 10%，应用程序性能可提升近 2.4 倍，读取延迟降低 10%，I/O 性能提高 66%。

铠侠的 NAND 颗粒对外售卖以企业级 NAND 为主，该产品以其优异的性能和可靠的质量深受企业级客户的欢迎。另外，铠侠目前能提供 XL-FLASH 存储级内存（SCM）NAND 产品，基于 XL-FLASH 特别优化的超低读写时延电路设计和超长 PE Cycle 寿命，客户可以开发出高性能、低延迟和高寿命的存储级内存 SSD 产品。同时，XL-FLASH 为存储级内存技术和产品的发展提供了必需的开发介质和研究支持。

系统解决方案方面，铠侠可为服务器、数据中心、PC、笔记本电脑、游戏机等提供 SSD 产品，还可以为手机 eMMC/UFS、SD 卡等提供嵌入式产品，如图 2-29 所示。

针对服务器和数据中心领域，铠侠 FL 系列 SSD 采用的是 XL-FLASH NAND 技术，这为企业级服务器和数据中心分布式存储提供了高性能读写缓存；CD 系列则兼顾更好的性价比，为存储服务器提供更多的空间和快速的读写性能；PM 系列则具备 SAS 双端口设计，可满足对安全性特别重视的存储解决方案。

6. SK 海力士

根据闪存市场 2022 年第二季度原厂闪存营收排名（见表 2-9），SK 海力士（合并 Solidigm）第二季度闪存收入 36.17 亿美元，季度环比增 12.9%，营收市场占有率为 20.1%，排名第二。NAND 出货量环比增长为高个位数百分比，NAND 平均售价增长为低个位数百分比。

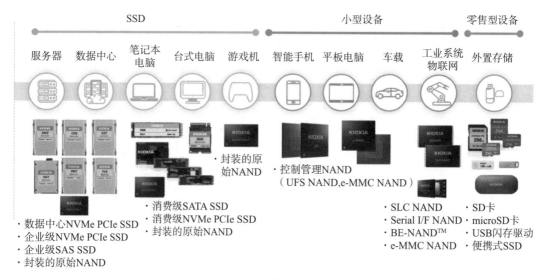

图 2-29　铠侠闪存系统产品

表 2-9　2022 年第二季度各原厂 NAND Flash 营收排名

22Q2 NAND Flash Revenue Ranking				
排　名	公　司	销售额 / 百万美元	市场占有率	增长率
1	三星	6 030	33.4%	-4.6%
2	SK 海力士	3 617	20.1%	12.9%
3	铠侠	2 832	15.7%	-16.4%
4	西部数据	2 400	13.3%	7.0%
	其他	3 151	17.6%	30.5%
	汇总	18 030	100%	1.4%

　　SK 海力士这几年在闪存业务方面进步非常明显，如 2020 年第四季度 SK 海力士发布 176 层闪存。从量产后客户反馈看，产品质量和性能比之前产品有了明显的进步。

　　SK 海力士于 2022 年 8 月 3 日宣布成功研发全球首款业界最高层数（238 层）的闪存，并向客户发送了 238 层 512Gb TLC 4D 闪存样品，并计划在 2023 年上半年正式量产。公司还将于 2023 年发布 1Tb 密度的全新 238 层闪存产品，密度是现有产品的 2 倍。

　　238 层闪存的接口传输速度为 2.4Gb/s，相比前一代产品提高了 50%，芯片读取数据时的功耗减少了 21%，性能功耗比有了比较大的提升。新产品每单位面积具备更高的密度，从而使 SK 海力士能够在相同大小的硅晶片上生产出更多的芯片。

　　SK 海力士计划将 238 层闪存首先应用于自家的消费级 SSD，随后将其导入智能手机和高容量的服务器企业级 SSD 等。

　　近些年与 SK 海力士有关的另一件大事是，2020 年 10 月，SK 海力士正式宣布将以 90 亿美元的价格全盘收购老牌存储大厂英特尔闪存以及存储器业务，但不包括英特尔研发的 3D XPoint 等相关业务。此项交易中最为核心的业务包括英特尔 SSD 业务、NAND 部件、晶圆业务和相关技术，以及英特尔在中国大连建造和运营多年的 Fab 68 闪存制造工厂。

收购之后，七大闪存原厂仅剩"六大"了，相应的原属于英特尔的 NAND 产能和市场份额，也会成为 SK 海力士的囊中之物。根据闪存市场排名，三星依旧以 33% 左右的市场占有率占据首位，而 SK 海力士将以 20% 以上的市场占有率取代铠侠成为第二名，直接发起了对三星的挑战，闪存行业的变局由此开启。

收购英特尔 SSD 业务后，SK 海力士专门注册了一家美国公司来独立运营新收购的业务。新公司的名称定为 Solidigm，总部设在加利福尼亚州圣何塞，目前有 2000 多名员工，英特尔前高级副总裁 Rob Crooke 被任命为该公司的 CEO。作为 solid-state 与 paradigm 的合成词，Solidigm 寓意致力于创造一种新的固态范式和提供无与伦比的客户服务，为存储行业带来革新。

2022 年 2 月，SK 海力士宣布，在 2021 年 2 月 22 日获得中国国家市场监督管理总局的批准后，公司圆满完成了收购英特尔闪存及 SSD 业务案的第一阶段。按照合约，SK 海力士将向英特尔支付 70 亿美元。预计在 2025 年 3 月或之后的第二阶段，SK 海力士将支付 20 亿美元余款并从英特尔收购其余相关有形或无形资产，包括闪存晶圆生产与设计相关的知识产权、研发人员以及大连工厂的员工。届时，收购交易将最终完成。

7. 三星

2022 年第二季度三星电子 NAND 闪存的销售额为 60.3 亿美元，环比下滑 4.6%，所占的市场份额也由上一季度的 35.3% 下降至 33.4%，但依然位列第一。

闪存方面，三星的 176 层以及 200+ 层闪存目前（本书完稿时）还没有正式出货，按照网上资料，V7 TLC NAND 的单 Die 容量为 512Gb，接口速度为 2Gb/s；另外 176 层规划有 1Tb QLC。往后看，V8 TLC 到 200+ 层，单 Die 容量为 1Tb，接口速度为 2.4Gb/s，计划于 2023 年发布。

SSD 方面，三星全面开花，除传统的 SSD 外，在 2022 年 FMS 闪存峰会上它展示了基于 CXL 的 SSD、KV SSD 及 SmartSSD。在 SSD 等系统产品方面，三星展现了全面的技术领先和创新能力。

企业级 SSD 方面，三星 PM1743 和 PM1653 均已量产，PM1743 是业界首款 PCIe 5.0 x4 SSD，PM1653 是首款 24G SAS 3.0 SSD。三星进一步强调了 SmartSSD 和 CXL DRAM，旨在突破当前企业级应用环境下内存和存储架构的瓶颈。

消费级 SSD 方面，三星发布了 PCIe 4.0 x4 980 PRO 的升级款 990 PRO，这是目前已量产面世的最快速度的 PCIe 4.0 x4 消费级 SSD 产品，顺序读取和写入速度分别高达 7 450MB/s 与 6 900MB/s，随机读取和写入速度分别高达 1 400k IOPS 和 1 550k IOPS。与上一代 980 PRO 相比，随机性能提升 55%，990 PRO 特别适合生产力繁重的任务。

移动存储方面，2022 年 8 月，三星发布业界首款 UFS 4.0 移动存储，UFS 4.0 与现有的 UFS 3.1 相比，数据传输带宽翻了 1 倍，实现了更快的数据存储和读取。预计该产品将成为旗舰智能手机的关键零部件。

8. 西部数据

2022 年第二季度，西部数据 NAND 闪存的销售额为 24 亿美元，环比增长 7%，季度市场占有率为 13.3%，位列第四。

西部数据 2022 年推出第六代 162 层 BiCS6 TLC NAND，单 Die 容量 1Tb，接口速度 2.0Gb/s，计划 2022 年底开始量产。除了 TLC，BiCS6 还配置有 1Tb QLC，编程速度更快。

西部数据和铠侠一直以来都共同进行 NAND 设计和生产，产能复用，两家一起占全球 NAND 闪存市场 30% 以上的产能，位列第一。

西部数据拥有 HDD 和 SSD 两大存储产品线，两条产品线相互协同，互为补充。HDD 在消费级产品领域已日薄西山，渐渐被 SSD 取代，但在企业级产品领域它凭借大容量（单盘 22TB 以上）和低成本优势，依然广泛用于存储对性能要求不高的温冷数据。第三方机构数据显示，企业级 HDD 在企业级存储器中占据 80% 以上出货 PB 数。

消费级产品市场，西部数据凭借品牌、质量和性价比的优势，出货量和市场占有率以 37% 全球排名第一。典型的产品有 PCIe 3.0 x4 SN750、SN730，以及 PCIe 4.0 x4 SN850、SN770 等。在消费级 SSD 市场，西部数据 SSD 表现也不错，位列三星之后，全球排名第二。

在企业级 SSD 领域，西部数据和三星将共同推动下一代数据放置、处理和结构（D2PF）存储技术的标准化和应用，两家公司将为下一代分区存储技术以及开放和可扩展的数据中心架构定义高级模型和框架。早在 2021 年 12 月，三星和西部数据就成立了 Zoned Storage TWG（技术工作组），该小组正在制定 ZNS 设备的用例，以及主机 / 设备架构和编程模型。

2.2.2 闪存发展趋势

先说结论：3D 闪存发展将一直围绕层数、I/O 速度和性能 3 个维度展开，层数解决单位 GB 成本问题（增加位密度），I/O 速度和性能解决不断增长的用户性能需求问题。

1. 层数

按照 2022 年 5 月某 SSD 大厂发布的路标图（见图 2-30），预计 2022 年底（实际是 8 月）发布新品 232 层 NAND，接口速度将会是 ONFI 5.0 的速度。往后将是 200+、300+、400+ 层，按过去的 NAND 发布节奏，两代产品间隔的时间为 1.5 ～ 2 年，所以 5 年后或许能看到 400+ 层的 NAND。从图 2-30 中可以看出，各家对 NAND 层数的追逐到了"卷"的时代，加上产能的增加，可预见的是后续几年各大闪存厂商将进入疯狂"盖楼"的时代。

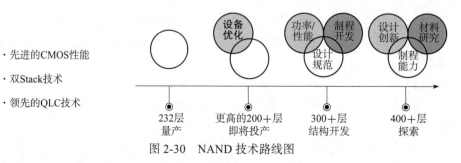

图 2-30　NAND 技术路线图

层数的增加也给 NAND 带来如下挑战。

□ 层数增加，层与层之间的差异更大，在层间打洞也会更难。

□ 可靠性会越来越差，NAND 设计上需要更多额外 Spare 数据及具有更强纠错能力的 LDPC。

□ 层数增加，页数会随之增多，这会导致块变得更大，这对固件设计提出更大挑战，例如垃圾回收需要搬移更多的数据，关闭一个块需要填充更多的数据，耗时更长，处理命令延时更长。

2. 接口速度

原则上 NAND 的接口速度跟随 ONFI、Toggle 的标准，目前市面上已量产的 NAND 最高速度是 1 600MT/s。最新 JEDEC 组织定义的 ONFI 5.0 是 2 400MT/s，2022 年 8 月推出的 200+ 层 NAND 产品会搭配这个速度。ONFI 5.1 标准正在制定中，从目前趋势来看，会向 3 000MT/s 以上速度发展，如图 2-31 所示。再看 PCIe 速度的发展，PCIe 3.0 之前是每 5 ～ 6 年发展一代，但从 4.0 到 5.0 只隔了 2 年，6.0 标准的出现更是势不可当。标准有了，适配 PCIe 接口的各行各业的产品开始涌现，NAND 接口速度和前端（PCIe）速度同步向前发展，先有标准，再找应用场景和产品。

图 2-31　JEDEC NAND ONFI 标准

如此高的 I/O 速度怎么样才能被发挥出来呢？诸如 PCIe 4.0&5.0 SSD 和 UFS 3.1&4.0 等产品，前端大带宽需要后端高速 NAND I/O 与之匹配。

以 PCIe 4.0 x4 cSSD 为例，前端带宽为 8GB/s，如果 NAND I/O 速度为 1 200MT/s，控制器后端需要 8 通道；如果 NAND I/O 速度达到 2 400MT/s，控制器后端 8 通道则可降低为 4 通道，从而降低控制器成本和功耗，带来整体 SSD 成本和功耗的降低。

未来几年，更高速的 PCIe 5.0 SSD 也可借助更高速的 NAND I/O 来满足前端带宽的需求。

有关接口速度，下面具体看 JESD230F 标准的定义。JESD230F 是面向 ONFI 5.1 的标准，目前大致的草稿已经完成，它相比于之前的标准最大的变化是接口速度从 2.4GT/s 提升到 3.6GT/s，NAND 厂商可按需设计为 2.8GT/s、3.2GT/s 或 3.6GT/s。其他的接口电压（如 V_{CCQ} 为 1.2V、V_{CC} 为 2.5V/3.3V）保持不变，DQ 位宽为 8 位。具体如表 2-10 所示。

表 2-10　NAND 接口各标准对比（来源：JEDEC）

接口项	Toggle 4.0	ONFI 4.2	JESD230E	JESD230F
V_{CC}/V	2.5/3.3（可选）		2.5/3.3（可选）	2.5/3.3（可选）
V_{CCQ}/V	1.2/1.8（可选）		1.2	1.2
DQ（Bus 位宽度）/ 位	8		8	8
最大数据传输速率 /（Gb/s）	约 1.2	约 1.6	约 2.4	约 3.6
输入通道拓扑	对应的 DQS		对应的 DQS	对应的 DQS 或其他 DQS（参考供应商数据表）
OCD 拓扑	HSUL/CTT		HSUL/CTT/LTT	HSUL/CTT/LTT
ODT 控制	ODT（nWP）引脚	矩阵终端	ODT（nWP）引脚或矩阵终端	ODT（nWP）引脚或矩阵终端
Ron CAL.	ZQ		ZQ	ZQ
命令 / 地址 I/O	SDR（nWE sync，约 100MHz）	SDR（nWE sync，约 40MHz）	SDR（nWE sync，40 ～ 100MHz）	SDR（nWE sync，40 ～ 100MHz）
DBI	N/A		可选	可选
训练	写 / 读 DQ/DCC		写 / 读 DQ/DCC/Internal V_{refQ}	写 / 读 DQ/DCC/内部 V_{refQ} WDCA（可选）写训练监视器（可选）Per-pin V_{refQ} 调整（可选）
上电差分信号	不使能		不使能	用户自定义（参考供应商数据表）
均衡	不需要		不需要	可选，用户自定义
Fast Set/Get Features	不支持		不支持	可选

按照传统的协议设计，I/O 速率的提升会导致越来越低的带宽利用率（3.6Gb/s 总线带宽利用率不到 80%），根本原因是低速的命令和地址传输复用了数据传输线。为了提升带宽利用率，ONFI 组织正在考虑把命令、地址传输与数据传输分离开，简称 SCA（Separate CMD&ADDR）。如图 2-32 所示，命令和地址线使用 CLE 和 ALE 两根线，与 DQ[7:0] 分开，这样做会提升几个百分点的带宽利用率。

3. 长期技术路线

前文提到，外围 CMOS 电路与存储器阵列有两种设计架构，一种是以长江存储为代表的 Xtacking® 晶栈 CMOS 电路与存储器阵列分离式架构，另一种是其他国际原厂采用的传统的 CnA、CuA 及 PuC 等 CMOS 电路与存储器阵列不分离式架构。NAND I/O 越来越快，传统的不分离式架构受到的挑战越来越大。以 Xtacking® 晶栈为代表的分离式架构设计，由于 CMOS 电路在单独的晶圆上独立设计与生产，所以可以使用更好的制程和更优的设计方案。

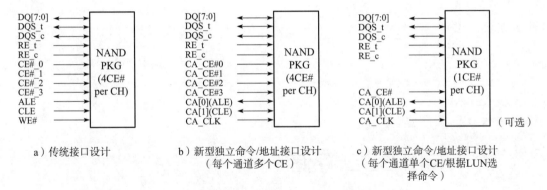

a）传统接口设计　　　　b）新型独立命令/地址接口设计　　　c）新型独立命令/地址接口设计
　　　　　　　　　　　　　（每个通道多个CE）　　　　　　（每个通道单个CE/根据LUN选
　　　　　　　　　　　　　　　　　　　　　　　　　　　　　　择命令）

图 2-32　JESD230G CA 线接口设计（来源：JEDEC）

其他原厂提到的类似于长存 Xtacking® 晶栈架构的晶圆键合技术，本质也是把负责 I/O 的 CMOS 电路与负责存储的存储器阵列分开设计并生产，最后通过键合技术键合在一起。2022 年 5 月西部数据提出，在未来自家的 NAND 上可能会用到晶圆键合、多晶圆键合等技术（见图 2-33）。

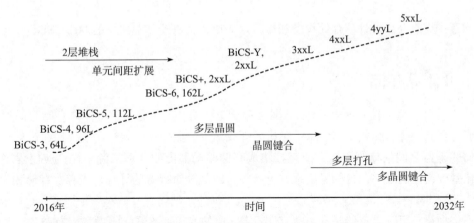

图 2-33　西部数据 NAND 技术路线图（来源：WD Touts 3D NAND Tom's hardware）

专用 SSD 存储

本章将重点介绍可计算存储设备和航天存储设备，以及其中涉及的专用 SSD。

3.1 可计算存储

什么是可计算存储？SNIA（全球网络存储工业协会）的定义：可计算存储为一种将计算功能与存储耦合以卸载（Offload）主机处理或减少数据搬移的架构，该架构通过集成主机与存储驱动器之间的计算资源，或直接集成存储驱动器内的计算资源，提高应用程序性能或优化基础设施的效率，目标是实现并行计算，或减轻对现有的计算、内存、存储和 I/O 的限制。

通俗地讲，可计算存储是在原有存储设备（比如 NVMe SSD）上叠加专有芯片，并由该专有芯片直接加速与数据存取相关的计算任务，实现 CPU 计算任务卸载或数据的搬移。

图 3-1a 所示是当前传统的计算 / 存储架构，图 3-1b 所示是可计算存储的两种架构：左边所示架构是在 CPU 和存储设备上增加专有芯片，右边所示架构是在存储设备内部集成专有芯片。

3.1.1 可计算存储的诞生背景

我们正处在一个前所未有的数字化转型的进程中，各种新兴技术的产生和使用都会面临一个共同的问题——数据产生和使用呈爆发性增长，这会给底层的计算和存储技术带来巨大的挑战。

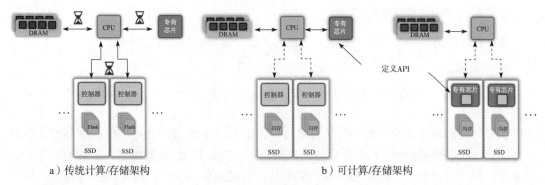

a）传统计算/存储架构　　　　b）可计算/存储架构

图 3-1　传统存储架构与可计算存储架构

1. 存储面临的挑战

在过去的几十年中，存储技术从卡带到磁盘，再到固态硬盘，容量和性能都得到了巨大的提升，但提升的速度远远赶不上数据增长的速度。我们把 2020 年全球存储的产能加起来大约是 20ZB（相当于 20 亿张 10TB 的硬盘），这已经是比较惊人的产量。但到了 2025 年，根据国际数据公司（IDC）的预测，全球数据量将会达到 175ZB，而那时存储的产能只能达到 22ZB，可想而知这将是存储方面面临的巨大挑战。

2. 算力面临的挑战

英特尔创始人提出的摩尔定律在 20 世纪 70 年代到 21 世纪 00 年代神奇般有效，CPU 的性能每隔 18 个月翻 1 倍，价格下降 50%。但是在过去的 10 多年里，由于 CPU 的性能提升逐渐接近物理极限，摩尔定律逐渐失效，CPU 的性能每隔 18 个月的提升已经不足 2 倍，与此同时数据的增长量却呈爆发式增长。这种情况下算力也将面临巨大的挑战。

当传统的计算与存储方式难以满足数据增长需求的时候，就必须通过创新来解决计算和存储的效率。提升计算和存储效率最有效的解决方案就是将计算分流，例如：

❑ 可以将 AI 的计算分流到 GPU、TPU、DPU 等计算 AI 数据效率更高的专有芯片。

❑ 随着高带宽、低延迟智能网卡的出现，CPU 在网络上的计算开销越来越大，此时可以将网络相关的计算分流到智能网卡芯片。

❑ 尝试将存储中与数据相关的计算任务下推给存储本身的芯片（例如：数据压缩与解压、数据过滤、数据加密与解密等）。

在上述计算分流方案中，将存储的数据处理分流到存储设备内部，理论上不但能节省主机 CPU 算力资源，而且能不来回复制数据浪费系统总线资源。随着存储容量的扩展，通过计算分流方案还能线性扩展在存储设备内处理数据的能力，甚至可以利用多块盘内的专有芯片并行处理更多的计算任务。

综上，催生带计算能力的存储设备势在必行，所以可计算存储应运而生。

3.1.2　可计算存储的应用探索

可计算存储的基本原理并不复杂，下面与传统存储架构进行比较说明。

1. 传统存储

数据从存储设备复制到主机内存，由主机 CPU 处理完成之后，再经由主机内存复制回存储设备内。当数据量不断增长或数据的处理需求不断增长，当前设备无法满足计算需求时，有效的解决方案是扩展硬件（如采购更大的存储设备、更快的 CPU、更多的服务器等）。但硬件扩展的速度往往跟不上数据增长的速度，而且更快的数据增长意味着存储设备中需要存放更多的数据，有更多的数据需要从存储设备移动到主机内存，CPU 需要处理更多的数据。这时 CPU 算力、存储容量以及系统总线带宽都可能成为瓶颈，所以扩展硬件的方案在这种情况下就显得捉襟见肘了。

2. 可计算存储

可计算存储可拉近数据存储端（存储设备）与数据运算处理端（专有芯片）的距离，盘内集成的专有芯片可直接在盘内完成数据的处理运算。如此一来，不但可大幅减少数据的搬移量，还可大幅提升计算的性能（专有芯片的计算性能远远高于通用芯片）。如果在一台服务器中插有多块可计算存储设备，甚至还可以利用多块可计算存储设备中的专有芯片来大幅提升计算的并行度。

在可计算存储领域，来自 ScaleFlux 的 CSD 2000 系列 NVMe SSD（下文简称 CSD 2000）就是一款自带专有芯片与计算引擎的可计算存储产品。为便于大家更好地了解这款产品，下面我们对其进行简单介绍。

在产品形态上，CSD 2000 支持 U.2（见图 3-2 左侧）和 AIC（半高半长，见图 3-2 右侧）两种标准的物理接口，支持 NVMe 协议。

图 3-2　CSD 2000 U.2（左）和 AIC（右）接口的产品形态

如果把 CSD 2000 的盘拆开来看（以 U.2 接口形态的产品为例，见图 3-3），CSD 2000 与普通 NVMe SSD 并无多大区别，都包含存储芯片（闪存颗粒）和主控芯片，不一样的地方在于可计算存储的主控芯片内包含了计算加速引擎以及配套的核心软件与固件，可以更好地发挥底层硬件的性能，以便更好地服务上层核心应用（如数据库应用等）。

那么，在完成 CPU 计算任务卸载的同时还能够大幅提升应用性能的"隐形之手"——计算加速引擎。这究竟是什么黑科技呢？

在 CSD 2000 这款产品中，可圈可点的计算加速引擎当属透明压缩 / 解压和计算下推。新技术的应用探索过程通常都少不了蜿蜒曲折，可计算存储的应用探索过程也是如此。下面对这两种计算加速引擎的应用探索过程进行简单介绍。

3. 透明压缩 / 解压

透明压缩 / 解压是利用可计算存储缓解容量压力的探索。

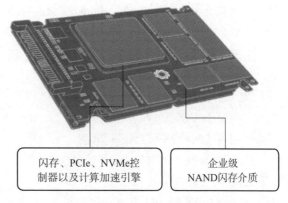

| 闪存、PCIe、NVMe控制器以及计算加速引擎 | 企业级 NAND闪存介质 |

图 3-3　CSD 2000 的内部架构

SSD 的出现极大地提升了存储性能（如提升 IOPS 并降低延时），成本也在不断下降，但是这依旧跟不上数据量的爆炸式增长。SSD 自身的特性决定了其容量不仅会影响成本，也会影响性能。

对于空间复用（这里指删除旧数据之后，在腾出的空间中写入新数据），SSD 并不能像内存和传统机械硬盘那样直接覆盖旧数据。在 SSD 的使用场景中，当上层应用删除了某些数据之后，向旧数据占用的空间写入新的数据时，SSD 内部需要先对旧数据占用的闪存块执行擦除操作，之后再在"干净"的闪存页中写入新数据。

在执行擦除操作的闪存块中，如果全部是旧数据（无效数据），则可以直接执行擦除操作，但在真实的应用场景中同一个闪存块内除了旧数据之外，也有可能存在正常文件的数据（有效数据），这个时候并不能直接擦除。在执行擦除操作之前，必须将这些有效数据搬移到其他空闲的闪存块中，然后才能执行擦除操作，这个过程叫垃圾回收。在这个过程中可能会产生写放大（Write Amplification）。

一旦 SSD 剩余空间显著变少，且出现大量数据碎片时，可能会频繁地触发垃圾回收，这个过程会产生严重的写放大。严重的写放大会严重影响 SSD 性能（如人们会显著感知 I/O 延时变大、IOPS 降低）。对于 SSD 内部的 I/O 延时（非应用感知的 I/O 延时），单个擦除操作的延时是写操作延时的几倍，而写操作的延时又是读操作延时的几十倍。在混合读写的场景中，垃圾回收会引发延时抖动，进而影响应用性能。

为降低垃圾回收的频率，SSD 不仅会优化垃圾回收的算法，还会预留一部分空间（预留空间通常称为 OP 空间，即 Over Provision）专门用于腾挪垃圾回收过程中的数据。企业级 SSD 通常将 OP 设置为 28%，消费级 SSD 通常将 OP 设置为 7%。SSD 内部空闲的空间越多，写放大系数就越小，而写放大系数减小可显著提升 SSD 的性能并降低 I/O 延时。

对数据进行压缩，可在不改变应用架构的前提下立竿见影地增加 SSD 内部空闲空间，这不仅能节省空间，更能优化性能。

目前业界提供了丰富多样的成熟算法，比如 zstd、zlib、brotli、quicklz、lzo1x、lz4、lzf、snappy 等。基于这些压缩算法，现行的解决方案可简单归纳成软压缩（即消耗主机 CPU 的方案）和硬压缩（这里指可计算存储压缩方案）两种。为便于大家理解两者的区别，接下来我们对这两种解决方案进行介绍。

软压缩方案（架构如图 3-4 所示）的压缩和解压能力完全由 CPU 提供算力。本质上以牺牲 CPU 资源来换取存储空间，因此该方案存在如下几个突出的问题。

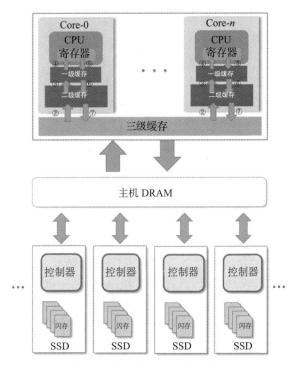

图 3-4 软压缩方案架构示意图

- **CPU 抢占**：会占用大量 CPU 资源，同时也会跟应用抢占 CPU 资源。
- **数据复制导致的带宽抢占**：在主存和 CPU 之间频繁引入大量的数据复制（DRAM<--> 三级缓存 <--> 二级缓存 <--> 一级缓存 <--> 寄存器），抢占服务器 PCIe 带宽和内存带宽，同时带来潜在的 CPU 缓存未命中问题，进一步影响计算效率。
- **延时不稳定**：因为 CPU 抢占和带宽抢占，当操作系统负载较高时，操作系统中的时钟中断和任务调度会增加延时的不确定性，这是 I/O 密集型业务很难忍受的。

硬压缩方案（架构如图 3-5 所示）能够很好地解决软压缩方案中的突出问题。

- **CPU 负荷卸载**：采用内置的专有芯片完成压缩和解压缩计算，实现 CPU 负荷卸载。专有芯片在低延时上具备天然的优势，非常适合计算密集型任务（比如矩阵运算、压缩和非对称加密）。专有芯片通过片上集成缓存和 DRAM 接口来减少与 CPU 的交互，这可使操作系统的进程调度和进程间不互相干扰，从而提供可预测的延时。同时，专有芯片是基于定制流水线 MIMD 设计的，同时拥有流水线并行和数据并行特性，这可进一步降低延时。
- **零复制**：内置专有芯片进行压缩和解压缩时，不会改变原有的数据路径，完全在盘内进行压缩和解压缩任务，这在避免额外的数据复制的同时，也大大降低了 I/O 的延时。这也是可计算存储又称近存储计算的原因。
- **可线性扩展**：每个可计算存储设备都内置了压缩 / 解压缩引擎，在扩充存储容量的同时也能够线性扩展压缩 / 解压缩能力。

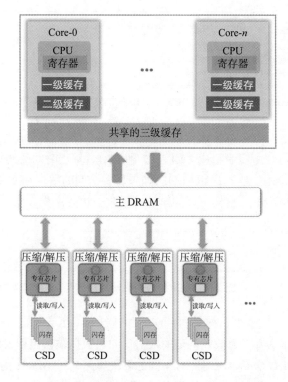

图 3-5 硬压缩方案（透明压缩）架构示意图

采用 CSD 2000 硬压缩方案，应用对数据压缩与解压缩的整个过程是毫无感知的，相比使用普通 NVMe SSD 的应用，使用 CSD 2000 的应用在数据的读和写操作上没有任何区别。当应用写数据时，数据在写入盘之前保持着未压缩状态，当数据写入盘之后，通过盘内置的压缩引擎，结合内置的专有芯片进行压缩，完成压缩之后再写入 NAND 闪存颗粒进行持久化；当应用读数据时，先从 NAND 闪存颗粒读出数据，然后通过内置的解压引擎，结合内置的专有芯片进行解压，完成解压之后再返回给上层应用。

4. 计算下推

利用可计算存储实现数据库查询过滤的探索。

通过上文提到的压缩技术，虽然能够大幅缓解存储产能不足的问题，但实际存储介质的容量和数据量增速的剪刀差会越来越明显，这就不得不探索更多可以降低存储负载压力的新技术，以便更好地为应用提速。

下面先简单罗列目前的硬件技术能够提供的数据传输速率。假设读取 1PB 数据，仅考虑数据从存储介质传输到主存（DRAM），PCIe 3.0、PCIe 4.0 和 PCIe 5.0 分别耗时多久？如果数据存放在存储阵列上，使用 100Gb/s 存储网络，耗时多久？具体如图 3-6 所示。

```
100Gb/s    =====================  24h
PCIe 3.0   ========               9h
PCIe 4.0   ====                   4.5h
PCIe 5.0   ==                     2.25h
```

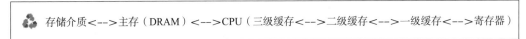

图 3-6 100Gb/s 存储网络以及 PCIe 3.0/4.0/5.0 分别读取 1PB 数据的耗时

在现代处理器系统中，CPU 高速缓存处于内存系统的顶端，其下是主存（DRAM）和存储介质。CPU 高速缓存通常由多级组成（L1、L2 和 L3）。基于时间的局部性，CPU 数据读取时将访问各级缓存直至到达主存（DRAM）。如果需要访问的数据在 CPU 高速缓存中被命中，将不会访问主存（DRAM），这样可以缩短访问延时。访问流程如图 3-7 所示。

存储介质<-->主存（DRAM）<-->CPU（三级缓存<-->二级缓存<-->一级缓存<-->寄存器）

图 3-7 数据访问流程示意图

在联机分析（OLAP）场景中，如果同一作业的运行频率低，不同作业之间数据的关联度也低，那么现有缓存体系将极为低效甚至失效，比如热数据被换出引发缓存未命中，会导致应用性能急剧下降。在数据库领域对此有不同的解决思路，以 Oracle 为例。

- **缩短数据量的移动路径**：数据库默认总是先将数据读取到自己维护的高速缓冲，Oracle 11g 开始采用直接路径来扫描大表读取数据（默认为 2%× 缓冲器高速缓存），从而绕开缓冲器高速缓存，避免热数据被换出引发缓存命中率下降。
- **减少移动的数据量**：Oracle Exadata Smart Scan 特性能可将大部分 SQL 操作下推（又叫卸载）到存储节点，从而极大地减少了存储节点和数据库节点之间传输的数据量。

那么，如果要在数据库中使用计算下推，可计算存储如何与之结合呢？为方便大家理解，这里以 MySQL 特性 Index Condition Pushdown（指数前提下推，简称 ICP）为例，对数据库中使用计算下推的基本原理进行简单介绍。

1）**关闭 ICP 时的查询执行路径**：未启用 ICP 特性时，会按照第一个索引条件列到存储引擎查找数据，并把整行数据提取到数据库实例层，数据库实例层再根据 Where 后其他的条件过滤数据行，如图 3-8 所示。

2）**启用 ICP 时的查询执行路径**：启用 ICP 特性后，如果 Where 条件中同时包含检索列和过滤列，且在这些列上创建了一个多列索引，那么数据库实例层会把这些过滤列同时下推到存储引擎层。在存储引擎层过滤掉不满足条件的数据，只读取并返回需要的数据，这样可减少存储引擎层和数据库实例层之间的数据传输量和回表请求量，通常情况下可以大幅提升查询效率。过程示意如图 3-9 所示。

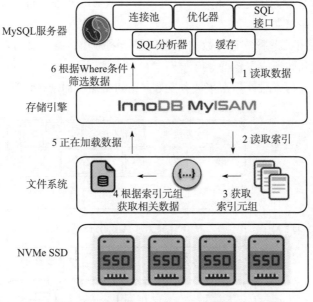

图 3-8　关闭 ICP 时的查询执行路径示意图

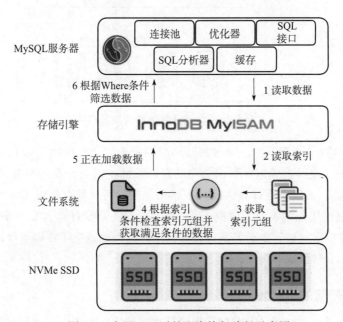

图 3-9　启用 ICP 时的查询执行路径示意图

3）**数据库中使用计算下推**：MySQL ICP 虽然将 MySQL 服务器层的过滤下推到存储引擎层，但仍需要消耗 CPU 资源。严格来说，这不是真正意义的下推。如果要更进一步，可以考虑将图 3-10 中所示第 4 步下推到可计算存储设备，理由如下。

□ **收益大**：关键步骤，由它完成实例层向存储引擎层的下推，符合"近"存储计算原则，实现后收益较大。

□ **成本低**：从调用关系看，它对数据库实例层影响很小，绝大部分改动可在存储引擎层完成，修改和验证成本较低。

□ **更友好**：易于并行，对计算密集任务友好（比如压缩、加密、计算、过滤和聚合）。

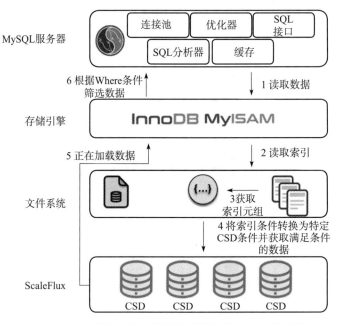

图 3-10　在数据库中使用计算下推的执行路径示意图

要在数据库中使用计算下推，通常需要和应用紧密结合。应用须告知可计算存储需要查询的数据有哪些（应用生成包含查询语句的查询条件，以及涉及的与查询列对应的 LBA 和 Offset 下推信息），然后调用计算 API 将下推信息发给可计算存储设备，可计算存储设备仅读取并返回满足应用查询条件的数据（可计算存储设备收到计算 API 发来的下推信息后，利用盘内自带的专有芯片进行解析并执行，仅读取并返回满足应用查询条件的数据，不满足查询条件的数据不会被读取）。

3.1.3　可计算存储的成功案例

上文花了很大篇幅讲解可计算存储，那可计算存储实际的应用表现如何呢？

利用 FIO（直接压测裸设备）和 Sysbench（压测 MySQL）等基准测试工具，对可计算存储（以 CSD TLC SSD 为例）与普通 NVMe SSD 在同等场景下进行对比测试，结果表明，在应用数据具有较高压缩率的场景中，可计算存储不但能够节省存储空间，还能够大幅提升应用的性能，甚至能够大幅提升 SSD 设备的使用寿命。

1）如图 3-11 所示，在数据具有 2∶1 以上压缩率时（意味着能够节省 50% 以上的存储空间），CSD TLC SSD 在透明压缩/解压缩引擎的加持下，与同级别的普通 TLC SSD 相比，CSD 的 FIO 的随机写负载性能提高了 177% 以上，FIO 的随机读写混合负载性能提高了 98% 以上。

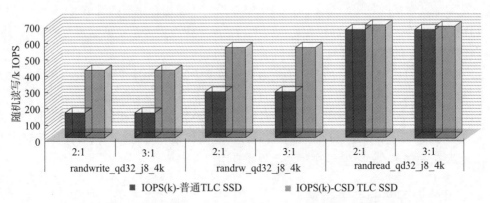

图 3-11　CSD TLC SSD 与普通 TLC SSD 的 FIO 性能对比

2）如图 3-12 所示，在 Sysbench For MySQL 的基准测试中（样本数据压缩率 2.96∶1）与同级别的普通 TLC SSD 相比，CSD TLC SSD 在 Sysbench 的多种事务模型、不同并发线程的大部分负载场景中性能都远高于普通 TLC SSD。随着并发线程的逐步增加，CSD TLC SSD 的性能优势会更加明显。在透明压缩引擎与盘内原子写特性（CSD TLC SSD 内置的特性，启用原子写时可关闭 MySQL 的双写缓冲功能）的加持下，CSD TLC SSD 的性能可提升 300% 以上。

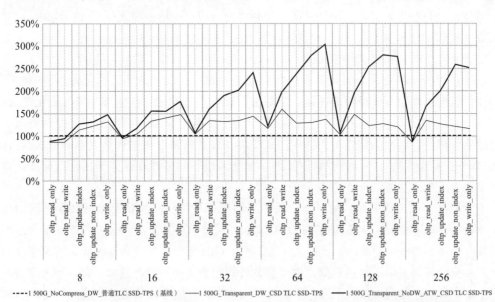

图 3-12　CSD TLC SSD 与普通 TLC SSD 的 Sysbench For MySQL 性能对比

3）数据压缩之后，可计算存储能够大幅减少写入 SSD 的数据量。与普通 TLC SSD 相比，同等业务负载下相当于增加了 SSD 内部的空闲空间，更多的空闲空间能够有效降低写放大系数。写放大系数的降低除了能够带来显而易见的性能提升之外，还能够提升 SSD 设备的使用寿命。数据的可压性越高，对提升 SSD 设备的使用寿命帮助就越大。

目前，CSD TLC SSD 产品正在与众多的行业头部企业展开广泛的探索与磨合，在对可计算存储应用场景的探索与落地上也取得了一些成就。

❑ 在某头部互联网出行公司，几乎所有业务系统中的 MySQL 数据库应用都已大量上线可计算存储。

❑ 在南方某头部电商公司，也在多个业务系统的 MySQL 数据库应用中大量上线可计算存储。

❑ 与国内某第一、第二云厂商也正在展开广泛的探索、磨合，相信可计算存储在不久的将来也能够在这些企业中得到大规模应用。

3.1.4　可计算存储的前景展望

随着半导体工艺技术发展步伐的放缓，传统的基于 CPU 的同构计算架构越来越难以支撑计算机系统性能的持续提升。但同时以 AI/ML 与海量数据分析为代表的各种应用对算机系统性能的需求却在不断加速增长。这一矛盾迫使整个计算产业界从传统的同构计算架构逐步向异构计算体系架构转型，如此自然孕育出可计算存储这一新兴领域。可计算存储产品的商业化目前仍然处于开拓、探索的阶段。为了迈出商业成功的第一步，可计算存储产品必须同时满足如下 3 个条件。

❑ 能够无缝嵌入现有软、硬件系统生态环境内，用户应用程序无须做任何改动。

❑ 所提供的计算服务必须具有足够的通用性，并能带来显著的应用价值。

❑ 必须提供与通用存储器（如 NVMe SSD）相当的数据存储功能和性能。

所以在可预见的将来，可计算存储的发展的主要方向为将透明数据压缩、透明数据加密功能集成到高性能存储控制芯片内，以保证与现有软、硬件系统生态环境实现无缝对接，并与 NVMe 标准完全兼容。同时，NVMe 委员会正在推动 NVMe 标准的扩充，以使用户可以更好地利用可计算存储器内部的透明压缩能力，以达到降低数据存储成本的目的。目前，ScaleFlux 公司已经成功将以透明数据压缩、加密为核心的可计算存储产品投放市场，并且有多家企业正在研发类似产品。

毫无疑问，以透明数据压缩、加密为核心的可计算存储产品将会使可计算存储的商业化实现从零到一的突破。从长期发展的角度来看，可计算存储产品可提供的计算服务远不止透明数据压缩、加密。随着软、硬件系统生态环境逐步提升对可计算存储产品的包容性和适应性，系统会将更多的与海量数据高度耦合的计算任务（如查询、过滤、数据预处理等）直接下推至可计算存储器内，达到进一步提高系统整体计算能力和效率的目的。同时，新兴的 Chiplet 和 3D 异构集成技术也会带来崭新的可计算存储器主控芯片设计空间，从而进一步提高可计算存储产品的价值。

虽然任何人都无法准确预测可计算存储产品在接下来的十年、二十年的发展路线和轨迹，但有一点是毋庸置疑的，那就是可计算存储在未来的异构计算体系中必将占据非常重要的地位。也许在数十年之后，所有的数据存储器都将提供多或少的计算功能，届时"可计算存储"就完成了历史使命。

3.2　航天存储

3.2.1　背景

随着经济及科学技术的发展，尤其是航天科学技术的进步和突破，人类的太空活动越来越频繁。航天存储系统的需求与太空活动的发展有较强的关联。更高的数据精度、更长的服务时间、更远的探测目标、更实时的信息获取，这些太空服务能力提升的需求促进了存储容量和性能的爆发式增长。

Karl F Strauss 统计了国外主要太空探测行为的存储容量需求及存储介质使用情况。航天存储系统经历了从磁带到 SDRAM，以及目前以 NAND 闪存为主的闪存介质使用发展历程。图 3-13 描述了航天存储系统容量需求的历史沿革和未来预测。

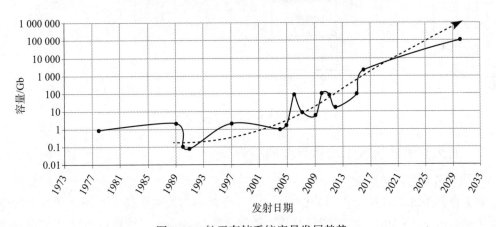

图 3-13　航天存储系统容量发展趋势

基于闪存的存储器因具有高集成度、非机械结构、轻量化和非易失性等特点而被广泛应用于航天系统中。然而闪存存储器对空间辐射并不具有免疫性，由高能质子、电子和重离子组成的空间辐射环境会使闪存存储器发生单粒子效应和总剂量效应，严重威胁器件的工作状态和使用寿命。空间辐射影响主要表现在如下几个方面。

- 重离子辐射引起的闪存浮栅单元单粒子翻转。
- 重离子辐射后数据保存性能退化。
- 总剂量效应对单粒子效应产生影响，使闪存器件的单粒子效应更为敏感。

随着闪存工艺尺寸的减小，单粒子效应对闪存功能及可靠性的影响更为显著，同时随着生产工艺从 2D 升级为 3D, FG（Floating Gate，浮栅极）单元结构演变为更为主流的 CT（Charge Trap，电荷捕捉）结构，辐射效应下的闪存将会出现更为复杂的失效模式。

此外，上述空间辐射效应同样会发生在存储系统的其他部件，例如控制器、RAM 缓冲区、电源系统等。星载存储系统的技术发展重点在于：跟随闪存介质技术发展的同时，思考如何解决更为敏感的由空间辐射效应引发的问题。需要从空间环境下的闪存特性分析、高可靠宇航用闪存控制器设计及系统级冗余容错机制等多维度进行系统化研究。

以在轨遥感数据存储为例，星载存储系统处于数据传输通路的核心位置，前端一般是成像分系统，后端为数传分系统。图 3-14 为某光学遥感卫星的成像数据采集、存储及转发工作流程示意图，该图反映了在轨卫星载荷数据通路的基本模型。与商用通用存储系统相比，星载存储系统的功能更为复杂，除了基本存储功能，还需要完成多源星载传感器数据采集、高速数据缓冲、文件系统管理和图像数据处理等工作。

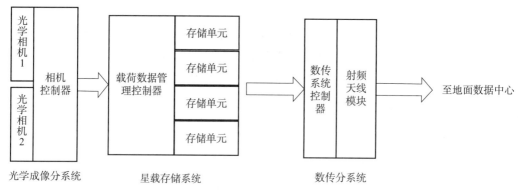

图 3-14　光学遥感卫星载荷数据交互示意图

3.2.2　航天存储系统技术现状与发展趋势[○]

1. 国内外现有技术形态

航天存储系统架构多采用一体化设计。图 3-15 所示为美国水星公司 2021 年发布的存储系统架构。该系统采用 3U VPX 单板结构，通过一颗 Microsemi 公司的 FPGA 管理总容量为440GB 的 SLC 闪存介质阵列，系统容量及性能不可配置。美国水星公司基于 FPGA 实现的星载存储系统架构，代表了目前传统航天存储系统的技术形态。

我国近几年在星载存储领域的研究成果丰富，其中西安微电子技术研究所是我国最早探索星载固态存储产品的单位之一，累计形成五代系列星载存储产品，截至 2022 年 3 月，在轨飞行产品达到 120 台套以上。它已经在轨应用的第五代星载存储产品的系统架构（见图 3-16）采用 Xilinx 公司的 Virtex5 系列 FPGA 作为主控，存储介质采用 2D SLC NAND，总容量为 8Tb。

○　本节所有内容均来自国家公开的资料。

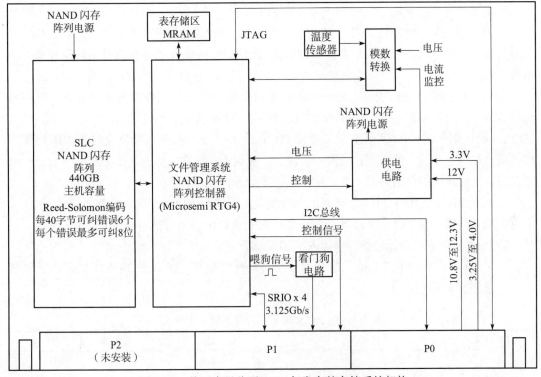

图 3-15　美国水星公司 2021 年发布的存储系统架构

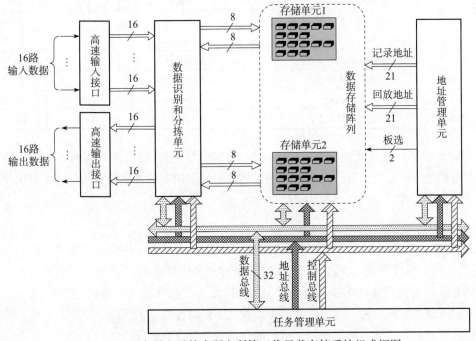

图 3-16　西安微电子技术研究所第五代星载存储系统组成框图

目前国内外主流星载存储方案主要采用 FPGA 主控及 SLC NAND 介质。以美国水星公司为代表的国外最高水平方案中，基于 FPGA 主控、MRAM 缓存及工业级 2D SLC NAND 介质是最新的技术形态。FPGA 主控及 MRAM 天然抗辐射特性能够有效避免空间环境下的单粒子效应问题。

国内星载存储技术路线与水星公司产品形态类似，但是在 NAND 介质选择上，更多为法国 3D Plus 的抗辐射 NAND SIP 模组，这样可以降低基于 FPGA 的控制器设计复杂度。3D Plus 的抗辐射 NAND 模组基于工业级 2D SLC NAND 颗粒筛选及陶瓷封装加固处理实现，但是在闪存介质工艺方面比较落后，单 Die 容量小，性能较低，系统集成度偏低。一般情况下，由此组成的存储系统，8Tb 的容量是可实现的上限。

表 3-1 统计了我国自 2010 年以来的大容量航天存储系统应用情况，数据显示：

❑ 在 128Gb（含）以上的应用中，基本上都用 SLC NAND 作为存储介质。

❑ 2013 年前后，存储容量需求迈入了 Tb 级别。

❑ 近 10 年，平均 1 到 2 年，存储容量及访问性能翻倍，尤其是 2018 年以来，呈现数量级提升的趋势。

表 3-1　近十年我国星载存储系统使用情况

发射时间	任务名称	性　能	容　量	介　质
2010	嫦娥二号	256Mb/s	128Gb	2D SLC
2012	委内瑞拉遥感 01 星	900Mb/s	512Gb	2D SLC
2013	某遥感卫星 1 号	1.8Gb/s	1Tb	2D SLC
2015	某遥感卫星 8 号	2.4Gb/s	1Tb	2D SLC
2016	高景一号卫星 01/02 星	4.1Gb/s	2Tb	2D SLC
2017	委内瑞拉遥感 02 星	1.8Gb/s	1Tb	2D SLC
2018	巴基斯坦遥感卫星一号	2.4Gb/s	1Tb	2D SLC
2019	高分七号卫星	12.8Gb/s	8Tb	2D SLC
2020	某遥感卫星 11 号	21Gb/s	8Tb	2D SLC

为满足航天存储系统性能与容量高速增长的需求，引入更高集成度的闪存介质类型以及提高主控能力是必然途径。随着商业航天的发展，商用存储技术的引入加快了我国星载存储技术的发展步伐。

2. 最新技术形态

2020 年，全球最大的商业遥感卫星吉林一号宽幅 01A 星发射成功。该星的存储系统装机容量 40Tb，闪存介质为工业级 2D MLC。吉林一号宽幅系列卫星海量存储系统的应用成功，标着我国星载存储技术迈入全球领先的新阶段。该存储系统结构如图 3-17 所示。它采用类 RAID 磁盘阵列架构，以可扩展的方式满足多源载荷数据的采集、缓冲、存储、处理及文件化管理的需求。该系统具有良好的扩展性、兼容性及高可靠性。

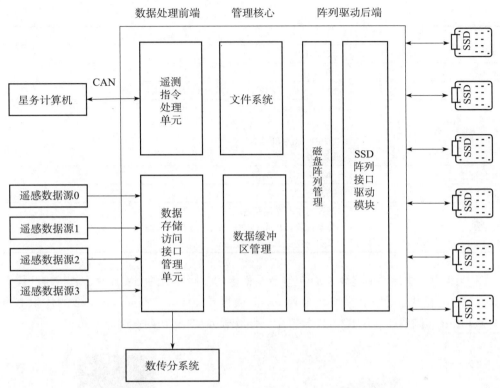

图 3-17　新一代星载存储系统架构框图

我国新一代星载存储系统原理样机是一款基于宇航用高可靠存储模组实现的星载存储系统解决方案。它的存储功能由 2 颗宇航级 SIP 存储模组及 2 块宇航用高可靠 mSATA 模块组成。其中 SIP 模组及 mSATA 模块均基于名为 Bifort 的 SSD 控制器搭建。

Bifort 控制器由艾可萨科技公司与西安微电子技术研究所共同研制，为全球首颗抗辐射加固 SSD 控制器。它的参数如表 3-2 所示。

表 3-2　Bifort 控制器参数

参数项		描述
抗辐射特性		总剂量辐射能力（参数和功能）：100KRADs（Si） 单粒子闩锁效应优于（LET）75 MeV·cm²/mg 单粒子翻转效应优于 10^{-4} 错误 / 部件 / 天
支持容量		高达 2TB
主接口	速度和 Lane	PCIe Gen2 x4：5Gb/s/Lane Total:20Gb/s SATA3：最高 6Gb/s HPSDI 接口：高性能传感器数据接口协议
NAND 接口	Channel#/CE#	6CH/8CE#
	闪存	SLC/2D MLC/3D TLC

（续）

参数项		描述
性能	顺序读 / 写	1000MB/s
处理器		400MHz
外设接口		SPI/UART x2/GPIO x8/Timer x3/Watchdog/CAN
数据可靠性		80b/1KB BCH ECC SRAM 保护，TCM 保护 DDR: 32b + 8b ECC RAID5
安全特性		SM4/AES128
工作温度		–55 ～ 125℃
封装		陶瓷封装，军用塑封 陶瓷封装：29mm × 29mm 军用塑封：21mm × 21mm

图 3-18 为全球首颗宇航级 SSD 控制器及衍生的存储模组的实物照片，其中中间模组为高集成度 SIP 模块，该 SIP 模块在不到 30g 的质量及 40mm × 26mm × 10mm 的体积上集成了 1 个 Bifort 控制器和 6 片 NAND 封装片，容量高达 6Tb，访问性能为 8Gb/s。

图 3-18　Bifort 控制器及衍生存储模组

3. 发展趋势

相比商业存储，星载存储系统属于融合了 SSD 控制器、RAID 控制器、文件系统及数据处理功能的混合型软硬件系统。随着卫星等航天器智能化发展，存储与计算一体的发展趋势越来越明显，如何高效融合存储与计算的需求是星载存储系统发展的重要方向。另外，随着低轨卫星星座技术的发展，卫星呈现网络化的发展趋势，未来星载存储系统同样朝着分布式网络存储架构的方向发展。

核心技术篇

SSD 主控

SSD 主控这些年呈现百花齐放、百家争鸣的发展趋势。老牌厂商洗牌,新兴主控创业公司不断涌现,尤其是国内厂商。在国内,芯片研发科创火热,各大厂商均加大研发投入,加上本土具备 SSD/UFS 主控及固件开发人才也纷纷开始发力,这一切都促成了 SSD 主控芯片创业潮。

本章就从控制器架构和厂商两个维度介绍与 SSD 主控相关的知识。

4.1 解读控制器架构

控制器作为一个片上系统,处理来自用户端的命令并负责管理闪存颗粒。整个控制器的架构主要包括以下几个模块(见图 4-1)。

- **前端主机接口模块**:比如 PCIe 控制器和存储协议 NVMe 控制器。
- **后端闪存接口模块**:用于直接和闪存交互,是控制器和闪存交互的通道,一个通道上可挂载多个闪存颗粒。
- **后端数据处理模块**:如 RAID、扰码器和 LDPC,又称数据处理单元。
- **DDR 控制器和 PHY**:用于和 DRAM 交互。
- **加解密以及认证的安全模块**:负责硬件和数据安全。
- **负责指挥整个系统和协调各个硬件计算系统的 CPU 以及互连系统。**
- **其他**:如片上 SRAM、模拟 IP 和外设端口等。

1. PCIe 和 NVMe 控制器前端子系统

PCIe 和 NVMe 控制器前端子系统有时也被称为主机子系统,主要用于处理来自主机以及协议接口的各种命令。PCIe 决定了整个控制器的前端和用户交互带宽,目前主流的消费级控制器主要是 4 个通道，企业级控制器可能具备 8 个甚至更多的通道以满足带宽的需求。PCIe PHY（物理接口）作为高速接口，是控制器的核心 IP。PCIe PHY 的主要玩家有新思科技（Synopsys）、楷登电子（Cadence）和蓝铂世科技（Rambus）等 IP 供应商。

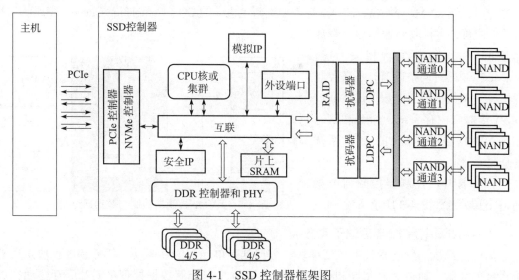

图 4-1　SSD 控制器框架图

NVMe 控制器借助 PCIe 接口实现了 NVMe 产品规范相关的协议，实现了基本操作（如读写）以及各种特性。参见的 NVMe 控制器与主机间的交互流程示意如图 4-2 所示。

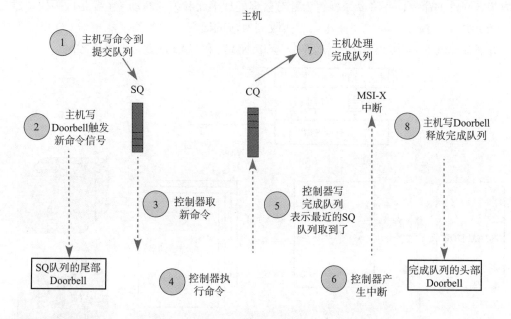

图 4-2　NVMe 控制器与主机间交互流程示意图

主机往 SQ（Submission Queue，提交队列）里面提交命令，并通过 Doorbell 通知 NVMe 控制器；NVMe 控制器去主机端的 SQ 取命令，并存在 NVMe 控制器的命令队列中。NVMe 控制器从内部命令队列中把命令传递给 CPU（固件）系统，让 CPU 执行相应的操作。当 CPU 完成相关操作后通知 NVMe 控制器，NVMe 控制器更新主机端的 CQ（Completion Queue，完成队列），并通知主机，主机收到通知后，释放相应的资源。为了实现相关功能，NVMe 控制器有两条通道，一条控制通道，一条数据通道。数据最终通过 DMA 传输到内存系统，命令和状态用于 NVMe 控制器和 CPU 计算系统的交付系统。

PCIe NVMe 控制器控制与数据通道交互示意如图 4-3 所示。

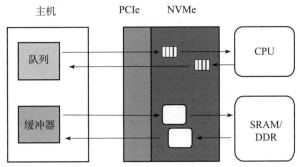

图 4-3　NVMe 控制器控制与数据通道交互示意图

2. NAND 闪存控制器后端子系统

后端子系统一般包括任务调度模块、数据处理单元和闪存驱动。任务调度模块是后端子系统的大脑，通过 SQ、CQ 和 CPU（固件）交互，以控制数据处理单元和闪存驱动完成固件提交任务。

由后端子系统的框架图（见图 4-4）可知，后端的任务调度器（Task scheduler）从 SQ 获取来自固件的命令，并将命令拆解为针对数据处理单元和闪存驱动（主要是微码处理器和闪存的 PHY）的操作，等相关操作完成会收到对应的回复，任务调度器更新 CQ 里面的内容，并通知 CPU。其中涉及的数据通路分为 NAND 写和 NAND 读两个操作方向。

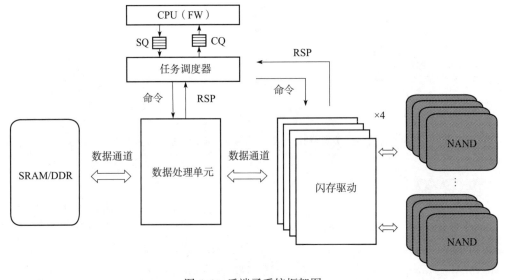

图 4-4　后端子系统框架图

在 NAND 写操作方向，数据从控制器的片上 SRAM 或者片外 DRAM 送至数据处理单元进行处理，然后通过闪存驱动写入 NAND 颗粒；在 NAND 读操作方向，数据从 NAND 颗粒读出，经过数据处理单元的处理传输到控制器的片上 SRAM。

写过程中的数据处理流程：固件元数据和用户数据合并 → 独立磁盘冗余阵列（Redundant Array Independent Disk，RAID）引擎的异或运算 → 扰码器的伪随机化操作 → LDPC 编码并产生验证信息。

读过程中的数据处理流程：LDPC 译码并得到正确数据 → 扰码器对数据去随机化 → 判断固件元数据并去掉数据中的固件元数据。

3. 内存子系统

内存子系统包括片上 SRAM 和外设 DRAM。片上的 SRAM 资源比较有限，按照 AU（Allocation Unit，分配单元）大小进行组织、申请和释放，通常 AU 的大小为 4KB。SRAM 资源申请和释放可以单独由固件来管理，也可以由固件和硬件一起管理，如固件负责申请，当操作完成后由硬件释放。DRAM 用于存放 L2P 映射表及用户写数据等。DRAM 外部内存的管理则通过 DRAM 控制器进行，这种方式相比片上 SRAM 的访问速度要慢，但容量会大很多。DRAM 控制器 &PHY 和 PCIe 控制器 &PHY 类似，都属于通用性的 IP，可以通过向第三方 IP 供应商（如新思科技和楷登电子）购买来提高 SoC 的开发效率。所有的内存空间以及各种控制器的寄存器均会有独一无二的地址，这可方便 CPU 的访问与控制。对于消费级 SSD，为了降低成本，DRAM-less 的方案被采纳，这样就不需要 DRAM 控制器 &PHY 了。

4. 安全子系统

数据与系统的安全在存储领域变得愈发重要，所有相关产品均需满足数据安全相关标准规范和认证（如 FIPS 和 TCG Opal），尤其是企业级 SSD。安全子系统主要负责两部分功能：对固件进行签名和验签，以及对用户数据进行加解密。

验签与授权相关安全算法如下。

❑ 国际标准算法 SHA-256 和国内商密 SM3 算法，用于计算哈希值。

❑ 国际标准算法 RSA 和国内商密 SM2 作为公匙加密法，用于固件和硬件验签。

❑ 国际标准 AES 和国内商密 SM4，对固件等重要系统文件进行加解密。

❑ 真随机数（TRND），用于密钥和临时数据（Nonce）加解密。

用户数据加密和解密的高速算法有国际标准算法 AES-XTS-256/128 以及国内商密 SM4-XTS-128。

上述算法均为通用的安全加解密算法，可以通过第三方 IP 直接授权使用，也可以自己开发。

TCG Opal 为了保证数据安全可靠，提出 Self-Encrypting Drive（自加密盘）的概念。如图 4-5 所示，明文由用户输入，控制器利用硬件的 AES 模块进行数据加密，然后写入相应的 SRAM 和闪存颗粒中。用于用户数据加密的 Media Encryption Key（媒体加密密钥，简称

MEK）本身也被加密保护着，需要 Key Encryption Key（密钥加密密钥，简称 KEK）对加密后的 MEK 进行解密。KEK 则是通过用户输入的 Authentication Key（验证密钥，PIN 中的一种）通过 KDF 运算产生的，加密和认证环环相扣，从而创建一个安全可靠的数据环境。

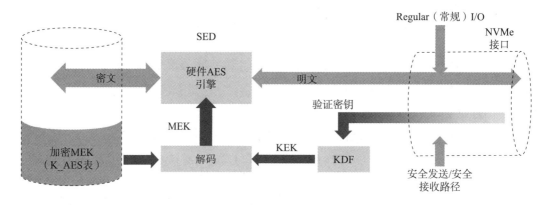

图 4-5　自加密盘数据处理示意图

5. CPU 计算子系统

CPU 计算子系统是整个控制器的管理中心，可确保有足够高的算力以保证性能需求，尤其是随机性能需求。除了 CPU 核之外，CPU 计算子系统中的重要部件还有 ITCM 与 DTCM，它们分别用于存放指令以及重要的变量和数据。在目前的控制器芯片中，主流的 CPU 为 ARM R 系列（如 R5 和 R8）。而主流的 CPU 核除了 ARM 的 CPU 核外，还有新思科技的 ARC 和 RISC-V 的 CPU 核。对于多核 CPU 系统，CPU 核间的通信至关重要，可以通过共享的 TCM 来实现高效通信，当然也可以设计专用硬件来辅助复杂体系中多核间通信。除了实时 R 系列 CPU 核之外，ARM A 系列 CPU（如 A53 和 A55 CPU 集群）也经常在高端的企业级控制器芯片中作为主处理器使用。

6. 企业级和消费级控制器的差异

因为企业级 SSD 和消费级 SSD 的使用场景不同，客户关注点不同，所以导致企业级控制器和消费级控制器在架构设计上也有不同，这主要体现在以下 3 个方面。

❑ **不同的企业级特性**：如在双端口（Dual Port）、虚拟化（SR-IOV）、端到端保护（PI）、控制器内存缓存（Controller Memory Buffer）、多权重队列轮询（WRR）、在线固件更新（Online FW upgrade）等方面不同。

❑ **不同的性能需求**：企业级 SSD 更多关注在稳态下的性能、延时以及性能一致性，这需要控制器有足够高的计算能力以及内部硬件各个模块的带宽能满足性能需求。

❑ **不同的功耗要求**：由于消费级用户对待机和续航有更多要求，所以消费级控制器经常需要进入省电模式，尤其是在笔记本等可移动的设备中，这要求控制器在设计时应考虑低功耗特性（如 PS3 和 PS4）；而企业级 SSD 大部分时间处于读写忙碌状态，非常注重用户命令的响应速度或时延，这使得企业级控制器不需要特别优化低功耗模式，但需要满足企业级 SSD 最大工作功耗要求。

4.2　SSD 主控厂商

SSD 主控大体分为两类：一类为消费级 cSSD 主控，另一类为企业级 eSSD 主控，主要相关厂商如图 4-6 所示。我国消费级主控创业公司的代表有联芸（Maxio）、英韧（InnoGrit）、得一微（Yeestor）和特纳飞（TenaFe）等，而在非原厂第三方独立主控市场，消费级 SSD 主控由慧荣科技（SiliconMotion）和群联电子（Phison）占据 80% 以上份额。我国企业级主控创业公司代表有英韧（Innogrit）、得瑞领新（Dera）、大普微（Dapustor）和芯盛智能（XITC）等，企业级 SSD 主控由美国的老牌控制器厂商微芯（Microchip）和迈威迩（Marvell，现更名为美满）领头，这两家企业技术实力雄厚，占据了市场大部分份额，且很难撼动。

cSSD（第三方独立主控）			eSSD（第三方独立主控）	
公司	财务	排名		
SiliconMotion	2021: $922M（来源于公开财报）	#1	MICROCHIP	MARVELL
PHISON	2021: $2.12B（来源于公开财报）	#2	ScaleFlux	FADU
MaXio INNOGRIT YEESTOR TenaFe	2021: 主要 SATA@Retail 少量 PCIe@Retail&PCOEM	其他	INNOGRIT DERA For Data Vitality	DapuStor 芯盛智能 XITC

图 4-6　第三方独立 SSD 主控厂商（非原厂）

消费级 SSD 主控在产品层面强调 PPA（性能，功耗，面积），在同等性能情况下对 Die 的大小有着极致优化的要求，这也是芯片成本的要求；在市场层面主要面向的产品为渠道类、零售类、行业类和 PC OEM。在消费级 SSD 主控发展初期阶段，大部分零售渠道类模组厂客户无自主固件、硬件的研发团队，也没有相应的技术能力，而招募和培养研发团队会花费大量资金和时间。与之对应的是，主控厂商研发能力天生较强，为了快速卖出主控，组织固件团队开发 Turnkey FW 方案提供给模组客户，以帮助客户实现快速量产和变现。这对双方来讲是一个双赢的结果。总结一下：消费级 SSD 主控核心竞争力是芯片 PPA、快速适配不同类型 NAND 的 Turnkey FW 方案，以及产品高稳定性和可靠性。

消费级 SSD 主控最高要求是支持 PC OEM 产品，也就是搭载在联想、惠普和戴尔等 OEM 大厂的笔记本电脑和 PC 上的 SSD 产品，这部分产品一般都由 NAND 原厂提供。通常原厂研发模式是自研固件而不是完全依赖第三方主控公司提供的 Turnkey FW 方案，这样做的优势是具备自主研发固件的能力，可以更好、更快地为客户提供支持。NAND 原厂天然具备这样的实力和资源。

企业级 SSD 主控在产品层面更多聚焦 PPA 中的前两点，相对于售价来说，该类主控对芯片面积和成本不那么敏感，也就是说芯片面积可以做得大一点。但企业级 SSD 对主控的功能、性能和可靠性要求极高，所以技术门槛更高，这是由企业级 SSD 产品的应用场景决定的。企业级 SSD 主控具有研发周期长、技术要求高的特点，所以现有的厂商和产品很难被替换。

4.2.1 SSD 主控国际大厂

SSD 主控国际大厂有美国的迈威迩（Marvell）和微芯科技（Microchip），它们都主攻企业级主控，放弃了低毛利、低售价的消费级主控。下面介绍这两家企业主打的最新产品。

1. Marvell

Marvell 于 2021 年 5 月 28 日正式推出了全球首款 PCIe 5.0 SSD 主控芯片 Bravera SC5 系列，首次支持 16 条 NAND 通道。此外，Bravera SC5 系列主控还是世界首款无须更改硬件便支持 SEF、ZNS、Open Channel 等使用环境的产品。

Bravera SC5 系列 PCIe 5.0 固态硬盘控制器包括两个控制器型号——8 通道的 MV-SS1331 和 16 通道的 MV-SS1333。Bravera SC5 的 SSD 主控参数如表 4-1 所示。这款控制器与前一代 PCIe 4.0 控制器相比性能提高了 1 倍，连续读取速度可达 14GB/s，连续写入速度可达 9GB/s，4K 随机读取性能为 1.8M IOPS，4K 随机写入性能为 1M IOPS。它性能很强，但功耗也比较高，MV-SS1331 和 MV-SS1333 的功耗分别为 9W 和 9.8W，与上一代 SSD 主控相比能耗比提高了 40%。Bravera SC5 主控支持 DDR4-3200 和 LPDDR4x-4266 ECC DRAM 缓存，封装尺寸是 20mm × 20mm。

表 4-1　Marvell Bravera SC5 的 SSD 主控参数

Marvell Bravera SC5 控制器		
	MV-SS1331	MV-SS1333
主机接口	PCIe 5.0 x4（双端口 ×2）	
NAND 接口	8CH, 1 600MT/s	16CH, 1 600MT/s
DRAM 缓存	DDR4-3200, LPDDR4x-4266 带 ECC	
连续读速度 /（GB/s）	14	
连续写速度 /（GB/s）	9	
随机读性能 /M IOPS	1.8	
随机写性能 /M IOPS	1	
功耗 /W	9	9.8
虚拟化	16 个物理功能，32 个虚拟功能	

Bravera SC5 支持 Marvell 第五代 NANDEdge LDPC 纠错技术，支持各个闪存厂家的 3D NAND（从 SLC 到 QLC 都支持）。在本书完稿时 Marvell 已经开始向客户提供样品。

　　Bravera SC5 主控包括 ARM 的混合内核（Cortex-R8、Cortex-M7 和 Cortex-M3）和多个专用功能硬件，如图 4-7 所示，可加速处理与控制器相关的基本任务，并实现高吞吐量和持续低延迟特性。

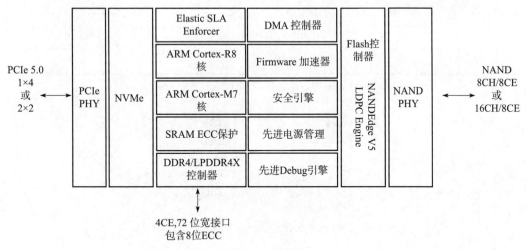

图 4-7　Bravera SC5 主控架构简图

2. Microchip

　　Microchip 公司的 Flashtec® 系列 NVMe SSD 主控属于最早一批在高性能企业级 SSD 市场上比较流行的主控。从 PCIe 3.0 到 4.0 时代，国内外市场上部分知名品牌的 NVMe 企业级 SSD 使用的都是来自 Microchip 的主控。

　　Flashtec® 系列 NVMe SSD 主控最初就是为实现高性能和高可靠性而打造的。它内部基于 NoC（Network on Chip，片上网络）的众核心 CPU 基本框架构建，这可保障高并发负载下的性能。它的架构支持 SMP 对称多处理和浮点运算，可以运行各种操作系统，所以它不仅可以作为 SSD 主控，还可以作为 CSD（Computation Storage Device，可计算型存储控制器）。除此之外，为了应对诸如 XOR、缓冲区管理等固定模式的高运算量任务，该主控集成了专用硬件引擎来加速运算。这种极具特色的架构使得 PCIe 3.0 时代的第一批高性能企业级 NVMe SSD 在随机 I/O 性能方面就直接冲破了 1M IOPS，百万级 IOPS 自此成了高端企业级 NVMe 的基础标杆。

　　Flashtec® 主控的发展历程如图 4-8 所示。

　　Microchip 的最新一代 Flashtec® NVMe 4016 PCIe Gen5 主控将于 2023 年量产，该产品的连续读最高性能可达 14GB/s，随机读写性能可达 3M IOPS，支持 200TB 的大容量 SSD 设计。它的基本规格如下。

　　❑ 拥有 16 个高速可编程 NAND 闪存后端通道控制器，能够提供最高 2400MT/s 的速度，能够饱和支持 PCIe 5.0 x4 链路带宽。支持单 ×8、双 ×4、单 ×4 和双 ×2 端口配置。支持从 SLC 到 QLC、从 Toggle 到 ONFI 等各类 NAND 接口和协议。

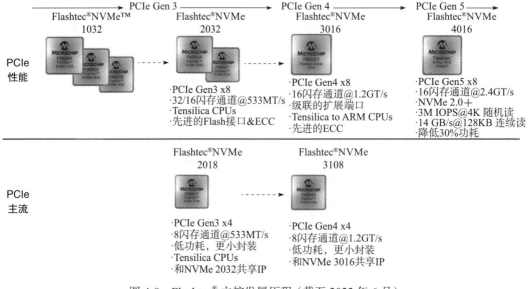

图 4-8　Flashtec® 主控发展历程（截至 2022 年 6 月）

☐ 所采用的高级 QoS 技术可满足云数据中心的差异化的应用程序 I/O 需求。

☐ 利用高级 ECC 和 LDPC 硬件支持当前和未来的下一代 NAND 闪存技术。

☐ 支持 PCIe 链路加密、双重签名认证和可信平台，可满足所有关键存储和企业应用安全需求。

☐ 具备先进的设备虚拟化功能，支持大规模虚拟机（VM）部署场景（多虚拟功能和多物理功能），可有效利用 PCIe 资源。

☐ 内置可编程机器学习引擎，能够支撑各种模式识别和分类功能，从而实现最大的性能和成本效益。

☐ 支持与 NVMe 2.0 对应的新特性，包括分区命名空间（ZNS）等。所采用的灵活强可定制化固件可以支持未来的协议标准变更和特性扩充（只需要升级到新固件）。

Flashtec® 4016 PCIe Gen5 主控参数如图 4-9 所示。

AI 推理引擎的加入（见图 4-10），让 Microchip 的 SSD 主控有了鲜明的时代特色，这无疑可以进一步提升 SSD NAND 闪存的空间、性能、寿命和利用率，这也就意味着成本的降低。由于 NAND 介质具有性能不一致性、高出错率和有限寿命等不足，所以仅靠人工测试和经验不足以完全压榨出 NAND 介质全部潜质，此时利用 AI 技术来识别深层次特征规律就显得十分必要。利用 AI 技术来识别 I/O 请求的各种规律，再与后端的 NAND 介质管理系统相互配合，就能够更深层次地优化 SSD 的性能和寿命。比如，分配和调整 I/O 处理路径资源，调整预取策略、缓存管理策略、动态电源管理策略、垃圾回收策略等。

除了过硬的硬件规格之外，一款主控还应当具备一定的生态能力，包括广泛的 NAND 厂商 / 规格支持、易用的开发工具和文档、快速故障诊断系统等。Microchip 在这些方面拥有良好的用户评价，它提供的产品开发调试便捷，固件可定制化程度高。

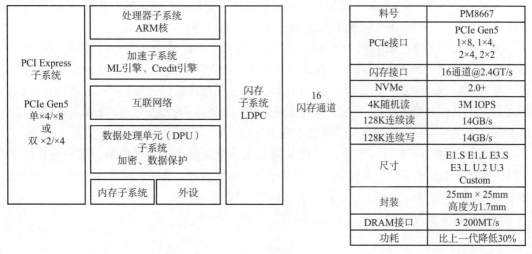

料号	PM8667
PCIe接口	PCIe Gen5 1×8, 1×4, 2×4, 2×2
闪存接口	16通道@2.4GT/s
NVMe	2.0+
4K随机读	3M IOPS
128K连续读	14GB/s
128K连续写	14GB/s
尺寸	E1.S E1.L E3.S E3.L U.2 U.3 Custom
封装	25mm × 25mm 高度为1.7mm
DRAM接口	3 200MT/s
功耗	比上一代降低30%

图 4-9　Flashtec® 4016 PCIe Gen5 主控参数

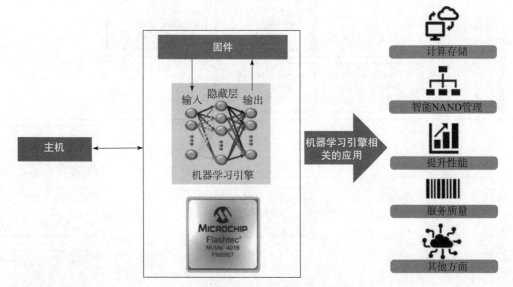

图 4-10　Flashtec® AI 推理技术

Microchip 近几年在北美以及国内 SSD 业界积累了诸多的 ODM/OEM 合作伙伴，相信未来 Microchip 的 SSD 主控会继续引领市场和技术革新。

4.2.2　SSD 主控国内厂商

SSD 主控国内厂商既有老牌的慧荣科技和群联电子，也有新晋的英韧科技、得瑞领新、大普微、芯盛智能、联芸科技、特纳飞和得一微等。

1. 英韧科技

英韧科技（InnoGrit）是国内主控厂商中表现比较突出的，除了拥有世界一流的主控自主研发能力外，还拥有企业级 SSD 及高端 SSD 定制化方案。

英韧科技的主控产品从 PCIe 3.0 起跑，它的 PCIe 3.0 x2 和 PCIe 3.0 x4 主控产品已在市场获得广泛应用。2020 年，英韧科技成为全球第一批 PCIe 4.0 固态硬盘主控芯片量产的企业，先后发布 PCIe 4.0 x4 及 PCIe 4.0 x4 DRAM-less 主控产品。这两款产品顺序读写性能分别达到 7.4GB/s 和 6.4GB/s，成为全球速度最快的固态硬盘主控之一。2022 年，英韧科技推出 PCIe 5.0 主控芯片，继续保持全球技术领先。

英韧科技的主控芯片与模组产品覆盖消费级、企业级及工业级应用，应用场景广泛，包括云计算、数据中心、工业控制、高端笔记本电脑等领域。它的产品质量和稳定性通过诸多 OEM 场景严格考验，并已为多家头部 OEM 客户批量出货。

英韧科技主控发展路线如图 4-11 所示。

		2019	2020	2021	2022
消费级	PCIe 4.0		RainierPC（IG5236）DRAM 4×4, 8CH/8CE, 12nm	RainierQX（IG5220）DRAM-less 4×4, 4CH/8CE, 12nm	
	PCIe 3.0	Shasta（IG5208）DRAM-less 3×2, 4CH/4CE, 28nm	Shasta+（IG5216）DRAM-less 3×4, 4CH/4CE, 28nm		
企业级	PCIe 5.0				Tacoma（IG5669）DRAM 5×4, 18CH/8CE, 12nm
	PCIe 4.0		RainierDC（IG5636）DRAM 4×4, 8CH/8CE, 12nm		RainierHS（IG5638）DRAM 4×4, 8CH/8CE, 12nm
	SATA				RainierS（IG5600）DRAM 8CH/8CE, 28nm

图 4-11 英韧科技主控发展路线

（1）消费级主控

消费级 SSD 对存储峰值速度、数据吞吐量、功耗及成本等要求更高，因此要求主控的尺寸及生产成本尽可能小，同时要能实现更高的顺序读写速度、更低的功耗及更好的散热。

在消费级产品线上，英韧科技的消费级 SSD 在兼具主流性能的同时，多次打破行业及自身历史速度纪录，形成了高性能、低功耗的领先优势。

英韧科技在 2020 年率先实现 PCIe 4.0 主控 RainierPC（IG5236）的量产，该主控顺序读写性能分别达到 7.4GB/s 和 6.4GB/s，较当时市场同类产品提升 50%，满足了消费级市场对"快"的极致追求，也成为首颗被国际笔记本品牌原装采用的国产 SSD 主控芯片。

2021 年英韧科技继续推出 PCIe 4.0 DRAM-less 主控芯片 RainierQX（IG5220），这是首颗支持 2400MT/s NAND 高速闪存接口的固态硬盘存储主控，在不需要 DRAM 的情况下顺序读写速度分别超过 7GB/s 及 6GB/s。在 DRAM 成本增加、PC OEM 和渠道面临巨大成本压力的市场环境下，DRAM-less 架构因具有更低功耗的 RainierQX（IG5220），成为消费级应用中最高性价比的解决方案之一。

除 PCIe 4.0 系列主控产品外，英韧科技的 PCIe 3.0 x4 Shasta+（IG5216）和 PCIe 3.0 x2 Shasta（IG5208）均采用 DRAM-less 架构，这两款主控具备高性能、小尺寸、低功耗、轻量化和超长待机的特点，在支持宽温的同时还支持容量高达 2TB 的各种 M.2 和 BGA SSD 标准尺寸的固态硬盘。它们还采用了 Turnkey FW 方案和公版 PCB 设计，可提供可靠耐用、优异性能的 SSD 方案，并简化客户开发验证环节，从而有效缩减了产品的面市时间。

英韧科技 2019 年到 2021 年量产芯片如表 4-2 所示。

表 4-2　英韧科技 2019—2021 年量产芯片表

产品名称	量产时间	规　　格	实物图
RainierPC（IG5236）	2020 年	PCIe 4.0 x4/12nm	
RainierQX（IG5220）	2021 年	PCIe 4.0 x4 DRAM-less/12nm	
Shasta+（IG5216）	2020 年	PCIe 3.0 x4 DRAM-less/28nm	
Shasta（IG5208）	2019 年	PCIe 3.0 x2 DRAM-less/28nm	

英韧科技的各款主控产品因采用了先进的 PCIe 通信接口和 NVMe 融合技术，具备广泛的闪存颗粒适配度和领先的性能，故被浦科特、威刚、海盗船、长江存储、江波龙、佰维、湖南天硕等众多国际国内知名企业在电竞产品、笔记本电脑、影视频存储和工业级存储等领域的中高端固态硬盘产品采用。

（2）企业级主控

相较于消费级应用场景，企业级数据中心更强调数据的 RAS 特性，即可靠性（Reliability）、可用性（Accessibility）及可服务性（Serviceability）。因此，企业级主控的技术要求更高，研发难度更大，一些在消费级主控上常用的技术不一定适合企业级主控。

首先，在性能上，消费级主控突出的是瞬时爆发性能，而企业级主控追求的是高负载下持续输出的稳态性能，比如满盘情况下的稳态随机写性能。因此，当 SLC 缓存消耗殆尽的时候，若想借助 SLC 缓存来获取更高的瞬时最高性能，写入性能会产生严重的掉速现象，这样就不适合应用在企业级主控。除此以外，企业级主控设计不仅要考虑在各种极端条件下持续稳定的输出性能，还要考虑最优时延及 QoS 一致性的表现。比如在一个更贴近现实数据中心的使用场景中，即读写混合场景中，如何获取更好的 QoS 时延表现是考验企业级主控技术实力的重要指标。通常企业级主控会通过支持擦写操作的 suspend（挂起）和 resume（继续执行）功能，来获得更好的读延迟。由于 suspend 和 resume 命令的使用会带来额外的系统开销，因此高效调度以及合理巧妙地聚合多个读命令在一次 suspend-resume 周期内是企业级主控的关键技术之一。在保证稳定一致读延迟的同时，企业级主控也要注意控制擦写操作被 suspend 和 resume 的时间间隔，以避免出现擦写操作超时的现象。

其次，在数据可靠性和完整性上，企业级 SSD 产品对 UBER（不可修复的错误比特率）的要求通常会比消费级 SSD 低一到两个数量级，比如 10^{-17}，甚至更低。因此，企业级主控对纠错编解码（ECC）技术提出了更高的要求，即在相同纠错失败概率要求下，企业级主控芯片的纠错编解码算法需要容忍更高的闪存颗粒原始误码率（RBER），从而保证数据的可靠性。除了不断提升的 ECC 技术，企业级主控通常使用冗余数据恢复（RAID）技术来处理闪存颗粒中多个 Die 失效的故障，从而进一步增加数据的可靠性。根据不同的产品需求，可以将企业级主控细分为 Die、Plane、Block、奇偶字线等不同保护级别。另外，针对数据完整性要求，企业级主控需要提供全路径端到端数据保护功能，数据从主机端通过 PCIe 链路传输到 SSD 主控，SSD 主控内部各类 SRAM、DD、控制器将数据传输到闪存接口，闪存接口再将数据写入闪存颗粒，之后再返回给主机端，整个传输路径中每一段都需要由检错 / 纠错算法来保证数据的正确性和完整性。同时要考虑完整和友好的错误处理机制，不能影响企业级产品在应用中的稳定性。

最后，在耐用性方面，企业级 SSD 产品在 Data Retention（数据保存时间）和 DWPD（每日整盘写入次数）方面的要求通常比消费级主控产品的要严苛很多。企业级 SSD 产品通常要求必须能够承受 7×24 小时的高负载数据读写活动；在 40℃ 的条件下，数据要保存至少 3 个月。由于不同闪存颗粒特性存在差异，所以企业级主控在设计上要考虑针对不同闪存颗粒的高效 Valley window（波谷窗口）搜索算法，优先排序成功率较高的 Vref offset（参考电压的偏移量），并结合芯片设计的加速引擎来帮助进行 NAND 特性分析、错误预测和 EOL 时间把控，从而让企业级主控产品性能更具可预测性，延长闪存颗粒的实际使用寿命，进而有效提高 DWPD。

除此以外，在企业级主控设计过程还需要考虑如何有效支持更大的闪存容量，并在给定容量的前提下，高效地进行闪存数据坏块的管理以获得更优化的预留空间（OP），进而减少系统的写放大（WA），从而提高稳态性能和整体 SSD 盘的使用寿命。

总之，企业级主控对稳态性能（满盘状态下性能）、延时、纠错能力、产品寿命、稳定性及系统兼容性的要求远远高于消费级主控，尤其是在高负载场景下，稳定的性能是普通消费级主控产品不能比拟的。

英韧科技 12nm PCIe 4.0 企业级 SSD 主控芯片 RainierDC（IG5636，见图 4-12）于 2020 年量产，并于同年获得第十五届"中国芯"优秀技术创新产品奖。目前，该主控及应用该主控的 PCIe 4.0 企业级 SSD 已经被多家国内头部互联网企业各类型自研项目选用。

针对企业级 SSD 主控设计难点之一的数据可靠性及完整性，英韧科技利用自己独有的 ECC 纠错技术给出了一份亮眼的答卷。凭借自主研发的闪存控制器 LDPC ECC 引擎以及 4K LDPC ECC

图 4-12　企业级 SSD 主控芯片 RainierDC
（IG5636）实物图

纠错技术，英韧科技纠错码技术容错率超出业界平均水平，有效延长了 NAND 闪存的寿命，降低了系统的数据延时，使 4KB 随机数据读性能相较之前的产品提高 2 ～ 3 倍。同时 RainierDC（IG5636）的解码器可配置低功耗模式，并自动切换至纠错能力更强的高性能模式，这大大提高了产品的生命周期和数据保持时间。

另外，在 QoS 一致性和稳定性方面，英韧科技主控全面支持各类闪存颗粒的 suspend 和 resume 技术，并对此进行了深度优化。在 1500MB/s 的写带宽场景下，随机读（bs=8KB，qdepth=8）的延时取得 99%（<280μs）、99.9%（<360μs）和 99.99%（<490μs）的优异成绩，在业界处于领先水平。

接口协议 PCIe 5.0 由 PCI-SIG（PCI 接口组织）于 2020 年底制定，该接口协议可应对新一代信息技术的发展在更高速度、更低延时、更大容量和更低功耗方面的需求与挑战。英特尔在 2021 年底推出的支持 PCIe 5.0 接口的第 12 代 Alder Lake 处理器，将大大加速 PCIe Gen 5 的全面应用进程。根据行业最新预测，PCIe 5.0 固态硬盘将在 2023 年初步进入市场，并自 2025 年起快速成为固态硬盘市场的主流。

2022 年 5 月，英韧科技发布了企业级 PCIe 5.0 SSD 主控 Tacoma（IG5669，见图 4-13）。该主控具有如下特点。

❑ 采用 PCIe 5.0 x4 接口。

❑ 具有 16/18 个 NAND 通道。

❑ 支持 NVMe 2.0、ONFI 5.0、Toggle 5 等最新技术协议。

❑ 支持容量高达 32TB。

❑ 采用多核 CPU 并行的命令处理方式。

图 4-13　Tacoma（IG5669）
的实物图

- 可充分发挥 PCIe 5.0 的带宽优势。
- 顺序读和写的性能分别高达 14GB/s 及 11GB/s。
- 提高了存储性能。
- 可广泛应用于高端存储领域，包括高端计算机、企业级应用、高端数据中心和人工智能产品等。

（3）Tacoma（IG5669）的技术亮点

Tacoma（IG5669）在企业级 SSD 所关注的指标上已达到当前业内领先水平，拥有自研的第三代 ECC 纠错引擎，支持 SLC、MLC、TLC、QLC NAND 以及 MRAM、XL-FLASH 等存储级内存（Storage Class Memory，SCM），支持分区命名空间（Zoned Namespace，ZNS）等技术。

在 2015 年 Intel 3D XPoint 产品 Optane 正式发布后，SCM 受到越来越多的关注。为了更好地体现 SCM 在低延时方面的显著优势，英韧科技自主研发一套低延时、高速、新型混合自适应纠错方案，使一个芯片可同时支持多种不同类型的 ECC 算法和技术。它的优势在于低延时、具备多种码字（256，512，1K，2K，4K）和多种码率，不仅使同一码字的错误率大大降低，还能极大降低数据的传输延时。搭载该技术的固态硬盘性能明显优于目前主流产品。它能极大提升在低队列深度下的随机读写性能，实现端到端 4K 随机读的整体系统延时（包括主机命令延时、主控延时、存储介质读取延时、数据传输延时）仅有 10μs。

为了满足互联网业务的日志（Journal）数据在写延时方面的严苛要求，相较于传统的设计方法，即把日志数据写到 Optane 上，英韧科技在 Tacoma（IG5669）上提供了高优先级写命令队列。上层客户放在这个命令队列里的写命令，会比其他队列里的命令具有更高优先级，因此可以保证这些命令的低延时，从而替代 Optane 承载日志数据。

随着 PCIe 5.0 SSD 吞吐量逐日增加，断电保护等技术问题变得具有挑战性。为了减少或消除对超级电容器的需求，英韧科技在 Tacoma（IG5669）的设计中使用了一种搭载磁阻随机存取存储器（MRAM）的解决方案，用于断电保护。MRAM 是非易失性的，具有与 DRAM 相似的性能，但延时稍长。当用户数据和 L2P 表存储在 MRAM 中时，即使掉电数据也不会丢失。这一新颖的设计思路不仅允许在存储系统中移除超级电容器并简化设计，还可以大幅提升断电时 SSD 的效能。由于 MRAM 具有与 DRAM 相媲美的性能，所以该解决方案仍然可以满足 PCIe 5.0 严苛的性能要求，并以更高的传输速率、更强的稳定性和更低的功耗释放下一代存储技术的潜力，进一步满足当前数据中心快速增长的存储和计算需求。

早在探索性的协议 Open-Channel 发布时，英韧科技已将下一代协议 ZNS 落地在自研主控芯片 Rainier 系列中，并针对公有云业务提供 ZNS SSD 定制。英韧科技成为该标准在数据中心集成应用领域的首批实践者。此外，ZNS 也在 Tacoma（IG5669）中完成落地并实现固件全面支持，这有望助推 Tacoma（IG5669）成为国内首个全面支持 ZNS 的 PCIe 5.0 存储主控。预计使用此项技术的 SSD 的吞吐量将提高 4 ~ 6 倍，数据寿命延长 4 倍。

2. 得瑞领新

成立于 2015 年的北京得瑞领新科技有限公司（DERA，下文简称得瑞领新）是一家从事企业级 SSD 产品研发的技术公司。它的技术团队由业界 IC 专家和资深工程师组成，团队架构完整，具有丰富的工程经验及成熟的产品化能力，所涉领域有芯片设计、固件研发、板卡设计、算法、上层软件设计及技术支持等。得瑞领新进入企业级 SSD 市场较早，有先发优势，产业线更全，具备从主控设计到固件算法再到模组成品的业务布局。它专注于企业级 NVMe 控制器芯片和 SSD 产品开发，并持续迭代，6 年量产 3 代主控和 11 款 SSD 模组产品，部分产品实测达到与英特尔、三星匹敌甚至更高的指标水平。

（1）NVMe 控制器

得瑞领新的第二款控制器 MENG（见图 4-14）定位于企业级及数据中心等应用场景，实现了高可靠、高性能，并且支持大容量设备，以及 NVM Express（NVMe）标准协议及 Open-Channel 等定制化协议。芯片集成多核 CPU 和灵活的 NAND 管理接口，可以适配当前所有国内外主流厂商的 NAND 闪存。MENG 控制器提供双路 DDR 接口，在满足高带宽读写操作的同时提供低延时的体验。

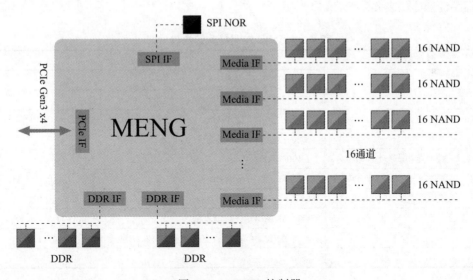

图 4-14　MENG 控制器

先进的 LDPC 纠错算法在保证高可靠性的同时，还延长了 SSD 的寿命，节约了 SSD 中 NAND 闪存的使用量，可进一步帮助用户降低整体拥有成本（TCO）。集成在 MENG 控制器内部的多个 CPU 可以给开发者带来灵活多样的选择，以满足企业、数据中心客户对关键业务的需求。

EMEI 是得瑞领新自主研发的第三代面向数据中心和企业级的 NVMe SSD 控制器（见图 4-15），也是得瑞领新首款支持 PCIe 4.0 的企业级主控。

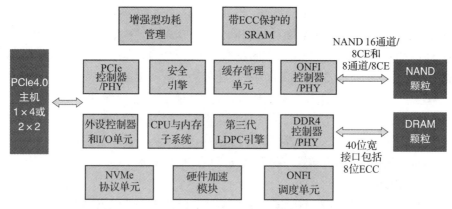

图 4-15　得瑞 EMEI 控制器

EMEI 在继承得瑞领新产品高性能、高可靠性、大容量等优势的基础上，进一步优化了技术架构。通过内置 CPU 的算力增强和在数据通路上提供更多加速引擎，从而保证了业界领先的数据处理能力。EMEI 采用 12nm 工艺技术，进一步降低了芯片面积和功耗。EMEI 控制器关键性能如表 4-3 所示。

表 4-3　EMEI 控制器关键性能一览

性能指标		描　述
制程工艺		12nm 工艺
PCIe 接口		PCIe 4.0 x4，双端口
NVMe 协议		NVMe 2.0（支持 Telemetry Log，支持 NVMe MI over MCTP 等）
容量		支持 512GB ～ 32TB 总原始容量
性能	顺序读 / 写速度 /（MB/s）	7 400/7 000
	随机读 / 写性能 /k IOPS	1 700/430
	随机读 / 写延时 /μs	65/8
ECC 保护		自研 4KB LDPC 纠错算法
国密		支持 AES 硬件加密，支持国密 SM2、SM3、SM4，支持 TRNG
ZNS		支持

EMEI 内嵌得瑞领新自主研发的自适应闪存纠错 LDPC 技术，该技术在原有 2K LDPC 的基础上进行突破，实现了基于 4K 码长的 LDPC 纠错引擎，大幅提升了软解码和硬解码能力。LDPC 解码能力的提升，最大化保障了数据的可靠性，从而延长了产品的寿命。除基础的 ECC 功能外，EMEI 控制器还为内部数据通道提供了完整的保护功能，包括通过外置 DDR 和内置 SRAM 实现的 ECC 保护，以及完整的数据传输端到端 CRC 保护。除此之外，EMEI 还应用 PI 技术，帮助用户实现从应用到 SSD 之间的端到端数据完整性保护。

（2）NVMe SSD 产品

得瑞领新的 NVMe SSD 定位于企业级应用，因此性能平稳度和数据可靠性是核心设计要点。

企业级应用要求存储设备在稳定一致的基础上具备高性能和低延时的特性。受限于介质的基本工作原理，SSD 需要通过复杂的工程设计才能避免出现性能抖动、延时恶化等负面表现。得瑞领新企业级 NVMe SSD（见图 4-16）充分预计了高压力下的极端情况，对前端 I/O 请求和后台行为进行精细调度和控制，确保在任何情况下，设备对外呈现的性能都能稳定在可预测、可接受的水平。

图 4-16　NVMe SSD

在数据可靠性方面，得瑞领新的产品主要通过高强度的闪存 ECC、故障主动管理、完整数据通道校验、掉电保护、功耗及温度自监控管理等技术设计实现。

得瑞领新的 SSD 具有如下特点。

❑ **闪存 ECC 是 SSD 的核心功能**。为了处理新结构、新工艺节点下闪存芯片的高原始误码率问题，同时满足高并发访问时的低延时要求，EMEI 控制器中使用了得瑞领新最新一代的自研 4K LDPC 纠错技术。相比上一代的 2K LDPC 技术，4K LDPC 的纠错能力有了 30% 以上的提升，可充分满足主流闪存器件对主控纠错能力的要求，即在复杂度、面积、功耗、解码延时确定性和可控性等多个方面达到了良好的均衡。此外，EMEI 对完整数据通道的 ECC 保护和 CRC 校验，也在不影响性能的前提下为数据可靠性提供了基础保障。

❑ **故障主动管理**。闪存单元在形成严重错误之前会表现为误码率的渐进式提高。得瑞领新的 SSD 在充分掌握闪存全生命周期特性的基础上，在运行过程中根据页面原始误码率的变化，实现对故障单元的主动判定及预防性管理，在最大化有效使用存储单元的基础上，尽可能降低因存储单元故障导致数据损坏的概率。与此对应，磨损平衡策略也可基于对存储单元的实时跟踪结果而动态调整，以确保达到更接近真实磨损平衡的效果。

❑ **掉电保护**。在 IT 系统运行环境下，意外掉电是不可避免的问题。SSD 若对意外掉电处理不当，则很有可能导致用户数据被破坏乃至整个设备出现故障。得瑞领新的 SSD 提供了完备的硬件手段来持续监测供电情况，并在供电异常时主动触发保护策略：自动切换到后备电容或其他不间断电源供电，在整体的软件策略上予以充分配合，在发生意外掉电时最大限度保证用户数据的完整性。

　　得瑞领新的 D7436/D7456 NVMe SSD（见图 4-17）实现了高强度的 LDPC 硬件纠错、完整数据通道端到端保护、自适应动态 RAID 保护、意外掉电检测及处理等技术的有机结合，支持 AES256 和国密 SM2/3/4，可为用户提供全方位的数据安全保障。D7436/D7456 NVMe SSD 在运行过程中可实时监测设备健康状态并及时做出相应处理，上层管理软件可监控设备状态并对潜在故障进行准确预测和处置。

图 4-17　D7436/D7456 NVMe SSD

　　D7436/D7456 NVMe SSD 具备高性能、低延时和性能平稳等优势，稳态随机写性能最高可达 430k IOPS，随机读 / 写延时低至 70μs/10μs。同时，固件管理算法可针对不同类型的 I/O 请求进行智能调度和控制，确保在高压力的极端情况和多变的工作负载下，设备性能始终表现平稳。D7436/D7456 NVMe SSD 在请求队列欠载和饱和的条件下，随机读写性能均能保持 90% 以上的一致性。

3. 大普微

　　深圳大普微电子科技有限公司（DapuStor，下文简称大普微）是国内先进的 SSD 主控芯片设计和智能企业级 SSD 定制开发厂商。大普微在 2021 年开始量产自研 DPU600 系列控制器芯片（其中的 DPU616 主控芯片实物如图 4-18 所示）。作为高端 PCIe 4.0 企业级 SSD 主控，DPU600 具有业界领先的性能。DPU600 具有企业级产品所需要的高性能、大容量、高稳定、高灵活、高安全和高可靠等特性，参数如表 4-4 所示。

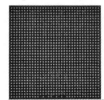

图 4-18　DPU616 主控芯片实物

表 4-4　DPU600 参数

性能指标		描　　述
制程工艺		12nm FinFET 工艺
主机接口		PCIe 4.0，双端口等
NVMe 协议		NVMe 1.4a，NVMe MI 1.1
容量		单主控支持 32TB TLC/64TB QLC 容量 双主控级联支持 64TB TLC/128TB QLC 超大容量
性能	顺序读 / 写速度 /（GB/s）	15/10
	随机读 / 写性能 /M IOPS	2.6/0.9（稳态）
	随机写延时 /μs	5
ECC 保护		基于 3D TLC/QLC 满足 10^{-17} 的企业级 UBER 要求
高安全性		● 支持 TCG/AES/RSA/SHA/TRNG ● 支持 SM2/SM3/SM4 ● 支持安全启动 ● 支持 FPGA/ASIC 特定加密算法

（续）

性能指标	描　　述
强大数据完整性	• DDR4 DRAM@3200MT/s with ECC（每 32/64 位可校正 1 位） • 支持 DIF/DIX 保护（外部和内部） • 全通路数据保护（DPP） • SRAM 数据保护（ECC 或 CRC） • 超强 LDPC 4KB 代码纠错能力 • 硬件 RAID5 保护 • 完善的异常处理与恢复机制
扩展应用	DPU600 还可作为存储专用处理器，适合分布式混合存储和小型企业 NAS

　　DPU600 除了可用于企业级 SSD/SCM 主控之外，还可用于计算存储盘（Computational Storage Drive，CSD）。早在 2016 年，大普微就率先提出 PIS（Processing In Storage，存储中处理）的理念，PIS 与近年 SNIA 提出的 CSD 不谋而合。大普微将 PIS 在 DPU600 芯片上付诸实践。

　　如图 4-19 所示，DPU600 同时具备闪存和计算加速功能。图 4-19 中所示①②③标注的计算加速资源为应用 CPU、片上硬件加速模块（搜索、加密、RAID 运算、LSTM 神经网络等）和外扩的 FPGA。图 4-19 下图显示了将 SSD 内的加解密硬件开放给主机端软件的使用模型，一个服务器内的多个可计算 SSD 提供的加解密引擎可以通过主机端 API 封装成统一的调用接口，对应用隐藏硬件细节。值得一提的是，主控内的应用 CPU 可以运行 Linux 等高层操作系统，无缝地接收和执行主机 /（包括 Linux 应用程序和容器）下发的二进制计算任务，也可以支持 Java、BPF 等跨平台的字节代码。

4. 芯盛智能

　　芯盛智能科技有限公司（XITC，下文简称芯盛智能）致力于固态存储技术的自主研发，是国内领先的固态存储控制器芯片及解决方案提供商。公司持续加大研发投入，现有员工 500 余人，其中 70% 以上为研发人员，在北京、上海、成都、济南、长沙、常州等地均设有子公司及研发中心。芯盛智能承担了多项省、市、区科研项目，拥有多项自主知识产权的关键核心技术，被多次评为高新技术企业、专精特新企业、省级民营科技企业和年度质量信用 A 级企业等。

　　芯盛智能秉持"一体双翼，双驱动"的市场战略，即公司集"芯片、固件、供应链、解决方案"为一体，在技术创新与市场应用创新的双驱动下，为数据存储与数据安全保驾护航。公司自成立以来，始终坚持自主创新理念，推出多款存储控制器芯片、安全加密芯片、固态存储产品及数据安全解决方案。产品覆盖数据中心、边缘中心、工业控制、消费类终端和车载电子等行业，广泛用于党政、金融、电力、轨道交通、平安城市等领域。芯盛智能产品系列展示如图 4-20 所示。

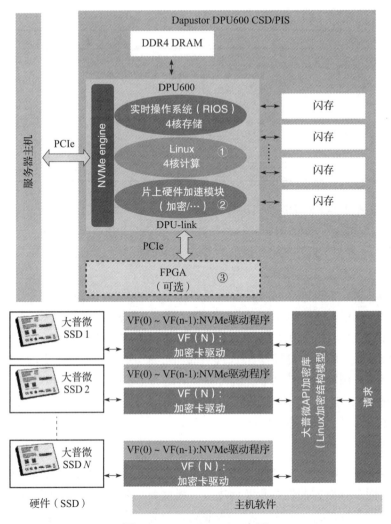

图 4-19　DPU600 CSD 应用

图 4-20　芯盛智能产品系列

（1）行者（Walker）SSD 主控芯片

在 2022 全球闪存峰会上，芯盛智能发布了全球首款基于 RISC-V 架构的 12nm PCIe 4.0 和 SATA 3.0 双模高端固态存储主控芯片——行者（Walker）。行者使用了 RISC-V 开源 6 核架构进行设计研发，真正实现了低成本、低功耗、高性能、大容量等特性。

行者中的 XT8210 系列是 PCIe 4.0 x4 企业级主控芯片，支持 NVMe 1.4 协议，顺序读和写速度分别可达 7500MB/s 和 6500MB/s，随机读和写性能分别高达 1000k IOPS 和 900k IOPS，最大可支持 16TB 容量；XT6130 系列是 SATA3.0 企业级主控芯片，顺序读和写速度分别为 560MB/s 和 520MB/s，随机读和写性能高达 100k IOPS 和 90k IOPS，最大支持 8TB 容量。行者支持商密 SM2/3/4 算法，根据国密二级安全标准、国测 EAL4+ 安全认证规范设计，可大幅提升数据存储的安全性。另外，行者内置芯盛智能安全引擎及可靠性引擎，在保证高性能、高稳定的同时，还大幅延长固态硬盘的使用寿命，性能领先于同类产品。

行者从 IC 设计、晶圆制造到封装测试，再到成品生产均在国内完成，实现了全流程自主可控和国产化。行者芯片的主控参数如表 4-5 所示。行者 SSD 双模主控芯片的实物如图 4-21 所示。

表 4-5　行者芯片的主控参数

型　　号		XT8210	XT6130
制程工艺		12nm FinFET 工艺	
主机接口		PCIe 4.0 x4	SATA 3.0
NAND 接口		8CH 和 4CE	
NVMe 协议		NVMe 1.4	SATA 3.0
容量 /TB		16	8
性能	顺序读 / 写速度 /（MB/s）	7 500/6 500	560/520
	随机读 / 写性能 /k IOPS	1 000/900	100/90
ECC 保护		可重构 4K LDPC, NANDXtra®Gen4	
功能特性		DataGuard Gen2, E2E, SRAM ECC, DRAM inline ECC, NANDSafe™Gen2	
安全特性		国密二级、国测 EAL4+	

图 4-21　行者 SSD 双模主控芯片

（2）芯盛智能 SSD 固态硬盘

在 SSD 固态硬盘方面，芯盛智能发布了基于行者 XT6130 的企业级 SATA3.0 固态硬盘 SS3000 系列（见图 4-22），该系列产品采用长存 Xtacking® 3D eTLC 颗粒，顺序读和写的速度分别为 560MB/s 和 520MB/s，随机读和写的性能分别高达 95k IOPS 和 45k IOPS，具备高性能、高稳定、高可靠、全国产等特点。

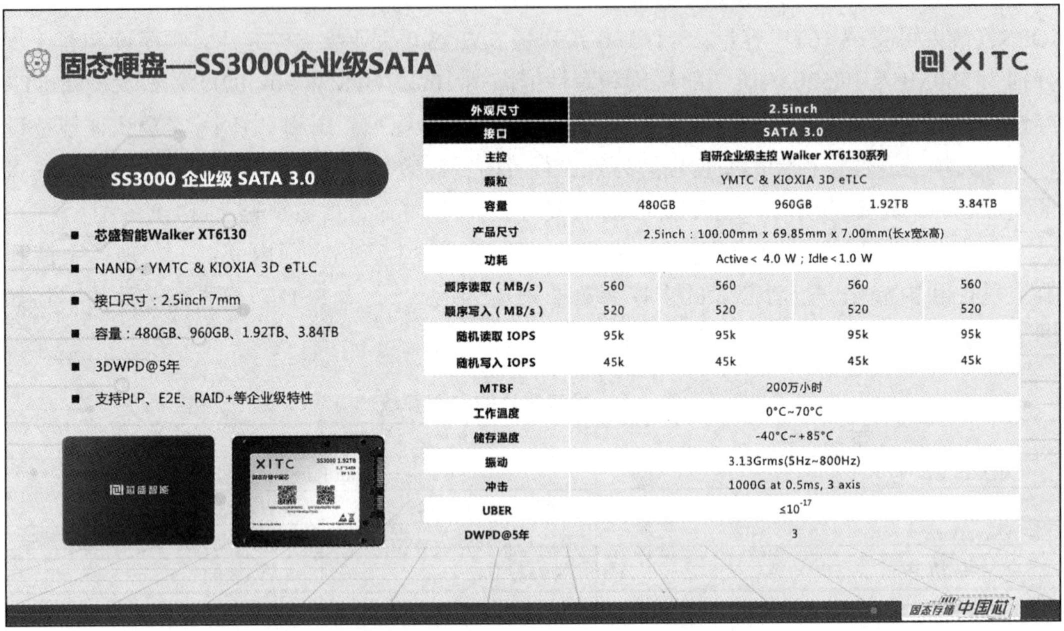

固态硬盘——SS3000企业级SATA　　XITC

SS3000 企业级 SATA 3.0

- 芯盛智能Walker XT6130
- NAND：YMTC & KIOXIA 3D eTLC
- 接口尺寸：2.5inch 7mm
- 容量：480GB、960GB、1.92TB、3.84TB
- 3DWPD@5年
- 支持PLP、E2E、RAID+等企业级特性

外观尺寸	2.5inch			
接口	SATA 3.0			
主控	自研企业级主控 Walker XT6130系列			
颗粒	YMTC & KIOXIA 3D eTLC			
容量	480GB	960GB	1.92TB	3.84TB
产品尺寸	2.5inch：100.00mm x 69.85mm x 7.00mm(长x宽x高)			
功耗	Active < 4.0 W；Idle < 1.0 W			
顺序读取（MB/s）	560	560	560	560
顺序写入（MB/s）	520	520	520	520
随机读取 IOPS	95k	95k	95k	95k
随机写入 IOPS	45k	45k	45k	45k
MTBF	200万小时			
工作温度	0°C~70°C			
储存温度	-40°C~+85°C			
振动	3.13Grms(5Hz~800Hz)			
冲击	1000G at 0.5ms, 3 axis			
UBER	$\leq 10^{-17}$			
DWPD@5年	3			

固态存储 中国和

图 4-22　SS3000 系列产品规格参数

基于行者 XT8210 PCIe 4.0 x4 的企业级 SSD SP3000 系列于 2022 年第四季上市。该系列产品采用长存 Xtacking® 3D eTLC 高可靠颗粒，提供 U.2 与 AIC 的外观形态，顺序读和写的速度分别高达 7400MB/s 和 6500MB/s，随机读和写的性能高达 1000k IOPS 和 640k IOPS。SP3000 系列支持 PLP、E2E、RAID+ 等企业级特性。另外，芯盛智能企业级 SSD 全面适配国产操作平台，可根据客户应用场景的差异实现定制化功能，灵活满足不同客户、不同应用场景的需求。SP3000 系列产品的规格参数如图 4-23 所示。

芯盛智能 SSD 产品还规划有桌面级产品、工业级产品、安全级产品、嵌入式产品，以及 CubexStor 电商和渠道类产品。

桌面级 PCIe 3.0 x4 SSD 产品 EP3000，搭载芯盛智能自研的行者主控 XT8210，采用 3D TLC 颗粒，具有 256GB、512GB、1TB 三种容量，主要应用于党政办公及信创通用类 PC 和笔记本电脑等。

工业级 SATA3.0 SSD 产品 DS3000，搭载行者主控 XT6130，采用 Bics5 gTLC 或 3D TLC 颗粒，具有 2.5 英寸 7mm、M.2 2280、M.2 2240、mSATA 及 Halfslim 五种尺寸形态，

工作温度范围为 –40 ～ +85℃，可灵活满足工业市场的应用需求。DS3000 顺序读和写的速度分别高达 560MB/s 和 540MB/s，支持 PLP、E2E、RAID+、ECC 及定制化服务，主要应用于小型移动 NAS 系统、嵌入式记录存储仪器、监控视频采集系统、车载阵列系统及加固计算机等大容量高性能应用场景。DS3000 系列产品的规格参数如图 4-24 所示。

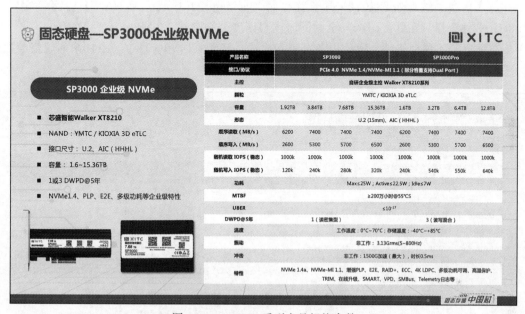

图 4-23　SP3000 系列产品规格参数

图 4-24　DS3000 系列产品规格参数

安全加密 PCIe 3.0 x4 SSD 产品 MP250M，搭载芯盛智能自研主控 XT8111，采用长存 Xtacking® 3D TLC 颗粒，具有 256GB、512GB、1TB 三种容量，顺序读写速度分别高达 2100MB/s 和 1600MB/s。通过商用密码 SM4 和国密一级安全标准认证，全面兼容国产化平台，主要应用于加密一体机、网安及重点加密场景。

嵌入式产品线系列 E110，采用长江存储 Xtacking® MLC 或 TLC NAND，具有 8GB ～ 128GB 多种容量。在保证国产安全的同时读写速度分别高达 310MB/s 和 247MB/s，广泛应用于车载电子、移动终端、通信设备、工程机械、智能家居等场景中。E110系列规格参数如图 4-25 所示。

图 4-25 E110系列规格参数

芯盛智能的技术优势不仅体现在芯片的创新性和固态存储产品的差异性上，还体现在推动行业标准编制、产业白皮书修订中。在 2022 全球闪存峰会上，中国计算机行业协会携手芯盛智能等国内头部固态存储企业及华中科技大学、山东大学、北京理工大学等知名院校撰写的《全球闪存存储技术及产业发展研究报告》重磅发布。芯盛智能还参与了《信息技术固态盘分级技术规范》团体标准的编写。这些都说明，芯盛智能正致力于推动国产存储自主生态标准化的发展。

5. 慧荣科技

慧荣科技（Silicon Motion Technology Corp.，SMI）是 NAND 闪存主控芯片的全球领导者，拥有超过 20 年的设计开发经验，可为 SSD 及其他固态存储装置提供领先业界的高性能解决方案，其产品的应用范围包括数据中心、PC、智能手机、商业产品及工控产品。对

NAND 闪存特性的深入了解让慧荣科技开发出最广泛的主控芯片 IP 组合，进而设计出搭载固件主控芯片平台的、独特的、进行了高度优化配置的 IC，以及完整的主控芯片 Turnkey 解决方案。慧荣主控芯片兼容性居业界之冠，支持铠侠、三星、SK 海力士、Solidigm、西部数据及长存等生产的各式闪存。慧荣科技的客户遍及全球，包括所有 NAND 闪存大厂、存储装置的模块厂、大型数据中心及其他 OEM 大厂。

近期慧荣科技被美商 MaxLinear 收购，总交易对价的隐含价值为 38 亿美元。MaxLinear 是一家提供射频、高性能模拟和混合信号通信的企业，其产品用于联网家庭、有线和无线基础设施，以及工业和多市场应用的片上解决方案，包括有线宽带调制解调器和网关、有线连接设备、射频收发器、光纤模块、视频机顶盒和网关、模拟和数字混合电视、直播卫星室外和室内单元以及电源管理和接口产品。

就 MaxLinear 和慧荣科技双方产品线而言，并没有重叠性，甚至无相关性，但双方强调了合并后的协同效应，但对慧荣科技而言，后续如何发展，让我们拭目以待。

6. 群联

群联（Phison）从提供全球首颗单芯片 USB 闪存随身碟控制器起家，目前已经成为 USB 随身碟、SD 记忆卡、eMMC、UFS、PATA、SATA 与 PCIe 固态磁盘等控制器领域的领头者。群联每年在全球销售超过 6 亿颗控制器，年营收超过 22 亿美元（2021 年）。作为 NAND 闪存解决方案的供货商，群联可以提供品牌厂商、系统与 OEM/ODM 服务。

群联的闪存正快速进入消费性市场、工控市场及企业应用市场，并持续在内嵌式存储装置（Embedded）、固态存储装置（SSD）及保密性产品上进行技术创新。群联有超过 2600 名员工，并努力加速采用业界新的闪存技术。

群联卓越的研发能力让其成为业界相关产业的重要成员。群联是 ONFI（Open NAND Flash Interface）的创始会员之一，同时也是 SD 及 UFS 协会的董事。群联杰出的经营策略构成了极具竞争力的条件。群联拥有优秀的研发团队、领先业界的技术、高效且完成 ISO 认证的制造过程、有力的专利布局、完整的营销策略、具竞争力的产品和出色的客户支持，不论是 IC 设计、系统整合、客制化服务或是制造，群联都能为客户提供最好的服务。

7. 联芸科技

联芸科技（Maxio）成立于 2014 年 11 月，总部位于杭州滨江，已发展成为全球三大 SSD 控制器及解决方案提供商之一，并延伸至 UFS 及 eMMC 控制器领域。联芸科技是全球为数不多的掌握 NAND 闪存控制器核心技术的企业，他们致力于为全球 SSD 设备提供业界领先的高性能存储解决方案。通过对 NAND 闪存特性的持续深度研究，联芸科技独创了闪存自适配专利技术，使其推出的各类 SSD 控制器兼容铠侠、三星、SK 海力士、Solidigm、西部数据及长存等 NAND 原厂推出的全部 NAND 闪存颗粒。

在 SSD 控制器领域，联芸科技已完成从 SATA 到 PCIe 5.0 控制器的完整布局，并推出极具业界影响力的系列 SSD 主控，产品全面覆盖消费级、企业级、工业级。联芸科技的控制器产品图谱如图 4-26 所示。

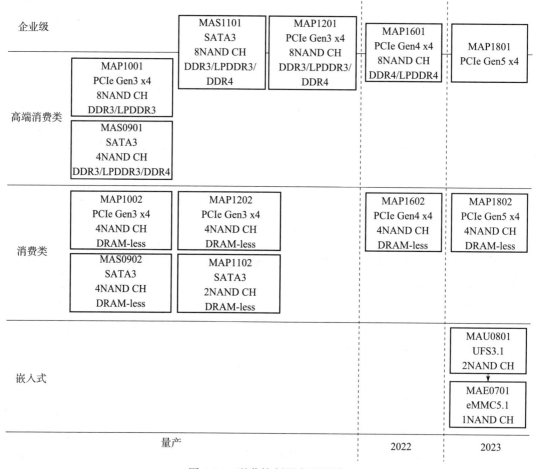

图 4-26　联芸控制器产品图谱

联芸科技始终秉持"以技术、产品、服务、管理的创新，成为行业领导者；以优质的产品与服务，成就客户的价值"的经营理念，努力将自己发展成为世界一流的集成电路设计企业。

8. 特纳飞

特纳飞（TenaFe）成立于 2019 年，总部位于北京，在上海、武汉、深圳、苏州以及美国的加州设有分支机构。目前，特纳飞共有 100 多位员工，都是行业老兵。特纳飞目前主要提供 SSD 主控及整体解决方案。特纳飞的目标是为客户提供稳定可靠的产品，缩短产品上市时间。他们主要瞄准的是 PC OEM 和数据中心市场。

到目前为止，特纳飞推出了不带缓存（DRAM-less）的 PCIe 4.0 消费类控制器 TC2200 和 TC2201（见表 4-6），两款产品后端均为 4 通道，分别支持 1600MT/s 和 2400MT/s 的

NAND 接口速度。TC2200 于 2021 年底进入量产阶段。特纳飞正在着手准备的 PCIe 5.0 控制器，面向企业级数据中心和高端消费类 SSD，连续读速度高达 14GB/s，随机读性能高达 2.5M IOPS，支持 DDR4/DDR5 缓存模式，后端 8 通道，支持 3600MT/s 的下一代 NAND 接口速度。

表 4-6　特纳飞 TC2200 和 TC2201 SSD 控制器参数

参数项	TC2200	TC2201
状态	量产	样品 Q4'2022
接口	PCIe 4.0 x4, NVMe 1.4	PCIe 4.0 x4, NVMe 1.4
闪存	4 通道，高达 1 600MT/s	4 通道，高达 2 400MT/s
DRAM 是否带缓存	DRAM-less	DRAM-less
性能	连续读速度：5GB/s 随机读性能：550k IOPS	连续读速度：7.4GB/s 随机读性能：1M IOPS
功耗	<1.5mW（控制器 PS4 功耗）	<1.5mW（控制器 PS4 功耗）
数据完整性	端到端数据保护 SRAM SECDED 保护 4KB LDPC Plane&Die RAID 保护	端到端数据保护 SRAM SECDED 保护 4KB LDPC Plane&Die RAID 保护
封装	12mm × 12mm	7.5mm × 12mm

9. 得一微

得一微电子股份有限公司（YEESTOR，下文简称得一微）成立于 2007 年，总部位于深圳，在合肥、广州、长沙等地设有分支机构。得一微为行业客户提供包括存储控制器、工业用存储模组、IP 和设计服务在内的一站式存储解决方案，产品覆盖消费级、企业级、工业级、汽车级。

得一微通过 15 年技术积累和业务拓展，建立了 SSD 存储（PCIe/SATA）、嵌入式存储（UFS/eMMC/SPI-NAND）和通用存储（USB/SD）的完整产品线，累计出货超 10 亿套。得一微掌握业界多项关键技术，已获得授权发明专利 227 项，拥有所有存储控制器的核心 IP，并可提供存算一体解决方案，可应对 AIoT 及数据中心等新兴应用带来的挑战。

NAND 闪存

用户存储在 SSD 上的数据，最终都会存储在非易失性的存储介质里。存储介质的特性决定了 SSD 的主控设计和固件设计，这是 SSD 的根本，因此我们有必要深入存储介质内部，去探究存储介质的基本原理和特性。SSD 使用的典型存储介质是闪存（NAND Flash）。本章先以传统闪存（2D 闪存）为例介绍闪存的基本原理。闪存是不可靠性介质，我们会从原理上介绍导致闪存不可靠的原因，从系统层面介绍 SSD 通过哪些手段来克服这些不可靠性问题。3D 闪存已是 SSD 中的主流存储介质，我们会在 2D 闪存基础上，介绍 3D 闪存的基本知识。

5.1 闪存基本原理

5.1.1 存储单元及相关操作

闪存是一种非易失性存储器（Non-volatile memory），也就是说，即使掉电了，存储在闪存中的数据也不会丢失——这是闪存能作为 SSD 存储介质的根本原因之一。

传统 2D 闪存的基本存储单元（Cell）是一种类 NMOS 的浮栅（Floating Gate）晶体管，如图 5-1 所示。

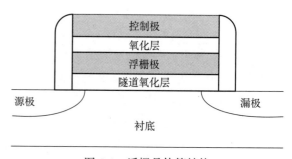

图 5-1　浮栅晶体管结构

　　传统 2D 闪存的浮栅晶体管，在源极（Source）和漏极（Drain）之间电流单向传导的半导体上形成存储电子的浮栅，它使用导体材料，上下被绝缘层包围，存储在浮栅极的电子不会因为掉电而消失。

　　如果我们把浮栅极里面没有电子的状态用 "1" 来表示，存储一定量电子的状态用 "0" 表示，就能用浮栅晶体管来存储数据了：初始清空浮栅极里面的电子（通过擦除操作），当需要写 "1" 的时候，无须进行任何操作；当需要写 "0" 的时候，则往浮栅极里面注入一定量的电子（也就是进行写操作）。

　　写操作是在控制极施加一个大的正电压，在控制极和衬底之间建立一个强电场，使电子通过隧道氧化层进入浮栅极；擦除操作正好相反，是在衬底加正电压，建立一个反向的强电场，把电子从浮栅极中 "吸" 出来，如图 5-2 所示。

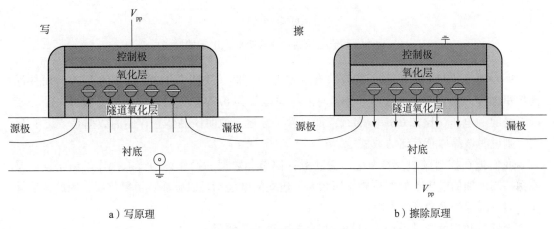

a）写原理　　　　　　　　　　　b）擦除原理

图 5-2　闪存擦写原理示意

　　在擦写过程中，需要在控制极和衬底之间建立强电场。随着擦写次数的增多，用来隔离浮栅极电子的隧道氧化层隔绝效果会变得越来越差，后果是电子进出浮栅极变得容易了，最后可能导致浮栅极里面存储的电子数目发生非预期变化，从而使数据由 "0" 变成 "1"，或者由 "1" 变成 "0"。所以闪存都是有擦写次数限制的。我们常用擦写次数（Program & Erase Cycle，PEC）来衡量闪存寿命，当擦写次数超过某个阈值时，闪存可能就不可用了。

　　一个浮栅极里面存储的可能是 "0"（浮栅极里面有一定量的电子），也可能是 "1"（浮栅极里面没有电子或者只有少量电子），那么怎么分辨它存储的是 "0" 还是 "1" 呢？也就是说，如何读取写入存储单元的数据呢？

　　写入时要往浮栅极里面注入不同数量的电子，从而改变浮栅晶体管的导通电压，如图 5-3 所示。具体来说，往浮栅极注入的电子越多，晶体管的导通电压越大，即需要在控制极施加更大的电压，才能使源极和漏极导通。

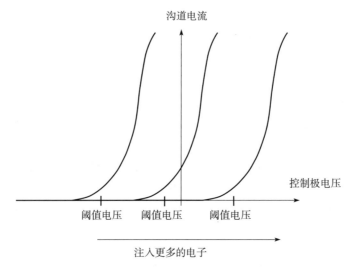

图 5-3　晶体管阈值电压随着浮栅极注入电子的增多而增大

假设浮栅极里面没有电子或者只有少许电子（即"1"）时的导通电压为 0.1V，而往浮栅极里面注入一定量电子（即"0"）时的导通电压为 0.5V，我们在控制极上施加一个介于两者之间的电压，比如 0.3V，那么：如果管子导通，说明该晶体管存储的数据是"1"；反之，则说明该晶体管存储的数据是"0"。

我们把在控制极加个参考电压去获取存储单元数据的操作称为读取操作。由于读取操作在控制极加的电压不如擦写操作那么大，建立的电场不足以破坏隧道氧化层，因此读取操作不会对闪存的寿命产生影响。

至此，我们就能从原理上回答一些有关闪存的问题了。

1）为什么闪存可以存储数据？

首先，闪存是非易失性存储介质。存储在浮栅极里面的电子上下层都被绝缘层包围，即使掉电，里面的电子也很难跑掉。

其次，闪存可以通过浮栅极里面有无电子或者电子的多少来表示"0"和"1"，能表示"0"和"1"，就具备了存储数据的基础。

2）为什么闪存有寿命？

擦写操作需要在存储单元的控制极和衬底建立强电场以从浮栅极中清空或者注入电子，这会对隧道氧化层造成物理损伤，日积月累，当擦写次数过多时，隧道氧化层这道"屏障"就失去隔离电子的作用，闪存就存储不了数据了。

3）闪存为什么要写前擦除？

假设某存储单元之前写入的是"0"，即浮栅极里面有电子，现在我们要把该位从"0"改成"1"，是不能通过往里面注入更多电子达到这个目的的，只能通过擦除操作完成从"0"到"1"的更改。这就好比一块白板，如果上面之前写了很多字，你不能在上面直接写新的字，否则很难分辨，只有擦了重写才能看清楚。

4）为什么闪存有数据保持性问题？

存储在浮栅极里面的电子，随着时间的流逝，会慢慢通过隧道氧化层溜出（正所谓"天下没有不透风的墙"），今天溜走一个电子，明天再溜走一个，日积月累，量变引起质变，就会导致里面存储"0"的数据变成"1"。这就产生了闪存数据保持问题（Data Retention）。隧道氧化层经历擦写次数越多，这道"墙"透风越厉害，数据保持能力也就越差。

在 2014 年的闪存峰会上，半导体器件物理专家施敏被授予终身成就奖，以表彰他发明了浮栅晶体管。据说，发明浮栅晶体管的灵感是这样来的：有一天，施敏和搭档姜大元在公司的食堂一起吃午餐，饭后甜点是奶酪蛋糕。看着夹心蛋糕，他们在想，如果在场效应晶体管中间加个东西，会怎样呢？于是，浮栅晶体管横空出世。

获奖后，施敏在庆功宴上为自己点了一份奶酪蛋糕。

5.1.2　闪存类型

在上一节，我们简单地用一个存储单元有无电子来区分"0"和"1"，也就是一个存储单元只能存储 1 位的数据，我们把这种一个存储单元存储 1 位数据的闪存称为 SLC（Single Level Cell）。

闪存用作 SSD 的存储介质，需要具备大容量、低成本的特点，高价 SSD 很难"飞入寻常百姓家"。高密度存储和低比特成本一直是闪存技术的发展方向。提升闪存存储密度有两种方式：一是物理方式，比如采用 3D 堆叠方式和使用更先进的制程；二是逻辑方式，即让一个存储单元存储更多位的数据。采用这两种方式都能让同样大小的晶圆生产出更多位数据，从而达到降低比特成本的目的。

在使用逻辑方式提升存储密度这条路上，先后出现了 SLC、MLC、TLC、QLC 等类型的闪存。具体来说，一个存储单元存储 1 位数据的闪存叫 SLC，存储 2 位数据的闪存叫 MLC（Multiple Level Cell），存储 3 位数据的闪存叫 TLC（Triple Level Cell），存储 4 位数据的闪存叫 QLC（Quad Level Cell）。在本书第 1 版完稿时 QLC 还只是概念，现在各大原厂都已实现 QLC 量产了。由此可见，闪存厂商在追求高密度闪存之路上的狂奔。

那怎么让一个存储单元来存储更多数据呢？假设一个存储单元最多注入 100 个电子，我们可以用存储单元中有 0～10 个电子的状态和有 51～100 个电子的状态分别表示 1 和 0 两种状态，即表示 1 位数据。如果在这个基础上再细分一下，比如用有 0～5 个电子、20～40 个电子、50～70 个电子和 80～100 个电子分别表示 4 个状态，每个状态用 2 位来编码，那是不是就能表示 2 位的数据？这就是 MLC 的概念。通过把存储单元划分成更多状态，更精细地控制注入浮栅极的电子个数，可以达到存储更多数据的目的。依此类推，TLC 需要把存储单元划分为 8 种状态，QLC 需要把存储单元划分为 16 种状态，如图 5-4 所示。

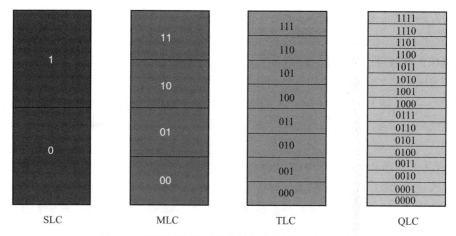

图 5-4　不同闪存类型状态的状态划分和编码示例

上一节提到，往浮栅极里面注入的电子数目不同，晶体管的阈值电压（或者叫导通电压）就不同。如果对很多存储单元做统计，SLC、MLC、TLC 和 QLC 的阈值电压分布如图 5-5 所示。

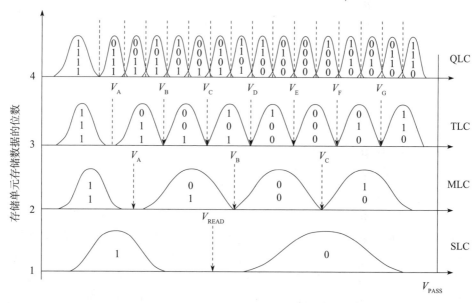

图 5-5　不同类型闪存的阈值电压分布示意图

对 SLC 来说，要判别一个存储单元存储的数据是"0"还是"1"，只需要在该存储单元的控制极加 V_{READ} 电压：如果晶体管导通，说明里面存储的数据是"1"，否则是"0"。

那 MLC 呢？ MLC 存储了 2 位数据，在闪存组织上，其低位数据和高位数据存储在不同的物理页（Page）上，我们把低位数据所在的物理页称为 Lower Page（LP），高位数据所在的物理页称为 Upper Page（UP）。闪存读取操作的基本单元是物理页，一个时刻只能读取一个物理页，所以不用担心同时读取 LP 和 UP。

假设我们要读取的某个页是 LP，只需要在控制极加 V_B 电压，如果这时晶体管导通，则说明该存储单元里面的数据是 "1"，否则就是 "0"。为什么？注意看（见图 5-5），V_B 左边的两种状态 "11" 和 "01"，其低位都是 "1"，所以只要晶体管导通，不管该存储单元此时是 "11" 状态还是 "01" 状态，LP 对应的数据都是 "1"；然后再看 V_B 右边的两种状态 "00" 和 "10"，如果晶体管不导通，不管该存储单元是 "00" 状态还是 "10" 状态，其低位都是 "0"。所以在读 LP 的时候，只需要在控制极上施加一次电压，就能把数据读出来。

那如果我们现在要读的物理页是 UP 呢？这个时候事情就变得稍微复杂一些了。我们看 "11"、"01"、"00" 和 "10" 的高位（需要读的数据位），分别是 "1"、"0"、"0" 和 "1"，这时不能像读 LP 那样用 "一刀" 就把它们分开，需要 "二刀"。怎么切？可以先在控制极上加电压 V_A，如果这个时候晶体管导通，那说明当前晶体管处于 "11" 状态，我们运气不错，一下就确定该存储单元的高位数据为 "1"；那如果晶体管不通呢？这说明该存储单元处于右边三个状态之一，这时我们没有办法一下就区分出高位数据是 "0" 还是 "1"，所以需要再切一刀：用电压 V_C 加在控制极上。这时如果晶体管导通，说明晶体管处于 "00" 或者 "01" 状态，不管是哪一种，高位都是 "0"，因而能确定要读取的数据是 "0"；如果这时晶体管还是不通，那说明该晶体管处于状态 "10"，也就是说我们要读取的数据是 "1"。

TLC 和 QLC 的读取就更复杂了，但读取思路是一样的，一刀不行就切多刀，由于篇幅所限，这里不赘述，留给读者自行思考。

从上面的描述中可以看到，在读取不同类型的物理页时，读取的速度也不尽相同：有些切一刀就够了，有些需要切几刀。切更多刀，就意味着需要花更长的时间来读取数据，这是提升闪存密度付出的代价之一。

提升闪存密度付出的另一个代价就是写的性能会变差。由图 5-5 所示阈值电压分布就能直观感受到这一点。每个存储单元存储的位越多，需要编程的状态就越多；状态越多，每个状态就越精细，也就是往浮栅极注入电子的控制就要越精细，而一旦控制不好，就可能发生从一种状态跳到另一种状态的情况。这是提升闪存密度带来的性能影响。其实不仅如此，它还影响了闪存的寿命和可靠性。

由图 5-5 可知，状态越多，这些状态挨得就越近，浮栅极里面的电子一旦有 "风吹草动"（从衬底进入或者从浮栅极逃离），都可能改变晶体管的状态。举例来说：对于 SLC，之前我们用 "有 51～100 电子" 表示 "0"，假设某个时候流失了 20 个电子，那么它也不会进入 "有 0～10 个电子" 的 "1" 状态，所以 "0" 和 "1" 还是能区分开的；而对于 MLC，同样流失 20 个电子，它就可能从 "00" 状态跳到 "01" 状态，读 LP 的时候，数据就发生错误了。TLC、QLC 则更甚。随着存储状态的增多，数据对电子流失越来越敏感，而电子流失又与浮栅晶体管的隧道氧化层强相关：隔绝效果越好，电子就越不容易丢失；反之亦然。对于 SLC，因为对电子流失不是那么敏感，只要擦写次数在 10 万之内，对隧道氧化层的损伤导致的电子流失就能够接受；但对于 MLC，可能几千上万次的擦写对隧道氧化层的损伤导致的电子流失就接受不了了。为保证数据的可靠性，必须限制对闪存的擦写次数，而擦写次数会随着存储单元存储的位数增多而减少，也就是存储单元存储的位数越多闪存寿命越短。

表 5-1 所示是 SLC、MLC、TLC 和 QLC 在性能和寿命上的一个直观对比（不同制程和不同厂家的闪存参数不尽相同，数据仅供参考）。

表 5-1　SLC、MLC、TLC、QLC 参数比较

参数项	SLC	MLC	TLC	QLC
读取时间 /μs	20 ~ 25	55 ~ 110	75 ~ 170	120 ~ 200
写入时间 /μs	50 ~ 100	400 ~ 1 500	800 ~ 2 000	2 000 ~ 3 000
擦除时间 /ms	2 ~ 5	5 ~ 10	10 ~ 15	15 ~ 20
擦写次数	100 000	15 000	3 000 ~ 5 000	800 ~ 1 500
比特成本	高　　　　　　　　　　　　　　　　　　　　　　　　　低			

提升闪存的存储密度，在逻辑上就是让存储单元存储更多位数据，但这同时会带来性能下降、可靠性降低和寿命缩短等负面影响。由于存储更多位数据意味着错误率的升高，所以在控制器纠错上需要进行增强。从早期的 BCH 到现在的 LDPC，从之前 1KB 码字的 LDPC 到现在 4KB 码字的 LDPC，存储设备的纠错能力逐渐加强。另外在固件方面，需要实现更多的算法来应对闪存性能下降、可靠性降低和寿命缩短等问题。

目前 SSD 的主流存储介质是 3D TLC，业界已经很少使用 SLC 和 MLC（因为成本太高），只将其应用在一些对成本不敏感且对可靠性要求很高的场合，比如航天航空。QLC 由于寿命有限，一般仅应用在消费级或者读密集型的企业级应用（如视频网站）上，但随着闪存技术的发展，相信 QLC 会应用在越来越多的场合，最后可能取代 TLC 成为主流。

5.1.3　闪存组织结构

现在闪存单个 Die 的容量很大，有 256Gb 和 512Gb，甚至 1Tb 大小。如果按照一个存储单元存储 3b 数据来算，一个 1Tb 的 Die 至少需要 1 024×1 024×1 024×1 024/3 个存储单元来构成。这么多的存储单元是怎么组织起来构成一个闪存 Die 的呢？宏观上，一个闪存 Die 由若干个闪存块（Block）组成，而一个闪存块又由若干个闪存页（Page）组成。闪存块是擦除操作的最小单元，闪存页是读写操作的最小单元。现在主流闪存页的大小为 16KB（注意：实际大小比 16KB 大，额外的页空间用于存储数据校验信息。后文如无特别说明，均以 16KB 大小的页为例来阐述），需要至少 16×1 024×8 个存储单元来构成。接下来，我

们从微观上来看闪存存储单元是怎么构成闪存块和闪存页的。

图 5-6 是一个闪存块的组织结构示意图。其中，横向是 m 条字线（Word Line，WL），纵向是 n 条位线（Bit Line，BL）。1 个字线包含若干个闪存页：对 SLC 来说，1 个字线包含 1 个闪存页；对于 MLC 来说，1 个字线包含 2 个闪存页，这 2 个闪存页是 1 对 ——LP 和 UP；对于 TLC 来说，1 个字线包含 3 个闪存页 ——LP、MP 和 UP（不同闪存厂商叫法可能不一样）。假设一个 SLC 闪存块由 1 024 个闪存页组成，则图中 $m=1\ 024$，即有 1 024 条字线。一个闪存页有多少位，那么就有多少条位线，比如对 16KB 的闪存页来说，$n=16 \times 1\ 024 \times 8$。一个闪存块中的所有存储单元都是共用一个衬底的，当往衬底加高电压进行擦除操作时，该闪存块中的所有存储单元电子都会被"吸"出来，因此擦除操作的基本单元是闪存块。

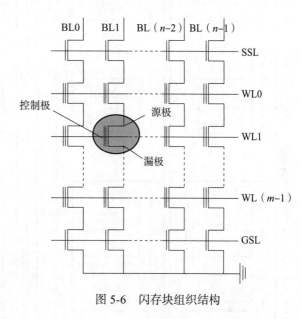

图 5-6　闪存块组织结构

注意： 这里没有考虑奇 / 偶位线，如果考虑，则在此基础上一个字线上闪存页要翻倍。

再回到闪存的宏观组成。一个闪存内部存储组织结构如图 5-7 所示：一个闪存芯片有若干个 Die（或者叫 LUN），每个 Die 有若干个 Plane，每个 Plane 有若干个块，每个块有若干个页，每个页对应着一条字线且由成千上万个存储单元构成。

闪存 Die/LUN 是接收和执行命令的基本单元。图 5-7 所示的 LUN0 和 LUN1 可以同时接收和执行不同的命令（有一定的限制，不同厂家的多 Die 操作的限制可能不同）。但在一个 LUN 中，一次只能独立执行一个命令，即你不能在对其中某个闪存页进行写的同时，对其他闪存页进行读。

一个 Die 又分为若干个 Plane。早期闪存每个 Die 一般包括 2 个 Plane，现在的主流闪存是每个 Die 包括 4 个 Plane，已经有每个 Die 包括 6 个 Plane 的闪存了。每个 Plane 都有自己独立的缓存（Cache Register 和 Page Register 即闪存缓存和页缓存），每个页缓存的大小等于一个闪存页的大小，它们是闪存内部的 RAM，用于缓存要写入闪存阵列（Array）或者从闪存阵列中读取的数据。

在写某个闪存页的时候，主控先把数据从主控端传输到与该闪存页所对应的 Plane 的闪存缓存当中，然后把闪存缓存中的数据写到闪存介质；读的时候与之相反，闪存先把用户所需的闪存页数据从闪存阵列读取到闪存缓存，然后再按需传到主控端。

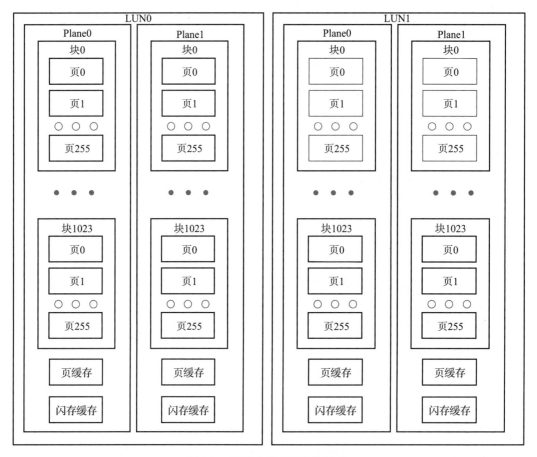

图 5-7　闪存内部存储组织架构

图 5-7 中每个 Plane 只画了一个页缓存。事实上，为支持一次性编程（one-pass programming），现在的闪存内部都不只配备一个页缓存。所谓的"一次性编程"，是指一次性把一个存储单元的状态编程到目标状态。例如 TLC，一个存储单元涉及 LP、MP 和 UP 的数据，一次性编程需要把 3 个闪存页的数据都准备好，然后一起编程到闪存存储单元阵列。这就需要至少 3 个页缓存，分别缓存主机写入的 3 个闪存页的数据，等 3 个闪存页的数据都凑齐后，闪存根据 3 个页的数据把每个存储单元编程到期望的状态。

5.1.4　擦、写、读操作

闪存的基本操作是擦、写、读。前面对单个存储单元的擦、写、读做了介绍，现在在之前的基础上介绍基于闪存页和闪存块的擦、写、读操作，即对批量存储单元进行擦、写、读。

1. 擦

前面提到，擦除一个存储单元，是在控制极上加 0V 电压，然后在衬底加高电压，建立一个强电场把电子从浮栅极里面"拉"出来。闪存擦除的最小单元是闪存块，擦除闪存块时，要在所有字线的控制极上加 0V 电压，在衬底加高电压，然后这个闪存块上的所有存储单元在隧道效应的作用下，把在浮栅极里面的电子"拉"出来，达到清空所有存储单元电子的目的。图 5-8 所示为擦除操作原理示意。

怎么确保所有（或者绝大多数）存储单元的浮栅极电子被清空呢？闪存内部存在一个验证过程，即读取这些存储单元，看它们是否都处于擦除状态：如果不是，就继续擦除（加大衬底电压，使电场变强）；否则，就结束擦除操作。

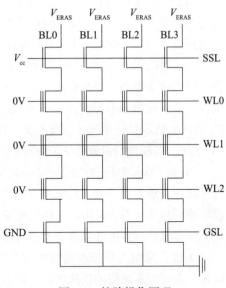

图 5-8　擦除操作原理

擦除操作允许一些存储单元始终擦除不干净，毕竟一个闪存块有数百万个存储单元，难免有些存储单元存在质量问题。至于允许多少个存储单元擦除不干净，取决于闪存厂商的参数。如果在允许的擦除时间内，闪存块中擦除不干净的存储单元个数始终超过闪存厂商设置的阈值，则擦除失败。从用户角度看，这些闪存块需要被标为坏块，后续不再使用。

擦除操作会对闪存存储单元有物理损伤，对此前面解释过，这里不再赘述。

2. 写

对单个存储单元，写入是在控制极加高电压，在衬底加 0V 电压，建立强电场把电子从衬底注入浮栅极。闪存写入的最小单元是闪存页，现在我们来看怎么进行页编程（也就是写入）。

如图 5-9 所示，假设要写某个闪存页，落在字线 1（WL1）。在与要编程的闪存页对应的控制极上加一个高电压 V_{PROG}，在其他不编程的闪存页（或者字线）的控制极上加个稍微大点的电压 V_{PASS}，从而保证不管当前存储单元处于什么状态，这些晶体管都是导通的。可以把这些导通的晶体管看作一根根导线。

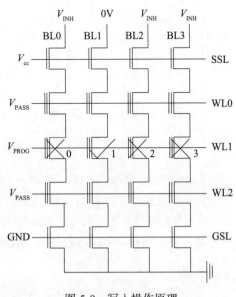

图 5-9　写入操作原理

我们写一个闪存页，一共要编程 $16 \times 1\,024 \times 8$ 个存储单元，有些存储单元需要写"1"，有些则需要写"0"。写"1"的存储单元，因为在写之前已经处于擦除状态，即所有存储单元已经处于"1"状态，所以无须注入电子。但这些存储单元的控制极被统一加了一个高电压 V_{PROG}，那么如何抑制这些存储单元被注入电子呢？对于要抑制编程的存储单元，只需要在对应的位线上加一个高电压 V_{INH}，这样就可将这些存储单元在控制极和衬底间建立的电场削弱，从而使电子不会进入浮栅极（起到抑制编程的作用），见图 5-9 所示的存储单元 0、2、3。图 5-9 所示存储单元 1 需要写入"0"，即需要往浮栅极注入电子，故相应的位线应保持 0V 电压，控制极和衬底建立的电场能把电子注入浮栅极，从而达到写"0"的目的。

对存储单元编程的过程不是一蹴而就的，而是分步进行的。具体来说，需要先在编程的字线控制极上加一个大的电压，然后读取数据做验证，看所有或者绝大多数存储单元是否已编程到目标状态。如果是，则结束编程；否则，需要再加大电压，继续编程，验证。重复上面的步骤，直到所有或者绝大多数存储单元已编程到目标状态。

为什么采用电压步进增加的方式（见图 5-10）编程呢？试想，如果一开始就用很大的电压，很可能本来想编程到状态"1"，但由于电场过大，结果充入了大量非预期的电子，进入状态"2"。这个时候，我们是没有办法把状态"2"调回到状态"1"的，因为编程是增加浮栅极电子数量的过程，而不是把电子减少的过程。所以，如果要编程到状态"2"，应先用小的电压慢慢编程到状态"1"，在验证的时候如果发现还没有到状态"2"，再加大编程电压注入更多电子，最后达到状态"2"。

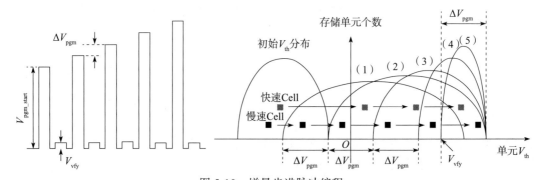

图 5-10　增量步进脉冲编程

跟擦除操作一样，写入操作允许一些存储单元始终编程不到目标状态，闪存厂商会提供一个相关参数设置。如果在允许的写入时间内，闪存页中编程不到位的存储单元个数始终超过闪存厂商设置的阈值，则写入失败。从用户角度看，这些闪存块需要被标为坏块，后续不再使用。

写入操作同样会对闪存存储单元有物理损伤。

3. 读

读的基本原理是在浮栅晶体管的控制极上加一次或者若干次参考电压，然后看晶体管是否导通，以此来判断该存储单元处于何种状态，从而获得存储在晶体管中的数据。前面提到，读不同类型的闪存页，可能需要施加若干次参考电压才能最终把数据读到，详情参看前文的阐述。

　　如图 5-11 所示，假设要读的闪存页在字线 1（WL1）上。首先，在不读取的其他字线控制极上施加 V_{PASS} 电压，确保这些晶体管无论当前处于何种状态都是导通的；然后给每个位线（BL0 ～ BLn–1）充电；接着根据所读闪存页的类型（LP、MP 还是 UP），在 WL1 上施加不同的读参考电压：如果某个位线放电了，说明该位线上所读的那个存储单元是导通的；如果位线保持之前的充电状态，说明该位线上所读的那个存储单元是截止的。通过一次或者多次施加不同的参考电压，最终能确定所有晶体管所处的状态，从而获得存储在里面的数据。如图 5-12 所示，读 LP 时，只需在控制极施加一次参考电压 V_{rL2} 就能把数据读出来；而读 UP 时，需要在控制极上先后施加参考电压 V_{rL1} 和 V_{rL3} 才能把数据读出来。

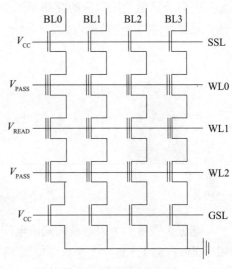

图 5-11　读取操作原理

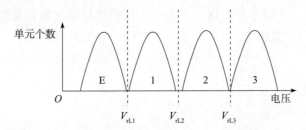

图 5-12　使用不同参考电压读取闪存页操作示例

　　由于读的时候在控制极上加的电压不大，建立的电场不足以损伤隧道氧化层，所以读操作不会影响闪存的寿命。但我们在读一个闪存页的时候，需要在别的字线上施加一个较大的 V_{PASS} 电压，这可能导致这些没有读取的闪存页有轻微的"写入"操作，即会有电子进入。如果一个闪存块上读的次数过多，就可能因量变引起质变，导致存储单元数据从"1"变成"0"，发生位翻转。如果不采取措施，这种情况最终可能导致数据丢失。这就是读干扰，后面会对这个问题进行深入分析。

5.1.5　阈值电压分布图

　　每个存储单元都对应一个阈值电压（在控制极施加大于该阈值电压的电压，晶体管导通，否则晶体管截止），如果对一个闪存页或者一个字线上所有存储单元的阈值电压的分布做一个一个统计，即统计不同阈值电压下存储单元的个数，然后绘成一张图，就是阈值电压分布图。

我们以 MLC 闪存页的阈值电压分布图为例，阐述与阈值电压分布图相关的知识。

图 5-13 所示是一个编程好的 MLC 闪存页的阈值电压分布图，横坐标是阈值电压，纵坐标是每个阈值电压对应的存储单元个数。包含不同电子数的存储单元对应不同的阈值电压，只要落在同一个范围内，它们就属于同一个状态（"山峰"）。

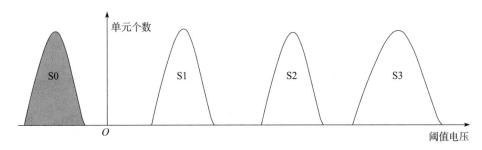

图 5-13　MLC 阈值电压分布图示例

那怎么获取一个闪存页的阈值电压分布呢？回忆一下读一个闪存页的过程：在要读的闪存页的控制极上施加一个参考电压 V_{READ}，在没有读的闪存页上施加 V_{PASS} 电压，这样没有读取的存储单元始终保持导通状态。

现在要获取某个闪存页（比如图 5-14 所示的 WL1）在不同阈值电压下存储单元的个数，可以把 V_{READ} 从一个很小的电压逐渐加大，每次统计导通的存储单元个数（读到 "1" 的数目）。这可用表 5-2 来解释。

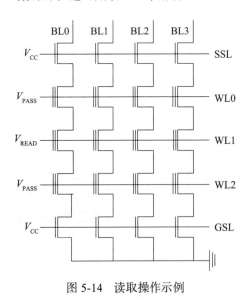

图 5-14　读取操作示例

表 5-2　统计在不同控制极电压下导通的存储单元个数及增量

V_{READ}（横坐标）/ V	导通的存储单元个数	导通的存储单元增量（纵坐标）
0.1	100	—
0.2	200	100
0.3	400	200
0.4	700	300
0.5	1 000	300
0.6	1 000	0
…	…	…

根据表 5-2 中的统计数据，以 V_{READ} 为横坐标，以导通的存储单元增量为纵坐标，就可以得到一个闪存页的阈值电压分布图。

有了阈值电压分布图，我们来看一些关键电压，如图 5-15 所示。

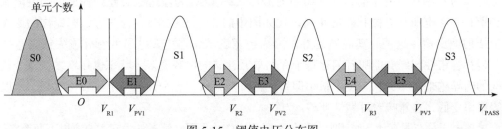

图 5-15　阈值电压分布图

对图 5-15 说明如下。

- V_{R1}，V_{R2}，V_{R3}：默认读参考电压，即读不同闪存页的时候，在要读的闪存页控制极上施加的电压。比如：读 LP 的时候，需要施加电压 V_{R2}；读 UP 的时候，需要先后施加 V_{R1} 和 V_{R3}。

- V_{PV1}，V_{PV2}，V_{PV3}：Program-Verify（编程—验证）电压。前面在讲写闪存页的时候，我们说到"写—验证"的编程方式。比如我们要把存储单元从擦除状态 S0 编程到状态 S1，在编程一段时间后，我们要做读取验证，即在控制极施加电压 V_{PV1}，然后通过存储单元的导通状态来判断编程是否到位。如果存储单元导通（存储单元阈值电压小于 V_{PV1}），说明还没有编程到位；否则，就表示这些单元已经编程到状态 S1（后续在编程的时候，这些存储单元将会被禁止继续编程）。

- V_{PASS}：前面在讲读闪存页的时候，提到在未选中的闪存页的控制极上施加 V_{PASS}，这是一个比所有编程状态下阈值电压都要高的电压，这样才能确保不管当前存储单元处于何种状态，施加 V_{PASS} 总能确保晶体管是导通的。

为了正确读取数据，我们希望各个状态下的阈值电压不要和读参考电压发生重叠，否则用默认参考电压去读会发生误判。

如图 5-16 所示，如果状态 S2 向左偏移（浅色到深色），此时阈值电压和读取参考电压 V_{R2} 有部分重叠，这个时候如果还是用 V_{R2} 电压去辨别是否导通，那么处于状态 S2 中的一些存储单元（参考电压左边 S2 部分）会被判为 S1，因此可能导致数据读取错误。

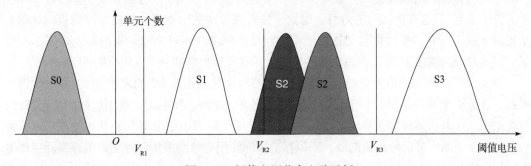

图 5-16　阈值电压分布左移示例

我们再回到图 5-15，相邻两个状态中间有个读参考电压，它用于区分相邻两种状态。参考电压与左侧状态的距离，比如图中的 E0、E2、E4，为左边状态允许的最大阈值电压的增加值；参考电压与右侧状态的距离，比如图中的 E1、E3、E5，为右边状态允许的最大阈值电压的减少值。这些距离越宽越好，因为越宽表示允许更多电子的意外流失或者意外注入，闪存容错性越好。但随着闪存每个存储单元存储的位数变多，状态也在增多，每个状态之间的间隔越来越小，状态发生很小偏移，就可能导致状态和读参考电压发生重叠，所以闪存容错率变低，这意味着可靠性变差。

阈值电压分布图有什么作用呢？为什么要绘这样一张图？笔者认为它主要有以下两个好处。

❑ **可以用它以具体、形象的方式阐述和分析与闪存相关的问题。**比如说"SLC 到 QLC 可靠性越来越差"，这句话很抽象，你听了半信半疑。但如果把它们的阈值电压分布图（见图 5-5）放在你面前，你看到从 SLC 到 QLC，状态变多，每个状态隔得越来越近，你可能自己都担心这么多状态挤在一起会发生重叠。阈值电压分布图把抽象的闪存具象化了。

❑ **可以用它来调试闪存出错问题。**平时我们读闪存的时候，会碰到一些闪存页数据出错的问题，如果想知道是什么原因导致数据出错，就可以绘制该闪存页的阈值电压分布图，观察这些阈值电压的分布。如果阈值电压整体左移，说明数据丢失是电子流失导致的；如果阈值电压右移，说明是意外注入电子导致的；如果观察到各个"山峰"大小高低不一，则很有可能是 double program（同一个闪存页被多次编程）问题；如果发现有些"山峰"（尤其是最右边的）缺失，则有可能是异常掉电导致的。

5.2　闪存可靠性问题

闪存不是完美的存储介质，尤其随着闪存密度的提升，闪存正在变得越来越不可靠。下面介绍闪存的一般可靠性问题，即无论是传统 2D 闪存，还是现在主流的 3D 闪存，它们都存在的问题。只有了解闪存可靠性问题的根源，才能从硬件和软件系统层面有的放矢地解决这些问题。

5.2.1　磨损

一个闪存块的磨损程度，用擦写次数（PEC）来衡量。至于闪存为什么不像内存一样几乎"长生不老"，这在前文已有解释，总之，随着擦写次数的增多，存储在浮栅极的数据会变得越来越不可靠。当数据错得连控制器的纠错引擎都纠不过来时，该闪存就已经不可用了。图 5-17 表明随着闪存块擦写次数的增多，闪存原始比特错误率（RBER）逐渐升高。

每款闪存，在其规格书里都有厂家标称的擦写次数，比如 3D TLC 典型的 3000 次擦写次数，这个数字其实是原厂基于某种纠错算法能力给出的。如果用户使用更强的纠错算法，是能在原厂标称的擦写次数基础上延长闪存使用寿命的；相反，如果用户使用的纠错算法的纠错能力小于原厂假设的纠错能力，则闪存的实际使用寿命会缩短。可见，闪存实际使用寿命不是一成不变的，它跟用户使用的纠错算法强相关。

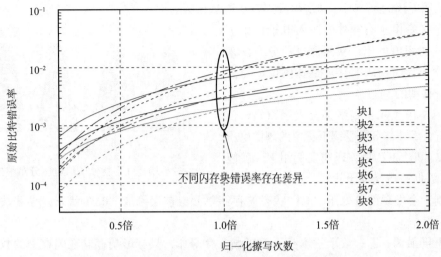

图 5-17　闪存原始比特错误率随着擦写次数的增多而升高

　　另外，闪存实际使用寿命还跟数据保持期相关。原厂给出的标称擦写次数是基于一定的数据保持期的，比如擦写次数到达标称的擦写次数，写入的数据也要有 1 年（只是个例子）的数据保持期。如果用户实际使用闪存的时候，不需要数据有这么长的数据保持期，比如若只是临时保存一些数据，则闪存能达到更高的擦写次数。在这种场景下，标称擦写次数 3 000 次的闪存，可能可以达到 10 000 次（还只是个例子）。相反，如果用户需要更长的数据保持期，标称擦写次数 3 000 次的闪存，可能只能达到 2 000 次。所以，标称擦写次数仅供用户参考，实际闪存使用寿命取决于应用场景。

　　由于闪存块存在磨损问题，因此在 SSD 固件算法设计上，我们通常使用磨损均衡算法，这种算法的基本思想是让所有闪存块均摊用户的写入，而不是抓着几个闪存块拼命写，否则整个 SSD 将因为过早出现过多坏块而不能使用。

5.2.2　读干扰

　　前面在讲读闪存页的时候，我们提到了读干扰，其原理是在读闪存页的时候，为确保其他浮栅晶体管导通，需要在其他字线上施加 V_{PASS} 电压，这会导致这些晶体管遭受轻微"编程"，随着闪存块读的次数越来越多，越来越多电子进入浮栅晶体管，最终可能导致位翻转（由 1 翻转成 0）。如果不采取措施，当翻转的位数超出纠错引擎的纠错能力时，就会出现用户数据丢失的情况。

　　如图 5-18 所示，WL0 和 WL2 就是这个

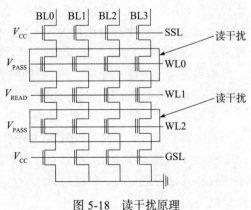

图 5-18　读干扰原理

问题：明明要读的是 WL1，却影响到 WL0 和 WL2。

读干扰是由于有额外的注入电子加大了存储单元的阈值电压，从阈值电压分布图来看，受读干扰影响的闪存页整体阈值电压分布是向右移动的。

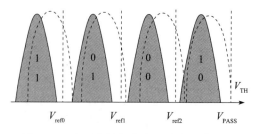

图 5-19 读干扰使阈值电压分布整体右移

如图 5-19 所示，实线部分表示原始阈值电压分布，虚线部分是受读干扰后的阈值电压分布。以读取 LP 为例：以前我们用 V_{ref1} 就能区分 LP 数据；遭受读干扰后，如果再用 V_{ref1} 去做判别，会发现部分处于"01"状态的存储单元会被误判成"00"状态，导致数据读取错误。

这里再强调一遍，读干扰本身不会影响闪存寿命，只会影响存储在闪存上的数据的可靠性。然而 SSD 固件算法为解决读干扰问题采用的刷新操作会带来额外的数据写入，造成写放大，因此对闪存寿命会有影响。目前的研究表明，在读密集型场景下，低可靠性的高密度闪存，例如 TLC 和 QLC 闪存，会因为读干扰问题产生大量的刷新操作，从而使得即使在少量的主机写操作的场景下，也会导致闪存寿命下降。

5.2.3 写干扰和抑制编程干扰

除了读干扰，闪存在对闪存页编程的时候，还存在写干扰和抑制编程干扰问题。

写干扰是对编程所在字线上无须编程的存储单元的干扰。所谓"干扰"，就是不希望注入电子的存储单元被意外注入电子。如图 5-20 所示，我们在对 WL_i 上的闪存页编程的时候，在控制极上施加一个较大的电压（本例中为 19V），需要进行编程的单元（比如存储单元 A）的对应位线电压为 0V，因此在存储单元 A 的控制极和衬底之间建立了一个强电场（电势差为 19V），从而把电子注入存储单元 A，这是我们所期望的。但对同一字线上的存储单元 B，它不需要编程（比如擦除状态是"1"，现在就是写入 1，因此不需要注入电子），或者已经编程到位，相应位线上电压为 2V，但由于它控制极上是一个 19V 的高电压，因此在存储单元 B 上也会产生一个比较大的电场，使存储单元 B 注入额外的电子，而这不是我们所期望的。这就是写干扰，它会导致同一字线上不希望编程的存储单元注入额外的电子。

如果说读干扰是"损人"——只影响非读取闪存页，那么写干扰则是"不利己"：它会让编程页上那些不希望编程的存储单元意外地注入电子，导致目标编程页写入错误数据。

编程过程中，除了写干扰，还有抑制编程干扰。抑制编程干扰是对需要编程的存储单元所在位线上单元的干扰。如图 5-21 所示，存储单元 A 需要编程，需要在它及它所在位线（BL0）上的其他存储单元（比如 C）的控制极上加一个 9V 的电压，因此在这些存储单元的控制极和衬底间建立了一个较大的电场（电势差为 9V），这可能导致这些存储单元被注入额外的电子。

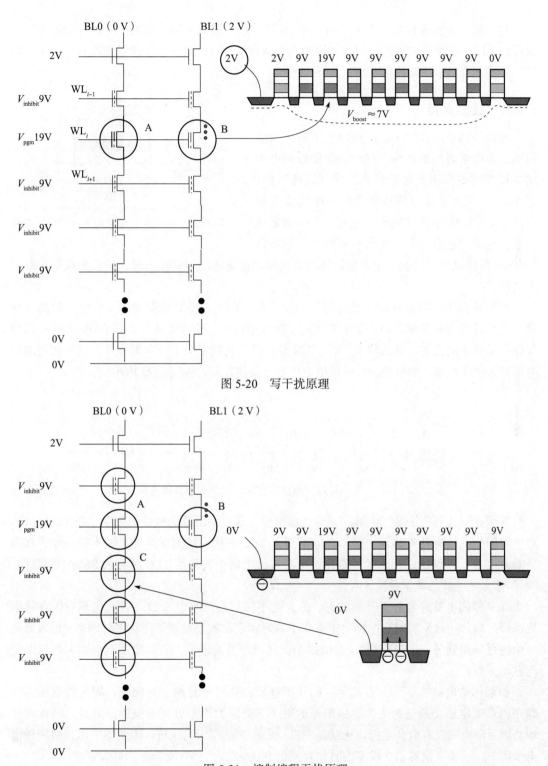

图 5-20　写干扰原理

图 5-21　抑制编程干扰原理

抑制编程干扰纯粹是"损人"，它会导致其他闪存页注入额外的电子，这可能导致已经编程好的闪存页发生位翻转，也可能导致尚未编程的闪存页处于非干净的擦除状态，不管怎样，最终都会影响数据的可靠性。

5.2.4　数据保持

数据存储在晶体管中，浮栅极上下被绝缘体包围。但随着时间的推移，存储在浮栅极的电子在本征电场的作用下会透过绝缘层"逃逸"（见图 5-22），尤其是随着隧道氧化层绝缘效果逐渐变差（擦写次数增多），电子"逃逸"变得越来越容易。电子"逃逸"数目达到一定量时，会导致

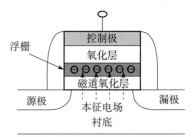

图 5-22　在本征电场作用下电子发生泄漏

位"0"翻转成位"1"，当发生位翻转的数目超出控制器的纠错能力时，就会出现用户数据丢失的情况。

虽然数据保持问题和读干扰问题都会导致存储在闪存中的数据发生位翻转，但两者导致的位翻转的方向是相反的：读干扰注入了额外的电子，导致位从"1"翻转成"0"；而数据保持是电子的流失，导致位从"0"翻转成"1"。从阈值电压分布图来看，读干扰使阈值电压分布整体右移，而数据保持使阈值电压分布整体左移，如图 5-23 所示。

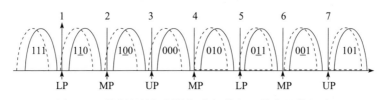

图 5-23　数据保持问题使闪存阈值电压分布整体左移

从数据写入到电子慢慢泄漏，直到数据出错，这个期限称为数据保存期。在 SLC 时代，这个时间很久，有几年甚至十多年。但是到了 TLC 时代，数据保存期可能不到一年，有的只有几个月。读到这，有读者可能开始担心自己电脑中使用了 TLC 闪存的 SSD 中的数据。"时间这么短，我的数据危险了？"

如果你的电脑经常处于开机状态，你大可不必担心，因为 SSD 固件会定期对闪存数据块进行扫描，一旦发现闪存比特出错率高于一定阈值，就会对该闪存块进行刷新（把数据从一个闪存块搬到另一个闪存块），并把数据恢复到原来的样子，所以数据不会因为数据保持问题而丢失。

如果你的电脑长达几个月甚至一两年不开机，那可能真的会有问题：因为数据保持问题跟闪存通电还是断电无关，存储单元的电子不会因为不上电而不流失，但是，SSD 固件却会因为断电而没有机会运行，也就是刚提到的刷新动作无法执行。因此不上电，只能任由电子流失。这里友情提示：没事的时候开开机，让 SSD 固件有机会帮你把数据找回来。

数据保持期的长短，除了跟闪存擦写的次数有关（擦写越多，数据保持期越短），还跟闪存温度有关：温度越高，数据流失越快。我们可以在高温下测试数据保持期，以模拟常温下的数据保持期，比如用几个小时高温模拟 1 年常温的数据保持期。在谈数据保持期时，一定要跟闪存擦写次数和温度关联起来，否则是不严谨的。

5.2.5 存储单元之间的干扰

浮栅晶体管的浮栅极材料是导体。任何两个彼此绝缘且相隔很近的导体间都会构成一个电容器。因此，任何两个存储单元的浮栅极就构成一个电容器：某一个浮栅极里的电荷发生变化，都会引起其他存储单元浮栅极里的电荷发生变化，尤其是与之相邻的存储单元。

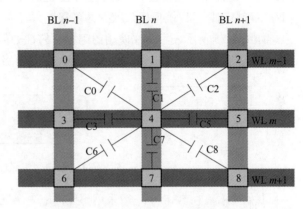

图 5-24　浮栅晶体管之间的寄生电容

以图 5-24 为例，假设中间那个字线的存储单元 4 已经编程到目标状态，接下来继续写入下一个闪存页。当往存储单元 6 ～ 8 中注入电子的时候，由于寄生电容的存在，会使前面已经写好的存储单元 4 的电荷发生变化，这可能导致存储单元 4 发生位翻转（比如从 "1" 变成 "0"）。

可以用以下公式来量化存储单元 4 受周边存储单元的影响：

$$\Delta V_t = \sum_k (\Delta V_k \cdot C_k / C_{total})$$

其中，$k=0 \sim 8$（4 除外），ΔV_k 代表第 k 个存储单元阈值电压的变化，C_k/C_{total} 代表第 k 个存储单元跟第 4 个存储单元之间的归一化寄生电容。

一个浮栅极与其附近的浮栅极之间都存在寄生电容，电容大小与两个浮栅极之间的距离成反比：距离越短，电容越大，表示彼此影响越大（回想一下初中物理知识，平板电容器电容公式 $C = \varepsilon S / 4\pi kd$，其中 d 就是平板之间的距离）。因此，随着闪存制程的减小，存储单元之间的影响越来越大。这也是 2D 闪存发展不下去的一个原因：存储单元靠得太近，彼此影响太大。

我们需要按一个闪存块中闪存页的顺序去编程，那么为什么要这样做呢？其中一个原因就是减少存储单元之间的干扰。还是以图 5-24 为例，如果按顺序编程：WL $m-1$，WL m，WL $m+1$，在写当前 WL 的时候，它影响最大的是前一个已经写好的 WL，因为它们离得最近。那如果采用乱序写，比如先写 WL $m-1$ 和 WL $m+1$，回头再来编程 WL m，那么在编程 WL m 的时候，它会同时影响离它最近的 WL $m-1$ 和 WL $m+1$。如果继续编程 WL $m+2$，那么它又会再次影响离它最近的 WL $m+1$，即 WL $m+1$ 遭受了两次无妄之灾。WL $m+1$ 抗一次打击可能没有问题，抗两次就不好说了。所以，按闪存页顺序编程能尽量减少存储单元之间的干扰，保证数据的可靠性。

5.3 数据可靠性问题的解决方案

如前所述，闪存存在各种不可靠性因素。闪存允许发生比特错误（不得不如此），但 SSD 却不允许用户数据丢失。因此，在系统层面的 SSD 软硬件上需要采取一些手段来解决闪存不可靠问题，以确保用户数据的可靠性。

如图 5-25 所示，不管你使用的闪存可靠性如何，在 SSD 系统层面，都要保证数据出错率低于 10^{-15}（消费级 SSD 要求）或者 10^{-16}（企业级 SSD 要求）。

图 5-25 通过软硬件措施保证 SSD 数据可靠性

我们来看看在 SSD 中一般采用哪些措施来保证用户数据的可靠性。

1. ECC 纠错

首先，闪存控制器使用 ECC（Error Correction Code，纠错码）纠错引擎来纠正闪存数据出错位。使用 ECC 纠错的流程如图 5-26 所示。

1）将用户数据 A 写入闪存之前，先对其进行 ECC 编码，并把产生的校验数据 A 连同用户数据 A 一起写入闪存。

2）数据存储在闪存中，由于某些原因（读干扰或者数据保持等因素）导致位翻转，用户数据 A 变成用户数据 B。

3）读取用户数据的时候，用户数据 B 和校验数据 B 经过 ECC 纠错引擎。如果发生数据翻转的位的个数没有超出 ECC 的纠错能力，则经 ECC 纠错后得到的数据为原始的用户数据 A；如果数据出错位的个数超出 ECC 的纠错能力，解码出来的将是别的数据——这意味着如果没有其他纠错手段，用户数据 A 就丢失了。

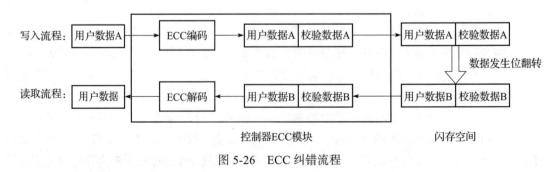

图 5-26 ECC 纠错流程

早期闪存（SLC 或者 MLC 闪存）质量还是比较高的，发生位翻转的情况不是很多，当时主要用的纠错算法是 BCH 算法，它只支持硬解码。后来随着闪存变得越来越不可靠，更强的纠错算法 LDPC 成为 SSD 中的主流纠错算法，它不仅支持硬解码，还支持软解码，纠错能力与 BCH 相比上了一个台阶。

SSD 控制器的一个核心技术就是纠错算法。纠错模块不仅要纠错能力强、功耗低、性能好，还要面积小。

2. 重读

所谓重读，就是当有错误通过 ECC 纠不过来时，固件再读一次或若干次。注意，重读不是简单地重复读取，而是需要改变施加在控制极的参考电压来重读。

前面讲了，读干扰会导致一些闪存页阈值电压整体向右偏移（进入了额外的电子，阈值电压整体变大），以 MLC 为例，如图 5-27 所示（从浅色右移到深色）。

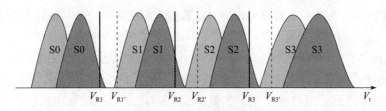

图 5-27　阈值电压向右偏移

MLC 中每个存储单元存储 2 位数据，一共有 4 种状态。当 4 种状态的电压的分布发生偏移后，如果还是采用之前的参考电压（V_{R1}、V_{R2} 或者 V_{R3}）去读取的话，每个状态都可能与参考电压发生重叠，导致读取的时候发生状态判别错误，最后导致读取到错误数据。如果这个时候把读取的参考电压也相应增大，如 $V_{R1'}$，$V_{R2'}$，$V_{R3'}$，就能完美地把右移后的 4 个状态区分开来，各个状态不会和读取电压发生重叠，因此能正确把数据读取出来。

但由于导致位翻转的因素很多，在实际场景中阈值电压的分布并不像上述介绍的读干扰一样只是简单右移，因此闪存厂家会提供若干种重读电压选项来帮用户应对各种复杂场景。尽管如此，重读也不是万能的，比如相邻状态如果重叠在一起，就很难通过重读来恢复了。

3. 刷新

刷新是固件算法中一种防患于未然的手段，即一旦检测到某个闪存页或者闪存块上面数据出错位的个数比较多（但 ECC 纠错模块能够很快纠过来），就提前把这个闪存页或者闪存块的数据搬移到新的地方，以避免更多位发生翻转导致 ECC 纠错模块纠正不了。

4. RAID

如果某个闪存页的数据位翻转得过多，运用各种恢复手段，ECC 还是纠正不过来，那么就只能放大招了。这里所说的大招就是 RAID（Redundant Arrays of Independent Disks，独立磁盘冗余阵列），类似磁盘阵列。固态硬盘内部本质就是一个闪存阵列，所以可以借鉴磁盘阵列技术来确保数据的完整性。固态硬盘的 RAID 一般采用 RAID 5。

举个例子，如图 5-28 所示，某个 SSD 的闪存阵列由 4 个 Die 构成，写入用户数据 $A \sim G$ 的时候，通过异或操作生成校验数据（Parity）：

$$\text{Parity} = A + B + C + D + E + F + G（其中 "+" 为异或操作）$$

把校验数据存储在闪存上，$A \sim G$ 和 Parity 组成一个 RAID 条带。

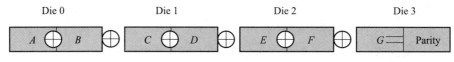

Parity=A+B+C+D+E+F+G

图 5-28　RAID 5 工作原理示意

假设后续读取 C 失败，我们就可以通过读取该 RAID 条带上的其他数据来恢复 C：

$$C = \text{Parity} + A + B + D + E + F + G（其中 "+" 为异或操作）$$

采用 RAID 5 的 SSD 只能恢复单个 ECC 不可纠错的数据，如果出现多个 ECC 不可纠错的错误数据，它就无能为力了。如果需要恢复发生多个错误的数据，就需要采用别的 RAID 算法了。不过目前 SSD 中采用的主要还是 RAID 5 及其变种算法。

由于 RAID 5 采用了冗余纠错技术，需要额外的空间来存储冗余数据（校验数据），因此它必然会占用一部分闪存空间。另外，它对读写性能也有一定影响。

RAID 技术早期只应用在企业级 SSD 中，但随着闪存质量的下降，为保证 SSD 产品的质量，消费级 SSD 也慢慢开始普及 RAID。RAID 需要软硬件共同实现：首先，SSD 控制器需要支持 RAID 操作，即支持硬件异或功能，否则用软件去做异或运算会严重影响 SSD 的写入性能；其次，SSD 固件需要利用控制器的 RAID 模块，综合闪存失效特征、硬件 RAM 资源、闪存资源（冗余空间）等因素，设计合适的 RAID 算法。

5.4　3 个与性能相关的闪存特性

从 SLC 到 MLC，再到 TLC 和 QLC，在闪存密度提升的同时，不仅闪存可靠性越来越差，闪存读写性能参数（t_R 和 t_{PROG}）也越来越差。针对闪存性能参数下降的问题，闪存厂商提供了一些特性，用于提升系统读写性能。这些特性的基本思想是提升闪存访问的并行度，毕竟"三个臭皮匠，赛过诸葛亮"。本节介绍 3 个与性能相关的闪存特性，包括之前传统特性以及最近发布的新特性。

5.4.1　多 Plane 操作

闪存很早就提供多 Plane 操作命令，以增加读取和写入闪存的并发度，进而提升闪存读写性能。

对多 Plane 写操作来说，SSD 主控先把数据写入第一个 Plane 的闪存缓存中，数据保持在那里，并不立即写入闪存介质，等主控把同一个 Die 上的另外一个或者多个 Plane 上的数据传输到相应的闪存缓存中，再统一写入闪存介质。假设写入一个闪存页的时间为 1.5ms，传输一个闪存页数据的时间为 50μs：如果按原始的单 Plane 操作，写两个闪存页需要至少（1.5ms+50μs）× 2；但如果按照多 Plane 操作，由于隐藏了一个闪存页的写入时间，写入两个闪存页只要 1.5ms+50μs × 2，缩减了近一半的时间，写入速度几乎翻番。图 5-29 为多 Plane 写操作示意图。

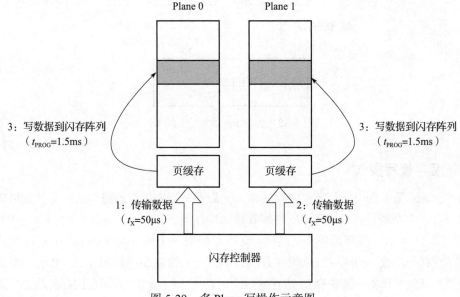

图 5-29　多 Plane 写操作示意图

对多 Plane 读操作来说，不同 Plane 上的闪存页数据会在一个闪存读取时间内加载到各自的闪存缓存中，这样可用一个读取时间读取到多个闪存页的数据，读取速度加快。假设读取时间和数据传输时间一样，都是 50μs，单 Plane 读取并传输两个闪存页需要 50μs × 4=200μs，多 Plane 则只需要 50μs × 2+50μs=150μs，时间为前者的 75%，读取速度也有较大提升。图 5-30 为多 Plane 读操作示意图。

提示：在图 5-29 和图 5-30 两个示意图中，数据传输必须串行的原因是一个 Die 只能挂在一个闪存通道上，即同一 Die 上的不同 Plane 共用闪存传输总线。

一个 Die 的 Plane 越多，多 Plane 操作并发度越高，闪存读写性能越好。所以，现在闪存的一个发展方向是在一个 Die 上提供更多的 Plane，其目的就是提升闪存的整体性能。

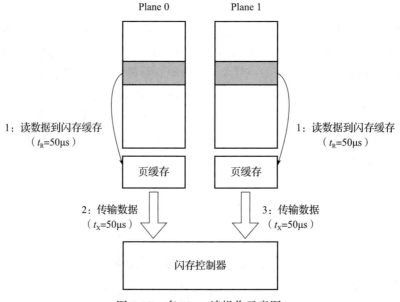

图 5-30　多 Plane 读操作示意图

5.4.2　缓存读写操作

　　每个 Plane 除了页缓存，还有闪存缓存，它们都是用来缓存即将写入或者读取的闪存页数据的。有了多个寄存器，就可以支持缓存读写操作了。

　　如图 5-31 所示，缓存读操作（左图）支持在将前一个闪存页（Page Y）数据传输给主控（闪存缓存→主控）的同时，从闪存介质将下一个主控需要读的闪存页（Page X）数据读取到页缓存（闪存介质→页缓存），这样前一个闪存页（Page Y）数据在闪存总线上传输的时间就可以隐藏在后一个闪存页（Page X）的读取时间里（或者相反，取决于哪个时间更长）。缓存写操作（右图）与之类似，它支持闪存在写前一个闪存页（Page X）数据的同时（页缓存→闪存介质），将下一个要写的闪存页（Page Y）数据传输到闪存缓存（主控→闪存缓存），这样下一个要写入闪存页的数据在闪存总线上传输的时间可以隐藏在前一个闪存页的写时间里。

　　如图 5-32所示：对非缓存读操作，读 3 个闪存页的总时间为（$t_R + t_X$）×3，其中 t_R 是读取一个闪存页的时间，t_X 为一个闪存页数据在总线上传输的时间；对缓存读操作，读取 3 个闪存页的总时间大约为 $3 \times t_R + t_X$（当 $t_R > t_X$ 时）或者 $t_R + 3 \times t_X$（当 $t_R < t_X$ 时），总的时间比非缓存读操作要少。可以看出，这样流水线式的写入或者读取方式能提升闪存的读写性能。

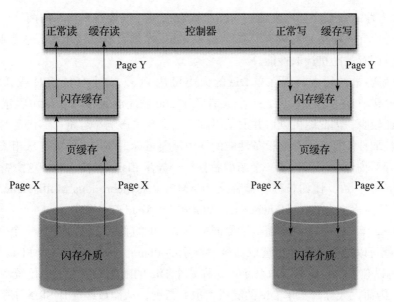

图 5-31　缓存操作示意图

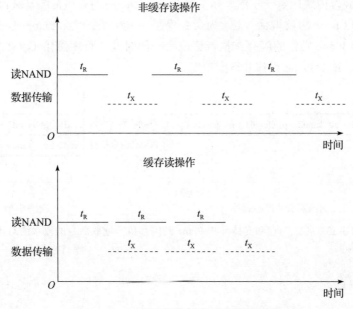

图 5-32　缓存读和非缓存读流水线比较

5.4.3　异步 Plane 操作

　　多 Plane 操作在执行时有一些限制，比如要求读写的每个 Plane 上的闪存页编号要一致，否则不能使用多 Plane 操作，因此多 Plane 操作只适合写入操作和顺序读操作，即只能提升 SSD 写入性能和顺序读取性能。对随机读取来说，很难遇到相邻的两笔读取落在"不同 Plane 上且具有同样编号的闪存页"上，多 Plane 操作大概率用不了，这意味着多 Plane 操作不能改善闪存的随机读取性能。

随着闪存容量的增大，现在单 Die 的大小可达 1Tb，对小容量 SSD 或者移动存储设备（比如 eMMC、UFS 等）来说，一个或者几个 Die 就能满足存储设备对容量的需求。由于 Die 个数比较少，因此随机读取并发度不高，这会严重影响小容量存储设备的随机读取性能。而随机读取性能是衡量存储设备性能的一个重要指标，和用户体验息息相关。为解决这个问题，闪存厂商近年来引入了一个新的特性——异步 Plane 操作。对于这个特性，不同闪存厂商的叫法不一致，比如长江存储称之为 AMPI（Asynchronous Multi-Plane Independent Read），有些厂商称之为 iWL（Independent WorldLine Read）。

异步 Plane 操作是指用户在随机读取同一个 Die 的时候，不需要等前一个 Plane 随机读操作完成，就可以把下一个随机读取命令发给别的 Plane。这个时候每个 Plane 表现得就像 Die 一样，可以独立执行随机读取命令。这样一个 Die 的随机并发度不是传统的"1"，而是 Plane 个数，因而大大提升了单 Die 的随机读取并行度，从而最终提升 SSD 等存储设备的随机读取性能。

图 5-33 所示为传统闪存（左图）和支持异步 Plane 的闪存（右图）执行读取命令的对比，其中 cmd x（p y）为读取命令，x 为命令序号，y 为命令目标 Plane 的编号。从中可以看出，支持异步 Plane 操作的闪存在执行读取命令的时候并行度翻倍（以 2 个 Plane 为例）。Plane 个数越多，异步 Plane 操作并行度越高。

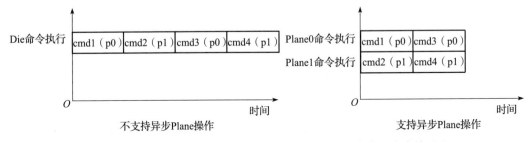

图 5-33　传统闪存和支持异步 Plane 的闪存执行读取命令的流水线对比

5.5　3D 闪存

5.5.1　使用 3D 技术提高闪存密度

为提升闪存密度，闪存厂商想尽一切办法：逻辑上，他们让单个存储单元存储更多位数据，从之前的 SLC 到现在的 QLC，存储单元存储的位数不断增加；物理上，他们使用更先进的制程，从早期几百纳米的工艺，到当前十几纳米的工艺。但走着走着，他们发现前面无路可走了。因为随着制程越来越先进，存储单元之间的距离越来越短，存储单元之间的干扰越来越严重，数据的可靠性也越来越难以保证。图 5-34 形象地描绘了这个问题。

怎么办？我们看看房东是怎么用有
限面积的房子收取更多房租的。首先，房
东把一个房间隔成若干个房间，这样就能
住进更多的租客。房子面积没有增多，但
租客增多了，租金增加了。这就好比一个
存储单元存储更多位数据。但一个房间能
分割出的房间毕竟有限，如果面积太小，
小到不能容身，就没有人想住了。所以分
割房间只能适可而止。房东又想出了别的
办法，就是在原来的基础上盖更多的楼
层，这样就有更多的房间，能住进更多的
租客。闪存设计者从盖高楼获得了提升闪
存密度的灵感，于是有了 3D（3 维）闪
存，如图 5-35 所示。

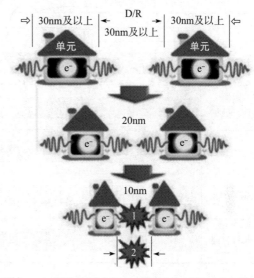

图 5-34　存储单元之间的干扰随着制程减小而加剧

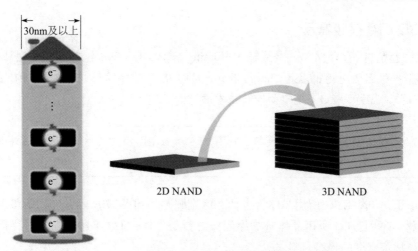

图 5-35　3D 闪存的概念

通过闪存的堆叠技术，同样大小的晶圆能承载更多的数据，闪存厂商们在提升闪存密
度的路上又找到新的思路，正所谓"山重水复疑无路，柳暗花明又一村"。3D 闪存技术使
得制程可以往回走，因为如果楼上可以住人，就没必要挤在一层。当然，这只是暂时的。因
为追求存储密度的提升是永无止境的，当需要再次提升存储密度的时候，使用更先进的制程
又会成为手段。楼层不能一直往上盖，房间不能永无止境地分割，当堆叠层数和制程达到极
致的时候，闪存是不是又到了无路可走的地步呢？此时会有革命性闪存技术出现，还是会出
现新型存储介质来取代闪存？让我们拭目以待。

图 5-36 所示是各大闪存原厂 3D 技术的发展现状。

	2020	2021		2022		2023
	2H	1H	2H	1H	2H	1H
三星	128L V6			176L V7 2022 MP		236L 2023
铠侠/西部数据	112L BiCS5 2020 MP			162L BiCS6 2022 MP		212L 2023
美光	128L TLC 2020 MP	176L TLC 2021 MP		232L 2022 MP		
SK海力士	128L TLC 2020Q3 MP	176L TLC 2021Q4 MP		238L 2023H1 MP		
长江存储	64L TLC	128L TLC/QLC 2021 MP		232L 2023		

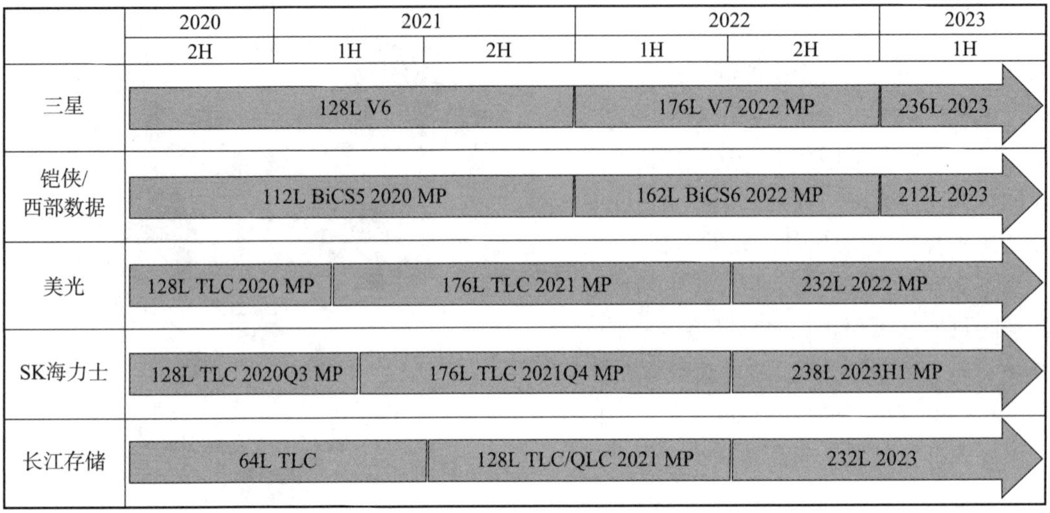

图 5-36　各大闪存原厂 3D 技术的发展现状（来源：闪存市场）

5.5.2　3D 闪存存储单元

在 2D 时代，闪存存储单元是浮栅（Floating Gate，FG）晶体管；而到了 3D 时代，人们开始使用一种名为电荷捕获（Charge Trap，CT）的新型存储单元。为方便阐述，我们把浮栅晶体管技术简称为 FG，把电荷捕获技术简称为 CT。

英特尔还在坚守 FG，但随着英特尔闪存技术部被 SK 海力士收购，FG 估计会很快退出历史舞台。

CT 所用晶体管和 FG 所用晶体管有什么区别呢？如图 5-37 所示，它们的最大区别是存储电荷的材料不同：FG 所用晶体管的浮栅极材料是导体，而 CT 所用晶体管存储电荷的是具有高电荷捕获密度的绝缘材料。

每个人之所以是不同的个体，是因为每个人都有自己独特的基因。同理，存储单元（闪存的基因）材料的不同，决定了这两种闪存技术具有一些不同的特性。

和 FG 闪存一样，我们可以通过在 CT 所用晶体管的控制极上施加一个高电压，在强电场作用下把电子注入电荷捕获单元。CT 捕获电子的材料上面就像布了很多陷阱，电子一旦陷入其中，就难以逃脱；而 FG 的浮栅极是导体材料，电子可以在里面自由移动。有人是这样来形容两者区别的：浮栅就像水，电子可在里面自由移动，而 CT 就像是奶酪，电子在里面移动是非常困难的，如图 5-38 所示。

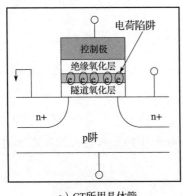
a）CT所用晶体管

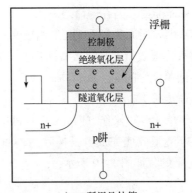
b）FG所用晶体管

图 5-37　CT 所用晶体管（左）和 FG 所用晶体管（右）对比

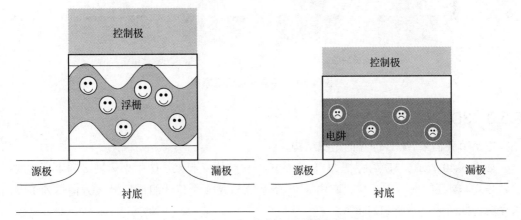

图 5-38　FG 像水，CT 像奶酪

在 CT 中，为什么要强调电子不容易移动？要知道，浮栅晶体管对浮栅极下面的绝缘层很敏感，该氧化物变薄（制程不断减小导致的）或者老化（Degradation，擦写次数多了），浮栅极里面存储的电子进出就会变得容易。浮栅极里面的电子可以自由移动，对氧化层质量很敏感，一旦氧化层开了一个口子，浮栅极里面的电子会一拥而上，集体"逃逸"。如果里面的电子本来就深陷其中，行动困难，那么就算绝缘层有问题，比如某个地方有缺陷，影响的也只是周边的电子，其他电子由于很难移动到这个缺陷附近，所以也跑不了。因此，相对 FG，CT 的一个优势就是：对隧道氧化层不敏感。隧道氧化层就算变薄或者因擦除导致老化，对 CT 影响也不大。

前文介绍过 FG 的浮栅极材料是导体。任何两个存储单元的浮栅极都构成一个电容器，一个浮栅极里面电荷的变化，都会引起相邻存储单元浮栅极电荷的变化；而 CT 存储电荷的材料是绝缘体，相邻存储单元之间的耦合电容很小，因此从这个角度来看，存储单元之间干扰变弱。

另外，在编程（写入）方面，CT 需要的电压比 FG 更小，这意味着对隧道氧化层的损伤变小，从而能提升闪存寿命。

从"基因"层面我们看到 CT 相较 FG 的几个优势：

❑ 对氧化层质量不是那么敏感；

❑ 存储单元之间的干扰较弱；

❑ 寿命更长。

在存储单元读写操作方面，CT 和 FG 一样，但在擦除操作上，它们有一些不同：FG 是使用的 F-N 隧道效应完成电子擦除的，而 CT 一般是采用热注入空穴的方式来消除存储在 CT 中的电子的，如图 5-39 所示。

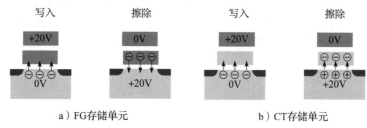

图 5-39　存储单元擦写原理

5.5.3　3D 闪存组织结构

本小节我们来看 3D 闪存的组织结构。

如图 5-40 所示，3D 闪存把 2D 闪存的闪存块结构立起来：图中坐标轴 Z 和 Y 标注的一面就是 3D 闪存的一个闪存块，它由 $M+1$ 条字线和 $N+1$ 个位线组成。沿 X 方向排列更多的闪存块，就组成了一个 3D 闪存。

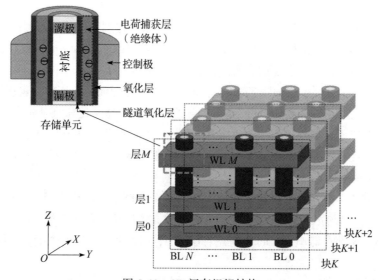

图 5-40　3D 闪存组织结构

图 5-40 所示的每根圆柱都是一条位线。圆柱内部，由不同层次的小圆柱构成，从里到外依次为衬底、隧道氧化层、电荷捕获层和氧化层。这些圆柱和每层的控制极（图中长方体）的交叉点就是一个个存储单元。

我们再把图 5-40 抽象成图 5-41，以帮助读者更好地理解 3D 闪存组织结构。

基于 FG 的闪存，一个闪存块位线上的各个存储单元共用衬底，但每个存储单元的浮栅层（即存储电荷的地方）都是独立的。它们必须是独立的，因为浮栅层是导体材料，如果所有存储单元共享浮栅层，那么电子来回游动，每个单元就存储不了数据了。但对 CT 闪存来说，一个位线（图 5-40 所示的圆柱）的所有存储单元，除

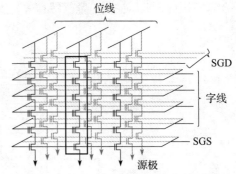

图 5-41　3D 闪存组织结构（抽象图）

了控制极不一样，其他都是共享的，包括电荷捕获层。为什么它们可以共享电荷捕获层？因为 CT 中电子捕获材料是绝缘体，电子不容易从一个存储单元跑到另一个存储单元。这样做的好处是"施工方便"：对 FG 的圆柱来说，在浇筑时每个存储单元的浮栅层都要分别进行浇筑加工；而对 CT 的圆柱来说，圆柱从里到外，从上往下浇筑不同的材料就可以了，显然实现起来方便了很多。图 5-42 展示了 CT 和 FG 的 string 结构（可以理解为一种串形结构）。

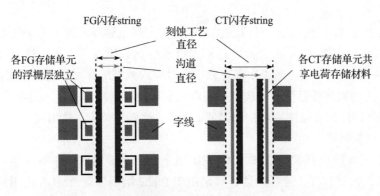

图 5-42　FG 闪存 string 和 CT 闪存 string 的对比

CT 这种组织结构虽说"施工方便"，但会引入新的数据保持问题。虽然说 CT 采用绝缘材料，电子在里面不易移动，但随着时间的推移，相邻存储单元之间还是会发生电子迁移的。因此，在数据保持问题上，除了传统的电子从存储层流失到衬底这个因素外，现在 CT 又多了一个引发数据保持问题的原因——电子侧向流失，这会在一定程度上导致 CT 闪存数据保持变差。

5.5.4 3D 闪存外围电路架构

一个闪存，除了存储单元阵列外，还包括外围电路，用以实现控制逻辑、I/O 控制、命令解析执行、电压控制、数据缓存等，如图 5-43 所示。

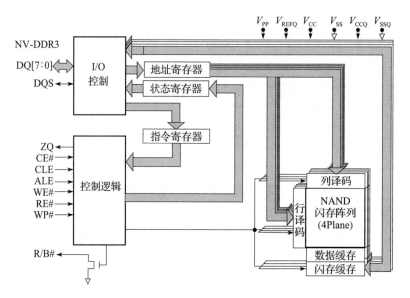

图 5-43 某闪存功能模块框图

随着闪存技术的发展，人们对闪存性能的要求也越来越高，其中一个用于提升闪存读写性能的方式就是增加 Plane 的个数，这样可以通过提升读写并行度，达到提升性能的目的。前面介绍了对每个 Plane 来说，都有若干个对应的数据缓存页，这意味着随着 Plane 个数的增加，相应的数据缓存页要增加，外围电路面积也要增加。但是，闪存容量也要增加，新增外围电路不能压榨存储阵列面积。容量不能少，性能也要提，这迫使闪存厂商开始思考闪存外围电路架构问题。

传统闪存的外围电路架构如图 5-44 左图所示，CMOS 电路（外围电路）放在闪存存储阵列的旁边，共享衬底，这样的话，如果由于 Plane 增多导致 CMOS 占用面积增大，则存储阵列面积就要被压缩而导致存储密度下降，这种架构称为 CnA（CMOS next Array）。为解决这个问题，有些厂商就独辟蹊径，把 CMOS 电路放在存储阵列的下方，不占用存储阵列的面积，因此可以支持更多的 Plane，这种架构称为 CuA（CMOS under Array）或 PuC（PERI under Cell），如图 5-44 中图所示。还有一种架构是长江存储首创的 Xtacking®（CMOS bonding Array，CBA）技术（见图 5-44 右图），就是 CMOS 电路和存储阵列分别在不同的晶圆上加工，做好后两者键合在一起。关于该架构的优点可参看前文有关介绍，这里不赘述。

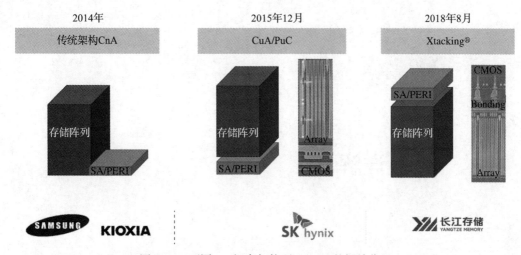

图 5-44　不同 3D 闪存架构下 CMOS 的摆放位置

笔者认为，Xtacking® 这类技术代表着先进的闪存外围电路架构，是未来的闪存发展方向。

Chapter 6 第 6 章

FTL 详解

当 SSD 所使用的主控和闪存确定后，FTL 算法的好坏将直接决定 SSD 在性能、可靠性、耐用性等方面的好坏，FTL 可以说是 SSD 固件的核心。本章将介绍 SSD 的核心技术之一——FTL。

6.1 FTL 综述

FTL（Flash Translation Layer，闪存转换层）用于完成主机逻辑地址空间到闪存物理地址空间的翻译，或者说是映射。SSD 每把一笔用户逻辑数据写入闪存地址空间，便记录下该逻辑地址到物理地址的映射关系，下次主机想读取该数据时，固件根据这个映射便能从闪存中把这笔数据读上来然后返回给用户。完成逻辑地址空间到物理地址空间的映射，这是 FTL 最原始也是最基本的功能。事实上，现在 SSD 中的 FTL 要做的事情还有很多，比如垃圾回收、磨损均衡、异常掉电处理等（后面会有详细介绍）。通过实现这些算法，FTL 把 SSD 存储介质特性隐藏起来，使用户使用基于闪存的 SSD 像使用传统 HDD 一样，不用考虑存储介质特性。

SSD 使用的存储介质一般是 NAND 闪存，它具有如下特性。

❑ 闪存块需先擦除才能写入，不能覆盖写（out-of-place update）。闪存不允许覆盖写（至于为什么不能覆盖写，请读者在前文找答案），当写入一笔新的数据时，不能直接在老地方直接更改（闪存不允许在一个闪存页上重复写入），必须写到一个新的位置。因此，SSD 的固件需要维护一张逻辑地址到物理地址的映射表，以跟踪每个逻辑块最新数据存储在闪存中的位置。另外，往一个新的位置写入数据，会导致老位置上的数据变成无效，这些数据就成为垃圾数据了。垃圾数据会占用闪存空间，当闪存可用空间不足时，FTL 需要做垃圾回收，即把若干个闪存块上的有效数据搬到某个新的闪存块，然后把这些闪存块擦除，得到可用的闪存块。这就是垃圾回收（Garbage Collection，GC），这是 FTL 需要做的一件重要的事情。

❑ **闪存块都是有一定寿命的。**每擦写一次闪存，都会对闪存块造成磨损，因此闪存块都是有寿命的。闪存块的寿命用 P/E Cycle（Program/Erase Cycle，编程 / 擦除次数）衡量。我们不能集中往某几个闪存块上写数据，不然这几个闪存块很快就会因 PEC 耗尽而死亡（变成坏块），这不是我们想看到的。我们期望所有闪存块都来均摊数据的写入，而不是有些闪存块累死，而有些闪存块一直闲着。FTL 需要做磨损均衡（Wear Leveling），让数据的写入尽量均摊到 SSD 中的每个闪存块上，即让每个块磨损都差不多，从而保证 SSD 具有最大的数据写入量。

❑ **存在读干扰问题。**每个闪存块可读的次数也是有限的，读得太多，上面的数据也会出错，这就是读干扰问题。FTL 需要处理读干扰问题，当某个闪存块读的次数马上要达到一定阈值时，FTL 需要把这些数据从该闪存块上搬走，从而避免数据出错。

❑ **存在数据保持问题。**由于电荷的流失，存储在闪存上的数据会丢失。这个时间长则十多年，短则几年甚至几个月。（这是在常温下，如果在高温下，电荷流失速度会加快，数据保存的时间就更短了。）如果 SSD 不上电，FTL 对此也是毫无办法，有劲使不出（根本没有运行机会）。但一旦上电，FTL 就可对此进行处理，比如定期扫描闪存，发现是否存在数据保持问题，如果存在，则需要刷新数据——把数据从一个有问题的闪存块搬到新的闪存块，防患于未然。

❑ **存在坏块。**闪存天然就有坏块。另外，随着 SSD 的使用，也会产生新的坏块。坏块出现的症状是擦写失败或者读失败（ECC 不能纠正数据错误）。坏块管理也是 FTL 的一大任务。

❑ **QLC 或者 TLC 可以配成 SLC 来使用。**SLC 相较 QLC 或者 TLC，具有更高的性能、寿命和可靠性。对追求突发性能的 SSD 来说，比如消费级 SSD，它们的 FTL 会利用这个特性来改善 SSD 的突发写入性能；有的 SSD 还会利用 SLC 提高数据的可靠性。

FTL 除了需要完成基本的地址映射外，还需要帮闪存"擦屁股"，即做垃圾回收、磨损均衡、坏块管理、读干扰问题处理、数据保持问题处理等事情。随着闪存质量变差，FTL 除了需要完成上述的常规处理外，还需要针对具体闪存特性或问题，去做一些特殊处理以获得好的性能和高的可靠性。

FTL 有 Host-Based 和 Device-Based 两种。

Host-Based 的意思是说，FTL 的实现是在 Host（主机）端的，用的是计算机的 CPU 和内存资源，如图 6-1 所示。

使用 Host-Based FTL 的 SSD，需要 SSD 厂商和 SSD 使用者深度合作完成，多为企业级产品。相反，Device-Based 的意思是说 FTL 是在 Device（设备）端实现的，用的是 SSD 上的控制器和 RAM 资源。FTL 在设备固件里处于中间层，起着承上启下的作用：把前端（Front End，FE）主机的读写请求转换成对后端（Back End，BE）闪存的读写请求，如图 6-2 所示。

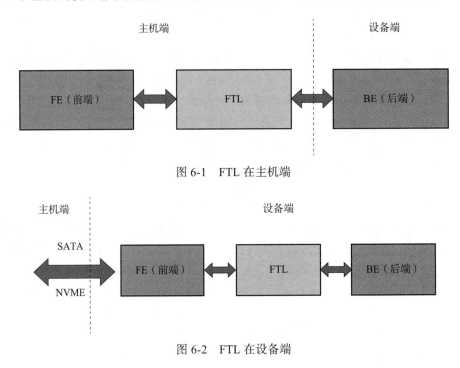

图 6-1　FTL 在主机端

图 6-2　FTL 在设备端

目前主流 SSD 都是 Device-Based FTL，如无特别说明，后面有关 FTL 的论述都是基于 Device-Based 的。

FTL的初心是完成逻辑地址到物理地址的映射，因此我们下面首先介绍 FTL 的映射管理。

6.2　映射管理

6.2.1　映射的种类

根据映射粒度的不同，FTL映射可分为块映射、页映射和混合映射。

块映射以闪存块为映射粒度，一个用户逻辑块可以映射到任意一个闪存物理块，每个页在块中的偏移保持不变。由于映射表只需存储块的映射，因此存储映射表所需空间小，但其性能差，尤其是小尺寸数据的写入性能，因为用户即使只更新一个逻辑页，也需要把整个物理块数据先读出来，然后改变逻辑页的数据，最后对整个块进行写入。总体来说，块映射有好的连续大尺寸的读写性能，但小尺寸数据的写性能是非常糟糕的。

如图 6-3 所示，用户空间划分成一个一个逻辑区域（Region），每个逻辑区域大小和闪存块大小一样。

页映射以闪存页为映射粒度，一个逻辑页可以映射到任意一个物理页中，因此每一个页都有一个对应的映射关系。由于闪存页远比闪存块多（一个闪存块包含几百甚至几千个物理页），因此需要更多的空间来存储映射表。但它的性能更好，尤其体现在随机写上面。为追求性能，SSD 一般都采用页映射。

如图 6-4 所示，用户空间被划分成一个一个的逻辑区域，每个逻辑区域大小和闪存页大小一样。

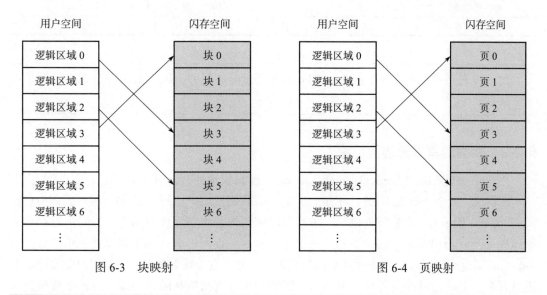

图 6-3　块映射　　　　　　　　　　　　图 6-4　页映射

在实际场景中，逻辑区域可能小于闪存页大小，一个闪存页可容纳若干个逻辑区域数据。

还有一个就是混合映射，它是块映射和页映射的结合。一个逻辑块可以映射到任意一个物理块，但在块中，每个页的偏移并不是固定不动的，块内采用页映射的方式，一个逻辑块中的逻辑页可以映射到对应物理块中的任意页。因此，它的映射表所需存储空间以及读写性能都是介于块映射和页映射之间的。

如图 6-5 所示，用户空间可划分成一个一个逻辑区域，逻辑区域大小和闪存块大小一样。每个逻辑块对应着一个闪存块，逻辑块又分成一个一个逻辑页，逻辑页和对应闪存块里面的闪存页任意对应。

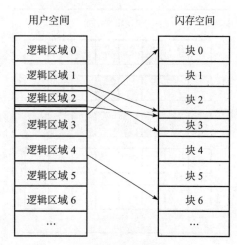

图 6-5　混合映射

块映射、页映射和混合映射的对比如表 6-1 所示。

表 6-1 不同映射之间的比较

对比项	块映射	页映射	混合映射
映射单元	闪存块	闪存页	块页结合
顺序写性能	好	好	好
顺序读性能	好	好	好
随机写性能	很差	好	差
随机读性能	好	好	好
映射表大小	小	大	一般

如无特别说明，我们接下来讲的 FTL 都是基于页映射的，因为主流 SSD 基本都是采用这种映射方式。

6.2.2 映射的基本原理

用户是通过 LBA（Logical Block Address，逻辑块地址）访问 SSD 的，每个 LBA 代表一个逻辑块（大小一般为 512B、4KB、8KB…），我们把用户访问 SSD 的基本单元称为逻辑页（Logical Page）。而在 SSD 内部，主控以闪存页为基本单元读写闪存。我们称闪存页为物理页（Physical Page）。用户每写入一个逻辑页，SSD 固件会找一个物理页把用户数据写入，并记录这个逻辑地址到物理地址的映射关系。有了这个映射关系，下次用户需要读某个逻辑页时，SSD 通过查找与该逻辑页对应的物理地址就知道从闪存的哪个位置把数据读取出来，如图 6-6 所示。

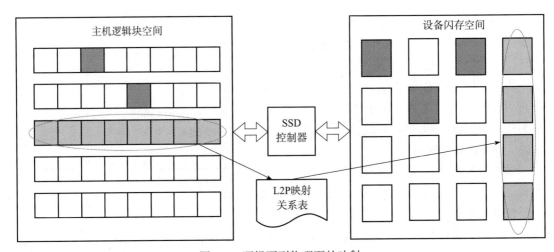

图 6-6 逻辑页到物理页的映射

SSD 内部维护了一张逻辑页地址到物理页地址转换（Logical address To Physical address, L2P）的映射表, 用户每写入一个逻辑页, 就会产生一个新的映射关系, 这个映射关系会加入（第一次写）或者更改（覆盖写）映射表, 以追踪该逻辑页最新数据所在的物理位置; 当读取某个逻辑页时, SSD 首先查找映射表中与该逻辑页对应的物理页, 然后访问闪存并读取相应的用户数据。

由于闪存页和逻辑页大小不同, 一般前者大于后者, 所以在实际场景中不会是一个逻辑页对应一个物理页, 而是若干个逻辑页写在一个物理页: 逻辑页其实是和子物理页一一对应的。

一张映射表有多大呢?

这里假设有一个 256GB 的 SSD, 以 4KB 大小的逻辑页为例, 那么用户空间一共有 64M（256GB/4KB）个逻辑页, 也就意味着 SSD 需要有能容纳 64M 条映射关系的映射表。映射表中的每个单元存储的是物理地址（Physical Address）, 假设用 4B 来表示, 那么整个映射表的大小为 256MB（64M × 4B）。所以一般来说, 映射表大小为 SSD 容量的千分之一。

准确来说是 1/1024。前提条件是: 映射页大小为 4KB, 物理地址用 4B 表示。

对早期 SSD 以及现在的企业级 SSD 来说, 我们可以看到上面都有板载 DRAM, 它的主要作用就是存储这张映射表, 如图 6-7 所示。在 SSD 工作时, 全部的或者绝大部分的映射表都可以缓存在 DRAM 中, 这样固件就可以快速获得和更新映射关系。

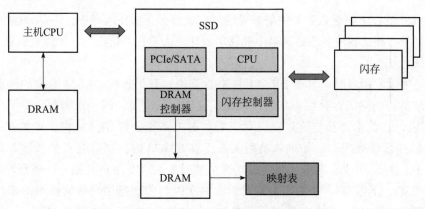

图 6-7　带 DRAM 的 SSD 架构

但对消费级 SSD 或者移动存储设备（比如 eMMC、UFS）来说, 出于成本和功耗考虑，它们采用 DRAM-less 设计，即不带 DRAM，比如经典的 Sandforce 主控，它并不支持板载 DRAM。对这种不带 DRAM 的 SSD，它们的映射表存在哪里呢？它们一般采用多级映射。图 6-8 所示是一个两级映射的例子。一级映射表常驻 SRAM，二级映射表小部分缓存在 SRAM，其他部分都存放在闪存上。

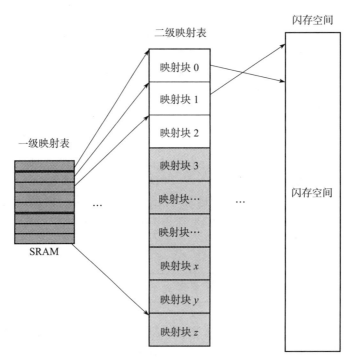

图 6-8　两级映射表

二级表就是 L2P 映射表，按映射块管理，它大部分存储在闪存中，小部分缓存在 RAM 中。一级表是存储这些映射块在闪存中的物理地址，由于它不是很大，所以一般可以完全放在 RAM 中。

SSD 处理读取命令时，对带 DRAM 的 SSD 来说，只要查找 DRAM 当中的映射表，获取物理地址后再访问闪存就可得到用户数据，这期间只需要访问一次闪存。对不带 DRAM 的 SSD 来说，它首先要看与该逻辑页对应的映射关系是否在 SRAM 内，如果在，那就直接根据映射关系读取闪存；如果该映射关系不在 SRAM 内，那么它首先需要把映射关系（映射块）从闪存里面读取出来，然后根据这个映射关系读取用户数据。这就意味着相比有 DRAM 的 SSD，不带 DRAM 的 SSD 需要读取两次闪存才能把用户数据读取出来，读取性能和延时都要比带 DRAM 的 SSD 差。不带 DRAM 的 SSD 的架构如图 6-9 所示。

对顺序读来说，由于映射关系连续，一次映射块的加载就可以满足很多用户数据的读。比如当映射块大小为 4KB 时，加载一个映射块就可以满足 4MB 用户数据的连续读。这意味着 DRAM-less 的 SSD 也可以有好的顺序读性能。但对随机读来说，映射关系分散，一次映射关系的加载，可能只能满足几笔逻辑页的读，因此对随机读来说，可能需要访问若干次闪存才能完成一次随机读操作，因此随机读性能就不是那么理想了。

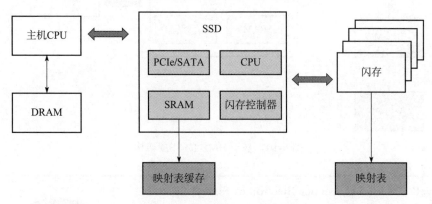

图 6-9　不带 DRAM 的 SSD 架构

　　管理带 DRAM 的 SSD 的映射表相对简单一些，因为所有映射关系都可以缓存在大的 DRAM 里面，SSD 固件可以快速获取和更新映射关系。不带 DRAM 的 SSD 只能是利用控制器上有限的 SRAM 资源来完成映射表管理。和大的 DRAM 相比，控制器上 SRAM 资源是非常有限的，可能只有几百 KB 或者几 MB，显然这些 SRAM 不能容纳下整张映射表。怎么利用有限资源来管理大的映射表呢？一种常规思路就是：设备运行时，所有映射关系都保存在闪存上面，按需加载映射关系到控制器 SRAM，并把最近访问的映射关系缓存在控制器的 SRAM 中。根据用户访问 SSD 的时间和空间局部性，一部分映射表加载到 SRAM 中，因为接下来它们大概率会被再次使用到，因此映射表缓存对后续的访问是有帮助的。假设我们有 1MB 的映射表缓存，它能支持 1GB 范围的逻辑空间的访问，也就是说一旦 1MB 的映射表加载到缓存中，后续 1GB 范围内的访问是无须再次从闪存中加载映射关系。

　　经典的不带 DRAM 的 FTL 架构是 DFTL（Demand-based FTL），它应该是后续所有 DRAM-less FTL 的鼻祖，感兴趣的读者可以网上搜索相关论文查看具体设计。

6.2.3　HMB

　　映射表除了可以放到板载 DRAM、片上 SRAM 和闪存中，还可以放到主机的内存中。NVME 1.2 及后续版本有一个重要的功能——HMB（Host Memory Buffer），就是主机在内存中专门划出一部分空间供 SSD 使用，SSD 可以把它当成自己的 DRAM 使用，因此，映射表完全可以放到主机端的内存中。基于 HMB 的 SSD 架构如图 6-10 所示。

　　在性能上，HMB 应该介于带 DRAM（板载）和不带 DRAM（映射表绝大多数存放在闪存）之间，因为 SSD 访问主机端 DRAM 的速度肯定比访问本地 SSD 端 DRAM 的速度要慢，但还是比访问闪存的速度（几十微秒）要快。

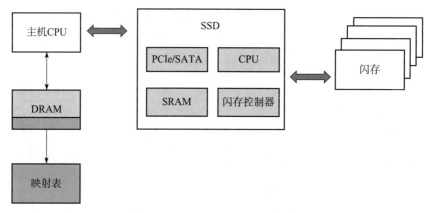

图 6-10 基于 HMB 的 SSD 架构

Marvell 在 CES（Consumer Electronics Show）2016 上发布了新款 SSD 主控 88NV1140，这是第一款实现 HMB 功能的主控，如图 6-11 所示。江波龙 2017 年发布了当时世界上最小尺寸的 SSD（11.5mm*13mm）——P900 系列，该系列产品支持 HMB 功能。

图 6-11 第一款支持 HMB 的主控

HMB 功能允许主控像使用本地 DRAM 一样使用主机端 DRAM。具体说来就是，主机专门划分一块给 SSD 使用的内存，该内存在物理上可以不连续，SSD 不仅可以用它来存放映射表，还可以用它来缓存用户数据，具体怎么用，取决于 SSD 设计者。

带 DRAM 的 SSD 设计的优势是性能好，映射表完全可以放在 DRAM 中，查找和更新迅速；劣势是，由于增加了一个 DRAM，所以提高了 SSD 的成本，还有就是加大了 SSD 功耗。DRAM-less 的 SSD 设计与之正好相反，优势是成本和功耗相对低；缺点是性能差。

HMB 的出现为 SSD 的设计提供了新的思路。SSD 可以自己不带 DRAM，完全用主机 DRAM 来缓存数据和映射表。拿随机读来说，DRAM-less SSD 访问映射表的时间是读闪存的时间；带 DRAM 的 SSD 访问映射表的时间是读 DRAM 的时间；而对 HMB SSD 来说，它访问映射表的时间是访问主机 DRAM 的时间，这接近 DRAM SSD 的性能，远远好于 DRAM-less SSD 或者 eMMC、UFS（也是 DRAM-less）。图 6-12 是 Marvell 在 2015 年闪存峰会上发布的一张图（非原图，稍有改动）。

在移动嵌入式存储方面，UFS 3.1 也推出一个类似 HMB 功能的特性——HPB（Host Performance Booster），旨在提升 UFS 3.1 的读性能。对此这里不展开，后文会有介绍。

6.2.4 映射表写入

在 SSD 掉电前，需要把映射表写入闪存中。下次上电初始化时，需要把它从闪存中全部或者部分加载到 SSD 的缓存（DRAM 或者 SRAM）中。随着 SSD 的写入，缓存中的映射表不断增加新的映射关系，为防止异常掉电导致这些新的映射关系丢失，SSD 的固件不仅在正常掉电前把这些映射关系写入到闪存中，还在 SSD 运行过程中按照一定策略把映射表写入闪存。这样即使发生异常掉电，丢失的也是一小部分映射关系，上电时可以较快地重建这些映射关系。

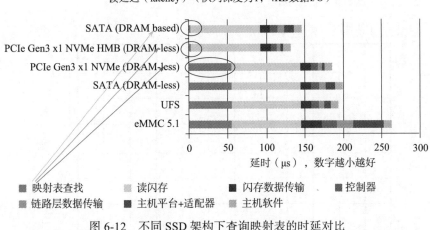

图 6-12　不同 SSD 架构下查询映射表的时延对比

那么，什么时候会触发映射表的写入呢？一般有以下几种情况。

❑ 新产生的映射关系累积到一定阈值；
❑ 用户写入的数据量达到一定的阈值；
❑ 用户写完一个闪存块；
❑ 其他。

写入策略一般有全部更新和增量更新。全部更新的意思是缓存中映射表（干净的和不干净的）全部写入闪存；增量更新的意思是只把新产生的（不干净的）映射关系刷入闪存中。显然，相比后者，前者需要写入更多的数据量，这一方面影响用户写入性能和延时；另一方面会增加写放大。全部更新的好处是固件实现简单，不需要知道哪些映射关系是干净的，哪些是不干净的。固件算法在决策的时候，应根据软硬件架构进行综合考虑，使用最适合自己系统的映射表写入策略。

6.3　垃圾回收

6.3.1　垃圾回收原理

垃圾回收是 FTL 的一个重要任务。本节虚构一个迷你 SSD 空间来辅助讲解垃圾回收原理，以及与之紧密联系的 WA 和 OP 等概念。

　　如图 6-13 所示，我们假设迷你 SSD 底层有 4 个通道（通道 0 ～ 3 ），每个通道上各挂了 1 个 Die（Die 0 ～ 3，它们可并行操作），假设每个 Die 只有 6 个闪存块（块 0 ～ 5），所以一共有 24 个闪存块。每个闪存块内有 9 个小方块，每个小方块的大小和逻辑页大小一样。24 个闪存块中，我们假设其中的 20 个闪存块大小为 SSD 容量，就是主机端看到的 SSD 大小；另外 4 个闪存块是超出 SSD 容量的预留空间，我们称之为 OP。

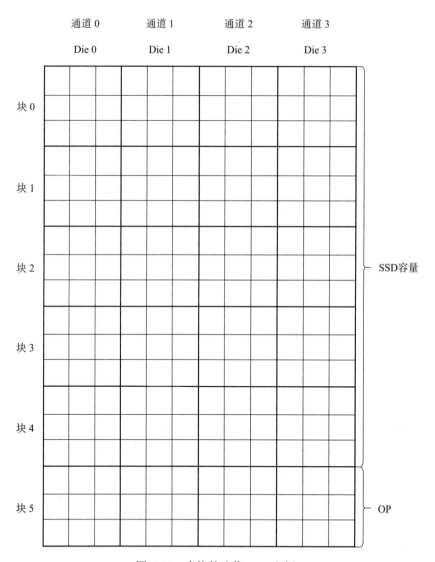

图 6-13　虚构的迷你 SSD 空间

　　一个迷你 SSD 摆在我们面前，下面我们开始往 SSD 中写数据。

　　我们顺序写入 4 个逻辑页，分别写到不同通道上的 Die 上，这样写的目的是增加底层的并行度，提升写入性能，如图 6-14 所示。

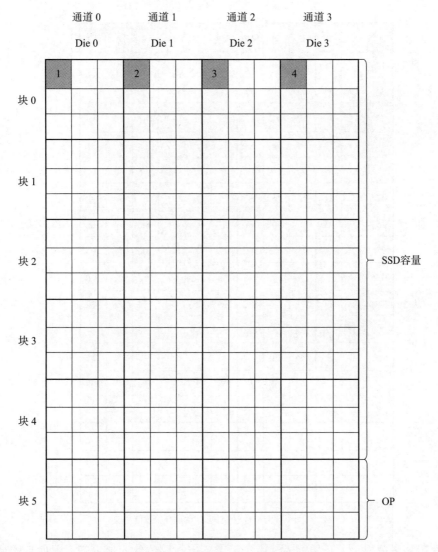

图 6-14　主机写入 4 个逻辑页数据

用户继续顺序写入数据，固件把数据交错写入到各个 Die 上，直到写满整个 SSD 空间（主机端看到的），如图 6-15 所示。

整个盘写满了（从用户角度来看，整个用户空间写满了，但在闪存空间，由于预留空间的存在，并没有写满），如果我们想写入更多数据，怎么办？只能删除一些旧文件，腾出写入空间。

删除部分文件后，我们继续写入数据。

	通道 0 Die 0			通道 1 Die 1			通道 2 Die 2			通道 3 Die 3			
块 0	1	5	9	2	6	10	3	7	11	4	8	12	
	13	17	21	14	18	22	15	19	23	16	20	24	
	25	29	33	26	30	34	27	31	35	28	32	36	
块 1	37	41	45	38	42	46	39	43	47	40	44	48	
	49	53	57	50	54	58	51	55	59	52	56	60	
	61	65	69	62	66	70	63	67	71	64	68	72	
块 2	73	77	81	74	78	82	75	79	83	76	80	84	
	85	89	93	86	90	94	87	91	95	88	92	96	SSD容量
	97	101	105	98	102	106	99	103	107	100	104	108	
块 3	109	113	117	110	114	118	111	115	119	112	116	120	
	121	125	129	122	126	130	123	127	131	124	128	132	
	133	137	141	134	138	142	135	139	143	136	140	144	
块 4	145	149	153	146	150	154	147	151	155	148	152	156	
	157	161	165	158	162	166	159	163	167	160	164	168	
	169	173	177	170	174	178	171	175	179	172	176	180	
块 5													OP

图 6-15　用户空间写满后的 SSD

　　假设还是从逻辑页 1 开始写入。由于闪存不能在原位置原地更新，固件只能另找闪存空间写入新的数据，因此这个时候 SSD 会把新写入的逻辑页 1～4 写入 SSD 预留空间。对 SSD 来说，不存在什么用户空间和预留空间，它只能看到闪存空间。从主机端来的数据，SSD 就往可用闪存空间写。如图 6-16 所示，出现了深色方块，怎么回事？因为逻辑页 1～4 的数据已更新，写到新的地方，之前位置上的逻辑页 1～4 上的数据就失效了，变为垃圾数据了。

　　继续顺序写入，深色方块越来越多（垃圾数据越来越多）。当所有闪存空间都写满后，迷你 SSD 就变成图 6-17 所示的样子。

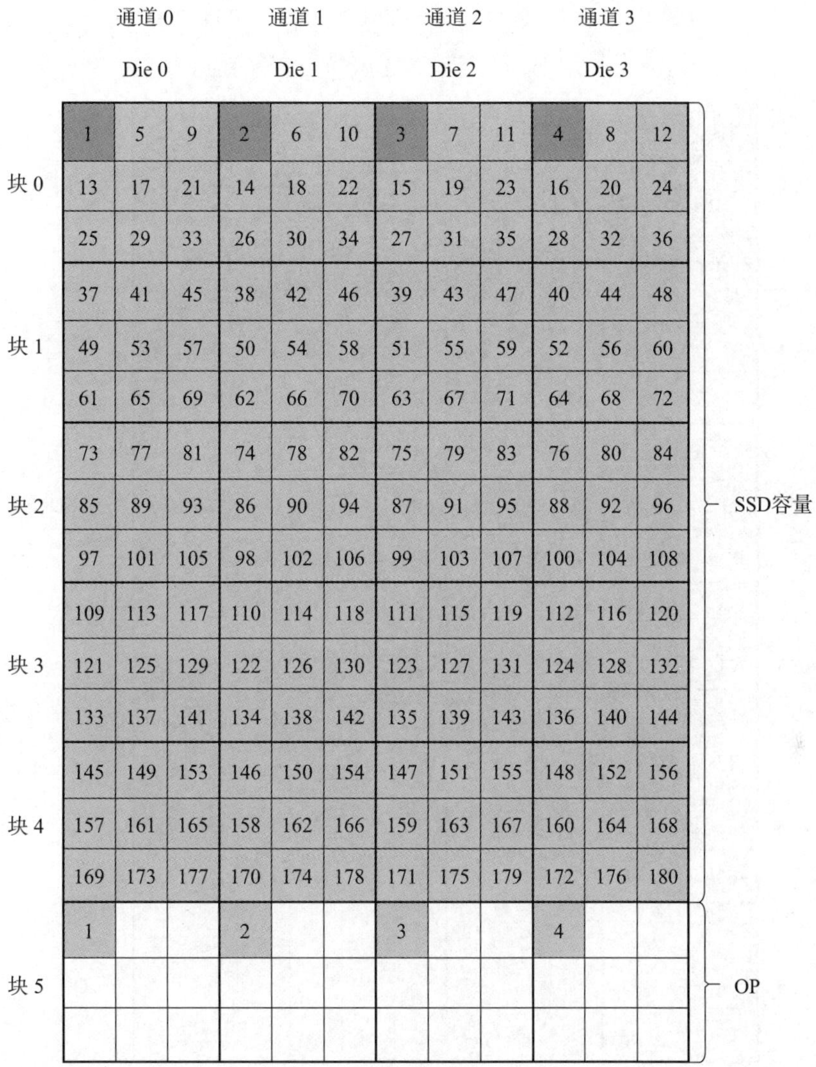

	通道 0			通道 1			通道 2			通道 3		
	Die 0			Die 1			Die 2			Die 3			
块 0	1	5	9	2	6	10	3	7	11	4	8	12	
	13	17	21	14	18	22	15	19	23	16	20	24	
	25	29	33	26	30	34	27	31	35	28	32	36	
块 1	37	41	45	38	42	46	39	43	47	40	44	48	
	49	53	57	50	54	58	51	55	59	52	56	60	
	61	65	69	62	66	70	63	67	71	64	68	72	
块 2	73	77	81	74	78	82	75	79	83	76	80	84	
	85	89	93	86	90	94	87	91	95	88	92	96	SSD 容量
	97	101	105	98	102	106	99	103	107	100	104	108	
块 3	109	113	117	110	114	118	111	115	119	112	116	120	
	121	125	129	122	126	130	123	127	131	124	128	132	
	133	137	141	134	138	142	135	139	143	136	140	144	
块 4	145	149	153	146	150	154	147	151	155	148	152	156	
	157	161	165	158	162	166	159	163	167	160	164	168	
	169	173	177	170	174	178	171	175	179	172	176	180	
块 5	1			2			3			4			OP

图 6-16　删除 4 个逻辑页后再次写入 4 个逻辑页

等所有 Die 上的块 5 写满后，所有 Die 上的块 0 也全部变成深色了（这些数据都是垃圾数据）。

现在不仅整个用户空间都写满了，整个闪存空间也都写满了。如果用户想继续写入后续的逻辑页（36 之后的），该怎么办呢？

这时在 SSD 内部就需要进行垃圾回收了。那么什么是垃圾回收呢？

这里需要说明的是，在实际场景中是不会等所有闪存空间都写满后才开始做垃圾回收的，而是在写满之前就触发垃圾回收机制，这里只是为描述垃圾回收而做的假设。

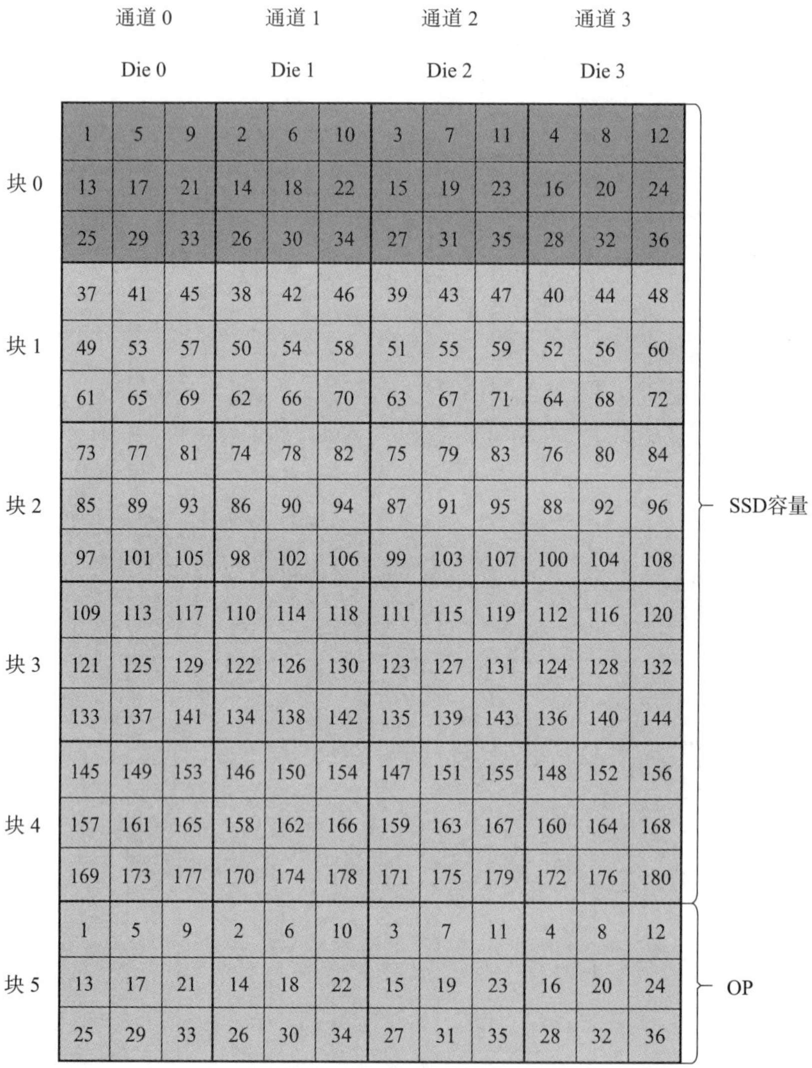

| 通道0 | | | 通道1 | | | 通道2 | | | 通道3 | | |
Die 0			Die 1			Die 2			Die 3		
1	5	9	2	6	10	3	7	11	4	8	12
13	17	21	14	18	22	15	19	23	16	20	24
25	29	33	26	30	34	27	31	35	28	32	36
37	41	45	38	42	46	39	43	47	40	44	48
49	53	57	50	54	58	51	55	59	52	56	60
61	65	69	62	66	70	63	67	71	64	68	72
73	77	81	74	78	82	75	79	83	76	80	84
85	89	93	86	90	94	87	91	95	88	92	96
97	101	105	98	102	106	99	103	107	100	104	108
109	113	117	110	114	118	111	115	119	112	116	120
121	125	129	122	126	130	123	127	131	124	128	132
133	137	141	134	138	142	135	139	143	136	140	144
145	149	153	146	150	154	147	151	155	148	152	156
157	161	165	158	162	166	159	163	167	160	164	168
169	173	177	170	174	178	171	175	179	172	176	180
1	5	9	2	6	10	3	7	11	4	8	12
13	17	21	14	18	22	15	19	23	16	20	24
25	29	33	26	30	34	27	31	35	28	32	36

（左侧标注：块0、块1、块2、块3、块4、块5；右侧标注：SSD容量、OP）

图 6-17　闪存空间写满

垃圾回收就是把某个闪存块上的有效数据读出来并进行重写，然后把该闪存块擦除，从而得到新的可用闪存块。

如图 6-18 所示，块 x 上面有效数据为 A、B、C，块 y 上面有效数据为 D、E、F、G，其余方块为无效数据。垃圾回收机制就是先找一个可用块 z，然后把块 x 和块 y 的有效数据搬移到块 z 上，这样块 x 和块 y 上面就没有任何有效数据了，将它们擦除就得到两个可用的闪存块。我们用不到一个闪存块的代价，获得了两个可用的闪存块（见图 6-19），这就是垃圾回收的价值。

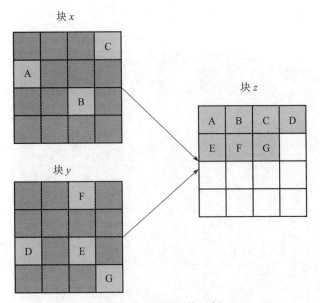

图 6-18 垃圾回收示例

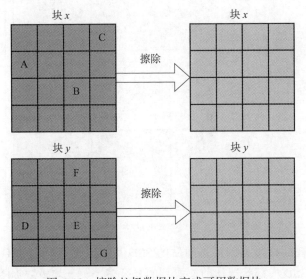

图 6-19 擦除垃圾数据块变成可用数据块

在上例中，由于我们采用的是顺序写入，垃圾集中在块 0 上，上面没有任何有效数据，我们把它们擦除就可以腾出新的写入空间——SSD 内部可以把新的数据写入垃圾回收完成的块 0 上了。从这个例子中我们可以看到：顺序写，即使是闪存空间写满后的写，性能也是比较好的，因为垃圾回收可以很快完成（也许只要一个擦除动作）。

但现实是残酷的，用户还是可能随机写入数据。下面是一个闪存空间经历随机写满后的样子（见图 6-20）。

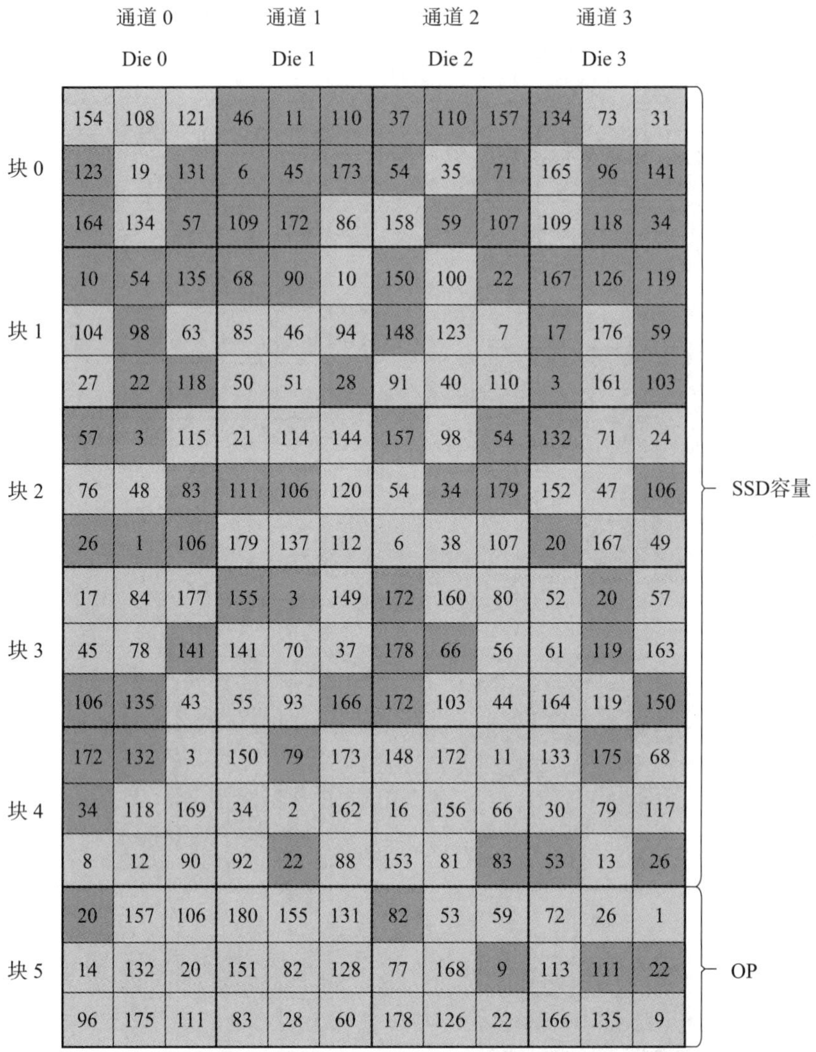

	通道 0			通道 1			通道 2			通道 3		
	Die 0			Die 1			Die 2			Die 3		

图中数据表格：

块 0 行1	154	108	121	46	11	110	37	110	157	134	73	31
块 0 行2	123	19	131	6	45	173	54	35	71	165	96	141
块 0 行3	164	134	57	109	172	86	158	59	107	109	118	34
块 1 行1	10	54	135	68	90	10	150	100	22	167	126	119
块 1 行2	104	98	63	85	46	94	148	123	7	17	176	59
块 1 行3	27	22	118	50	51	28	91	40	110	3	161	103
块 2 行1	57	3	115	21	114	144	157	98	54	132	71	24
块 2 行2	76	48	83	111	106	120	54	34	179	152	47	106
块 2 行3	26	1	106	179	137	112	6	38	107	20	167	49
块 3 行1	17	84	177	155	3	149	172	160	80	52	20	57
块 3 行2	45	78	141	141	70	37	178	66	56	61	119	163
块 3 行3	106	135	43	55	93	166	172	103	44	164	119	150
块 4 行1	172	132	3	150	79	173	148	172	11	133	175	68
块 4 行2	34	118	169	34	2	162	16	156	66	30	79	117
块 4 行3	8	12	90	92	22	88	153	81	83	53	13	26
块 5 行1	20	157	106	180	155	131	82	53	59	72	26	1
块 5 行2	14	132	20	151	82	128	77	168	9	113	111	22
块 5 行3	96	175	111	83	28	60	178	126	22	166	135	9

（右侧标注：块 0～块 4 对应 SSD 容量；块 5 对应 OP）

图 6-20　随机写满闪存空间后的 SSD

　　用户如果继续往随机写满闪存空间后的 SSD 写入数据，那么 SSD 怎么处理？当然需要做垃圾回收。但 SSD 内部状况比前文看到的复杂多了——垃圾数据随机分散在每个闪存块上，而不是集中在某几个闪存块上。这个时候，如何挑选需要回收的闪存块呢？答案是挑垃圾比较多的闪存块来回收，因为有效数据少，要搬移的数据少，这样腾出空闪存块的速度快，付出的代价也小。

　　对图 6-20 所示每个闪存块的垃圾数（深色方块）做个统计，如表 6-2 所示。

表 6-2　每个闪存块上垃圾数据统计

	Die 0	Die 1	Die 2	Die 3	垃圾总数
块 0	4	8	7	5	24
块 1	6	3	3	7	19
块 2	6	2	4	3	15
块 3	3	3	4	3	13
块 4	3	2	1	3	9
块 5	1	0	2	2	5

　　由于我们是同时往 4 个通道写数据，需要每个通道都有一个空闲的闪存块，因此，我们做垃圾回收时，不是回收某个闪存块，而是所有通道上都要挑一个。一般选择每个 Die 上块号一样的所有闪存块做垃圾回收。上例中，块 0 上的垃圾数量最多（24 个深色方块），因此我们挑块 0 作为垃圾回收的闪存块。回收完毕，我们把之前块 0 上面的有效数据（浅色方块）重新写回这些闪存块（这里假设回收的有效数据和用户数据写在同一个闪存块，但在实际实现中，它们可能是分开写的），如图 6-21 所示。

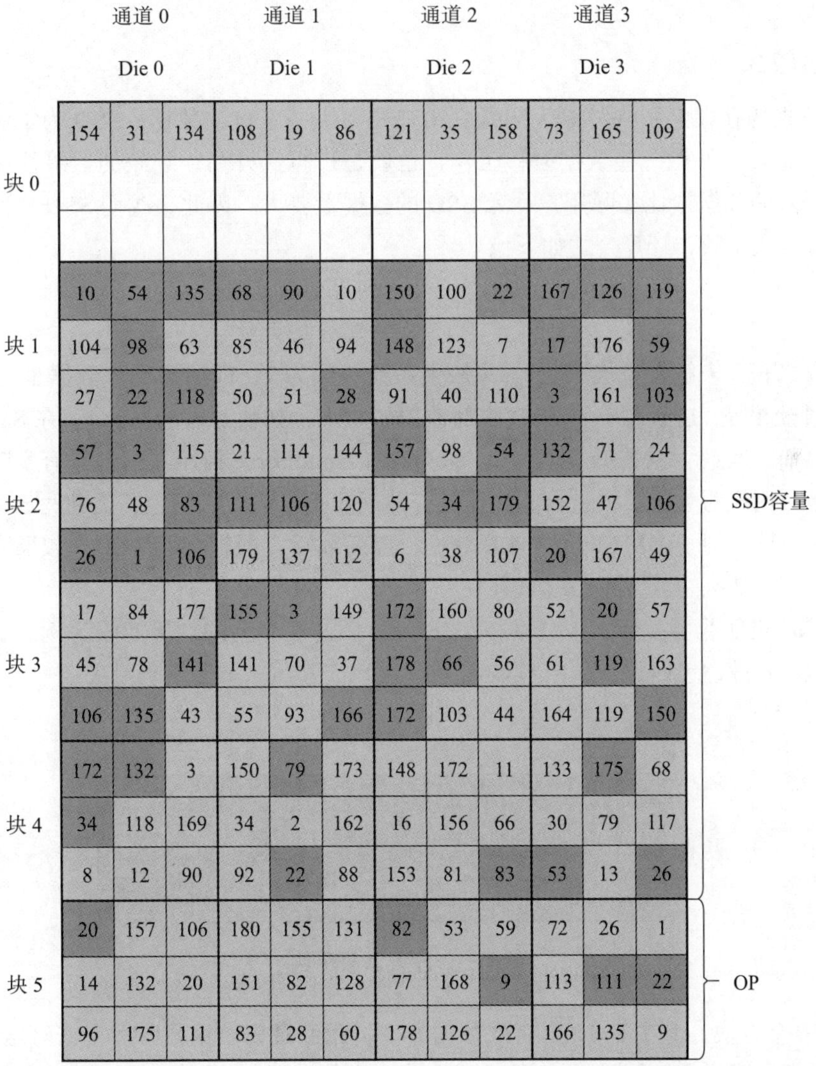

	通道 0			通道 1			通道 2			通道 3		
	Die 0			Die 1			Die 2			Die 3		
块 0	154	31	134	108	19	86	121	35	158	73	165	109
块 1	10	54	135	68	90	10	150	100	22	167	126	119
	104	98	63	85	46	94	148	123	7	17	176	59
	27	22	118	50	51	28	91	40	110	3	161	103
块 2	57	3	115	21	114	144	157	98	54	132	71	24
	76	48	83	111	106	120	54	34	179	152	47	106
	26	1	106	179	137	112	6	38	107	20	167	49
块 3	17	84	177	155	3	149	172	160	80	52	20	57
	45	78	141	141	70	37	178	66	56	61	119	163
	106	135	43	55	93	166	172	103	44	164	119	150
块 4	172	132	3	150	79	173	148	172	11	133	175	68
	34	118	169	34	2	162	16	156	66	30	79	117
	8	12	90	92	22	88	153	81	83	53	13	26
块 5	20	157	106	180	155	131	82	53	59	72	26	1
	14	132	20	151	82	128	77	168	9	113	111	22
	96	175	111	83	28	60	178	126	22	166	135	9

SSD 容量（块 2 至块 4 右侧）　　OP（块 5 右侧）

图 6-21　做完垃圾回收后的块 0 可以继续写入数据

　　这个时候，有了空闲的空间（见图 6-21 所示白色方块），用户就可以继续写入数据了。

SSD 越写越慢是有科学依据的：可用闪存空间富裕时，SSD 无须做垃圾回收，因为总有空闲的空间可写。SSD 使用早期，由于没有触发垃圾回收机制，无须额外的读写操作，所以速度很快。之后 SSD 变慢了，主要原因是 SSD 需要做垃圾回收。

另外，如果用户是顺序写，垃圾比较集中，利于 SSD 做垃圾回收；如果用户是随机写，垃圾比较分散，SSD 做垃圾回收相对来说就更慢，所以性能没有前者好。因此，SSD 的垃圾回收性能跟用户写入数据的模式（顺序写还是随机写）也有关。

6.3.2 写放大

垃圾回收的存在会引入写放大问题：用户要写入一定量的数据，SSD 为了腾出空间写这些数据，需要额外做一些数据搬移工作，也就是进行额外写，导致的后果往往就是 SSD 往闪存中写入的数据量比实际用户写入 SSD 的数据量要大。因此，我们 SSD 中有一个重要参数——写放大系数，计算公式如下：

$$写放大系数 = \frac{写入闪存的数据量}{用户写的数据量}$$

对空盘来说（未触发垃圾回收），写放大系数一般为 1，即用户写入数据量与 SSD 写入闪存的数据量相等（这里忽略了 SSD 内部数据的写入，如映射表的写入）。在 SandForce 控制器出来之前，写放大系数最小值为 1。但是由于 SandForce 控制器内部具有实时数据压缩模块，它能对用户写入的数据进行实时压缩，然后再把它们写入闪存，因此写放大系数可以做到小于 1。举个例子，用户写入 8KB 数据，经压缩后，数据变为 4KB，如果这个时候还没有垃圾回收，那么写放大系数就只有 0.5。

来看看垃圾回收触发后，WAF 是怎么算的。以前面介绍的垃圾回收为例，我们挑选每个 Die 上的块 0 做垃圾回收，如图 6-22 所示。

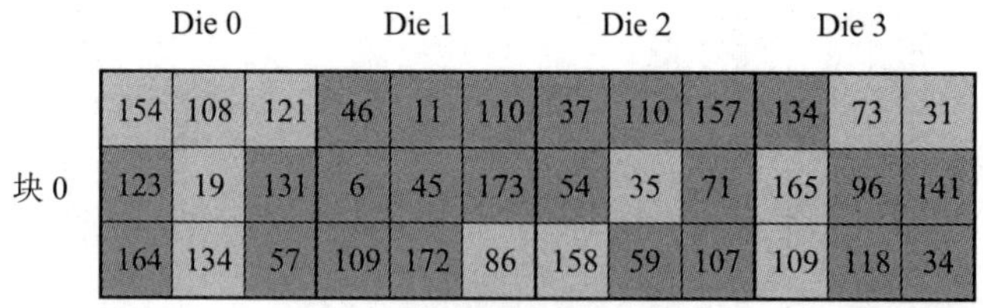

	Die 0			Die 1			Die 2			Die 3	
块 0	154	108	121	46	11	110	37	110	157	134	73	31
	123	19	131	6	45	173	54	35	71	165	96	141
	164	134	57	109	172	86	158	59	107	109	118	34

图 6-22　垃圾回收示例

一共 36 个方块，其中有 12 个有效数据方块，我们做完垃圾回收后，需对这 12 个有效数据方块进行写回操作，如图 6-23 所示。

后面还可以写入 24 个方块的用户数据。因此，为了写这 24 个方块的用户数据，SSD 实际写了 12 个方块的原有效数据，再加上该 24 个方块的用户数据，总共写入 36 个方块的数据，由写放大系数的定义可知：WAF= 36/24 = 1.5。

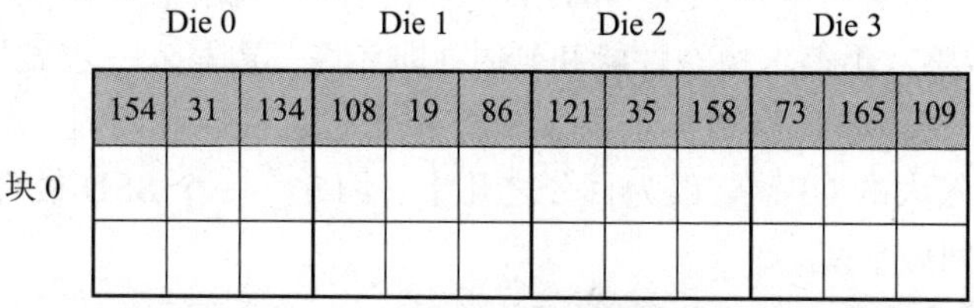

图 6-23　12 个有效数据块写回

写放大系数越大，意味着额外写入闪存的数据越多，这不仅会磨损闪存，减少 SSD 寿命，还会影响 SSD 的性能（写入这些额外数据时会占用底层闪存带宽）。因此，SSD 设计的一个目标是让写放大系数尽量小。减小写放大系数，可以使用前面提到的压缩办法（由主控决定），另外顺序写也可以减小写放大系数（顺序写可遇不可求，取决于用户写入负载）。我们还可以增大 OP 来减小写放大系数（这个可控）。

增大 OP 为什么能减小写放大系数？要说明这个问题，我们要先定义 OP 比例：

$$OP 比例 =（闪存空间 - 用户空间）/ 用户空间$$

还是以前面介绍的 SSD 空间为例。假设 SSD 容量是 180 个小方块，当 OP 是 36 个小方块时，整个 SSD 闪存空间为 216 个小方块，OP 比例是 36/180=20%。那么 180 个小方块的用户数据平均分摊到 216 个小方块时，每个小方块的平均有效数据为 180/216=0.83，一个闪存块上的有效数据为 0.83 × 9=7.5，也就是一个闪存块上面平均有 7.5 个浅色方块和 1.5 个深色方块。为了写 1.5 个用户数据方块，需要写 9 个方块的数据（原有 7.5 个有效数据方块，加 1.5 个用户数据方块），写放大系数是 9/1.5=6。

如果整个 SSD 闪存空间不变，还是 216 个小方块，调整 OP 至 72 个小方块（牺牲用户空间，OP 比例 50%），那么 SSD 容量就变成 144 个小方块。144 个小方块的用户数据平均分摊到 216 个小方块时，每个小方块的平均有效数据为 144/216=0.67，一个闪存块上的有效数据为 0.67 × 9 = 6，也就是一个闪存块上面平均有 6 个浅色方块和 3 个深色方块。为了写 3 个用户数据方块，需要写 9 个方块的数据（原有 6 个有效数据方块，加 3 个用户数据方块），写放大系数是 9/3=3。

当然，上面说的都是最坏情况（垃圾数据平均分摊到每个闪存块上）。现实情况是，垃圾数据更多时候并不是平均分配到每个闪存块上，有些块上的垃圾多，有些块上的垃圾少，实际进行垃圾回收时挑选闪存块，挑的是垃圾多的，因此，实际写放大系数是小于前面的计算值的。

由上可知，OP 越大，写放大系数越小。这很好理解，OP 越大，每个闪存块有效数据越少，垃圾越多，需要重写的数据越少，因此写放大系数越小。同时，垃圾回收需要重写的

数据越少，SSD 满盘写性能也越高。

但 OP 加大，意味着需要提供更多的额外闪存空间，也就意味着 SSD 成本要加大。消费级 SSD 对成本敏感，不追求稳态性能和延时（即允许一边写入一边做垃圾回收），因此它们的 OP 比较小，一般为 7% 左右。企业级 SSD 追求稳态性能和延时，为有好的稳态性能，它们一般都提供比较大的 OP，一般为百分之几十。因此，一个 SSD 最终 OP 的选择，需要在成本和写放大之间做平衡。

OP 比例和写放大系数以及 SSD 耐写度的关系如图 6-24 所示。

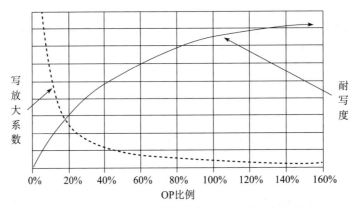

图 6-24　OP 大小对写放大系数和 SSD 耐写度的影响

总结一下：写放大系数越小越好，因为越小意味着对闪存损耗越小，闪存寿命越长；OP 越大越好，OP 越大，意味着写放大系数越小，意味着 SSD 写性能和耐写性越好。

影响写放大系数的因素主要有 **OP 大小**、**用户写入的数据模式**（随机写与顺序写）、**垃圾回收策略**（在挑选源闪存块的时候，如果不是挑选有效数据最少的块作为源闪存块就会增加写放大系数）、**垃圾回收的时机**（理论上，越晚做垃圾回收写放大系数越小，因为闪存块上的一些数据可能被后续用户重写，从而变成垃圾数据，越到后面垃圾数据越多，需要搬移的有效数据越少，写放大系数越小）、**磨损均衡**（为均衡每个闪存块的擦除次数，需要搬移数据）、**数据刷新**（数据搬移会增加写放大系数）、**主控**（带压缩和不带压缩）。

6.3.3　垃圾回收实现

垃圾回收可以简单分三步实现：挑选源闪存块；从源闪存块中找有效数据；把有效数据写入目标闪存块。

挑选源闪存块，一种常见的算法就是挑选有效数据最少的块，这样需要重写的有效数据最少，写放大系数自然最小，回收一个块付出的代价最小。那么，SSD 中有那么多闪存块，怎么迅速找到有效数据最少的那个块呢？这需要固件在写用户数据时做一些额外的工作，即记录和维护每个用户闪存块的有效数据量。用户每往一个新的块上写入一笔用户数据，该闪存块上的有效数据计数就加 1；同时还需要找到这笔数据之前所在的块（如果之前该笔数据曾写入过），由于该笔数据写入到新的块，那么在原闪存块上数据就变为无效状态了，因此原闪存块上的有效数据计数应该减 1。

还是以前面的迷你 SSD 为例：用户没有写入任何数据时，所有闪存块上的有效数据计数都为 0，如表 6-3 所示。

当往块 0 上写入逻辑页 1、2、3、4 后，块 0 有效数据计数就变成 4 了（见图 6-25 和表 6-4）。

表 6-3　初始化每个闪存块的有效数据计数

闪存块	有效数据计数
块 0	0
块 1	0
块 2	0
块 3	0
块 4	0
块 5	0

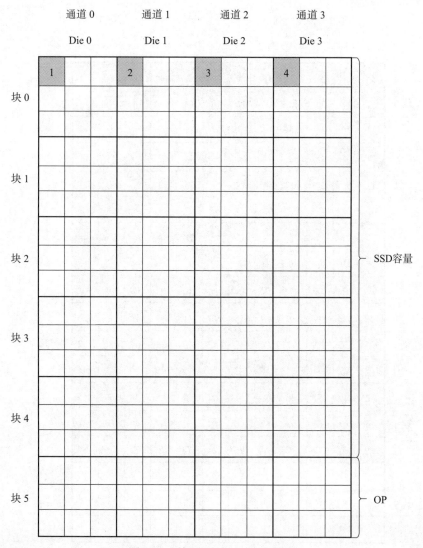

图 6-25　块 0 上写入 4 个逻辑页

表 6-4　块 0 有效数据计数更新为 4

闪存块	有效数据计数
块 0	**4**
块 1	0
块 2	0
块 3	0
块 4	0
块 5	0

用户空间写满的闪存空间如图 6-26 所示。

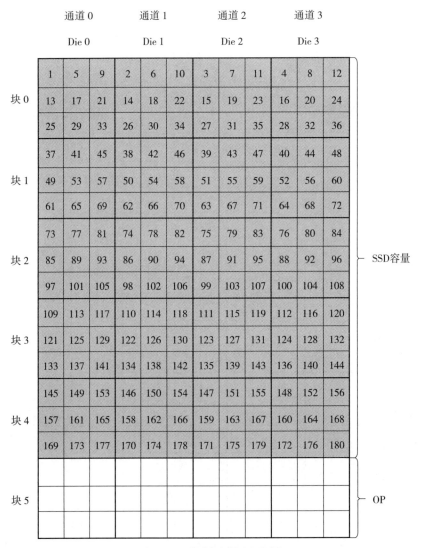

图 6-26　首次写满用户空间

每个闪存块上有效数据计数变成表 6-5 所示。

表 6-5　首次用户空间写满后闪存块上有效数据计数

闪存块	有效数据计数
块 0	36
块 1	36
块 2	36
块 3	36
块 4	36
块 5	0

覆盖写后，闪存空间如图 6-27 所示。

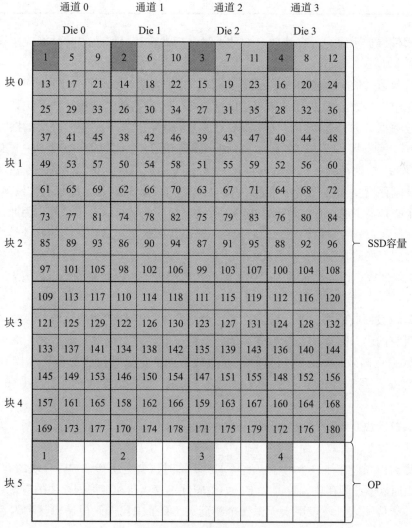

图 6-27　用户空间写满后继续写入 4 个逻辑页

逻辑页 1、2、3、4 写入到块 5，块 5 上的有效数据变成 4，逻辑页 1、2、3、4 在块 0 上变成无效，因此在写入逻辑页 1、2、3、4 的时候，不仅要更新块 5 上的有效数据计数为 4，还应该把块 0 上的有效数据计数相应减 4，如表 6-6 所示。

表 6-6　图 6-27 中 SSD 中闪存块有效数据计数

闪存块	有效数据计数
块 0	**32**
块 1	36
块 2	36
块 3	36
块 4	36
块 5	**4**

由于固件维护了每个闪存块的有效数据量，因此在垃圾回收的时候能快速找到有效数据最少的那个块。

挑选有效数据最少的那个块作为源闪存块，这种算法叫贪婪算法（Greedy Algorithm）。贪婪算法是绝大多数 SSD 采用的策略。除此之外，还有其他的选源算法。比如，除了基于闪存块有效数据量进行选源外，有些 SSD 在挑选源闪存块时，还把闪存块的擦写次数考虑其中，这其实就暗藏了磨损均衡算法（后面会详细介绍）。挑选闪存块时，一方面希望挑有效数据最少的（快速得到一个新的闪存块），另一方面期望挑选擦写次数最小的（分摊擦写次数到每个闪存块），如果两者都具备，那最好不过了。但现实是，擦写次数最小的闪存块，有效数据未必是最少的；有效数据最少的闪存块，擦写次数未必是最小的。因此，需要给有效数据和擦写次数一个权重因子，最后得到一个最优的选择。这种算法的好处是可以把磨损均衡算法做到垃圾回收中来，不需要额外提供磨损均衡算法；缺点是这不是一种只看有效数据策略的垃圾回收，由于挑选的闪存块可能有效数据很多，因此写放大系数更大，垃圾回收性能更差。

上面是垃圾回收的第一步——挑选源闪存块。第二步是把数据从源闪存块读出来。这里也是有讲究的。怎么读才是最有效率的？全部读取还是只读取有效数据？有人认为，只读取有效数据更高效，因为我们只需重写有效数据。这虽然没错，但一个闪存块有那么多逻辑页数据，我们如何知道哪些数据是有效的，哪些是无效的？比如图 6-28 所示的情况。

当我们挑选块 0（有效数据最少）来做垃圾回收时，如果只读取有效数据，固件如何知道块 0 上哪些数据是有效的呢？

前面提到，固件在往一个闪存块上写入逻辑页时，会更新和维护闪存块的有效数据量，因此可以快速挑中源闪存块。更进一步，如果固件不仅更新和维护闪存块的有效数据量，还给闪存块一个位图表，该表用于标识哪个物理页（例子中我们假设逻辑页和闪存页大小一样）是有效的。在做垃圾回收的时候，固件只需根据位图表的信息把有效数据读出，然后重写即可。具体做法跟前面介绍的类似，即固件把一笔逻辑页写入某个闪存块时，该闪存块上对应位置的比特位就置 1。一个闪存块上新增一笔有效数据，就意味着该笔数据所在的前一个闪存上数据变成无效，因此需要把前一个闪存块对应位置的"比特位"置 0。

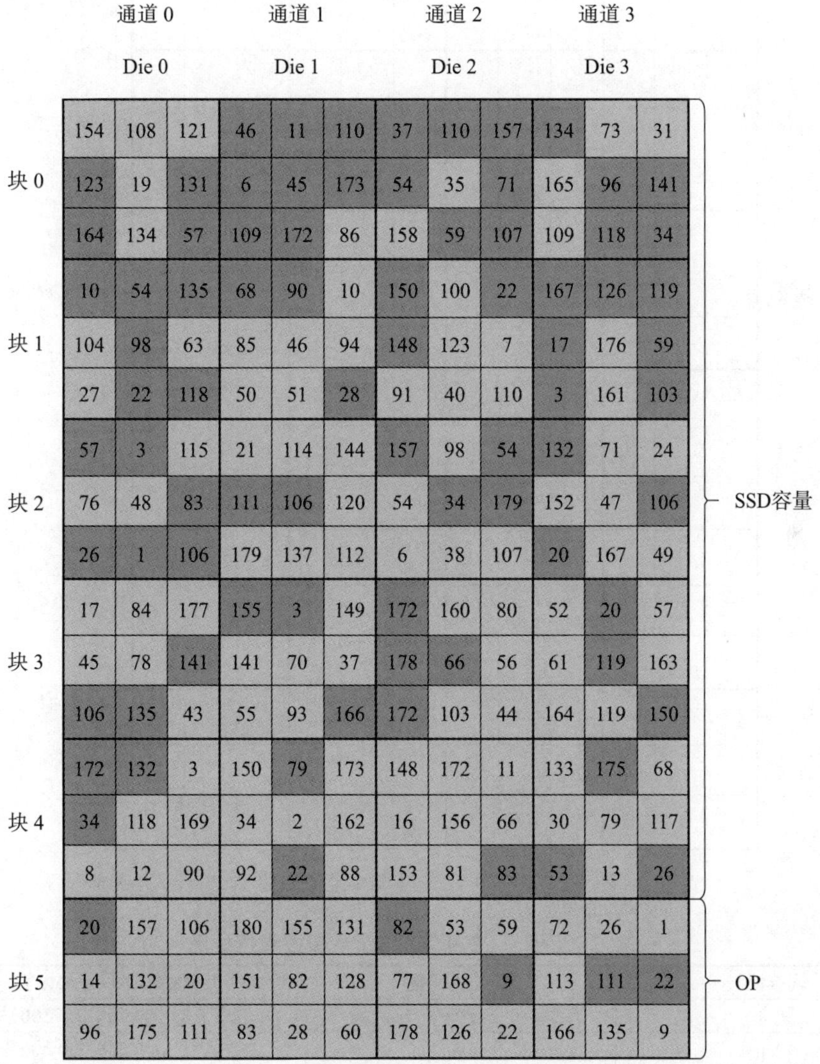

图 6-28　用户数据随机分布在 SSD 内

固件往块 0 写入逻辑页 0、1、2、3 后的情形如图 6-29 所示，有效数据位图表如表 6-7 所示。

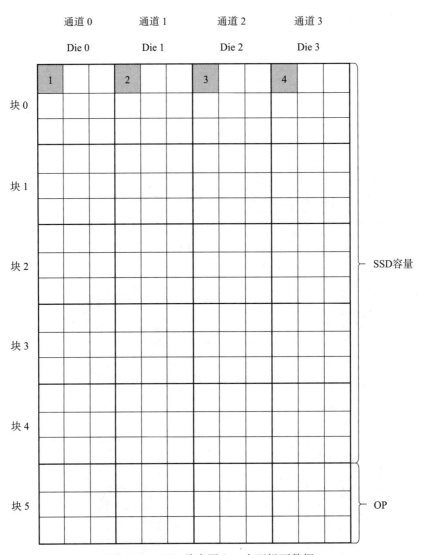

图 6-29　SSD 首次写入 4 个逻辑页数据

表 6-7　图 6-29 所示 SSD 中有效数据位图

闪存块	有效数据量	有效数据位图（块内第一行）
块 0	4	100 100 100 100
块 1	0	000 000 000 000
块 2	0	000 000 000 000
块 3	0	000 000 000 000
块 4	0	000 000 000 000
块 5	0	000 000 000 000

用户空间写满后，整个闪存空间如图 6-30 所示，有效数据位图如表 6-8 所示。

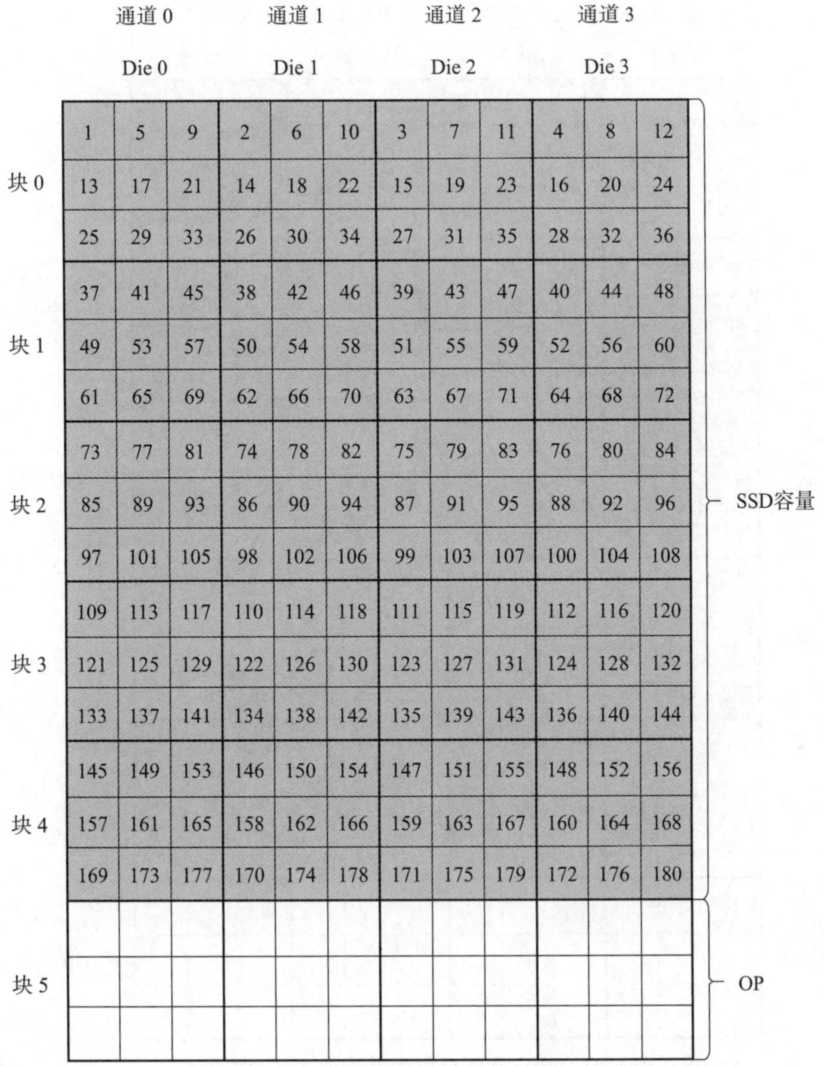

通道 0　　　　通道 1　　　　通道 2　　　　通道 3

Die 0　　　　Die 1　　　　Die 2　　　　Die 3

1	5	9	2	6	10	3	7	11	4	8	12
13	17	21	14	18	22	15	19	23	16	20	24
25	29	33	26	30	34	27	31	35	28	32	36
37	41	45	38	42	46	39	43	47	40	44	48
49	53	57	50	54	58	51	55	59	52	56	60
61	65	69	62	66	70	63	67	71	64	68	72
73	77	81	74	78	82	75	79	83	76	80	84
85	89	93	86	90	94	87	91	95	88	92	96
97	101	105	98	102	106	99	103	107	100	104	108
109	113	117	110	114	118	111	115	119	112	116	120
121	125	129	122	126	130	123	127	131	124	128	132
133	137	141	134	138	142	135	139	143	136	140	144
145	149	153	146	150	154	147	151	155	148	152	156
157	161	165	158	162	166	159	163	167	160	164	168
169	173	177	170	174	178	171	175	179	172	176	180

块 0 ～ 块 4：SSD 容量；块 5：OP

图 6-30　首次 SSD 用户空间写满后

表 6-8　用户空间写满后各个闪存块的位图

闪存块	有效数据量	有效数据位图（块内第一行）
块 0	36	111 111 111 111
块 1	36	111 111 111 111
块 2	36	111 111 111 111
块 3	36	111 111 111 111
块 4	36	111 111 111 111
块 5	0	000 000 000 000

覆盖写后，整个闪存空间如图 6-31 所示。

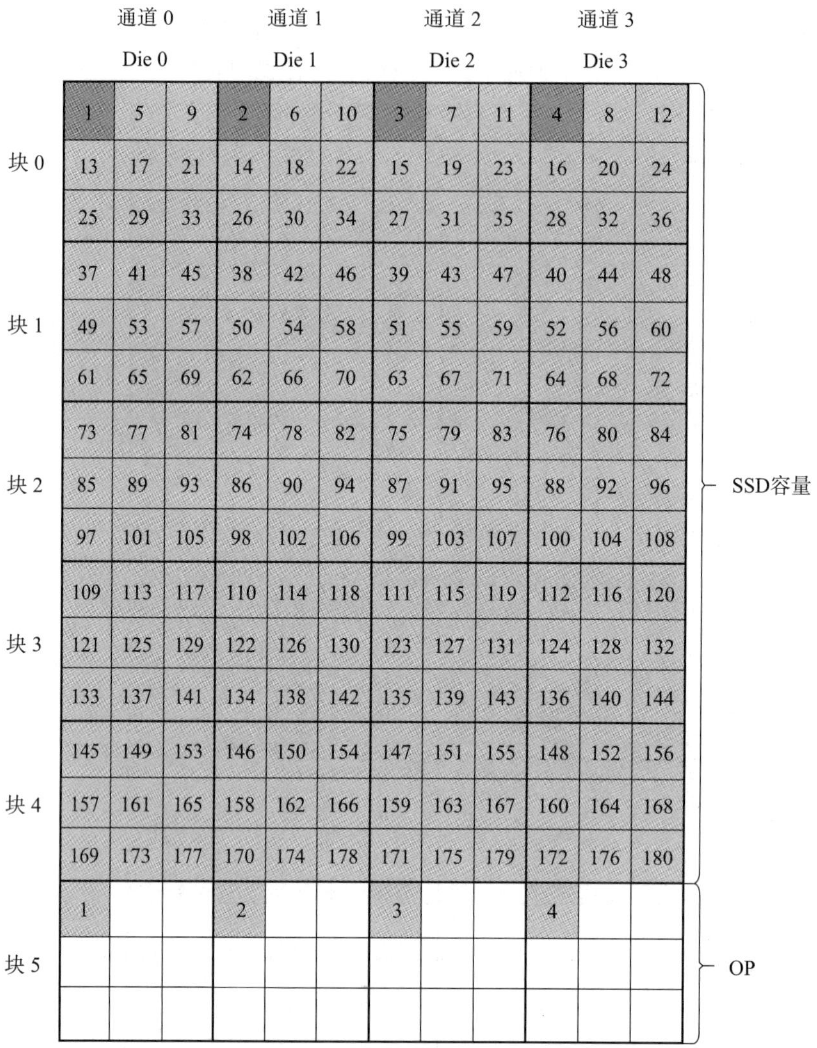

	通道 0 Die 0			通道 1 Die 1			通道 2 Die 2			通道 3 Die 3		
块 0	1	5	9	2	6	10	3	7	11	4	8	12
	13	17	21	14	18	22	15	19	23	16	20	24
	25	29	33	26	30	34	27	31	35	28	32	36
块 1	37	41	45	38	42	46	39	43	47	40	44	48
	49	53	57	50	54	58	51	55	59	52	56	60
	61	65	69	62	66	70	63	67	71	64	68	72
块 2	73	77	81	74	78	82	75	79	83	76	80	84
	85	89	93	86	90	94	87	91	95	88	92	96
	97	101	105	98	102	106	99	103	107	100	104	108
块 3	109	113	117	110	114	118	111	115	119	112	116	120
	121	125	129	122	126	130	123	127	131	124	128	132
	133	137	141	134	138	142	135	139	143	136	140	144
块 4	145	149	153	146	150	154	147	151	155	148	152	156
	157	161	165	158	162	166	159	163	167	160	164	168
	169	173	177	170	174	178	171	175	179	172	176	180
块 5	1			2			3			4		

（SSD容量：块 0～块 4；OP：块 5）

图 6-31　用户空间写满后继续写入 4 个逻辑页

在写入逻辑页 1、2、3、4 的时候，不仅要更新块 5 上的位图，还应该把块 0（逻辑页 1、2、3、4 之前所在的闪存块）上对应的位置 0，如表 6-9 所示。

表 6-9　覆盖写后各个闪存块的位图

闪存块	有效数据量	有效数据位图（块内第一行）
块 0	32	011 011 011 011
块 1	36	111 111 111 111
块 2	36	111 111 111 111
块 3	36	111 111 111 111
块 4	36	111 111 111 111
块 5	4	100 100 100 100

　　由于有了闪存块上有效数据的位图，在进行垃圾回收的时候，固件就能准确定位并读取有效数据。位图存在的好处就是使垃圾回收更高效，但固件需要付出额外的代价去维护每个闪存块的位图。在上述例子中，每个闪存块（这里指的是所有 Die 上由同一个闪存块号组成的闪存块集合）只有 36 个逻辑页，但在实际中，每个闪存块有可能存在一两千个闪存页，每个闪存页可以容纳若干个逻辑页，因此，每个闪存块的位图需要占用不小的存储空间，这对带 DRAM 的 SSD 来说可能不是问题，但没有 DRAM 的 SSD 因为没有那么多的 SRAM 来让你存储所有闪存块的位图，所以就会有问题了。对使用 DRAM-less 的 SSD 来说，由于 SRAM 受限，只能加载部分闪存块的位图到 SRAM 中，因此还需要进行位图的换入换出（类似映射表的换入换出）操作，这会给固件带来不小的开销，实现起来没有想象中那么简单。

　　如果没有每个闪存块的有效数据位图，SSD 固件做垃圾回收的时候，可以选择读取所有数据。这时需要解决一个问题：这些数据中哪些是有效的呢？也就是哪些数据需要重写呢？

　　SSD 在将用户数据写入闪存的时候，会额外打包一些数据，我们称其为元数据（Meta Data），它记录着该笔用户数据的相关信息，比如该笔数据对应的逻辑地址、时间戳（Timestamp，即数据写入闪存的时间，简称 TS）等。因此，用户数据在闪存中是像图 6-32 所示这样存储的。

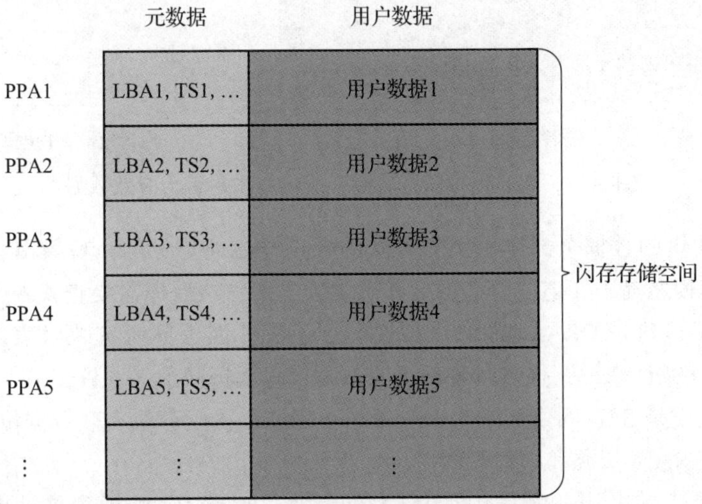

图 6-32　元数据和用户数据存储的例子

　　垃圾回收的时候，SSD 固件把数据读取出来，就获得了与该笔数据对应的 LBA（Logical Block Address，逻辑地址），要判断该数据是否无效，需要查找映射表，获得与该 LBA 对应的物理地址，如果该地址与该数据在该闪存块上的地址一致，就说明是有效的，否则该数据就是无效的。

　　以图 6-33 为例，我们在某个源闪存块位置 PPA（Physical Page Address，物理地址）*x* 上读取数据，获得元数据，从而得到存在该位置的逻辑地址为 LBA *x*，然后我们用 LBA *x*

查找逻辑地址到物理地址的映射表，得知最新数据存储在位置 PPA y 上（提示：存储在映射表的物理地址是指向该逻辑块的最新数据位置）。然后我们检查 PPA x 和 PPA y 是否一致，如果一致，说明存储在 PPA x 位置上的是与 LBA x 对应的最新数据，即为有效数据；否则为无效数据，垃圾回收的时候无需搬移。

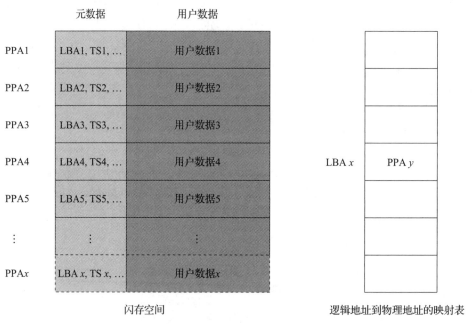

图 6-33　通过查找映射表判断所读数据是否为有效数据

把源闪存块里的数据全部读出来的方式的缺点是显而易见的：垃圾回收做得慢。不管数据是否有效（读之前不知道是否有效）都需要读出来，然后还需要查找映射表来决定该笔数据是否有效。这对带 DRAM 的 SSD 来说问题不大，因为其所有映射表都在 DRAM 中，但对 DRAM-less SSD 来说，很多时候都需要从闪存里面把映射关系读出来，这是灾难性的。这种方式的好处就是 SSD 固件实现起来简单，不需要维护闪存块有效数据位图等额外内容，也不需要额外的 RAM 资源和固件开销。

还有一个折中的办法，就是在 L2P（Logical to Physical）映射表外，再维护一张 P2L（Physical to Logical）表。该表记录了每个闪存块写入的 LBA，该 P2L 数据写在该闪存块某个位置（或单独存储）。当回收该闪存块时，首先把该 P2L 表加载上来，然后根据上面的 LBA，依次查找映射表以决定该数据是否有效。有效数据会被读上来，然后重新写入。采用该方法，不需要把该闪存块上的所有数据一股脑儿地读上来，但还是需要查找映射表以决定数据是否有效。因此，该方法在性能上介于前面两种方法之间，在资源和固件开销上也是处于中间的。

垃圾回收最后一步就是重写有效数据，即把读出来的有效数据写入目标闪存块，重写这个步骤相对简单，这里不再展开。

6.3.4　垃圾回收时机

当用户写入数据时，如果可用的闪存块小于一定阈值，这个时候就需要做垃圾回收，以腾出空间供用户写。这个时候做的垃圾回收为前台垃圾回收（Foreground GC）。这是被动方式的，是由于没有足够多可用的闪存块才做的垃圾回收。与之相对应的是后台垃圾回收（Background GC），它是在 SSD 空闲的时候，SSD 主动做的垃圾回收，这样在用户写入的时候就有充裕的可用闪存块，不需要临时抱佛脚（去做前台垃圾回收），从而改善用户写入性能。但是，出于功耗考虑，有些 SSD 可能不支持后台垃圾回收，当 SSD 空闲后，直接进入省电模式，或者做少量的垃圾回收，然后进入省电模式。

上述两种垃圾回收是由 SSD 自己控制的。事实上，有些 SSD 还支持由主机控制做垃圾回收。

2015 年 8 月 15 日，OCZ 发布了一款采用 SATA 接口的企业级 SSD——Saber 1000 HMS，它是首款具有主机管理 SSD（Host Managed SSD，HMS）功能的 SSD。所谓 HMS，就是主机通过应用软件获取 SSD 的运行状态，然后控制 SSD 的一些行为。

在 SSD 内部运行着一些后台任务，比如垃圾回收、记录 SSD 运行日志等。这些后台任务的执行会影响 SSD 的性能，并且使 SSD 的延时不可预测。HMS 技术使主机能控制 SSD 的后台任务，比如控制后台任务执行或者不执行，什么时候执行，什么时候不执行。

企业级的 SSD 相比消费级 SSD，对稳定的性能和延时更加关注。后台任务的存在，使得 SSD 性能和延时很难保持一致。HMS 技术的出现，使得整个系统具有更稳定的性能和可预测的延时，如图 6-34 所示。

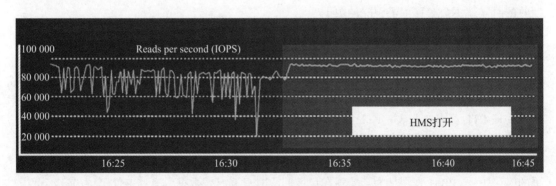

图 6-34　HMS 打开后系统性能平稳

6.4　解除映射关系

对一个文件 File A 来说，用户看到的是文件，操作系统会为文件分配逻辑块，最终文件会写入 SSD 的闪存空间。当用户删除文件 File A 时，其实只是切断用户与操作系统的联系，即用户访问不到这些地址空间；而在 SSD 内部，逻辑页与物理页的映射关系还在，文件数据在闪存当中还是有效的，如图 6-35 所示。

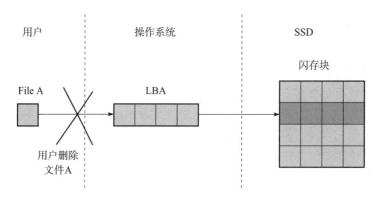

图 6-35　用户删除文件示例

　　用户删除文件的时候，如果主机不告诉 SSD，SSD 就不知道那些被删除的数据页是无效的，必须等到主机要求在相同的地方（指用户空间，逻辑空间）写入数据时才知道那些数据是无效的，才可以放心地删除。由于 SSD 不知道这些删除的数据已经无效，在做垃圾回收的时候，仍把它当作有效数据进行数据的搬移，这不仅影响垃圾回收的性能，还影响 SSD 的寿命（写放大系数增大）。

　　用户删除文件时，系统需要发出一些特殊命令来及时告诉 SSD 哪些数据已经不需要了。在 SSD 主机协议中有相应的命令来支持该功能，比如 ATA 中的 Data Set Management（Trim 命令）、SCSI 里面的 UNMAP 命令等。一旦 SSD 知道哪些数据是用户不需要的，在做垃圾回收的时候就不会搬移主机删除的数据。

　　当收到诸如 Trim 命令时，SSD 要做些什么呢？

　　举个例子。主机通过 Trim 命令告诉 SSD：逻辑页 0 ～ 7 数据删除了，你可以把它们当垃圾处理了。收到 Trim 命令之前，逻辑页 0 ～ 7 有以下映射，它们分别写在物理地址 PBA a ～ h 上，如图 6-36 所示。

　　一般 FTL 都有 3 张表：FTL 映射表记录与每个 LBA 对应的物理页位置；Valid Page Bit Map（VPBM）表记录每个物理块上哪个页上的数据是有效数据；Valid Page Count（VPC）表则记录每个物理块上的有效页个数。通常垃圾回收会使用 VPC 表进行排序来回收最少有效页的闪存块；VPBM 表则是为了实现在垃圾回收时只读有效数据，有些 FTL 会省略这个表。

　　如图 6-36 所示，FTL 的映射往往是非常分散的，连续的逻辑页对应地址会在很多不同的闪存块上。SSD 收到 Trim 命令后，为了实现数据删除，固件要按顺序执行图 6-37 所示步骤 1 ～ 4。

　　Trim 的基本实现逻辑就是这样，不同的 SSD 在实现时可能略有不同，比如如果没有有效数据位图，就没有图 6-37 所示步骤 2。需要说明的是，图 6-37 所示步骤 5 ～ 7 是处理 Trim 命令后完成垃圾回收的操作，它们不是 Trim 命令处理的部分。Trim 命令是不会触发垃圾回收的。

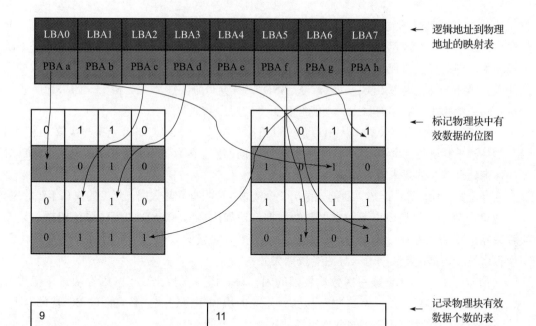

LBA0	LBA1	LBA2	LBA3	LBA4	LBA5	LBA6	LBA7
PBA a	PBA b	PBA c	PBA d	PBA e	PBA f	PBA g	PBA h

← 逻辑地址到物理地址的映射表

0	1	1	0
1	0	1	0
0	1	1	0
0	1	1	1

1	0	1	1
0	1
1	1	1	1
0	1	0	1

← 标记物理块中有效数据的位图

9	11

← 记录物理块有效数据个数的表

图 6-36　FTL 中的 3 张表

LBA0	LBA1	LBA2	LBA3	LBA4	LBA5	LBA6	LBA7
Zero	Zero	Zero	Zero	Zero	Zero	Zero	Zero

步骤1　清除L2P表
步骤2　清除VPBM上对应的位
步骤3　更新VPC
步骤4　重复以上3步直到完成每一个LBA
步骤5　根据新的VPC重新计算GC的优先级
步骤6　回收最少VPC的块
步骤7　擦除全是垃圾的块

0	1	1	0
0	0	1	0
0	0	0	0
0	1	1	0

1	0	1	0
1	0	0	0
1	1	1	1
0	0	0	0

5	7

图 6-37　FTL 处理 Trim 命令的流程

6.5　磨损均衡

磨损均衡，就是让 SSD 中的每个闪存块的磨损（擦除）都保持均衡。

为什么需要做磨损均衡？原因是闪存都是有寿命的，即闪存块有擦写次数限制。一个闪存块，如果擦写次数超过一定的值，那么该块就变得不可靠了，甚至变成坏块。如果不做磨损均衡，则有可能出现某些闪存块被频繁擦写，这些闪存块很容易寿终正寝。随着数据不断写入，越来越多的坏块出现，最后导致 SSD 在保质期前就挂掉了。相反，如果让所有闪存块一起来承担用户数据的写入，则能经受更多的用户数据写入。

一个闪存块寿命有多长呢？从 SLC 的十几万擦写次数，到 MLC 的几千擦写次数，然后到 TLC 的一两千甚至几百次擦写，随着闪存工艺不断向前推，闪存的寿命是越来越短——SSD 对磨损均衡处理算法的要求越来越高。

在介绍磨损均衡算法之前，我们先抛出几个概念：冷数据和热数据，年老的块和年轻的块。

所谓冷数据，就是用户不经常更新的数据，比如用户写入 SSD 的操作系统数据、只读文件数据、视频文件等；相反，热数据就是用户更新频繁的数据。频繁更新会在 SSD 内部产生很多垃圾数据（新数据写入导致老数据失效）。

所谓年老的块，就是擦写次数比较多的闪存块。擦写次数比较少的闪存块，年纪相对小，我们称其为年轻的块。SSD 很容易区分年老的块和年轻的块，看它们的 EC 就可以了，EC 大的就是年老的块，EC 小的就是年轻的块。

SSD 一般有动态磨损均衡（Dynamic Wear Leveling）和静态磨损均衡（Static Wear Leveling）两种算法。动态磨损均衡算法基本思想是把热数据写到年轻的块上；静态磨损均衡算法基本思想是把冷数据写到年老的块上，即把冷数据搬到擦写次数比较多的闪存块上。

动态磨损均衡可能相对好理解：在写入新数据时，挑选年轻力壮的闪存块，这样就避免了一直往年长的闪存块上写入数据，闪存块的擦写次数能保持一个比较均衡的值。

下面重点介绍静态磨损均衡。

为什么需要静态磨损均衡？由于冷数据不经常更新，所以将它们写在一个或者几个闪存块上后，由于所在的闪存块上有效数据比较多，很少被挑来做垃圾回收，因此这些闪存块擦写次数增加很慢；相反，对别的闪存块，由于经常拿来写入用户数据，擦写次数增加很快。这样就会导致闪存块的擦写不均衡，这不是我们期望的。因此，固件需要进行干预——做静态磨损均衡：把冷数据搬到擦写次数比较大的闪存块上，让那些劳苦功高的年老闪存块也休息休息，腾出来的年轻闪存块替代年老的闪存块承受用户数据的写入。

固件一般使用垃圾回收机制来做静态磨损均衡，只不过它挑选源闪存块时，不是挑选有效数据最小的闪存块，而是挑选冷数据所在的闪存块。其他处理方法和垃圾回收差不多，即读取源闪存块上的有效数据，然后把它们写到擦写次数相对大的闪存块上。

当然，也可以采用复制的方式，即把冷数据从年轻的块复制到年老的块。和做垃圾回收方式相比，复制方式不管数据是否有效，都原封不动地搬到目标块。这样做的好处是实现简单，不用走垃圾回收流程，不用更新映射关系，因为数据在块中相对位置是固定的，所以只需做简单的块映射；不好的地方是多搬了垃圾数据。但对冷数据所在块来说，垃圾不会太多（否则，它之前就被挑中去做垃圾回收了），这个代价是可以接受的。

6.6　掉电恢复

掉电分两种，一种是正常掉电，另一种是异常掉电。不管是哪种掉电，重新上电后，SSD 都需要能从掉电中恢复过来，继续正常的工作。

先说正常掉电。在掉电前，主机会通过命令通知 SSD，比如 SATA 中的 Idle Immediately，收到该命令后，SSD 主要做以下事情：

❑ 把写缓存中的用户数据刷入闪存；
❑ 把映射表刷入闪存；
❑ 把闪存的块信息写入闪存（比如当前写的是哪个闪存块，写到该闪存块的哪个位置，哪些闪存块已经写过，哪些闪存块是无效的，等等）；
❑ 把 SSD 的其他信息写入闪存。

设备把掉电前该做的事情做好后，才会反馈给主机"可以断电了"的信息。主机收到命令响应后，才会真正停止对 SSD 的供电。正常掉电不会导致数据的丢失，重新上电后，SSD 只需把掉电前保存的相关信息（比如映射数据、闪存块信息等）重新加载，就又能接着掉电前的状态继续工作了。

下面介绍异常断电。所谓异常掉电，就是 SSD 在没有收到主机的掉电通知时就被断电；或者收到主机的掉电通知，但还没有来得及处理上面提到的那些事情，就被断电了。异常掉电可能导致数据的丢失，比如缓存在主机中的数据来不及写到闪存，掉电导致这部分数据丢失；闪存正在写的数据，掉电后大概率会丢失；还有，根据闪存特性，如果掉电发生在写 MLC 的 UP，可能导致与其对应的 LP 数据遭到破坏，这意味着之前写入闪存的数据也可能丢失。异常掉电恢复的目的一方面是尽可能恢复用户数据，把损失降到最低；另一方面是让 SSD 经历异常掉电后还能正常工作。

本节主要介绍异常掉电处理。

SSD 为什么怕异常掉电？它不是用闪存做存储介质吗？它不是掉电数据不丢失吗？没错。不过，一个 SSD，除了有掉电数据不丢失的闪存，还有掉电数据丢失的 RAM（SRAM 或者 DRAM）。闪存的作用是存储数据，而 RAM 主要在 SSD 工作时缓存用户数据和存放映射表（Map Table，逻辑地址映射闪存物理地址）。所以一旦掉电，RAM 的数据就会丢失。

为防止异常掉电数据丢失，一个简单的设计就是在 SSD 上面放电容。SSD 一旦检测到掉电，就让电容开始放电来给 SSD 供电，然后把 RAM 中的数据刷到闪存中，从而避免数据丢失。企业级的 SSD 一般都带有电容。带电容的 SSD，还配有异常掉电处理模块，因为电容不能绝对保证 SSD 在掉电前把所有的信息刷入闪存。

还有一个比较前卫的想法，就是把 RAM 这种易失性的存储介质，用非易失性存储介质来替代，但要求这种非易失性存储介质性能上接近 RAM。这样整个 SSD 就都是非易失性的了，也就不用担心 SSD 异常掉电了。英特尔开发的 3D XPoint，可能就将此作为一个选择。3D XPoint 兼有闪存非易失性和内存快速访问的特点。但这只能保护缓存在 3D XPoint 中的数据，对那些正在往闪存中写的数据，还是无法提供保护。

RAM 中缓存的用户数据，主机自认为把它们写到 SSD 了（对 Cache on 或非 FUA 命令，数据写到 SSD 缓存，SSD 就会返回状态给主机），但 SSD 只是把它们缓存在 RAM 中，并没有写到闪存。异常掉电时，如果 SSD 上没有电容，也没有使用其他"黑科技"，这部分数据就会丢失。

掉电还会导致 RAM 中映射表的丢失。映射表数据很重要，对一个逻辑地址来说，如果 SSD 找不到对应的物理地址，它就无法从闪存上读取数据并返回给主机；如果映射表中的数据不是最新的，旧的物理地址对应着老的数据，SSD 就会错误地把老数据返回给主机。

和 RAM 中用户数据丢失不同，RAM 中映射表数据是有办法恢复过来的。对 SSD 异常掉电的恢复主要就是对映射表的恢复重建。

那么，怎么重建映射表呢？下面介绍一种重构策略（不同的 SSD 重构策略略有不同，但大同小异）。前面提到，SSD 在写用户数据到闪存的时候，会额外打包元数据。以图 6-38 所示为例，如果我们读取物理地址 PPA x，那么就能读取到该位置上的元数据和用户数据，而元数据是有逻辑地址 LBA x 的，因此，我们就能重构映射关系 LBA $x \rightarrow$ PPA x。映射表的恢复原理其实很简单，只要扫描整个闪存空间，就能获得所有的映射关系，最终完成整个映射表的重构。

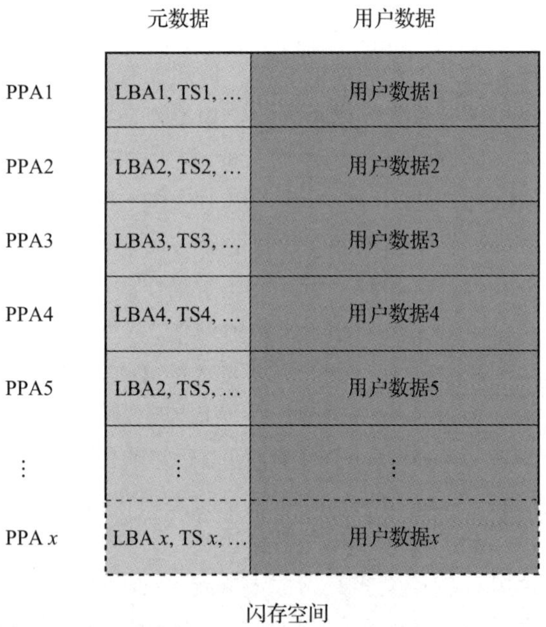

重建映射表的原理简单，但实现起来有些问题需要重点考虑，比如如何解决数据新旧问题和重构速度问题等。

同一逻辑地址，用户可能写过若干次，在闪存空间，与该逻辑地址对应的数据有很多是旧数据，只有一笔是新数据，那么如何甄别哪些数据是旧的，哪个数据是最新的呢？如何让逻辑地址映射到最新数据所在的物理地址呢？以图 6-38 所示为例，SSD 起初把逻辑地址 LBA 2 的数据写在物理地址 PPA 2 上；后面，用户改写了这个数据，SSD 把它

元数据	用户数据
PPA1 LBA1, TS1, ...	用户数据1
PPA2 LBA2, TS2, ...	用户数据2
PPA3 LBA3, TS3, ...	用户数据3
PPA4 LBA4, TS4, ...	用户数据4
PPA5 LBA2, TS5, ...	用户数据5
⋮ ⋮	⋮
PPA x LBA x, TS x, ...	用户数据x

闪存空间

图 6-38 元数据和用户数据存储示例

写到了物理地址 PPA 5 上。我们知道，用户最后写入的数据总是最新的。在这里，TS 帮上大忙了，哪个 TS 值大，就表示哪个数据是最后写入的。SSD 可以依赖元数据中的 TS 来区分新旧数据。在图 6-38 所示情况中，在全盘扫描时，假设扫描顺序是从物理地址 PPA 1 到物理地址 PPA x（这些数据最开始写入时未必就是这个顺序），对逻辑地址 LBA 2 来说，开

始会产生映射关系 LBA 2 → PPA 2，但扫描到 PPA 5 时又会产生映射关系 LBA 2 → PPA 5。用哪个呢？这个时候就要比较 TS 了，如果 TS5 比 TS2 新，则用 LBA 2 → PPA 5 这个映射关系，否则用 LBA 2 → PPA 2 这个映射关系。

全盘扫描有一个问题，就是映射表恢复很慢，所耗的时间与 SSD 容量成正比。现在 SSD 容量都到 TB 级别了，用全盘扫描映射方式重构映射表需要花费几分钟甚至几十分钟，这在实际使用中，用户是不能接受的。那 SSD 内部怎么快速恢复映射表呢？

一种办法就是定期把 SSD 中 RAM 的数据（包括映射表和缓存的用户数据）和 SSD 相关的状态信息（诸如闪存块擦写次数，闪存块读次数，闪存块其他信息等）写入闪存。这与正常掉电前 SSD 要做的事情类似，这个操作被称为做 Checkpoint（检查点，但笔者觉得翻译成"快照"更合适点），如图 6-39 所示。

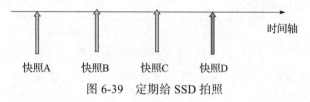

图 6-39　定期给 SSD 拍照

假设有图 6-39 所示情况，在做完快照 C 后，做下一个快照 D 之前，SSD 在 X 处发生了异常掉电，如图 6-40 所示。

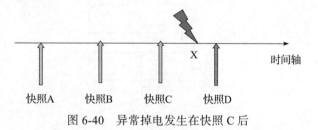

图 6-40　异常掉电发生在快照 C 后

重上电，SSD 可以从闪存中读取最新的快照信息，即快照 C。由于是异常掉电，从快照 C 处到 X 处新产生的映射关系丢失。由于之前绝大多数的映射关系都被快照 C 保存，因此需要重建的映射关系仅仅是快照 C 之后产生的映射关系，恢复这部分关系，仅需扫描局部的物理空间，因此相对全盘扫描，映射表重建速度大大加快。

6.7　坏块管理

坏块主要来自如下两个方面。

❑ 出厂坏块：闪存从工厂出来，就或多或少有一些坏块。

❑ 增长坏块：随着闪存的使用，一些初期好块也会变成坏块。变坏的原因可能是闪存缺陷，也可能是擦写磨损过多。

6.7.1 坏块鉴别

闪存厂商在闪存出厂时，会对出厂坏块做特殊标记。一般来说，刚出厂的闪存都被擦除，里面的数据全是 0xFF。但是对坏块来说，闪存厂商会打上不同的标记。拿 Toshiba 某型号闪存来说，它是这样标记出厂坏块的，如图 6-41 所示。

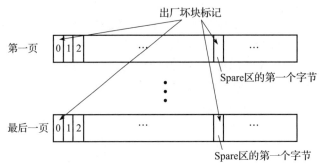

图 6-41 出厂坏块标记示意图

它会在出厂坏块的第一个闪存页和最后一个闪存页的数据区第一个字节和 Spare 区第一个字节写入一个非 0xFF 的值。

用户在使用闪存的时候，首先应该按照闪存规格书的建议扫描所有的闪存块，把坏块剔除出来，建立一张坏块表。Toshiba 建议按照图 6-42 所示流程来建立坏块表。

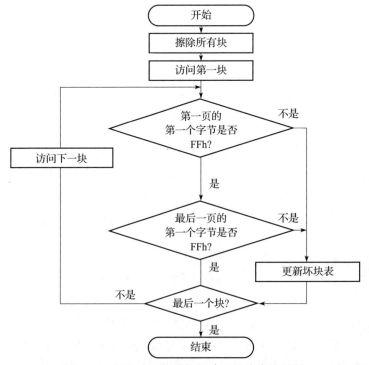

图 6-42 根据出厂坏块标记建立坏块表流程图

还有些闪存厂商，它会把坏块信息存储在闪存内部某个地方（掉电不丢失），用户在建立坏块表的时候，没有必要扫描所有的闪存块来识别坏块，只需读取闪存的那个特定区域。

增长坏块的出现会通过读写擦等操作反映出来。读到 UECC（Uncorrectable Error Correction Code，数据没有办法通过 ECC 纠错恢复）、擦除失败、写失败，这些都是一个增长坏块出现的症状。用户应该把增长坏块加入坏块表，不再使用。

6.7.2　坏块管理策略

一般有两种策略管理坏块——略过（Skip）策略和替换（Replace）策略。

1. 略过策略

用户根据建立的坏块表，在写闪存的时候，一旦遇到表中登记的坏块就跨过它，写下一个闪存块，这就是略过策略。

SSD 的存储空间是闪存阵列，一般有几个并行通道，每个通道上都连接了若干个闪存。以图 6-43 所示为例，该 SSD 有 4 个通道，每个通道上挂了一个闪存 Die。SSD 向 4 个 Die 依次写入数据。假设 Die 1 上有一个块 B 是坏块，若固件采取坏块略过策略，则写完块 A 后便会跨过块 B 将数据写到 Die 2 的块 C 上。

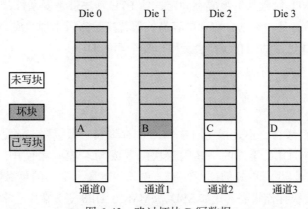

图 6-43　略过坏块 B 写数据

2. 替换策略

与略过策略不同，当某个 Die 上发现坏块，替换策略会将坏块用该 Die 上的某个好块替换。也就是说，在替换策略下，用户在写数据的时候不是跨过这个 Die，而是写到替换块上。

还是以上面的情况为例：用户写入数据时碰到块 B 这个坏块，它不会过 Die 1 不写，而是写入块 B 的替换者块 B' 上。

采用替换策略，SSD 内部需维护一张重映射表，即坏块到替换块的映射表，比如

图 6-44 所示的 B → B'。当 SSD需要访问块 B 时，它需要查找重映射表，确定实际访问的闪存块 B'。

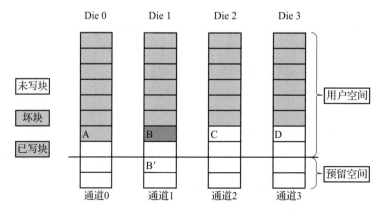

图 6-44   用好块替换坏块后写入

我们看看两种策略的优劣。略过策略的劣势在于会使性能变得不稳定，以 4 个 Die 为例，略过策略可能导致 Die 的并行度在 1 个和 4 个 Die 之间，而替换策略并行度总是 4 个 Die，毋庸置疑，前者性能表现不如后者；略过策略会导致超级块（每个 Die 上取具有相同块编号组成的一个 FTL 管理块）组成不固定，给 FTL 算法带来复杂性，而替换策略能保证每个超级块的组成始终是一致的，实现更容易；但替换策略有木桶效应，如果某个 Die 质量比较差，则整个 SSD 可用的闪存块都会受限于那个坏的 Die。

6.8 SLC 缓存

这里所说的 SLC 缓存，不是指专门拿 SLC 闪存颗粒来做缓存，而是通过闪存模式的转变，把高容量 TLC 或 QLC 里面的一些闪存块配置成 SLC 模式来使用。相较 TLC 或 QLC 等高容量闪存，SLC 闪存有更好的读写性能、更长的寿命和更高的可靠性。由于 SLC 具有性能优势，因此消费级存储设备（比如 SSD，eMMC，UFS 等）常用它来作缓存，以提升设备的突发写入性能——这是固态存储设备使用 SLC 缓存的主要出发点。

值得一提的是，对企业级 SSD 来说，它一般不采用 SLC 缓存机制。因为企业级 SSD 追求的是可预测的性能和延时，它不希望速度忽快（写 SLC）忽慢（写 TLC 或 QLC）。

6.8.1 SLC 缓存写入策略和分类

SLC 缓存写入策略有如下几种。

❏ 强制 SLC 写入：用户数据必须先写入 SLC 缓存。如果没有 SLC 缓存，则进行垃圾回收腾出 SLC 空间，然后再把用户数据写入 SLC 缓存。

❑ **非强制 SLC 写入**：用户写入数据时，如果有 SLC 缓存，则写入 SLC 闪存块，否则直接写入 TLC 或 QLC 闪存块。

强制 SLC 写入的背景是，对一些较早的闪存，由于不是采用一次性编程写入方式（one-pass programming），比如 MLC 会先写入 LP，然后再写对应的 UP。如果在写 UP 的时候发生异常掉电，则可能导致之前已经写好数据的 LP 发生数据丢失，这就是常说的数据带坏问题。而使用强制 SLC 写入方式则能避免这种情况的发生。首先，用户数据直接写入 SLC 闪存，不存在谁把谁带坏的问题；其次，如果数据在从 SLC 迁移到 TLC 或 QLC 的过程中发生掉电，那么即使数据被带坏，也是能从源 SLC 数据块中恢复的。但由于现在的闪存基本都采用一次性编程写入方式，上述的闪存页带坏问题已经不存在，因此没有必要再强制 SLC 写入了。

根据 SLC 闪存块的来源的不同，SLC 缓存可分为如下 3 种。

❑ **静态 SLC 缓存**：拿出一些闪存块专门用作 SLC 缓存。在 SSD 的整个生命周期内，这些块都用作 SLC 缓存，因此能享受 SLC 闪存块的擦写次数。但由于这些 SLC 闪存块不能配置回 TLC 或 QLC 模式，因此会导致存储容量减少，或者实际预留空间（OP）减少。

❑ **动态 SLC 缓存**：所有的 TLC 或 QLC 块都有可能被选中作为 SLC 缓存。在整个 SSD 的生命周期内，同一个闪存块可能在某个擦除周期作为 SLC 缓存，而在另外一个擦除周期用作 TLC 或 QLC，这些闪存块的寿命和 TLC（或 QLC）相当。但由于这些闪存块可以在 SLC 模式和 TLC（或 QLC）模式之间按需转换，因此可以做到当 SSD 写入数据量少时，分配更多的 SLC 缓存，从而提供更高的 SLC 写入性能；而当 SSD 写入数据量多时，可以动态调小 SLC 缓存，以保证 SSD 实际可用容量或者预留空间。这种方案可以做到在性能和容量上保持平衡。

❑ **混合 SLC 缓存**：既有专门的 SLC 缓存，还能把其他通用闪存块拿来作为 SLC 缓存。比如先静态分配一部分 SLC 缓存，这部分 SLC 缓存不随用户写入的数据量变化而发生改变。另一部分是动态分配 SLC 缓存，这部分 SLC 缓存随用户数据量变化而动态调整。

6.8.2　读写过程

本小节将详细介绍 SLC 缓存的读写过程。

1. 读过程

由于使用了 SLC 缓存，SSD 在正常使用过程中必然会使数据分布在两种介质中，从而导致数据从不同介质中被访问。我们希望能够让数据更多地从 SLC 中读取（SLC 读取性能更好）。然而 SLC 缓存的大小毕竟有限，这就势必使得更多的数据实际存放在高容量介质（如 TLC 或 QLC 闪存）中。这就要求数据的特征被识别，即将频繁访问的数据（也就是热数据）放入 SLC 缓存中，而将不频繁访问的数据（也就是冷数据）放入高容量介质中。这样虽然 SLC 缓存存放较少的数据，但也可以保证更多的热数据是从它里边读取的，从而加速数据访问，提升用户体验。

如何识别一个数据是热数据还是冷数据呢？最经典的方法是维护一个最近最少使用（LRU）链表。即当数据访问时，以页为粒度在链表的队头中添加节点，节点中记录页面的逻辑地址；若数据在链表中，则将该节点移动到队头。当链表的节点数超过最大可容纳的数量，则从队尾中删除节点。当需要判断数据是冷数据还是热数据时，只要看其对应的逻辑地址是否在 LRU 链表中就可以了：若在，则为热数据，否则为冷数据。

另一个更为简单的方法是根据请求的大小进行判断。小请求往往是日志数据、元数据等关键数据，且经常被访问。因此将随机小请求判断为热数据，而将顺序大请求判断为冷数据。

除此之外现在还有很多其他的方法，如通过人工智能的方法进行预测等，在此便不再展开。

当读取数据被判断为热数据且该数据位于高容量介质中时，控制器会将该数据重新写入 SLC 缓存中。这样后续该数据被频繁访问时，就可以提供更短的延迟了。

2. 写过程

与读数据管理相同的是，两种介质的写入性能同样具有差异，但写性能间的差异比读性能的更为明显。这也使得对于热数据，我们同样更倾向于将它放入 SLC 缓存，而把冷数据放入高容量介质。然而与读数据管理不同的是，在数据刚写入的时候，数据的特性并不容易获得，这就对写数据的放置提出了挑战。

现在广泛使用的一种架构是，不论数据具备怎样的属性都先写入 SLC 缓存。等到设备空闲的时候或者 SLC 空间不够的时候，再将其中的冷数据剔除到高容量介质中。这种做法很大程度上利用了 SLC 的性能表现，然而同样存在一些问题：首先，当 SLC 缓存比较满的时候，数据的剔除过程耗时很长，需要从 SLC 缓存中读出再写入高容量介质中，这将会影响用户体验；其次，会导致写放大。

因为存在上述问题，另一种做法被提出：对写入数据的属性进行判断，将热数据写入 SLC 缓存，将冷数据写入高容量介质，如图 6-45 所示。这种做法避免了对 SLC 缓存的占用和多次写入导致的写放大，比如将随机小数据写入 SLC 缓存，将顺序大数据写入高容量介质。然而这种做法受限于冷热数据识别方法的准确性，如果识别不准确则会浪费 SLC 缓存。要想准确识别冷热数据，需要较为强大的控制器（比如具备学习功能），而消费级 SSD 控制器的计算能力一般都比较弱，这就使得这种做法难以广泛使用。当然，如果用户端能提供数据的冷热属性，主机和设备配合，这种架构是非常有意义的。

6.8.3　数据迁移

SLC 缓存空间满了怎么办？此时 SLC 缓存中存放着大量有效数据，仅靠 SLC 缓存内部的垃圾回收机制已无法释放空间。此时最简单的做法就是将 SLC 缓存中的数据迁移到高容量介质来释放空间，但是这种数据迁移会导致严重的写放大。

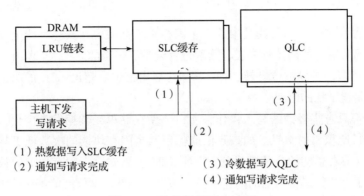

（1）热数据写入SLC缓存
（2）通知写请求完成
（3）冷数据写入QLC
（4）通知写请求完成

图 6-45　冷热数据写入过程

数据迁移的基本思路便是 6.3.3 节介绍的策略，在 SLC 缓存中选择一个源数据块，将其中的有效数据写入高容量介质中，同时更新相应的地址映射。最终对该块进行擦除回收，从而释放空间。然而在这个过程中，并未对介质和数据的特性加以考虑。如果选择的源数据块存放的都是写热数据，在后续的数据写入过程中，这些数据会被更新，那么对这些数据进行迁移会导致不必要的写放大；如果选择的源数据块存放的都是读热数据，则在后续的访问过程中，数据的访问性能会受到影响。如果采用将读热数据重新写回 SLC 缓存的设计，也会导致额外的写放大。因此要避免热数据被过早剔除到高容量介质中。

如何知道哪些块中的冷数据多以及如何识别热数据？对于如何知道每个块中冷数据的多少，如同 6.3.3 节所述记录每个块中有效页数量一样，我们也可以记录每个闪存块中冷数据的数量。当页面节点从 LRU 链表中剔除或添加至 LRU 链表中时，将相应的数据表读出并进行修改。要寻找冷数据多的块通过该表可快速实现。这样在寻找 SLC 缓存中源数据块时便多了一个考虑维度，即冷热数据量的多少。在普通的有效数据量以及擦除次数的基础之上，给予冷热数据量权重，可帮助选取合适的块并进行数据迁移。

对于热数据识别，之前我们提到了两种经典的方法——LRU 链表和请求大小。前者在当前情况下仍然适用，根据页面元数据中记录的逻辑地址，查找是否有相应的节点在 LRU 链表中，若有则为热数据；然而后者已不再适用，因为这些页面仅是一个个独立的页面，并没有关联请求大小的属性。通过维护 LRU 链表的方法，我们也避免了通过记录位图来统计每个页面中数据冷热属性的开销。这是因为这些数据都是有效数据，我们在迁移的过程中都需要读取出来，在读取之后进行判断，不需要其他额外的开销。

6.9　读干扰和数据保持

RD（Read Disturb，读干扰）和 DR（Data Retention，数据保持）都能导致数据丢失，

但原理和固件处理方式不一样,下面分别介绍。

1. RD

对一个闪存块来说,每次读其中的一个闪存页,都需要在其他字线上加较高的电压以保证晶体管导通。对这些晶体管来说,读取过程会带有轻微的"写入"操作,长此以往,电子进入浮栅极过多,会导致位翻转,即 $1 \rightarrow 0$,当出错位数超出 ECC 的纠错能力时数据就会丢失。这就是读干扰的原理。

由于每次都只有很轻微的写入操作,所以要使存储单元数据发生变化,不是一朝一夕的事情,而是长期积累的结果。如果我们能保证某个闪存块读的次数低于某个阈值,在位发生翻转之前(或者翻转的位的数量低于某个值时),就对这个闪存块上的数据进行一次刷新——把闪存块上的数据搬到别的闪存块上,防患于未然。这样就能解决读干扰导致数据丢失的问题。

因此,FTL 应该有这样一张表,记录每个闪存块的读次数:每读一次该闪存块,对应的读次数加 1。当 SSD 固件检测到某个闪存块读的次数超过某个阈值时,就刷新该闪存块。当数据写到新的闪存块后,读次数归零,一切重新开始。每个闪存块的读次数,掉电时应该保存到闪存上,重新上电时,应该加载它们。

事实上,当某个闪存块上的读次数超出阈值时,上面的数据位翻转可能并没有超过很多(可设阈值),这种情况就没有必要立刻刷新,毕竟刷新需要读数据和写数据,需要耗费时间和擦写次数,对性能和闪存寿命有影响。因此,有些 FTL 为避免"过"刷新,可能会在读次数超过阈值后,先检测位翻转数,再决定是否真正需要刷新。如果不需要立刻刷新,会重新设置一个更大的阈值,待下次读的次数达到新阈值后,重复之前的操作。

关于读阈值,过去的 FTL 在 SSD 的整个生命周期中都是用一个固定的值,这种处理简单粗暴,很不科学(但固件实现简单)。其实,读干扰与闪存的年龄有关:年龄越大(PE 越大),对读干扰的免疫力越低。因此,对阈值的设定,合理的做法是动态设定,即不同的 PE,读阈值应该也不同,具体来说,PE 越大,读阈值应该越小。

关于刷新动作,有阻塞和非阻塞两种处理方式。所谓阻塞方式,就是固件把别的事情都放一边,专门来处理闪存块的刷新;所谓非阻塞方式,就是闪存块的刷新与其他操作同时进行(interleave 操作)。阻塞方式劣势明显,会带来很长的命令时延:你在处理闪存块刷新的时候,就不能执行读写操作,导致读写推后。随着闪存块尺寸的增大,这种处理方式的劣势越发凸显。所以,现在的 FTL 一般都采用非阻塞方式。

2. DR

中国有句古话"天下没有不透风的墙",用到闪存上就是没有电子穿越不了的绝缘材料。绝缘氧化层和隧道氧化层把存储在浮栅极的电子关在里面,但是随着时间的推移,还是有电子从里面跑出来。当跑出来的电子多到一定数量时,就会使存储单元的位发生翻转: $0 \rightarrow 1$(注意 RD 是使 1 翻转为 0),当出错位数超出 ECC 的纠错能力时数据就会丢失。这就能解释为什么你的固态硬盘如果很长时间不用，可能就启动不了或者启动很慢（固件需要处理由 DR 引起的数据错误）了。

问题来了，为什么 SSD 长时间不用数据会丢失，而经常使用却不会呢？因为有 FTL 存在。针对 DR 这个问题，SSD 的 FTL 会有相应的处理方法。这方面内容前面介绍过，这里不再重复。

针对数据保持问题，学术界还有一个解决办法——"重写"：按闪存页依次读取有数据保持问题的闪存块，然后把通过控制器 ECC 纠错模块纠正好的数据重写回对应的闪存页，也就是在同一闪存页上再次写入之前的数据，完成数据的"充电"——把那些从"0"变成"1"的存储单元再次编程到"0"状态。这个方法和数据刷新方法相比，好处是不需要擦除新的闪存块，减少了对闪存的磨损。"重写"的方法只适用于"0"变成"1"的场景（电荷流失），但在实际场景中，一个闪存块不仅存在数据保持的问题，还可能存在读干扰问题、写干扰问题或者其他噪声导致的"1"变"0"的问题，"重写"对这些问题就无能为力了。所以，"重写"只适合学术探讨，实际解决方法还是前面说到的"刷新"方法。

Chapter 7 | 第 7 章

ECC 原理

我们知道，所有型号的闪存都无法保证存储的数据会永久稳定，这时候就需要 ECC（纠错码）去给闪存纠错。ECC 能力的强弱直接影响 SSD 的使用寿命和可靠性。本章将简单介绍 ECC 的基本原理和目前主流的 ECC 算法——LDPC。

7.1　信号和噪声

噪声信号充斥着整个世界，不只包括打电话时对方声嘶力竭的喊声，还包括付款时手抖多按的一个 0，甚至在生物学领域，基因对的复制偏差、癌细胞的产生都可以划入噪声信号的范畴。凡是有信息传递的地方就有噪声。我们唯一能做的是，把噪声限制在一定大小的"笼子"里。

如何建造这样一个笼子？我们看一下历史的经验。

场景：蛋蛋每天坐地铁都会邂逅一个美丽的女孩。两人日久相熟，经常相视一笑，却默然无语。转眼间，蛋蛋就要离开这个城市，他决定勇敢地表白。

表白的地点还是那一班地铁。唯一的困难是地铁太吵了，女神能够准确无误地接收到蛋蛋爱的呼唤吗？这难不倒蛋蛋，他采取了以下策略。

1）扩音器一个。

2）每个字清晰地说三遍。

3）结尾用手比画一个爱心。

利用扩音器可以改善有效信号和噪声的强度比，为女神准确地接收信息做了基础建设。每个字说三遍，增加了信息的冗余，即使有少量字没有听清，也不影响表达的内容。结尾一个爱心的手势，增加对关键信息的保护，借助大家都懂的意象，盖上爱的印章。

聪明的蛋蛋揭示了长久以来我们传播信息的诀窍——增强信号和噪声的强度比，增加信号冗余。前者不在此讨论，我们只考虑在不用扬声器的情况下，如何尽量准确地传递信息。

在实际通信中，我们用 Code rate 表示码率，用 information bits 表示有效信息长度，用 channel use 表示实际通信中传输的信息长度。Code rate 的定义：

$$\textbf{Code rate} = (\text{information bits}) / (\text{channel use})$$

举个例子，因为每个字说三遍，所以蛋蛋采用的 Code rate 为 1/3。

Code rate 可以反映冗余程度。Code rate 越高，冗余越小，反之冗余越大。香农揭示了每一种实际的信息传输通道都有一个参数 C，如果 Code rate$<C$，那么有效信息传递的错误率可以在理论上趋近于 0。但是如何趋近于 0，就是纠错编码（error correction code）要做的事情了。

我们后续的讨论只限制在二进制的世界，即所有的信息都用二进制表示。

7.2　通信系统模型

所有的信息传播都少不了通信系统。在一个完整的通信系统模型中，信息由信息源产生，由发送器发送出信号，通过包含噪声的信号传输通道（channel，又称信道）到达接收器，再由接收器提取信息并发送到目的地。整个框图如图 7-1 所示。

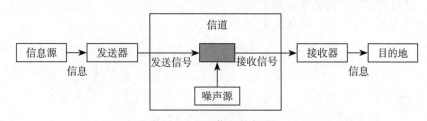

图 7-1　通信系统框图

回到蛋蛋跟女神表白的例子。蛋蛋心中所想就是信息源；发送器是神经和肌肉控制的嗓子；声音就是信号；嘈杂的车厢就是信道；女神的耳朵就是接收器，最终信息反映到女神大脑中形成信息。

SSD 存入和读出信息也是一个通信系统。信息是用户写入的原始数据，经过 SSD 后端的发送器处理后转化为闪存的指令，信号就是闪存上存储的电荷，电荷存储时会有自身泄漏问题，在读的过程中会受到周围电荷的影响，这是闪存的信道特性，最后数据通过 SSD 后端的读取接收器完成读取过程。

在二进制编码的系统中，有两种常见的信道模型——BSC（Binary Symmetric Channel，二进制对称信道）和 BEC（Binary Erasure Channel，二进制擦除信道）。一句话区分 BSC

和 BEC：BSC 出错（接收者收到的是 0，但发送者可能发送的是 1；同样，收到的是 1，但发送者可能发送的是 0）；BEC 丢位［接收者如果收到 0（1），那么发送者发送的肯定是 0（1）；如果传输发生错误，接收者则接收不到信息］。

BSC 模型如图 7-2 所示。

二进制信号由 0、1 组成，由于信道噪声的影响，0、1 各有相同的概率 p 发生翻转，即 0 变 1，1 变 0。信号仍然保持不变的概率为 $1-p$。

例如一串二进制信号，在经过 BSC 模型后，原始信号 101001101010 变为 111001111000。

BEC 模型如图 7-3 所示。

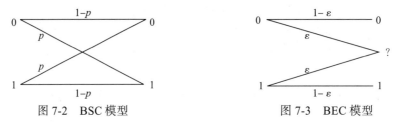

图 7-2　BSC 模型　　　　　图 7-3　BEC 模型

BEC 模型认为，在信号传输中，无论是 0 还是 1 都有一定概率 ε 变为一个无法识别的状态。例如一串二进制信号，在经过 BEC 模型后，原始信号 101001101010 变为 1x10011x10x0（x 表示未知状态）。

SSD 里的信道模型一般采用 BSC，即认为闪存信号存在一定概率的位翻转。

为了使信息从源头（source）在经过噪声的信道后能够准确到达目的地，我们要对信息进行编码，通过增加冗余的方式保护信息。

基本流程如图 7-4 所示，具体说明如下。

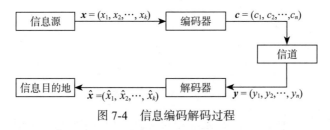

图 7-4　信息编码解码过程

信息源发出的信息可用 k 位的信息 $\boldsymbol{x}$ 表示，经过编码器（encoder）转化为 n 位信号 $\boldsymbol{c}$。这个从 k 位到 n 位的过程叫编码过程，也是添加冗余的过程。信号 $\boldsymbol{c}$ 的所有集合叫编码集合。

发送器把信号发送出去，经过信道后，接收器收到 n 位信号 $\boldsymbol{y}$，经过解码器转成 k 位信息 $\hat{\boldsymbol{x}}$，这个过程是解码过程。

7.3　纠错编码的基本思想

纠错编码的核心设计思想是通过增加冗余信息，使原始信息的编码之间有足够大的区别。

7.3.1　编码距离

蛋蛋表白时的信息为"我 喜 欢 你"四个字，为了防止女神听不到，他添加了冗余信息。经过蛋蛋添加冗余后信息变为"我 我 我 喜 喜 喜 欢 欢 欢 你 你 你"，其实女神收到的信号为（我 我 饿 T x x 欢 花 欢 x x 里），其中 x 为邻座大妈的霸气笑声，女神是如何正确捕捉到蛋蛋意图的呢？显然女神在这方面很有经验，识破了蛋蛋重复三遍的伎俩，电光火石间，在她脑海里飞速搜索比对推理，得出一个通顺而有意义的结论。换句话说，在女神的词典中，有意义的语句全都列出来，发现跟蛋蛋发出声音最相似的就是："我 我 我 喜 喜 喜 欢 欢 欢 你 你 你"。

女神的词典可以看成所有可能编码的集合，如何衡量这个编码集合中容易混淆的程度呢？这个参数就是编码距离。什么是距离呢？这里的距离指的是汉明距离，即两个信号之间有多少位是不同的。比如信号（0，1，1）与（0，0，0）的距离为 2，（1，1，1）与（0，0，0）的距离为 3。

蛋蛋有 4 个信息，为 00，01，10，11。现在如何插入冗余呢？

首先想到的是重复法：

- 00 变为 00 00 00 00；
- 01 变为 01 01 01 01；
- 10 变为 10 10 10 10；
- 11 变为 11 11 11 11。

现在接收的到信号为 00 01 00 00，我们发现跟这个信号最相似的是 00 00 00 00，距离为 1。

一个编码集合里，大家不一定是均匀分布的，有些编码之间距离比较近，有些比较远，编码距离指的是最近的两个编码之间的距离。

解码的时候，一个最暴力的方法就是——比较接收到的信号和所有有效编码之间的编码距离，选择编码距离最小的。所以编码距离的重要作用是指示编码纠错的位个数。蛋蛋和阿呆住在不同的地方，相距为 d。蛋蛋养了一群羊，阿呆也养了一群羊。羊会乱跑，显然只要羊跑的距离小于 $d/2$，就可以判断羊属于蛋蛋还是阿呆。所以对纠错码而言，编码距离为 d，只要位翻转个数小于 $d/2$，我们就可以根据"离谁近就归谁"的原则去纠错（赶羊回家）。

7.3.2　线性纠错码的基石——奇偶校验

收钱的阿姨狐疑地拿起蛋蛋递过来的 100 元钱，迎着灯光仔细打量过后，又取出了紫外线灯从头到尾照了一下，终于把钱放进钱盒子里，找了蛋蛋 99.5 元。阿姨担心收到假币，她检查钞票可不敢马虎。

阿姨检查钞票的行为叫信号校验。信号校验的基本模型是：对信号进行某种特定的处理后，如果得到期望的结果则校验通过，否则校验失败。

这里信号用 y 表示，特定的处理用 H 表示。H 表示对信号 y 进行了处理。处理结果用 CR 表示。

$$CR = H(y) = \begin{cases} 0, & \text{校验通过} \\ 1, & \text{校验失败} \end{cases}$$

在二进制的世界里，最基础的校验方法是奇偶校验（Parity-Check）。

对于 n 位二进制信号来说：

$$CR = H(y) = \begin{cases} 0, & \text{1 的个数为偶数} \\ 1, & \text{1 的个数为奇数} \end{cases}$$

例如长度为 16 的二进制数据 1000100111011011，其中 1 的个数为 9，故 $CR = 1$。

判断信号里的 1 的个数为奇还是偶，有非常简单的方法。在二进制里，有一种异或（即 xor）运算，符号为 $\oplus$，运算方式是先进行加法运算，然后用运算结果对 2 取余数 $[\bmod(2)]$，或者更简单地记为"相加不进位"（见图 7-5）。

可以验证只要把二进制的每一个位依次进行异或运算，奇数个位 1 的结果为 1，偶数个位 1 的结果为 0，与位 0 的个数无关。

所以，用 y_i 表示第 i 位的值（0 或 1），有如下表达式：

表达式	结果
$0 \oplus 0$	0
$0 \oplus 1$	1
$1 \oplus 0$	1
$1 \oplus 1$	0

图 7-5　异或运算表达式

$$CR = H(y) = y_1 \oplus y_2 \oplus y_3 \oplus \cdots \oplus y_n$$

利用奇偶校验可以构造最简单的校验码——单位校验码（single bit parity check code，SPC）。

把长度为 n 的二进制信息增加 1 位，即 y_n+1 变成 y'，使得：

$$CR = H(y') = y_1 \oplus y_2 \oplus y_3 \oplus \cdots \oplus y_n \oplus y_{n+1} = 0 \quad (a)$$

现在 y' 构成了 y 的单位校验码。(a) 又称奇偶校验方程。

显然，y' 中任意一个位如果发生位翻转，无论从 0 到 1，还是从 1 到 0，校验方程 $CR = 1$。

SPC 可以探知任意单位的翻转。对于偶数个位翻转，SPC 无法探知，而且校验方程无法知道位翻转的位置，所以无法纠错。

一个自然的想法是，增加 SPC 的个数，增加冗余的校验信息。同一个位被好几个校验方程保护，当它出现错误时就不会被漏掉。

7.3.3　校验矩阵 H 和生成矩阵 G

多个校验方程可以表示为校验矩阵 H。有了 H 就可以确定所有正确的码字。

对于所有 $x = (x_0, x_1, x_2, x_3, x_4, x_5 \cdots)$，只要满足 $Hx^{\mathrm{T}} = 0$，x 就是正确的码字。如果不满足，则 x 不属于正确的码字，认为在传输的过程中 x 出现了错误。

举例：长度为 4 的信号，$x = (x_0, x_1, x_2, x_3)$，有两个校验方程：

$$x_0 + x_2 = 0$$
$$x_1 + x_2 + x_3 = 0$$

现在用 + 代替 ⊕：

$$x^{\mathrm{T}} = \begin{pmatrix} x_0 \\ x_1 \\ x_2 \\ x_3 \end{pmatrix}$$

$$H = \begin{pmatrix} 1 & 0 & 1 & 0 \\ 0 & 1 & 1 & 1 \end{pmatrix}$$

$$Hx^{\mathrm{T}} = \begin{pmatrix} x_0 + x_2 \\ x_1 + x_2 + x_3 \end{pmatrix}$$

由上可见，H 矩阵里每一行可以表示一个校验方程。行里的 1 的位置 i 表示信号中第 i 位参与校验方程。

所有满足奇偶校验方程的 x 组成了一个编码集合。一般来说，编码长度为 n 位，有 r 个线性独立的校验方程，则可以提供 $k = (n - r)$ 个有效信息位和 r 个校验位。

对于线性分组编码而言，原始信号 u 经过一定的线性变换可以生成纠错码 c，完成冗余的添加。线性变换可以写成矩阵的形式，这个矩阵就是生成矩阵 G，表示为 $c = uG$。其中，c 为 n 位信号，u 为 k 位信号，G 为 $k \times n$ 大小的矩阵。由 H 矩阵可以推导出生成矩阵 G。

7.4　LDPC 原理简介

在纠错码的江湖里，LDPC 以其强大的纠错能力，得到了广大工程师的青睐，是目前最主流的纠错码。本节将带领大家一睹 LDPC 的风采。

7.4.1　LDPC 是什么

LDPC 全称是 Low Density Parity-Check Code，即低密度奇偶校验码。LDPC 的特征是低密度，也就是说校验矩阵 H 里面的 1 分布比较稀疏，比如：

$$H = \begin{pmatrix} 1 & 1 & 1 & 1 & 0 & 0 & 0 & 0 & 0 & 0 & 0 & 0 & 0 & 0 & 0 & 0 \\ 0 & 0 & 0 & 0 & 1 & 1 & 1 & 1 & 0 & 0 & 0 & 0 & 0 & 0 & 0 & 0 \\ 0 & 0 & 0 & 0 & 0 & 0 & 0 & 0 & 1 & 1 & 1 & 1 & 0 & 0 & 0 & 0 \\ 0 & 0 & 0 & 0 & 0 & 0 & 0 & 0 & 0 & 0 & 0 & 0 & 1 & 1 & 1 & 1 \\ 1 & 0 & 0 & 0 & 0 & 0 & 0 & 1 & 0 & 0 & 1 & 0 & 0 & 1 & 0 & 0 \\ 0 & 1 & 0 & 0 & 1 & 0 & 0 & 0 & 0 & 0 & 1 & 0 & 0 & 1 & 0 \\ 0 & 0 & 1 & 0 & 0 & 1 & 0 & 0 & 1 & 0 & 0 & 0 & 0 & 0 & 1 \\ 0 & 0 & 0 & 1 & 0 & 0 & 1 & 0 & 0 & 1 & 0 & 0 & 1 & 0 & 0 & 0 \end{pmatrix}$$

LDPC 又分为正则 LDPC（regular LDPC）和非正则 LDPC（irregular LDPC）编码。正

则 LDPC 保证校验矩阵每行有固定 J 个 1，每列有固定 K 个 1；非正则 LDPC 没有上述限制。举例，长度为 12 的 LDPC 编码 C 满足下列校验方程：

$$C_3 \oplus C_6 \oplus C_7 \oplus C_8 = 0$$
$$C_1 \oplus C_2 \oplus C_5 \oplus C_{12} = 0$$
$$C_4 \oplus C_9 \oplus C_{10} \oplus C_{11} = 0$$
$$C_2 \oplus C_6 \oplus C_7 \oplus C_{10} = 0$$
$$C_1 \oplus C_3 \oplus C_8 \oplus C_{11} = 0$$
$$C_4 \oplus C_5 \oplus C_9 \oplus C_{12} = 0$$
$$C_1 \oplus C_4 \oplus C_5 \oplus C_7 = 0$$
$$C_6 \oplus C_8 \oplus C_{11} \oplus C_{12} = 0$$
$$C_2 \oplus C_3 \oplus C_9 \oplus C_{10} = 0$$

用校验矩阵表示为：

$$
\begin{array}{cccccccccccc}
C_1 & C_2 & C_3 & C_4 & C_5 & C_6 & C_7 & C_8 & C_9 & C_{10} & C_{11} & C_{12} \\
\end{array}
$$

$$
\left(
\begin{array}{cccccccccccc}
0 & 0 & 1 & 0 & 0 & 1 & 1 & 1 & 0 & 0 & 0 & 0 \\
1 & 1 & 0 & 0 & 1 & 0 & 0 & 0 & 0 & 0 & 0 & 1 \\
0 & 0 & 0 & 1 & 0 & 0 & 0 & 0 & 1 & 1 & 1 & 0 \\
0 & 1 & 0 & 0 & 0 & 1 & 1 & 0 & 0 & 1 & 0 & 0 \\
1 & 0 & 1 & 0 & 0 & 0 & 0 & 1 & 0 & 0 & 1 & 0 \\
0 & 0 & 0 & 1 & 1 & 0 & 0 & 0 & 1 & 0 & 0 & 1 \\
1 & 0 & 0 & 1 & 1 & 0 & 1 & 0 & 0 & 0 & 0 & 0 \\
0 & 0 & 0 & 0 & 0 & 1 & 0 & 1 & 0 & 0 & 1 & 1 \\
0 & 1 & 1 & 0 & 0 & 0 & 0 & 0 & 1 & 1 & 0 & 0 \\
\end{array}
\right)
\begin{array}{l}
C_3 \oplus C_6 \oplus C_7 \oplus C_8 = 0 \\
C_1 \oplus C_2 \oplus C_5 \oplus C_{12} = 0 \\
C_4 \oplus C_9 \oplus C_{10} \oplus C_{11} = 0 \\
C_2 \oplus C_6 \oplus C_7 \oplus C_{10} = 0 \\
C_1 \oplus C_3 \oplus C_8 \oplus C_{11} = 0 \\
C_4 \oplus C_5 \oplus C_9 \oplus C_{12} = 0 \\
C_1 \oplus C_4 \oplus C_5 \oplus C_7 = 0 \\
C_6 \oplus C_8 \oplus C_{11} \oplus C_{12} = 0 \\
C_2 \oplus C_3 \oplus C_9 \oplus C_{10} = 0 \\
\end{array}
$$

我们看到 H 矩阵每行有 4 个 1，每列有 3 个 1，所以 C 为正则 LDPC。

7.4.2 Tanner 图

讲到 LDPC，少不了 Tanner 图，H 矩阵可以直观地表示为 Tanner 图。Tanner 图由节点和连线组成。

节点有两种，一种叫 b 节点（bit node），另一种叫 c 节点（check node）。假设信号编码长度为 n，其中每一个位用一个 b 节点表示。校验方程个数为 r，每一个校验方程用一个 c 节点表示。

如果某个 b 节点 b_i 参与了某个 c 节点 c_j 的校验方程，则用连线把 b 节点 b_i 和 c 节点 c_j 连起来。

注意 b 节点用圆形表示，c 节点用方块表示。每个 b 节点和 3 个 c 节点相连，每个 c 节点和 4 个 b 节点相连。图 7-6 所示是一个典型的正则 LDPC 的 Tanner 图。

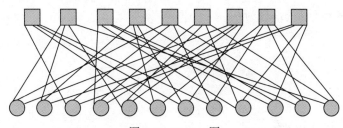

图 7-6　Tanner 图

Tanner 图把编码和图论神奇地结合在了一起。有了 Tanner 图，LDPC 的解码方法就比较好阐述了。

7.5　LDPC 解码

LDPC 的解码方法有硬判决解码（hard decision decode）和软判决解码（soft decision decode）两种。本节将介绍一种经典的硬判决算法——Bit-flipping 算法，以及一种软判决算法——和积信息传播算法。

7.5.1　Bit-flipping 算法

Bit-flipping 算法的核心思想是：如果信号中有一个位参与的大量校验方程都校验失败，那么这个位有错误的概率很大。

好的校验方程可以达到上述效果。校验矩阵的稀疏性把信号的位尽量随机地分散到多个校验方程中去。Bit-flipping 算法运用消息传递方法，通过不断迭代达到最终的纠错效果。

Bit-flipping 解码算法如下：给定一个 n 位信号 $y = (y_1, y_2, \cdots, y_n)$，校验矩阵 H。画出 H 矩阵对应的 Tanner 图。n 位信号对应 n 个 b 节点，r 个 c 节点。

1）每个 b 节点向自己连接的 c 节点发送自己是 0 还是 1。初始是第 i 个位发送初始值 y_i。

2）每个 c 节点收到很多 b 节点的信息，每个 c 节点代表一个校验方程。

❑ 如果方程满足，c 节点将每个 b 节点的消息原封不动地发送回去。

❑ 如果校验失败，c 节点将每个 b 节点发来的消息取反后，发送回去。

3）每个 b 节点跟好多 c 节点相连，b 节点收到所有来自 c 节点的消息后，采用投票法来更新这一轮输出的消息。参加投票的包含每个位的初始值。投票的原则是少数服从多数。

4）b 节点更新好后，停止条件：所有的校验方程满足或者迭代次数超过上限。如果停止条件不满足，则需要转到步骤 1 继续迭代。

下面举个例子。

输入信号 $y = (1, 0, 1, 0, 1, 1)$ 经过步骤 1 后，如图 7-7 所示，实线箭头表示传递的信息为 1，虚线箭头表示传递的信息为 0。

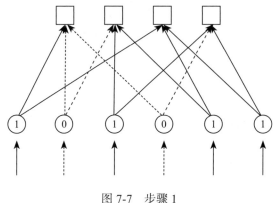

图 7-7　步骤 1

经过步骤 2，c 节点给各个 b 节点发回消息。满足校验方程的 c 节点原封不动返回消息，不满足则取反返回，如图 7-8 所示。

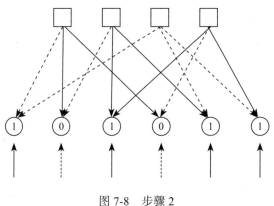

图 7-8　步骤 2

步骤 3，用投票法表决并更新 b 节点的值，如图 7-9 所示。

步骤 4，重新检查节点，发现校验方程满足条件，结束，如图 7-10 所示。

Bit-flipping 算法有很多细节值得讨论。其中一个问题是：b 节点更新时，一次更改一个还是一次更改多个，或者两者结合？因为校验矩阵的结构，如果同时改变很多 b 节点的话，可能无法收敛。这时可以将梯度下降法应用到 Bit-flipping 算法中。通过构造目标函数（目标函数包括校验方程最小误差，以及与原信号最大相似）来更新 b 节点。最终的结论是，每次单个位翻转的收敛性好，但是处理比较慢，如图 7-11a 所示，翻转多个的话会导致收敛性振荡，但是速度快。一个中间方案是，先进行多个位翻转，等校验方程失败的个数小到一定程度后，再进行单个位翻转。

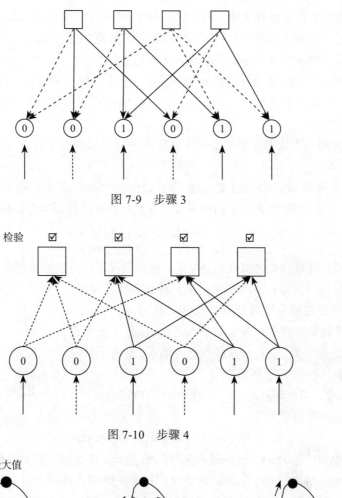

图 7-9　步骤 3

图 7-10　步骤 4

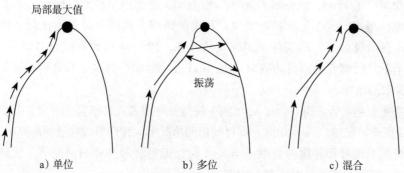

a）单位　　　　　　　b）多位　　　　　　　c）混合

图 7-11　几种 Bit-flipping 算法收敛示意图

7.5.2　和积信息传播算法

这一节我们来介绍和积信息传播算法（sum-product message passing，简称和积算法），它是贝叶斯网络、马尔可夫随机场等概率图模型中用于推断的一种信息传递算法，目前广泛应用于人工智能和信息处理领域，而它的一个非常经典的应用就是 LDPC。

和积算法的基础是概率论，这里假定读者已掌握概率论知识。

什么是条件概率？什么是联合概率？什么是边缘概率？

条件概率 $P(A|B)$ 表示在事件 B 的条件下，发生事件 A 的概率。$P(A)$、$P(B)$ 分别表示随机事件 A、B 发生的概率。$P(A,B)$ 表示事件 A 和事件 B 共同发生的概率，也叫联合概率。

边缘概率则是指从多元随机变量中的概率分布得出的只包含部分变量的概率分布，比如 $P(A)$。

根据联合概率函数如何计算其他类型的概率？举个例子，联合概率 $P(A,B,C,D)=f(A,B,C,D)$，则边缘概率 $P(A)$ 的概率要把 B,C,D 所有取值都遍历一遍。

$$P(A)=\sum_B\sum_C\sum_D f(A,B,C,D)$$
$$P(A|B=1)=\sum_C\sum_D f(A,B=1,C,D)$$

有时候随机变量内部之间有约束关系，这种情况下，可以简化很多运算。

什么是贝叶斯网络？贝叶斯网络是一种推理性图模型。贝叶斯网络可以帮助你更好地分析问题。比如 w、x、y、z 分别表示 4 个随机事件，w 表示一个人是否吸烟，x 表示其职业和煤矿是否相关，y 表示其是否患有咽炎，z 表示其是否得肺部肿瘤，如图 7-12 所示。

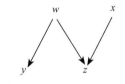

图 7-12　一个贝叶斯网络例子

我们还知道，贝叶斯公式 $P(B|A)=P(A|B)\cdot P(B)/P(A)$。

贝叶斯网络有以下关系：

$$P(w,x,y,z)=P(w)P(x)P(y|w)P(z|w,x)$$

我们只要知道了 $P(w)$、$P(x)$ 和 $P(y|w)$、$P(z|w,x)$，那么网络模型就构建出来了。$P(w)$ 表示一个人抽烟的概率，$P(x)$ 表示职业和煤矿相关的概率，这两个可以由社会平均统计数据得到。$P(y|w)$ 表示吸烟与否的条件下得咽炎的概率。$P(y|w=1)$ 表示吸烟者得咽炎的概率。$P(y|w=0)$ 表示不是吸烟者得咽炎的概率。$P(z|w,x)$ 表示考虑是否吸烟和是否在煤矿工作的情况下肺部得肿瘤的概率。

这个网络建立起来后，当 w，x，y，z 发生任意一件或者几件事情的时候，我们可以求其他事件的后验概率。比如，当 $y=1$ 时，即得咽炎的情况下，我们可以通过网络算出 $P(z|y=1)$，即得咽炎的情况下得肺部肿瘤的概率。当 $z=1$ 时，即得肺部肿瘤的情况下，我们可以反推算出 $P(w|z=1)$ 即得肿瘤的情况下吸烟的概率。

什么是因子图？因子图是无向的概率分布二部图。所谓因子，是一种因事件之间存在内在的约束关系所表现出来的逻辑形式，比如一种联合概率可以表示为：

$$P(A,B,C,D,E,F,G)\propto f(A,B,C,D,E,F,G)=f_1(A,B,C)f_2(B,D,E)f_3(C,F)f_4(C,G)$$

在这种情况下，联合概率可以分成因子乘积的形式。上式 f_i 称为约束方程。$f_i(S_i)$ 表示第 i 个因子，用 S_i 来表示其约束的随机变量组合，如 $S_1=\{A,B,C\}$。

例如：$P(A) \propto \sum_{B,C,D,E,F,G} \prod_i f_i(S_i)$

一个因子图示例，如图 7-13 所示。

这样我们再求解边缘概率就比较简单了，为什么呢？根据小学学过的数学知识——乘法分配律：

$$xy_1 + xy_2 = x(y_1 + y_2)$$

左式用了两次乘法，一次加法；右式用了一次乘法，一次加法。所以 $\sum_i xy_i = x\sum_i y_i$。

乘-加变换为加-乘后，计算复杂度降低。当我们计算边缘概率或者其他形式的概率时，这个特性非常重要。

现在求 $P(A)$：

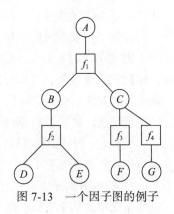

图 7-13　一个因子图的例子

$$P(A) \propto \sum_{B,C,D,E,F,G} \prod_i f_i(S_i)$$

$$= \sum_{B,C,D,E,F,G} f_1(A,B,C)f_2(B,C,D)f_3(C,F)f_4(C,G)$$

$$= \sum_{B,C,D,E} f_1(A,B,C)f_2(B,D,E)\sum_F f_3(C,F)\sum_G f_4(C,G)$$

$$= \sum_{B,C,D,E} f_1(A,B,C)f_2(B,D,E)m_{c3}(C)m_{c4}(C)$$

$$= \sum_{B,C,D,E} f_1(A,B,C)f_2(B,D,E)m_c(C)$$

$$= \sum_{B,C} f_1(A,B,C)\sum_{D,E} f_2(B,D,E)m_c(C)$$

$$= \sum_{B,C} f_1(A,B,C)m_b(B)m_c(C)$$

$$= f(A)$$

其中：$m_b(B)=\sum_{D,E} f_2(B,D,E), m_{c3}(C)=\sum_F f_3(C,F), m_{c4}(C)=\sum_G f_4(C,G), m_c(C)=m_{c3}(C)m_{c4}(C)$。

有了上边的公式，最终得到 $P(A) \propto f(A)$，$f(A)$ 就是上面最终计算出的只跟 A 有关系的函数。

故可以设 $P(A) = Kf(A)$，K 为归一化因子。结合归一化方程：

$$P(A=0) + P(A=1) = 1$$

可以求得 $P(A)$。

上面的推导过程看上去很复杂，其实就是乘法结合律的应用而已，而且可以明显看到求边缘概率的过程就是一个乘积然后相加的过程，所以叫和积（sum-product）。而且 m_b 和 m_c 只和自己的约束方程有关。由图 7-14 中可以看到，这种优化的算法看上去像信息在传播。推而广之，如果图很复杂，我们也可以这样计算。

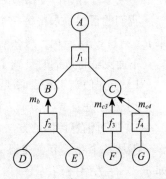

图 7-14　m_b 和 m_c 在图上的表示

从需要求的节点 A 看，总可以看到因子图是一棵树，而 A 是根节点，A 的边缘分布可以看作消息层层传递的过程。

了解了可能涉及的数学知识，那么和积算法怎么应用呢？

此处为了讨论方便，用 X 表示真实信息，用 Y 表示随机观测信号，可以是电压值，也可能是探测阈值（因为软判决算法可以利用比硬判决算法更多的信道信息，如图 7-15 所示）。

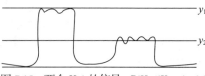

图 7-15 两个 $X=1$ 的信号：$P(X=1|Y=y_1)=0.9$（左），$P(X=1|Y=y_2)=0.6$（右）

我们建一个模型，没错就是 Tanner 图，Tanner 图也是一种因子图。

如图 7-16 所示，每个涂色方块表示一个 c 节点，代表一个校验方程，而校验方程是一种非常简单的约束方程。举个例子：

$$f(A,B,C)= \begin{cases} 1, & \text{当 } A+B+C=0 \\ 0, & \text{其他情况} \end{cases}$$

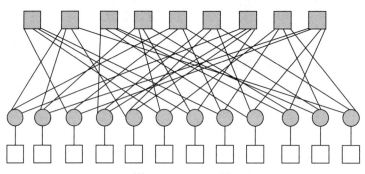

图 7-16 Tanner 图

图 7-16 所示每个圆圈表示与 b 节点对应的 X_i，而与之前 Tanner 图不同的是每个 b 节点都有唯一的观察约束节点（用空心方块表示）与之绑定。观察约束节点负责提供 $P(X_i|Y_i=y_i)$，所以约束方程 $f_Y(X_i) = P(X_i|Y_i=y_i)$。

我们的目的是求得每一个边缘概率 $P(X_i)$。最终的 $P(X_i) = K f(X_i)$，K 为归一化因子。如果 $f(X_i = 1) < f(X_i = 0)$，那么输出 X_i 为 0，否则输出 1。

下面见证奇迹的时刻到了。

1）首先假定 Tanner 图是一棵树（不是树的情况后面有讨论）。

2）对于任意 X_i，为了方便称为 A，我们把它当成根节点，如图 7-17 所示。

3）通过消息传播的方法，$P(A)$ 可用如下方法求得：

①从各个叶子节点往根节点传播消息。如图 7-18 所示，5 个 m 都是从信道得来的，比如 $m_{f9 \to A} = f_9(A) = P(A|Y_A=y_A)$。

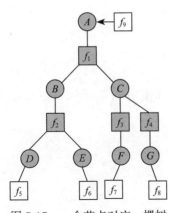

图 7-17　一个节点对应一棵树

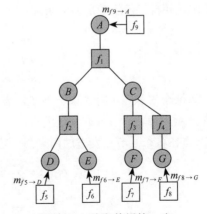

图 7-18　消息传播第一步

②消息传播到 B 节点（见图 7-19 中所示的圆圈）后，由 B 节点继续向根节点方向传播，进入下一个约束方程的范围。穿过约束方程后，原来的消息被汇聚成新的消息，如果有两个约束方程连到同一个 B 节点，则消息相乘后继续传播。图 7-19 是一个局部示意图。

可以计算 $m_B = \sum_{D,E} f_2(B,D,E) m_D m_E$。

③继续传播，直到所有的消息最终传到 A（见图 7-20）。

$$P(A) = m_{f9 \to A} m_{f1 \to A}$$

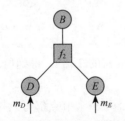

图 7-19　一个局部示意图

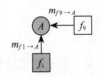

图 7-20　最后一步

这样就求得了 $P(A)$，同理其他所有的边缘分布都可以求出来。通过观察可以发现，这个消息传播的算法其实可以并行化，只需要更改一下算法。

下面介绍如何简单地实现并行化。

为了同时求出所有边缘分布，每个 B 节点对消息进行路由。把每个约束方程的方向当成根节点，把不是这个方向传来的所有消息相乘之后送出去。收到消息时如图 7-21 所示。

X 节点发送消息，如图 7-22 所示。

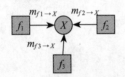

图 7-21　收到多消息的 X 节点

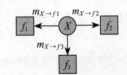

图 7-22　X 节点发送给各节点消息

要实现并行，还要满足如下条件：

$$m_{X \to f1} = m_{f2 \to X} m_{f3 \to X}$$
$$m_{X \to f2} = m_{f1 \to X} m_{f3 \to X}$$
$$m_{X \to f3} = m_{f1 \to X} m_{f2 \to X}$$

同理每个 c 节点（用约束方程 f 来表示 c 节点）也要针对不同的可能路径进行计算。图 7-23 所示为通往 c 节点的发送消息。

c 节点往各个 b 节点发送的消息为（见图 7-24）：

$$m_{f \to B} = \sum_{D,E} f(B,D,E) \, m_{D \to f} m_{E \to f}$$

$$m_{f \to D} = \sum_{B,E} f(B,D,E) \, m_{B \to f} m_{E \to f}$$

$$m_{f \to E} = \sum_{D,B} f(B,D,E) \, m_{D \to f} m_{B \to f}$$

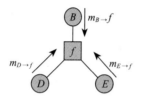
图 7-23　通向 f 约束方程的各个消息

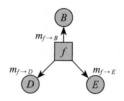
图 7-24　c 节点往各个 b 节点发送消息

最终，经过多次迭代（深度最大为因子图中最大深度树的 2 倍），得到所有节点的边缘概率 P。算法结束。

值得讨论的是，前边的算法假定 Tanner 图是无环的，每一个节点都可以拉出一棵树来。在现实中，这个假定是不成立的，但是该算法也有不错的表现，不过环对纠错的成功与否有着很大的影响。

7.6　LDPC 编码

LDPC 是一种以解码为特点的编码，由于 LDPC 的性质主要由 **H** 矩阵决定，一般要先确定 **H** 矩阵后，再反推生成矩阵 **G**。

H 矩阵构建的时候，应当注意：

1）保持稀疏。每行每列里 1 的个数要固定，或者接近固定。

2）考虑生成矩阵的计算复杂度。

3）保持随机性。减少 **H** 矩阵里小环的个数。图 7-25

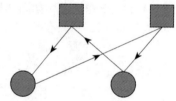
图 7-25　Tanner 图上的一个小环

展示了一个长为 4 的小环（b 节点、c 节点和连线组成的环）。

显然这两个 b 节点共同参与了两个相同的校验方程。我们称之为双胞胎。对 Bit-flipping 而言，假如它们之间有一个错误，我们将无法对错误进行定位。对和积算法而言，环越长，BP 算法效果越好。

关于 LDPC 编码的其他介绍，读者可以参阅最新的学术成果，在此不再展开。

7.7　LDPC 纠错码编解码器在 SSD 中的应用

过去 10 年，随着 NAND 闪存技术的快速发展，一个 NAND 闪存单元可以存储的信息位数越来越多，从 SLC 进化到 MLC、TLC 甚至 QLC，状态分布如图 7-26 所示。为了进一步提高闪存存储密度，NAND 闪存制造工艺也从 2D 平面技术全面切换到 3D 立体堆叠技术。存储密度的提高极大地降低了闪存单位成本，同时也带来了更多的性能缺陷：闪存单元的错误概率增加，可擦写次数也逐渐降低。这就给 SSD 主控的 ECC 编解码单元设计带来了极大的挑战。

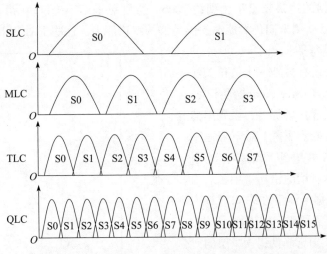

图 7-26　SLC、MLC、TLC、QLC 内部状态分布图

SSD 主控的纠错码由最初采用的 BCH 码，逐步进化到 2K LDPC。然而对 TLC 和 QLC 来说，2K LDPC 的纠错能力也已无法满足企业级 SSD 对数据可靠性的要求，因此 4K LDPC 成为主流选择。在未来，随着 NAND 闪存存储密度进一步增加，期待出现一种全新的 X-ECC 技术来提供更强大的纠错能力。这里 X 代表着一种智能、多维的混合解码算法技术。上述发展过程可用图 7-27 所示来表示。

在 SSD 主控芯片中实现高性能 LDPC 纠错码技术需要综合考虑以下几个方面：纠错能力、面积、功耗以及吞吐量。

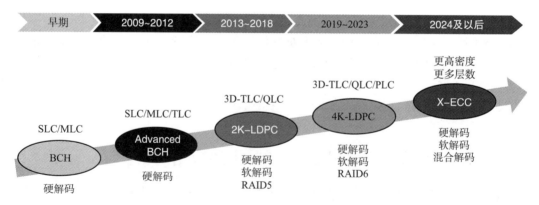

图 7-27　编解码技术发展趋势

首先，在纠错能力方面，为了保证 SSD 的数据可靠性，避免盘内数据丢失和损坏，SSD 中不可修复的错误比特率（UBER）和平均故障间隔时间（MTBF）都需要满足极高的要求，比如：要求 UBER 小于 10^{-17}，要求 MTBF 大于 100 万小时甚至更高。同时随着 SSD 使用时间逐渐增加，NAND 原始比特误码率也是不断增加的。以 TLC 闪存为例，在使用寿命末期，每 1KB 数据的错误数量将达到约 120b。所以对于 4K LDPC 纠错码来说，LDPC 解码器需要能在 SSD 使用末期仍然能够提供足够的纠错能力。这些都对 SSD 主控纠错码模块的纠错能力提出了高要求。

LDPC 纠错码还有另外一个值得关注的问题：错误平层（Error Floor）的出现。简单来说，随着信噪比的提升，误码率曲线先经过瀑布区（剧烈下降）后下降速率突然放缓（见图 7-28），很难继续快速下降，这时候就到达所谓的错误平层了。为了保证满足当下数据可靠性的需求，LDPC 解码器的错误平层需要码字错误率（CFR）保持在 10^{-11} 以下。通常降低错误平层的方法可以分为两大类，一类是在构建 LDPC 校验矩阵时减少陷阱集或者停止集的产生，另一类是在解码算法中对错误平层采用特殊的处理方法。在 SSD 控制器中，这两种方法通常是结合使用的。

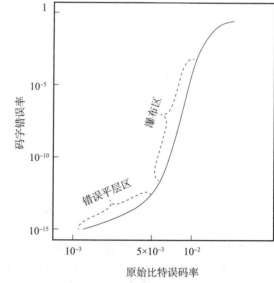

图 7-28　LDPC 性能曲线示意图
（横纵坐标均为对数坐标）

随着主机接口和闪存接口的速率不断提高，对 SSD 数据处理速率的要求也越来越高。例如，英韧科技的 PCIe 4.0 主控芯片 RainierPC（IG5236）的顺序读和写的速度分别达到 7.4GB/s 和 6.4GB/s，PCIe 5.0 主控芯片

Tacoma（IG5669）的顺序读和写的速度则分别高达 14GB/s 及 11GB/s。为了支撑 SSD 高速的数据读写访问，SSD 主控中的纠错编解码模块需要提供对应甚至更高的数据吞吐率。为了在满足数据吞吐率要求的同时让设计更具可扩展性，通常在主控中会使用多个 ECC 核来并行处理数据，然而多核技术的应用会带来额外的系统同步控制复杂度。因此，掌握多核高效协同技术是保证主控技术快速迭代并适配更高速应用场景的关键之一。

随着 SSD 工作温度的升高，整体性能会下降。如果 SSD 控制器能耗太大，散热不佳，热量积累会导致系统温度超过 SSD 的正常工作温度，进而引发各种问题。SSD 控制器的能耗控制（包括 LDPC 编解码模块）也是设计过程中值得关注的一个方面。LDPC 作为一种递归迭代算法，在设计中可以考虑优化迭代收敛算法，即用更少的迭代次数完成解码。在这类思路的指引下，控制器就能在满足性能需求的前提下减少功耗。

从面积角度来看，基于对 ECC 解码算法的优化，进行控制器设计时需要仔细分析内部处理的字段、字长，按需设计位宽，以求在满足性能要求的前提下节省芯片面积。

综上所述，设计出一个高速（数据处理速率）、高效（高纠错能力，低错误平层）、低能耗、低复杂度的 4K LDPC 纠错码编解码器至关重要，这是主控芯片中决定数据可靠性、完整性及 SSD 使用寿命的关键技术。

下面以全球技术领先的 SSD 主控设计公司英韧科技的纠错引擎为例，向大家展示开发一个好的纠错引擎需要关注的地方。

1）**纠错码核心技术完全自主可控**。这集中体现在以下两种自主核心技术上。

❑ **性能优异的 LDPC 校验矩阵**。因为 LDPC 校验矩阵的设计构造往往决定了 LDPC 纠错码的纠错性能和编解码算法的实现复杂度，如果在校验矩阵设计时考虑不周，仅靠解码算法很难将错误平层降低到不影响系统性能的水平，而且会增加 LDPC 编解码算法的实现复杂度，带来芯片功耗的增加、成本的上升以及系统性能的下降。

❑ **解码算法**。英韧科技自主研发的解码算法可以自适应调整解码算法的流程，在最低功耗、最低延时的情况下做到解码成功。

2）和国际 NAND 原厂开展 QLC 方面的研发合作，并将 4K LDPC 纠错引擎广泛应用于自主研发的消费级和企业级主控芯片中。目前英韧的 PCIe SSD 主控芯片，如 Shasta+（IG5216）及 Rainier 系列支持的 4K LDPC，纠错能力可以完全覆盖 QLC NAND。

3）**节省芯片面积，节省功耗**。在芯片中实现 4K LDPC 纠错引擎具有很高的难度，如果不做优化，面积和功耗相当于 2 个或以上的 2K LDPC。优化工作主要包括如下两方面。

❑ 针对对不同的功耗、复杂度和吞吐率等的需求，研发多种不同性能的 LDPC 解码专利算法。同时利用机器学习和人工智能技术对各种解码算法进行结构和参数优化，使算法在硬件复杂度和需求满足方面都达到最优。

❑ 在电路设计方面，采用在某些电路不工作时降低或者关闭时钟频率的方法来降低功耗。

4）**降低延时**。当 LDPC 硬判决解码失败后，可以采用重读机制调整读电压从 NAND

中再获取一次硬判决信息,从而提高硬判决的解码成功率。当所有重读都被尝试并且失败后,软读取以及软解码会被采用。英韧科技采用的软解码优化方式,把 LDPC 软判决的分辨率变成动态可调,这样只有在最坏的情况下才需要最高的分辨率读取。同时,LDPC 软判决对所需的 LLR 链表的选择也做了很多优化,这样在大部分情况下,软判决读和软判决传输数据的时间开销都会大幅度减小。如果所有的 LDPC 解码手段都被尝试,NAND 内容还不能被成功解码,可以使用 RAID 操作恢复相关数据。

5)**兼容性强**。英韧主控的纠错引擎做成指令集的形式,可以通过软件程序动态配置,能够灵活适配各种闪存颗粒。

6)**延长 SSD 使用寿命**。在闪存生命周期内的不同阶段,选用不同的 LDPC 编码。比如可以根据寿命改变码长,早期放少一些,后期放多一些,这样可使 SSD 系统在牺牲少许容量的情况下延长使用寿命。这种能力可让接近使用寿命的 SSD 系统继续发挥余热,从而为使用 SSD 系统的厂商提供了一种新的降低成本的解决方案。

7)**面向未来**。设计现有的 SSD 控制器中的 LDPC 纠错码编解码模块时,要考虑未来升级的接口协议。当英韧科技研发出一个新的性能更好的 LDPC 后,可以通过该升级接口协议对现有的 SSD 控制器的 LDPC 纠错码编解码模块进行升级。

协 议 篇

PCIe 介绍

8.1 从 PCIe 的速度说起

SSD 已经大跨步迈入 PCIe 时代。PCIe 是 SSD 的一项重要技术，我们有必要对其进行基本的了解。

为什么 SSD 要用 PCIe？因为它快，比 SATA 更快。它究竟有多快？我们从 PCIe 的速度开启我们的 PCIe 之旅。

PCIe 发展到现在，从 PCIe 1.0、PCIe 2.0，到现在的 PCIe 3.0，速度一代比一代快，如表 8-1 所示。

表 8-1　各代 PCIe 的带宽（双向）

连接速度	×1	×2	×4	×8	×12	×16	×32
PCIe 1.0 带宽 /（GB/s）	0.5	1	2	4	6	8	16
PCIe 2.0 带宽 /（GB/s）	1	2	4	8	12	16	32
PCIe 3.0 带宽 /（GB/s）	～ 2	～ 4	～ 8	～ 16	～ 24	～ 32	～ 64

2022 年，PCIe 6.0 已经发布，但本节内容仅限于 PCIe 3.0 及更早版本。

连接速度这一行的 ×1、×2、×4 等是什么意思？这是指 PCIe 连接的通道数（Lane）。就像高速公路有单车道、2 车道、4 车道一样（见图 8-1），PCIe 连接也可以有多个通道，只不过 8 车道及以上的公路不常见，而 PCIe 最多可以有 32 个 Lane。

两个设备之间的 PCIe 连接称为 Link，如图 8-2 所示。

图 8-1　PCIe Lane 类比高速公路车道

如图 8-2 所示，A 与 B 之间是个双向连接，车可以从 A 驶向 B，也可以从 B 驶向 A，各行其道。两个 PCIe 设备之间，有独立的发送和接收通道，数据可以往两个方向传输，PCIe Spec 称这种工作模式为双单工模式（Dual-Simplex），可以将其近似理解为全双工模式。

SATA 工作模式如图 8-3 所示。

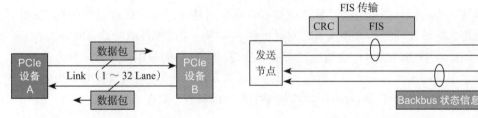

图 8-2　PCIe Link 的概念　　　　　　　图 8-3　SATA 工作模式

和 PCIe 一样，SATA 也有独立的发送和接收通道，但与 PCIe 工作模式不一样，SATA 在同一时间只有一条通道可以进行数据传输。也就是说，你在一条通道上发送数据，在另一条通道上就不能接收数据，反之亦然。这种工作模式称为半双工模式。

PCIe 犹如我们的手机，双方可以同时讲话，而 SATA 就像是对讲机，一个人在说话时，另一个人只能听不能说。

回到表 8-1，表中的带宽，比如 PCIe 3.0×1，带宽为 2GB/s，是指双向带宽，即读写带宽。如果单指读或者写，该值应该减半，即 1GB/s 的读速度或者写速度。

我们来看看表里面的带宽是怎么算出来的。

PCIe 是串行总线，PCIe 1.0 的线上位传输速率为 2.5Gb/s，物理层使用 8/10 编码，即 8 位的数据，实际在物理线路上是需要传输 10 位的，多余的 2 位用来校验。因此：

PCIe 1.0×1 的带宽 =（2.5Gb/s×2（双向通道））/10 = 0.5GB/s

这是单条 Lane 的带宽，若是有几条 Lane，那么整个带宽计算就是用 0.5GB/s 乘以 Lane 的数目。

PCIe 2.0 的线上位传输速率在 PCIe 1.0 的基础上翻了 1 倍，为 5Gb/s，物理层同样使用 8/10 编码，所以：

$$PCIe\ 2.0 \times 1\ 的带宽 = （5Gb/s \times 2（双向通道））/10 = 1GB/s$$

同样，有多少条 Lane，带宽就是 1GB/s 乘以 Lane 的数目。

PCIe 3.0 的线上位传输速率没有在 PCIe 2.0 的基础上翻倍，即不是 10Gb/s，而是 8Gb/s，但物理层使用的是 128/130 编码进行数据传输，所以：

$$PCIe\ 3.0 \times 1\ 的带宽 = （8Gb/s \times 2（双向通道）\times（128b/130b））/8 \approx 2GB/s$$

同样，有多少条 Lane，带宽就是 2GB/s 乘以 Lane 的数目。

由于采用了 128/130 编码，每 128 位的数据，只额外增加了 2 位的开销，有效数据传输比率增大。虽然传输率没有翻倍，但有效数据带宽还是在 PCIe 2.0 的基础上实现了翻倍。

这里值得一提的是，上面算出的数据带宽已经考虑到 8/10 或者 128/130 编码，因此，大家在算带宽的时候，不需要再考虑线上编码。

和 SATA 单通道不同，PCIe 连接可以通过增加通道数扩展带宽，弹性十足。通道数越多，速度越快。不过，通道数越多，成本越高，占用空间越多，还有就是耗电越多。因此，使用多少通道，应该在性能和其他因素之间进行综合考虑。单考虑性能的话，PCIe 3.0 最高带宽可达 64GB/s，即 PCIe 3.0×32 对应的带宽，这是一个极高的数据。不过，现有的 PCIe SSD 一般最多使用 4Lane，如 PCIe 3.0×4，双向带宽为 8GB/s，读或者写带宽为 4GB/s。

基于上述介绍，我们可以对比一下英特尔 SSD 750 的参数，如图 8-4 所示。

英特尔 SSD 750 参数		
容量	400GB	1.2TB
外形尺寸	2.5"15mm SFF-8639 或 PCIe Add-In Card (HHHL)	
接口	PCIe 3.0×4-NVMe	
控制器	Intel CH29AE41AB0	
NAND	Intel 20nm 128Gb MLC	
顺序读速度	2 200MB/s	2 400MB/s
顺序写速度	900MB/s	1 200MB/s
4KB 随机读性能	430k IOPS	440k IOPS
4KB 随机写性能	230k IOPS	290k IOPS
空闲功耗	4W	4W
读写功耗	9W/12W	10W/22W
加密支持	N/A	
耐写性	5 年内每天写入 70GB	

图 8-4 英特尔 SSD 750 规格书

在此，顺便来算算 PCIe 3.0×4 理论上最大的 4KB 的 IOPS 值。PCIe 3.0×4 理论上的最大读或写速度为 4GB/s，不考虑协议开销，每秒可以传输 4GB/4KB 个 4KB 大小的 I/O，该值为 1M，即理论上最大 IOPS 为 1 000k。因此，一款 PCIe Gen3 SSD，不管底层用什么介质，接口速度都只有这么快，最大 IOPS 是不可能超过这个值的。

　　PCIe 是从 PCI 发展过来的，PCIe 中的"e"是 express 的简称，表示"快"。PCIe 怎么能比 PCI（或者 PCI-X）快呢？那是因为 PCIe 在物理传输上跟 PCI 有着本质的区别：PCI 使用并口传输数据，而 PCIe 使用串口传输数据。PCI 并行总线单个时钟周期可以传输 32b 或 64b 数据，为什么比不了单个时钟周期传输 1b 数据的串行总线呢？

　　在实际时钟频率比较低的情况下，并口因为可以同时传输若干比特位，速率确实比串口快，如图 8-5 所示。随着技术的发展，要求数据传输速率越来越快，要求时钟频率也越来越快，但是并行总线时钟频率不是想快就能快的。

　　在发送端，数据在某个时钟沿传出去（图 8-5 左边所示时钟第一个上升沿），在接收端，数据在下个时钟沿

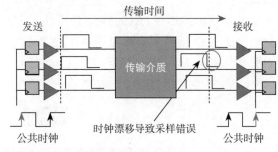

图 8-5　并行传输时序

（图 8-5 右边所示时钟第二个上升沿）接收。因此，要想使接收端能正确采集到数据，时钟的周期必须大于数据传输的时间（从发送端到接收端的时间，Flight Time）。受限于数据传输时间（该时间随着数据线长度的增加而增加），时钟频率不能做得太高。另外，时钟信号在线上传输的时候，也会存在相位偏移（Clock Skew），影响接收端的数据采集。由于采用并行传输，接收端必须等最慢的那个比特位数据到了以后才能锁住整个数据。

　　PCIe 使用串行总线进行数据传输就没有上述问题。它没有外部时钟信息，它的时钟信息通过 8/10 编码或者 128/130 编码嵌在数据流中，接收端可以从数据流里面恢复时钟信息，因此，它不受数据在线上传输时间的限制，导线多长、数据传输频率多快都没有问题。没有外部时钟信息，自然就没有所谓的相位偏移问题。由于是串行传输，只有一位数据在传输，所以也不存在信号偏移（Signal Skew）问题。但是，如果使用多条 Lane 传输数据（串行中又有并行），那么这个问题就又回来了，因为接收端同样要等最慢的那个 Lane 上的数据到达后才能处理整个数据。不过，PCIe 自己能解决这个问题。

8.2　PCIe 拓扑结构

　　计算机网络中的拓扑结构源于拓扑学（研究与大小、形状无关的点、线关系的方法）。把网络中的计算机和通信设备抽象为一个点，把传输介质抽象为一条线，由点和线组成的几何图形就是计算机网络的拓扑结构。

计算机网络主要的拓扑结构有总线型拓扑、环形拓扑、树形拓扑、星形拓扑、混合型拓扑及网状拓扑。

PCI 采用的是总线型拓扑结构，一条 PCI 总线上挂着若干个 PCI 终端设备或者 PCI 桥设备，大家共享该条 PCI 总线，谁要传输数据，必须先获得总线使用权。图 8-6 所示是一个基于 PCI 的传统计算机系统。

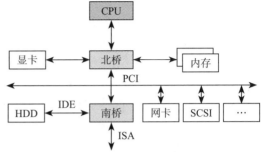

图 8-6　基于 PCI 的传统计算机系统

北桥下面的那根 PCI 总线挂载了以太网设备、SCSI 设备、南桥以及其他设备，它们共享那条总线，设备只有获得总线使用权才能进行数据传输。

而 PCIe 则采用树形拓扑结构，一个简单而又典型的 PCIe 拓扑结构如图 8-7 所示。

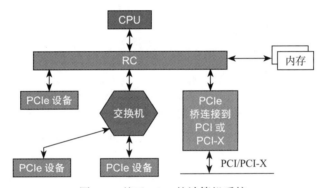

图 8-7　基于 PCIe 的计算机系统

整个 PCIe 拓扑结构是一个树形结构。Root Complex（RC）是树的根，它为 CPU 代言，与整个计算机系统的其他部分通信，比如 CPU 通过它访问内存，通过它访问 PCIe 系统中的设备。

RC 的内部实现很复杂，PCIe Spec 也没有规定 RC 该做什么，不该做什么。我们也不需要知道那么多，只需清楚：它实现了一条内部 PCIe 总线（BUS 0），以及通过若干个 PCIe 桥，扩展出一些 PCIe 端口，如图 8-8 所示。

PCIe 终端（Endpoint）就是 PCIe 终端设备，比如 PCIe SSD、PCIe 网卡等，这些终端可以直接连在 RC 上，也可以通过 PCIe 交换机（后文简称交换机）连到 PCIe 总线上。交换机用于扩展链路，提供更多的端口来连接终端。以 USB 为例，计算机主板上提供的 USB 端口有限，如果你要连接很多 USB 设备，比如无线网卡、无线鼠标、USB 摄像头、USB 打印机、U 盘等，就可以买一个 USB Hub 来扩展端口数量。

交换机扩展了 PCIe 端口，靠近 RC 的那个端口被称为上游端口（Upstream Port），而分出来的其他端口被称为下游端口（Downstream Port）。一个交换机只有一个上游端口，可以扩展出若干个下游端口。下游端口可以直接连接终端设备，也可以连接交换机以扩展出更多的 PCIe 端口，如图 8-9 所示。

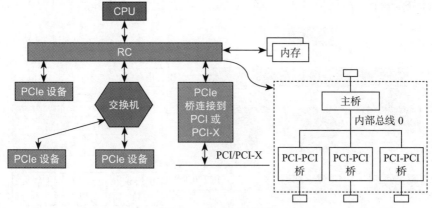

图 8-8　RC 内部总线

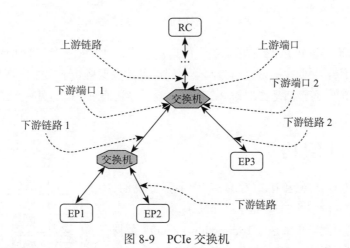

图 8-9　PCIe 交换机

对每个交换机来说，它下面的终端或者交换机都是归它管的。它需要甄别上游下来的数据传给它下面哪个设备，然后再进行转发；下面设备向 RC 传数据，也要通过交换机代为转发。因此，Switch 的作用就是扩展 PCIe 端口，并为挂在它上面的设备（终端或者交换机）提供路由和转发服务。

每个交换机内部也有一根内部 PCIe 总线，然后通过若干个桥，扩展出若干个下游端口，如图 8-10 所示。

最后小结一下：PCIe 采用的是树形拓扑结构，RC 是树的根或主干，它以 CPU 代表的身份与 PCIe 系统其他部分通信，一般为通信的发起者。交换机是树枝，树枝上有叶子（终端），也可用交换机连交换机，但归根结底，都是为了连接更多的终端。交换机为它下面的终端或交换机提供路由转发服务。终端是树叶，诸如 SSD、网卡、显卡等，实现某些特定功能。我们还看到有所谓的桥，它用于将 PCIe 总线转换成 PCI 总线，或者反过来（不是我们要讲的重点，忽略之）。PCIe 与采用总线共享通信方式的 PCI 不同，PCIe 采用点到点（Endpoint to Endpoint）的通信方式，每个设备独享通道带宽，速度和效率都比 PCI 好。

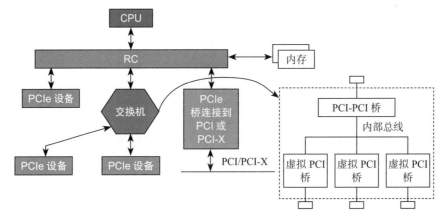

图 8-10　交换机内部总线结构

需要指出的是，虽然 PCIe 采用点到点的通信方式，即理论上任何两个终端都可以直接通信，但实际工作中很少这样做，因为两个不同设备的数据格式不一样，除非这两个设备是同一个厂商生产的。通常都是终端与 RC 通信，或者终端通过 RC 与另一个终端通信。

8.3　PCIe 分层结构

绝大多数的总线或者接口都是采用分层实现的，PCIe 也不例外，它的层次结构如图 8-11 所示。

PCIe 定义了三层：事务层（Transaction Layer）、数据链路层（Data Link Layer）和物理层（Physical Layer，包括逻辑子模块和电气子模块）。每层的职能是不同的，但下层总是为上层服务的。分层设计的一个好处是，如果层次分得够好，接口版本升级时硬件设计可能只需要改动某一层，其他层可以保持不动。

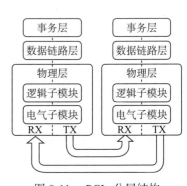

图 8-11　PCIe 分层结构

PCIe 传输的数据从上到下，都是以数据包（Packet）的形式传输的，每层数据包都有其固定的格式。

事务层的主要职责是创建（发送）或者解析（接收）TLP（Transaction Layer Packet，事务层数据包）、流量控制、QoS、事务排序等。

数据链路层的主要职责是创建（发送）或者解析（接收）DLLP（Data Link Layer Packet，数据链路层数据包）、ACK/NAK 协议（链路层检错和纠错）、流控、电源管理等。

物理层的主要职责是处理所有的数据包中数据的物理传输，发送端数据分发到各个 Lane 中进行传输，接收端把各个 Lane 上的数据汇总起来，在每个 Lane 上进行加扰（Scramble，目的是让 0 和 1 分布均匀，去除信道的电磁干扰）、去扰（De-scramble），以及 8/10 或者 128/130 编码解码等操作。

上述三层的细节如图 8-12 所示。

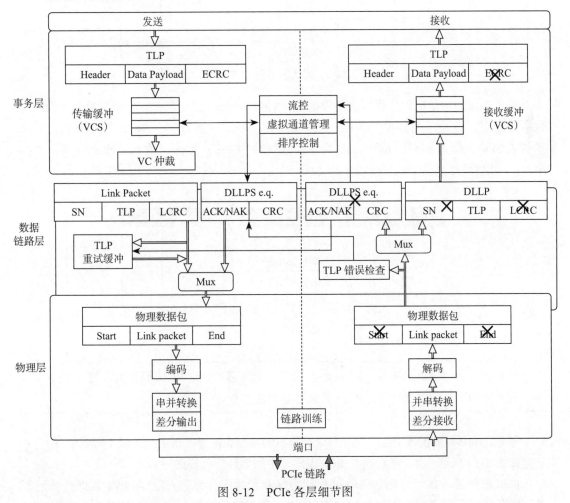

图 8-12　PCIe 各层细节图

数据从上到下，一层层打包，上层打包完的数据作为下层的原始数据，然后对数据进行再打包。

Data 是事务层上层（如命令层、NVMe 层）给的数据，事务层在它头上加个 Header，然后在它尾巴上再加个 CRC 校验，就构成了一个 TLP。这个 TLP 下传到数据链路层，又被数据链路层在头上加了个包序列号（Sequence Number，SN），在尾巴上再加个 CRC 校验，然后下传到物理层。物理层为其头上加个 Start，尾巴上加个 End 符号，把这些数据分派到各个 Lane 上，然后在每个 Lane 上加扰码，经 8/10 或 128/130 编码，最后通过物理传输介质传输给接收方，如图 8-13 所示。

图 8-13　发送方打包 TLP 过程

接收方物理层是最先接收到这些数据的，掐头（Start）去尾（End），然后交由上层。在数据链路层，校验序列号和 LCRC，如果没问题，剥掉序列号和 LCRC，往事务层走；如果校验出错，则通知对方重传。在事务层，校验 ECRC，有错，数据抛弃；没错，去掉ECRC，获得数据。整个过程如图 8-14 所示。

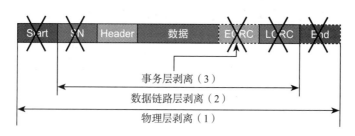

图 8-14　接收方解包 TLP 过程

和 PCI 数据"裸奔"不同，PCIe 的数据是"穿衣服"的。PCIe 数据以数据包的形式传输，不同于 PCI 冷冰冰的数据，PCIe 的数据是鲜活有生命的。

每个终端都需要实现上述三层，每个交换机的端口也需要实现上述三层（见图 8-15）。

如图 8-15 所示，如果 RC 要与 EP1 通信，中间要经历怎样的过程？

如果把前述的数据发送和接收过程称为穿衣和脱衣，那么，RC 与 EP1 数据传输过程中，则存在好几次这样穿衣脱衣的过程：RC 帮数据穿好衣服，发送给交换机的上游端口，A 为了知道该笔数据发送给谁，就需要脱掉该数据的衣服，找到里面的地址信息。衣服脱光后，交换机发现它是发往 EP1 的，又帮它换了身新衣服，发送给端口 B。B 又不嫌麻烦地脱掉它的衣服，换上新衣服，最后发送给 EP1，如图 8-16 所示。

交换机的主要功能是转发数据，为什么还需要实现事务层？交换机必须实现这三层，因为数据的目的地信息在 TLP 中，如果不实现这一层，就无法知道目的地址，也就无法实现数据寻址路由。

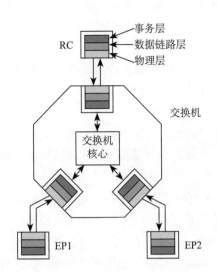

图 8-15　RC、交换机和 EP 都要实现三层

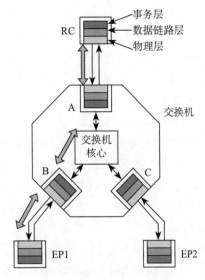

图 8-16　RC 和 EP 通信

8.4　PCIe TLP 类型

主机与 PCIe 设备之间，或者不同 PCIe 设备之间，数据传输都是以数据包形式进行的。事务层根据上层（软件层或者应用层）请求（Request）的类型、目的地址和其他相关属性，把这些请求打包，产生 TLP。然后这些 TLP 往下经过数据链路层、物理层，最终到达目标设备。

根据软件层的不同请求，事务层可产生 4 种不同的 TLP 请求：

❑ 内存（Memory）；

❑ I/O；

❑ 配置（Configuration）；

❑ 消息（Message）。

前 3 种分别用于访问内存空间、I/O 空间、配置空间，这 3 种请求在 PCI 或者 PCI-X 时代就有了，最后的消息请求是 PCIe 新加的。在 PCI 或者 PCI-X 时代，像中断、错误以及电源管理等相关消息，都是通过边带信号（Sideband Signal）进行传输的，但 PCIe 干掉了这些边带信号线，所有的通信都以带内信号的形式传输，即通过数据包传输，因此，过去一些用边带信号传输的数据，比如中断消息、错误消息等，现在就交由消息来传输了。

我们知道，一个设备的物理空间可以通过内存映射（Memory Map）的方式映射到主机的主存中，有些空间还可以映射到主机的 I/O 空间（如存在）。但新的 PCIe 设备只支持内存映射，之所以还存在访问 I/O 空间的 TLP，完全是为了照顾那些老设备。以后 I/O 映射的方式会逐渐被取消，为减轻学习压力，我们以后看到 I/O 相关的东西，大可直接忽略。

所有对配置（Configuration）的访问都是由主机发起的，确切地说，是由 RC 发起的，往往只在上电枚举和配置阶段会发起对配置空间的访问，这样的 TLP 很重要，但不是常态。消息也是一样，只有在有中断或者有错误等问题的情况下，才会有消息 TLP，这不是主流的。PCIe 线上主流传输的是与内存访问相关的 TLP，主机与设备或者设备与设备之间，数据都是在彼此的内存之间（抛掉 I/O）交互，因此，这种 TLP 是最常见的。

上述 4 种请求，如果是需要对方响应的，我们称之为 Non-Posted TLP；如果是不指望对方给予响应的，我们称之为 Posted TLP。Post 有"邮政"的意思，意思是说我们只管把信投到邮箱，能不能送达对方就取决于邮递员了。Posted TLP 不指望对方回复（信能不能收到都是问题），Non-Posted TLP 要求对方务必回复。

哪些是 Posted TLP，哪些又是 Non-Posted TLP 呢？像配置和 I/O 访问，无论读写，都是 Non-Posted TLP，这样的请求必须得到设备的响应。消息 TLP 是 Posted TLP。内存读（Memory Read）必须是 Non-Posted TLP，我读你数据，你不返回数据（返回数据也是响应），那肯定不行，内存读必须得到响应。而内存写（Memory Write）是 Posted TLP，我的数据传给你，你无须回复，这样主机或者设备可以不等对方回复，尽快把下一笔数据写下去，这在一定程度上提高了写性能。有人会担心如果没有得到对方的响应，发送者就没有办法知道数据究竟有没有成功写入，这就产生了丢数据的风险。虽然存在这个风险（概率很小），但数据链路层提供了 ACK/NAK 机制，这在一定程度上能保证 TLP 正确交互，降低数据写失败的可能。TLP 的请求类型如表 8-2 所示。

表 8-2　TLP 请求类型

请求类型	Non-Posted/Posted
内存读	Non-Posted
内存写	Posted
内存读锁（Memory Read Lock）	Non-Posted
I/O 读	Non-Posted
I/O 写	Non-Posted
Configuration Read（配置读，包括 Type 0 和 Type 1）	Non-Posted
Configuration Write（配置写，包括 Type 0 和 Type 1）	Non-Posted
Message（消息）	Posted

只要记住只有内存写和消息两种 TLP 是 Posted TLP 就可以了，其他都是 Non-Posted TLP。

读存储锁是历史遗留物，Native PCIe 设备已经抛弃了它，它的存在完全是为了向下兼容。和 I/O 一样，我们也可以忽略。

在 Configuration 一栏，我们看到 Type 0 和 Type 1。在之前的拓扑结构中，我们看到除了终端之外，还有交换机，它们都是 PCIe 设备，但配置种类不同，因此用 Type 0 和 Type 1 区分，如表 8-3 所示。

对 Non-Posted TLP 请求来说，一定需要对方响应，对方需要返回一个响应 TLP 作为响应。对读请求来说，响应者通过响应 TLP 为请求者返回所需的数据，这种响应 TLP 包含有效数据；对写请求（现在只有配置写了）来说，响应者通过响应 TLP 告诉请求者执行状态，这样的响应 TLP 不含有效数据。因此，PCIe 里面所有的 TLP = 请求 TLP + 响应 TLP。TLP 类型及其缩写如表 8-4 所示。

表 8-3　Native PCIe TLP 类型

请求类型	Non-Posted/Posted
内存读	Non-Posted
内存写	Posted
配置读	Non-Posted
配置写	Non-Posted
消息	Posted

表 8-4　TLP 类型及其缩写

TLP 类型	缩　写
内存读	MRd
内存写	MWr
配置读（Type 0 和 Type 1）	CfgRd0, CfgRd1
配置写（Type 0 和 Type 1）	CfgWr0, CfgWr1
消息请求（带数据）	MsgD
消息请求（不带数据）	Msg
响应（带数据）	CplD
响应（不带数据）	Cpl

先看一个内存读的例子，如图 8-17 所示。例子中，PCIe 设备 C 想读主机内存中的数据，因此，它在事务层生成一个内存读 TLP（MRd），该 MRd 一路向上，到达 RC。RC 收到该 MRd，就到内存中取 PCIe 设备 C 所需的数据，RC 通过 Completion with Data TLP（带数据的响应 TLP，简称 CplD）返回数据，并将数据原路返回到 PCIe 设备 C。

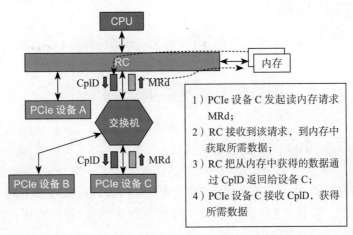

图 8-17　读存储示例

一个 TLP 最多只能携带 4KB 有效数据，因此在上例中，如果 PCIe 设备 C 需要读 16KB 的数据，则 RC 必须返回 4 个 CplD 给 PCIe 设备 C。注意，PCIe 设备 C 只需发 1 个 MRd 就可以了。

再看一个内存写的例子，如图 8-18 所示。

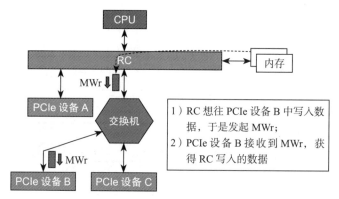

图 8-18　内存写示例

上例中，主机想往 PCIe 设备 B 中写入数据，因此 RC 在其事务层生成了一个内存写 TLP（MWr，要写的数据在其中），通过交换机直到目的地。前面说过 MWr 是 Posted TLP，因此，PCIe 设备 B 收到数据后，不需要返回响应 TLP（如果这时返回响应 TLP，反而是画蛇添足）。

同理，由于一个 TLP 只能携带 4KB 数据，因此主机想往 PCIe 设备 B 上写入 16KB 数据，RC 必须发送 4 个 MWr。

8.5　PCIe TLP 结构

无论请求 TLP，还是作为回应的响应 TLP，它们的模样都差不多，如图 8-19 所示。

图 8-19　TLP 数据格式

TLP 主要由 3 个部分组成：Header、数据（可选，取决于具体的 TLP 类型）和 ECRC（End to End CRC，可选）。TLP 都始于发送端的事务层，终于接收端的事务层。

每个 TLP 都有一个 Header。事务层根据上层请求内容，生成 TLP Header。Header 包括发送者的相关信息、目标地址（该 TLP 要发给谁）、TLP 类型（诸如前面提到的内存读、内存写）、数据长度（如果有数据的话）等。

数据载荷域用于存放有效载荷数据。该域不是必需的，因为并不是每个 TLP 都必须携带数据，比如内存读 TLP，它只是一个请求，数据是由目标设备通过响应 TLP 返回的。后面我们会介绍哪些 TLP 需要携带数据，哪些 TLP 不带数据。前面也提到，一个 TLP 最大载重是 4KB，数据大于 4KB 的话，就需要分几个 TLP 传输。

ECRC 域为之前的 Header 和数据（如果有的话）生成一个 CRC，在接收端根据收到的 TLP 重新生成 Header 和数据（如果有的话）的 CRC，与收到的 CRC 比较，一样则说明数据在传输过程中没有出错，否则就有错。它也是可选的，可以设置不加 CRC。

数据域和 CRC 域没有什么好讲的，需要关注的是 Header 域，我们深入其中看看。

一个 Header 大小可以是 3DW，也可以是 4DW。以 4DW 的 Header 为例，TLP 的 Header 如图 8-20 所示。

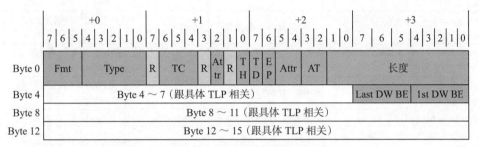

图 8-20　TLP 的 Header 格式

图 8-20 中的深色区域为所有 TLP Header 的公共部分，所有 Header 都有这些；其他区域的内容则跟具体的 TLP 相关。

稍微解释一下深色区域的各项内容。

❑ Fmt：Format，表明该 TLP 是否带有数据，Header 是 3DW 还是 4DW。

❑ Type：TLP 类型，包括内存读、内存写、配置读、配置写、消息和响应等。

❑ R：Reserved，等于 0。

❑ TC：Traffic Class，TLP 也分三六九等，优先级高的先得到服务。TC:3bit 说明可以分为 0 ～ 7 这 8 个等级，TC 默认是 0，数字越大，优先级越高。

❑ Attr：Attribute，属性，前后共三个位。

❑ TH：TLP Processing Hints（处理提示）。

❑ TD：TLP Digest，之前说 ECRC 可选，如果这位被设置，则说明该 TLP 包含 ECRC，接收端应该做 CRC 校验。

❑ EP："有毒"的数据，应远离。

❑ AT：Address Type，地址种类。

❑ 长度：Payload 数据长度，10 位，最大为 1024，单位为 DW，所以 TLP 最大数据长度是 4KB。该长度总是为 DW 的整数倍，如果 TLP 的数据不是 DW 的整数倍（不是 4B 的整数倍），则需要用到 Last DW BE 和 1st DW BE 这两个域。

到目前为止，对于 Header，我们只需知道它大概有什么内容，没有必要记住每个域是什么。

这里重点讲讲 Fmt 和 Type，看看不同 TLP（这里所列为精简版的，仅为 Native PCIe 设备所支持的 TLP）的 Fmt 和 Type 应该怎样编码（见表 8-5）。

表 8-5　TLP 格式和类型域编码

TLP	Fmt 域	Type 域	说　明
Memory Read Request（内存读请求）	000=3DW，不带数据 001=4DW，不带数据	0 0000	内存读不带数据，其 Header 大小为 3DW 或 4DW
Memory Write Request（内存写请求）	010=3DW，带数据 011=4DW，带数据	0 0000	内存写带数据，其 Header 大小为 3DW 或 4DW
Configuration Type 0 Read Request（Type 0 配置读请求）	000=3DW，不带数据	0 0100	读终端的配置，不带数据，Header 总是为 3DW
Configuration Type 0 Write Request（Type 0 配置写请求）	010=3DW，带数据	0 0100	写终端的配置，带数据，Header 总是为 3DW
Configuration Type 1 Read Request（Type 1 配置读请求）	000=3DW，不带数据	0 0101	读交换机的配置，不带数据，Header 总是为 3DW
Configuration Type 1 Write Request（Type 1 配置写请求）	010=3DW，带数据	0 0101	写交换机的配置，带数据，Header 总是为 3DW
Message Request（消息请求）	001=4DW，不带数据	1 0rrr	消息的 Header 总是为 4DW
Message Request with Data（带数据的消息请求）	011 = 4DW，带数据	1 0rrr	消息的 Header 总是为 4DW
Completion（响应）	000=3DW，不带数据	0 1010	响应的 Header 总是为 3DW
Completion with Data（带数据的响应）	010=3DW，带数据	0 1010	响应的 Header 总是为 3DW

如表 8-5 所示，配置和响应的 TLP（以 C 打头的 TLP）的 Header 大小总是 3DW；信息 TLP 的 Header 总是 4DW。而内存访问相关 TLP 的 Header 取决于地址空间的大小：地址空间小于 4GB 的，Header 大小为 3DW；大于 4GB 的，Header 大小则为 4DW。

上面介绍了几个 TLP Header 的共同部分，下面介绍具体 TLP 的 Header。

1. 内存 TLP

有两个重要的内容在前面没有提到，那就是 TLP 的源和目标，即该 TLP 是在哪里产生的，它要到哪里去，这些信息都是包含在 Header 里面的（见图 8-21）。因为不同 TLP 类型的寻址方式不同，因此要结合具体 TLP 来看。

对一个 PCIe 设备来说，它开放给主机访问的设备空间首先会映射到主机的内存空间，主机如果想访问设备的某个空间，TLP Header 当中的地址应该设置为该访问空间在主机内存中的映射地址。如果主机内存空间小于 4GB，则存储设备读写 TLP 的 Header 大小为 3DW；大于 4GB，则为 4DW。对 4GB 内存空间，32 位的地址用 1DW 就可以表示，该地址位于 Byte8 ～ 11；而 4GB 以上的内存空间，需要用 2DW 表示，该地址位于 Byte8 ～ 15。

该 TLP 经过交换机的时候，交换机会根据地址信息把该 TLP 转发到目标设备。之所以能唯一地找到目标设备，是因为不同的终端设备空间会映射到主机内存空间的不同位置。

关于 TLP 路由，后文还会详细介绍。

内存 TLP 的目标是通过内存地址获知的，而源则是通过请求 ID 获知的。每个设备在 PCIe 系统中都有唯一的 ID，该 ID 由总线（Bus）、设备（Device）、功能（Function）三者唯一确定。这个后面也会专门讲，这里只需知道一个 PCIe 组成有唯一的一个 ID，不管是 RC、交换机还是终端。

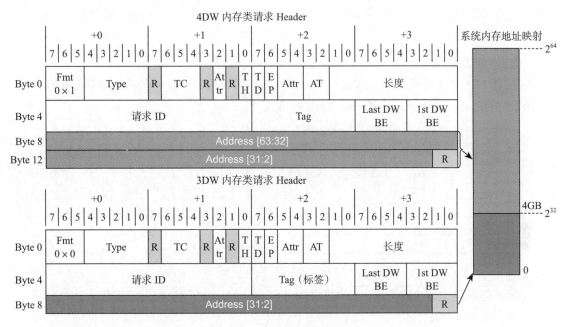

图 8-21　内存类 TLP 的 Header

2. 配置 TLP

终端和交换机的配置格式不一样，分别用 Type 0 和 Type 1 来表示。配置可以认为是一个终端或者交换机的标准空间，这段空间在初始化时需要映射到主机的内存空间。与设备的其他空间不同，该空间是标准化的，即不管是哪个厂家生产的设备，都需要有这段空间，而且哪个地方放什么东西，都是协议规定好的，主机按协议访问这部分空间。主机软件访问 PCIe 设备的配置空间，RC 会生成配置 TLP 与交换机或终端交互。

图 8-22 所示是访问终端的配置空间的 TLP Header（Type 0）。

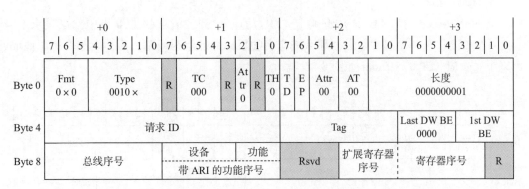

图 8-22　Type 0 配置 TLP 的 Header

总线序号 + 设备 + 功能就唯一决定了目标设备，扩展寄存器序号 + 寄存器序号相当于配置空间的偏移。找到了设备并指定了配置空间的偏移，就能找到想访问的配置空间的某个具体位置（寄存器）。

3. 消息 TLP

消息 TLP 用于传输中断、错误、电源管理等信息，取代 PCI 时代的边带信号传输。消息 TLP 的 Header 大小总是为 4DW，如图 8-23 所示。

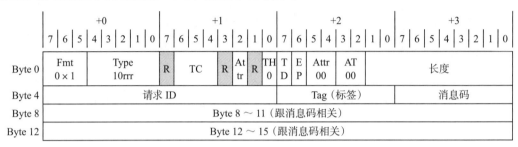

| Byte 0 | Fmt 0×1 | Type 10rrr | R | TC | R | Attr | R | TH 0 | T D | E P | Attr 00 | AT 00 | 长度 |

Byte 4	请求 ID	Tag（标签）	消息码
Byte 8	Byte 8 ~ 11（跟消息码相关）
Byte 12	Byte 12 ~ 15（跟消息码相关）

图 8-23　消息 TLP 的 Header

消息码指定该消息的类型，具体如图 8-24 所示。不同的消息码，最后两个 DW 的意义也不同，这里不再展开。

Message Code [7:0]	Byte 7 Bit 7:0	这个域表示发送消息的类型
		0000 0000b = Unlock Message
		0001 0000b = Lat. Tolerance Reporting
		0001 0010b = Optimized Buffer Flush/Fill
		0001 xxxxb = Power Mgt. Message
		0010 0xxxb = INTx Message
		0011 00xxb = Error Message
		0100 xxxxb = Ignored Messages
		0101 0000b = Set Slot Power Message
		0111 111xb = Vendor-Defined Messages

图 8-24　信息 code 域解释

4. 响应 TLP

有 Non-Posted 请求 TLP，才有响应 TLP。前面看到，请求的 TLP 当中都由请求 ID 和 Tag 来告知接收者、发起者是谁。那么响应者的目标地址就很简单，照抄发起者的源地址就可以了。响应 TLP 的 Header 如图 8-25 所示。

| Byte 0 | Fmt 0×0 | Type 01010 | R | TC | R | Attr | R | TH 0 | T D | E P | Attr | AT 00 | 长度 |

| Byte 4 | 响应者 ID | 完成状态 | B C M | 字节总数 |
| Byte 8 | 请求 ID | Tag（标签） | R | 低地址 |

图 8-25　响应 TLP 的 Header

响应 TLP 一方面可以返回请求者的数据，比如作为内存读或配置读的响应；另一方面，可以返回该事务的状态。因此，在响应 TLP 的 Header 中有一个 Completion Status（响应状态），用于返回事务状态（见图 8-26）。

域名称	Header Byte/Bit	解释
Compl. Status [2:0] (Completion Status Code)	Byte 6 Bit 7:5	These bits indicate status for this Completion. 000b = Successful Completion (SC) 001b = Unsupported Request (UR) 010b = Config Req Retry Status (CRS) 100b = Completer abort (CA)

图 8-26　Completion Status

8.6　PCIe 配置和地址空间

每个 PCIe 设备都有这样一段空间：主机软件可以通过读取它获得该设备的一些信息，也可以通过它来配置该设备。这段空间被称为 PCIe 的配置空间。不同于每个设备的其他空间，PCIe 的配置空间是协议规定好的，哪个地方放什么内容都是有定义的。PCI 或者 PCI-X 时代就有配置空间的概念，具体如图 8-27 所示。

整个配置空间就是一系列寄存器的集合，由两部分组成：64B 的 Header 和 192B 的 Capability（能力）数据结构。

进入 PCIe 时代，PCIe 能耐更大，192B 不足以罗列它的绝活。为了保持后向兼容，又不把绝活落下，怎么办？很简单，把整个配置空间由 256B 扩展成 4KB，前面 256B 保持不变（见图 8-28）。

图 8-27　PCI 设备的 256B 配置空间

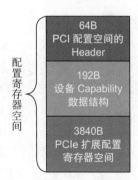

图 8-28　PCIe 设备的 4KB 配置空间

PCIe 有什么能力我们不看，先看看只占 64B 的配置 Header（见图 8-29）。其中，Type 0 Header 是终端的配置 Header，Type 1 Header 是交换机的配置 Header。

Type 0 Header

Byte 3	Byte 2	Byte 1	Byte 0	DW
设备 ID		厂商 ID		00
状态		命令		01
类别代码			版本 ID	02
BIST	Header 类型	延迟计时器	缓存线尺寸	03
基址 0				04
基址 1				05
基址 2				06
基址 3				07
基址 4				08
基址 5				09
卡总线 CIS 指针				10
子系统 ID		子系统厂商 ID		11
扩展 ROM 基址				12
保留			能力指标	13
保留				14
Max_Lat	Min_Gnt	中断引脚	中断线	15

Type 1 Header

Byte 3	Byte 2	Byte 1	Byte 0	DW
设备 ID		厂商 ID		00
状态		命令		01
类别代码			版本 ID	02
BIST	Header 类型	延迟计时器	缓存线尺寸	03
基址 0				04
基址 1				05
二级延迟计时器	下级总线序号	二级总线序号	主总线序号	06
辅助状态		I/O 寻址上限	I/O 基址	07
内存寻址上限		内存基址		08
可预取内存寻址上限		可预取内存基址		09
可预取内存基址高 32 位				10
可预取内存寻址上限高 32 位				11
I/O 选址上限高 16 位		I/O 基址高 16 位		12
保留		能力指针		13
扩展 ROM 基址				14
桥接控制		中断引脚	中断线	15

图 8-29　配置空间的 Header

Device ID、Vendor ID、Class Code 和 Revision ID 都是只读寄存器，PCIe 设备通过这些寄存器告诉主机软件，这是哪个厂家的设备，设备 ID 是多少以及设备是什么类型的（网卡、显卡、桥）。

其他的我们暂时不看，先看看重要的 BAR（Base Address Register，基址寄存器）。

终端配置（Type 0）最多有 6 个 BAR，交换机（Type 1）只有 2 个。BAR 是做什么的？

每个 PCIe 设备都有自己的内部空间，这部分空间如果开放给主机（软件或者 CPU）访问，那么主机怎样才能往其中写入数据或者从中读数据呢？

我们知道，CPU 只能直接访问主机内存空间（或者 I/O 空间），不能对 PCIe 等外设进行直接操作。怎么办？记得前文提到的 RC 吗？它可以为 CPU 分忧。

解决办法是：CPU 如果想访问某个设备的空间，让 RC 去办。例如：如果 CPU 想读 PCIe 设备的数据，先让 RC 通过 TLP 把数据从 PCIe 设备读到主机内存，然后 CPU 从主机内存读数据；如果 CPU 要往 PCIe 设备写数据，则先把数据在内存中准备好，然后让 RC 通过 TLP 将其写入 PCIe 设备。

图 8-30 最左边的虚线表示 CPU 要读的终端 A 的数据，RC 则通过 TLP（经交换机）获

得数据，并把它写入系统内存中，然后 CPU 从内存中读取数据（深色实线箭头所示），从而
CPU 间接完成对 PCIe 设备数据的读取。

　　具体实现就是上电的时候，系统把 PCIe

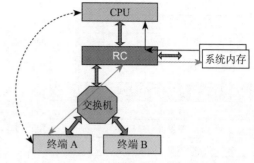

设备开放的空间（系统软件可见）映射到内存
地址空间，CPU 要访问该 PCIe 设备空间，只
需访问对应的内存地址空间。RC 检查该内
存地址，如果发现该内存地址是某个 PCIe 设
备空间的映射，就会触发其产生 TLP 去访问
对应的 PCIe 设备，从而实现读或者写 PCIe
设备。

图 8-30　CPU 与 EP 通信示例

　　一个 PCIe 设备可能有若干个内部空间
（属性可能不一样，比如有些可预读，有些不可预读）需要映射到内存空间，设备出厂时，
这些空间的大小和属性都写在配置 BAR 寄存器里面。上电后，系统软件读取这些 BAR，并
分配对应的系统内存地址空间，然后把相应的内存基地址写回 BAR。（BAR 的地址其实是
PCI 总线域的地址，CPU 访问的是内存地址。CPU 访问 PCIe 设备时，需要把总线域地址转
换成内存地址。）

　　如图 8-31 所示，Native PCIe 终端（在图 8-31 中所示交换机的右下方）只支持内存映射，
它有两个不同属性的内部空间要开放给系统软件，因此，它可以分别映射到内存（Memory，
不是 DRAM 区域）地址空间的两个地方。还有一个 Legacy 终端，它不仅支持内存映
射，还支持 I/O 映射，它也有两个不同属性的内部空间，分别映射到系统内存空间和 I/O
空间。

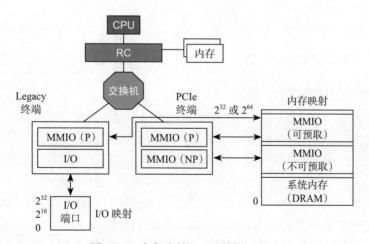

图 8-31　内存映射和 I/O 映射示例

　　下面，我们来看一下系统软件是如何为 PCIe 设备分配映射空间的（见图 8-32）。

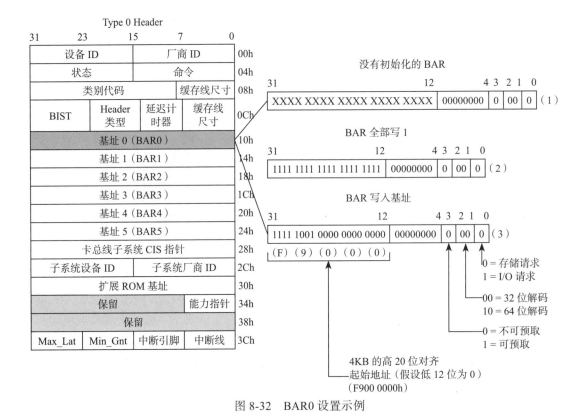

图 8-32　BAR0 设置示例

上电时，系统软件首先会读取 PCIe 设备的 BAR0，得到数据（见图 8-33），然后系统软件往该 BAR0 中写入全 1（见图 8-34）。

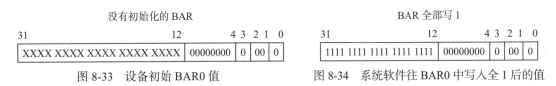

图 8-33　设备初始 BAR0 值　　　　　图 8-34　系统软件往 BAR0 中写入全 1 后的值

BAR 寄存器有些位是只读的，是 PCIe 设备在出厂前就固定好的，写全 1 进去，如果值保持不变，就说明这些位是厂家固化好的。这些固化好的位提供了这块内部空间的一些信息。

低 12 位没变，表明该设备空间大小是 4KB。低 4 位用于表明该存储空间的一些属性，比如是 I/O 映射还是内存映射，是 32 位地址还是 64 位地址，能否预取（做过单片机的人可能知道，有些寄存器只要一读，数据就会清掉，因此，对这样的空间是不能预读的）。这些属性都是 PCIe 设备在出厂前都设置好的，目的是为系统软件提供相应信息。然后系统软件根据这些信息，在系统内存空间中找到对应的空间来映射这 4KB 的空间，把分配的基地址写入 BAR0（见图 8-35），从而完成该 PCIe 空间的映射。一个 PCIe 设备可能有若干个内部空间需要开放出来，系统软件依次读取 BAR1、BAR2，直到 BAR5，完成所有内部空间的映射。

上面主要讲了终端的 BAR，交换机也有两个 BAR，这里不展开讲，后文讲 TLP 路由的时候再回过头来讲。下面我们继续讲配置空间。

前面说每个 PCIe 设备都有一个配置空间，其实这个说法并不准确，准确的说法是每个 PCIe 设备至少有一个配置空间。一个 PCIe 设备可能具有多个功能，比如硬盘功能、网卡功能等，每个功能对应一个配置空间。

在一个 PCIe 拓扑结构里，一条总线下面可以挂几个设备，而每个设备可以具有几个功能，如图 8-36 所示。

图 8-35　主机软件为该空间分配地址空间后 BAR0 的值

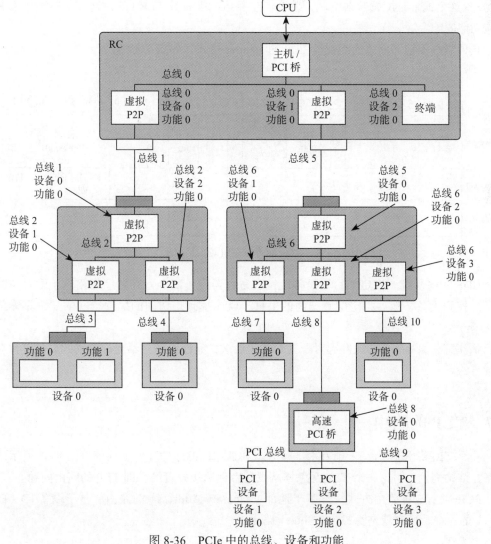

图 8-36　PCIe 中的总线、设备和功能

因此，在整个 PCIe 系统中，只要知道了总线序号、设备序号和功能序号，就能找到唯一的功能。

寻址基本单元是功能，它的 ID 由总线、设备、功能（BDF）组成。一个 PCIe 系统，可以最多有 256 条总线，每条总线上最多可以挂 32 个设备，而每个设备最多又能实现 8 个功能，每个功能对应 4KB 的配置空间。上电时，这些配置空间都需要映射到主机的内存地址空间（PCIe 域，非 DRAM 区域）。这块内存地址映射区域的大小为：$256 \times 32 \times 8 \times 4KB =$ 256MB。注意，这只是内存空间的某个区域，不占用 DRAM 空间。

系统软件如何读取配置空间呢？不能通过 BAR 中的地址读取，为什么？别忘了 BAR 是在配置中的，你首先要读取配置，之后才能得到 BAR。系统不是为所有可能的配置空间做了内存映射吗？系统软件想访问哪个配置，只需指定与相应功能对应的内存空间地址，RC 发现这个地址是配置映射空间，就会产生相应的配置读 TLP（映射地址→BDF）去获得相应功能的配置。

再回想一下前面介绍的配置读 TLP 的 Header 格式，如图 8-37 所示。

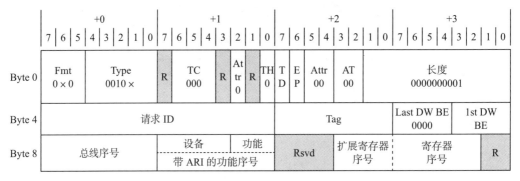

图 8-37　配置读 TLP 的 Header

BDF 的序号唯一决定了目标设备；扩展寄存器序号配合寄存器序号相当于配置空间的偏移。找到设备，然后指定配置空间的偏移，就能找到想访问的配置空间的某个具体位置（寄存器）。

请注意，只有 RC 才能发起对配置的访问请求，其他设备是不允许对别的设备进行对配置读写的。

8.7　TLP 的路由

一个 TLP 是怎样历经千山万水，最后顺利抵达目的地的呢？下面就以图 8-38 所示的简单拓扑结构为例，讨论一个 TLP 是怎样从发起者到达接收者的，即 TLP 的路由问题。

PCIe 共有 3 种路由方式——基于地址（Memory Address）的路由、基于设备 ID（BDF 序号）的路由，还有就是隐式（Implicit）路由。

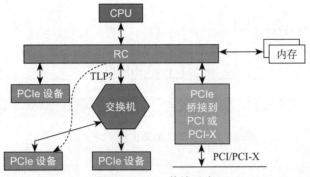

图 8-38　TLP 传输示意

不同类型的 TLP，其寻址方式也不同，表 8-6 总结了每种 TLP 对应的路由方式。

表 8-6　TLP 路由方式

TLP 类型	路由方式
内存写 / 读 TLP	基于地址的路由
配置写 / 读 TLP	基于设备 ID 的路由
响应 TLP	基于设备 ID 的路由
消息 TLP	基于地址、基于设备 ID 的路由或者隐式路由

下面分别讲述这几种路由方式。

1. 基于地址的路由

前面提到，交换机负责路由和 TLP 的转发，而路由信息是存储在交换机的配置空间的，因此，很有必要先理解交换机的配置空间（见图 8-39）。

BAR0 和 BAR1 没有什么好讲的，跟前一节讲的终端的 BAR 意义一样。

交换机有一个上游端口（靠近 RC）和若干个下游端口，每个端口其实都是一个桥，都有一个配置空间，每个配置空间描述了其下面连接设备空间映射的范围，分别用 Memory Base 和 Memory Limit 来表示。上游端口的配置空间描述的地址范围是它下游所有设备的映射空间范围，而每个下游端口的配置空间描述了连接它的端口设备的映射空间范围。

前面我们看到，内存读或者内存写 TLP 的 Header 里面都有一个地址信息，该地址是 PCIe 设备内部空间在内存中的映射地址（见图 8-40）。

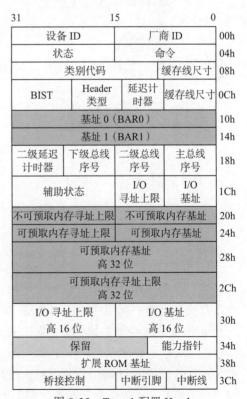

图 8-39　Type 1 配置 Header

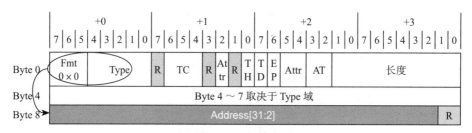

图 8-40 3DW 地址路由的 TLP Header

当一个终端收到一个内存读或写请求 TLP 时，它会把 TLP Header 中的地址跟配置空间当中所有的 BAR 寄存器比较，如果 TLP Header 中的地址落在这些 BAR 的地址空间，那么它就认为该 TLP 是发给它的，于是接收该 TLP，否则就忽略，如图 8-41 所示。

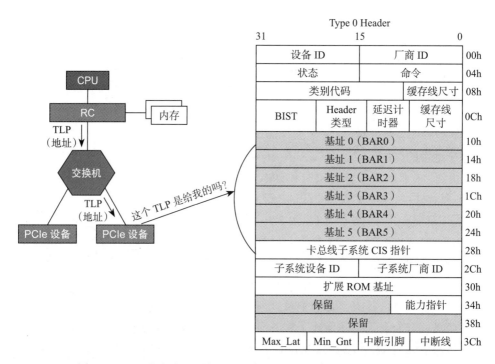

图 8-41 EP 通过对比目的地址和自己的 BAR 决定是否接收该 TLP

当一个交换机上游端口收到一个内存访问请求 TLP 时，它首先将 TLP Header 中的地址跟它自己配置空间当中的所有 BAR 寄存器做比较，看 TLP Header 当中的地址是否落在这些 BAR 的地址空间。如果是，那么它就认为该 TLP 是发给自己的，于是接收该 TLP（这个过程与终端的处理方式一样）；如果不是，则看这个地址是否落在其下游设备的地址范围内（是否在 Memory Base（存储基址）和 Memory Limit（寻址上限）之间）。如果是，说明该 TLP 是发给它下游设备的，因此它要完成路由转发；如果不是，说明该 TLP 不是发给它下游设备的，则它不接受该 TLP。完整流程如图 8-42 所示。

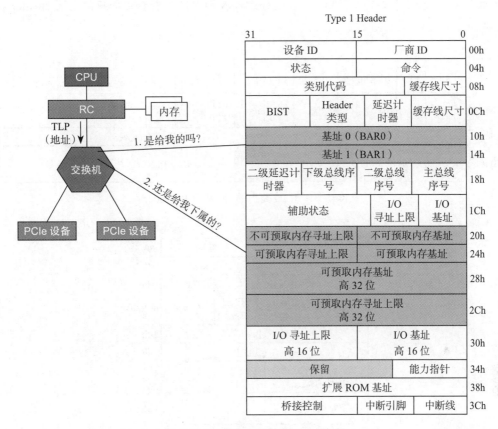

图 8-42　交换机如何分配地址路由

上面的描述针对的是 TLP 从上游到下游的路由，如果 TLP 从下游往上走呢？

它（某端口）首先将 TLP Header 中的地址跟自己配置当中的所有 BAR 寄存器做比较，看 TLP Header 当中的地址是否落在这些 BAR 的地址空间。如果是，那么它就认为该 TLP 是发给它的，于是接收该 TLP（跟前面描述一样）；如果不是，那就看这个地址是否落在其下游设备的地址范围内（是否在存储基数和存储限额之间）。如果是，这个时候不应接受而应拒绝；如果不是，交换机则把该 TLP 传上去。

2. ID 路由

在一个 PCIe 拓扑结构中，由 BDF 序号能唯一找到某个设备的某个功能。这种按设备 ID 号来寻址的方式叫作 ID 路由。配置 TLP 和响应 TLP（CplD）按 ID 路由寻址，消息在某些情况下也是 ID 路由。

使用 ID 路由的 TLP 的 Header 中含有 BDF 信息（见图 8-43）。

当一个终端收到一个这样的 TLP 时，它将自己的 ID 与收到 TLP Header 中的 BDF 进行比较，如果是给自己的，就收下 TLP，否则就拒绝。

如果交换机收到这样一个 TLP，怎么处理？我们再回头看看交换机的配置 Header（见图 8-44）。

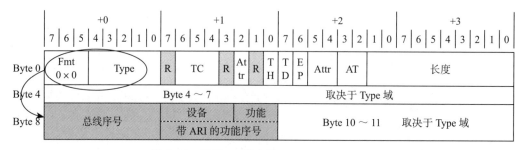

图 8-43　使用 ID 路由的 3DW TLP Header

	31	15	0	
设备 ID		厂商 ID		00h
状态		命令		04h
类别代码			缓存线尺寸	08h
BIST	Header 类型	延迟计时器	缓存线尺寸	0Ch
基址 0（BAR0）				10h
基址 1（BAR1）				14h
二级延迟计时器	下级总线序号	二级总线序号	主总线序号	18h
辅助状态		I/O 寻址上限	I/O 基址	1Ch
不可预取内存寻址上限		不可预取内存基址		20h
可预取内存寻址上限		可预取内存基址		24h
可预取内存基址 高 32 位				28h
可预取内存寻址上限 高 32 位				2Ch
I/O 寻址上限 高 16 位		I/O 基址 高 16 位		30h
保留		能力指针		34h
扩展 ROM 基址				38h
桥接控制		中断引脚	中断线	3Ch

图 8-44　Type 1 Header

注意：不是一个交换机对应一个配置空间（Type 1 Header），而是交换机的每个端口都有一个配置空间（Type 1 Header）。

看 3 个寄存器——下级总线序号、二级总线序号和主总线序号，如图 8-45 所示。

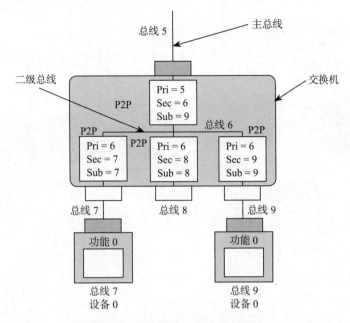

图 8-45　主总线和二级总线的概念

对一个交换机来说，每个端口靠近 RC（上游）的那根总线叫作 Primary Bus（主总线），其序号写在对应配置 Header 中的 Primary Bus Number 寄存器中；每个端口下面的那根总线叫作 Secondary Bus（二级总线），其序号写在对应配置 Header 中的 Secondary Bus Number 寄存器中；对上游端口，Subordinate Bus（下级总线）是其下游所有端口连接的总线序号最大的那根总线，其序号写在每个端口的配置 Header 中的 Subordinate Bus Number 寄存器中。

当一个交换机收到一个基于 ID 寻址的 TLP 后，它首先检查 TLP 中的 BDF 序号是否与自己的 ID 匹配：如匹配，说明该 TLP 是给自己的，收下；否则，检查该 TLP 中的总线序号是否落在二级总线序号和下级总线序号之间。如果是，说明该 TLP 是发给其下游设备的，则它会将其转发到对应的下游端口；如果是其他情况，则它会拒绝这些 TLP。

交换机进行 ID 路由的示意如图 8-46 所示。

3. 隐式路由

只有消息 TLP 才支持隐式路由。在 PCIe 总线中，有些消息是与 RC 通信的，RC 是该 TLP 的发送者或者接收者，因此没有必要明明白白地指定地址或者 ID，这种路由方式称为隐式路由。消息 TLP 还支持地址路由和 ID 路由，但以隐式路由为主。

消息 TLP 的 Header 总是 4DW，如图 8-47 所示。

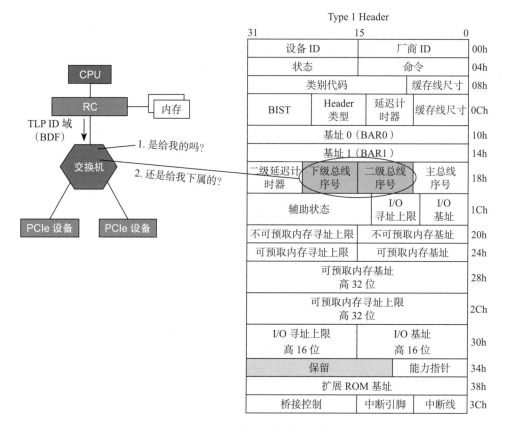

图 8-46　交换机如何进行 ID 路由

	+0	+1	+2	+3
	7 6 5 4 3 2 1 0	7 6 5 4 3 2 1 0	7 6 5 4 3 2 1 0	7 6 5 4 3 2 1 0
Byte 0	Fmt 0×1　Type 10rrr	R　TC　R　At tr　R　TH 0　T D　E P	Attr 00　AT 00	长度
Byte 4	请求 ID		Tag	消息 Code
Byte 8	Byte 8 ～ 11（跟消息 code 相关）			
Byte 12	Byte 12 ～ 15（跟消息 code 相关）			

图 8-47　消息 TLP 的 Header

Type 域的低 3 位用 rrr 表示，指明该消息的路由方式，具体如图 8-48 所示。

一个终端收到一个消息 TLP 后，就会检查 TLP Header，如果是 RC 的广播消息（011b）或者该消息终结于它（100b），它就接受该消息。

Message Routing Subfield R[2:0]
- 000b = Implicit - Route to the Root Complex
- 001b = Route by Address (bytes 8-15 of header contain address)
- 010b = Route by ID (bytes 8-9 of header contain ID)
- 011b = Implicit - Broadcast downstream
- 100b = Implicit - Local: terminate at receiver
- 101b = Implicit - Gather & route to the Root Complex
- 110b - 111b = Reserved: terminate at receiver

图 8-48　Type 域的低 3 位决定了信息 TLP 路由方式

一个交换机收到一个消息 TLP 后，就检查该 TLP Header，如果是 RC 的广播消息（011b），则往它每个下游端口复制该消息然后转发。如果该消息终结于它（100b），则接受该 TLP。如果下游端口收到发给 RC 的消息，则往上游端口转发。

上面说的是消息使用隐式路由的情况，如果是地址路由或者 ID 路由，消息 TLP 的路由跟其他的 TLP 一样，不再赘述。

8.8　数据链路层

前面看到，一个 TLP 源于事务层，终于事务层。但 TLP 不是从发送端一步就跑到接收端的，它经由发送端的数据链路层和物理层，然后是接收端的物理层和数据链路层，最终完成 TLP 的发送和接收。

数据链路层位于事务层的下一层，理所应当为事务层服务。那么，数据链路层在 TLP 传输过程中起了什么作用呢？

发送端：数据链路层接收上层传来的 TLP，并给每个 TLP 加上序列号（Sequence Number）和 LCRC（Link CRC），然后转交给物理层。

接收端：数据链路层接收物理层传来的 TLP，检测 CRC 和序列号，如果有问题，会拒绝接收该 TLP，即不会传到它的事务层，并且通知发送端重传；如果该 TLP 没有问题，则在数据链路层去除 TLP 中的序列号和 LCRC，交由它的事务层，并通知发送端 TLP 正确接收。

数据链路层保证了 TLP 在数据总线上的正常传输，并使用了握手协议（ACK/NAK）和重传（Retry）机制来保证数据传输的一致性和完整性。

数据链路层的作用，除了保证 TLP 数据包的正确传输，还有进行 TLP 流量控制和电源管理等。数据链路层借助 DLLP（Data Link Layer Packet，数据链路层的数据包）来完成这些功能，如图 8-49 所示。DLLP 源于发送端的数据链路层，终于接收端的数据链路层，因此，处于高层的事务层是感知不到它的存在的。

发送端：数据链路层生成 DLLP，交由物理层，物理层加起始标志（SDP）和结束标志（GEN 1/2 加 END，GEN3 则没有），然后物理传输到对方。

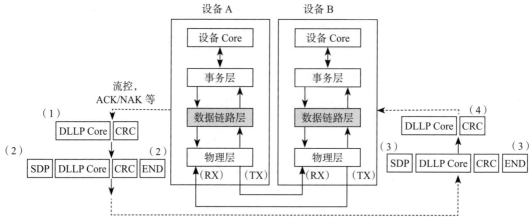

图 8-49　数据链路层在协议栈中的位置和作用

接收端：物理层对 DLLP 掐头去尾，交由数据链路层，数据链路层对 DLLP 进行校验，不管正确与否，DLLP 都终于这层。

与事务层 TLP 传输不同，数据链路层只处理端到端的数据传输。一个 TLP 可以翻山越岭（经过若干个交换机），从一个设备传输到相隔很远的设备。但 DLLP 的传输仅限于相邻的两个端口。因此，DLLP 中不需要包含路由信息，即不需要告诉我这个 DLLP 是哪个设备发起的，要发送给哪个目标设备。

如图 8-50 所示，一个 TLP 可以从 RC 传到 EP1，但 DLLP 的传输只限于 RC 与交换机上游端口，交换机的上游端口与下游端口，以及交换机下游端口与 EP1（或者 EP2）。

数据链路层主要有四类 DLLP：

❑ 用于确保 TLP 传输完整性的 DLLP，如 ACK/NAK；
❑ 与流控相关的 DLLP；
❑ 与电源管理相关的 DLLP；
❑ 厂家自定义 DLLP。

具体如表 8-7 所示。

图 8-50　简单的 PCIe 系统示例

表 8-7　DLLP 类型

DLLP 类型	类型编码	目　　的
ACK（确认 TLP 收到无误）	0000 0000b	用于保证 TLP 传输的完整性
NAK（TLP 有问题，需要重发）	0001 0000b	用于保证 TLP 传输的完整性
PM_Enter_L1	0010 0000b	电源管理
PM_Enter_L2L3	0010 0001b	电源管理
PM_Active_State_Request_L1	0010 0011b	电源管理
PM_Request_Ack	0010 0100b	电源管理
InitFC1_P	0100 0xxxb	TLP 的流控

（续）

DLLP 类型	类型编码	目的
InitFC1_NP	0101 0xxxb	TLP 的流控
InitFC1_Cpl	0110 0xxxb	TLP 的流控
InitFC2_P	1100 0xxxb	TLP 的流控
InitFC2_NP	1101 0xxxb	TLP 的流控
InitFC2_Cpl	1110 0xxxb	TLP 的流控
UpdateFC_P	1000 0xxxb	TLP 的流控
UpdateFC_NP	1001 0xxxb	TLP 的流控
UpdateFC_Cpl	1010 0xxxb	TLP 的流控
VendorSpecific	0011 0000	厂家自定义
保留的	其他	保留

DLLP 大小为 6B（物理层上加上头尾，传输的是 8B），格式如图 8-51 所示。

图 8-51　6B DLLP 格式

不同类型的 DLLP，格式相同，内容不一样。

1. ACK/NAK 协议

首先，我们来看 ACK/NAK DLLP 的格式，如图 8-52 所示。

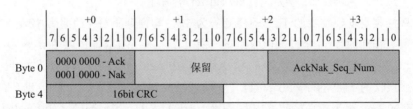

图 8-52　ACK/NAK DLLP 格式

数据链路层通过 ACK/NAK 协议来保证每个 TLP 的正确传输，其基本原理为：TLP 发送端的数据链路层为每个 TLP 加上序列号和 LCRC，在该 TLP 被接收端正确接收之前，它会一直保持在一个叫 Replay Buffer 的接口里。TLP 接收端的数据链路层接收到该 TLP 后，进行 CRC 校验和序列号检查：如果没有问题，TLP 接收端（可能）会生成和发送 ACK DLLP，TLP 发送方接收到 ACK 后，知道 TLP 被正确接收，于是把相关的 TLP 从 Replay Buffer 中清除；如果 TLP 接收方检测到 TLP 有错误，则会生成和发送 NAK DLLP，TLP 发送方接收到 NAK 后，知道有 TLP 传输出错，会重新发送 Replay Buffer 相关的 TLP 给对方。TLP 传输出错往往是瞬态的，重传基本能保证 TLP 传输正确。TLP 接收方只有收到正确的 TLP 才会去掉序列号和 LCRC，并把 TLP 交给它的事务层。

前面提到，没有收到 ACK 的 TLP，发送端的数据链路层都会把它（包括序列号和 LCRC）放在 Replay Buffer 中。在接收端，当成功收到一个 TLP 后，TLP 的序列号会加 1，即设置为下一个期望接收到的 TLP 序列号。

假设当前发送端 Replay Buffer 中有序列号分别为 10、11、12、13 的 4 个 TLP，即这些 TLP 发送出去了，但还没有得到响应。

假设接收端上一个成功接收到的 TLP 序列号为 11，期望下一个接收到的 TLP 序列号为 12。这时接收端接收到一个 TLP，首先，它会对该 TLP 做 LCRC 校验。

（1）校验失败

TLP 接收端会发送一个 NAK，其中 AckNak_SEQ_NUM 设为 11。TLP 发送端接收到该 NAK 后，知道 11 及其前一个 TLP（这里是 TLP 10）被成功接收，因此 TLP 10 和 TLP 11 会从 Replay Buffer 中清除（不需要重发）。同时，它知道 12 及其后一个 TLP（这里是 TLP 13）没有被成功接收，因此它们会重发。

（2）校验成功

CRC 没有问题，接下来就是检查 TLP 的序列号了。这里有 3 种情况，具体如下。

- **TLP 接收端发现收到的 TLP 的序列号为 12，与预期相符。** TLP 接收端可能需要发一个 ACK，也可能不需要。为什么这么说？为减少数据链路层 DLLP 的传输，可能设置正确接收到若干个 TLP 后才会返回一个 ACK，并非每成功接收一个 TLP 就返回一个 ACK。假设这个时候需要返回 ACK，则设 AckNak_SEQ_NUM 为 12。TLP 发送端接收到该 ACK，知道 TLP 12 和它之前所有的 TLP 都被成功接收，因此 TLP 10、TLP 11 和 TLP 12 会从 Replay Buffer 中清除。

- **TLP 接收端发现收到的 TLP 的序列号为 13，与预期不符（预期为 12）。** TLP 接收端希望接收到的是 TLP 12，但收到的却是 TLP 13，说明 TLP 12 在半路丢了，发生丢包。这个时候，接收端会发一个 NAK，其中 AckNak_SEQ_NUM 设为 11（上一个成功被接收的 TLP 的序列号）。TLP 发送端接收到该 DLLP 后，知道 TLP 11 和它之前所有的 TLP 都被成功接收，因此 TLP 10 和 TLP 11 会从 Replay Buffer 中清除，并重发 TLP 12 和它后面的 TLP（这里是 TLP 13）。

- **TLP 接收端发现收到的 TLP 的序列号为 10，与预期不符（预期为 12）。** TLP 上次正确接收到的是 TLP 11，这次又收到一个序列号比它小的 TLP，为什么会这样？原因是在 TLP 发送端，一个 TLP 在一定时间内没有收到 ACK，它会自动重发所有保留在 Replay Buffer 中的 TLP。发送端的这个超时重发机制，导致一个 TLP 会被接收端接收到两次或者更多次（如果接收端一直不能及时响应）。TLP 接收端如果收到重复的 TLP 包，它会默默扔掉这些重复的 TLP，并发送 ACK，其中的 AckNak_SEQ_NUM 设为 11。TLP 发送端接收到该 DLLP 后，知道 TLP 11 和它之前所有的 TLP 都被成功接收，因此 TLP 10 和 TLP 11 会从 Replay Buffer 中清除。

图 8-53 是数据链路层内部框图，从中我们可以看到 ACK/NAK 是怎样实现的。

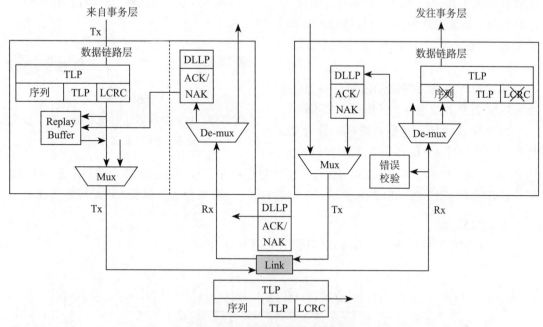

图 8-53　数据链路层内部框图

数据链路层利用 ACK/NAK 协议和 TLP 重传机制保障了 TLP 传输的数据完整性。

这里有个问题，每个 DLLP 在接收端也需要做 CRC 校验，如果 DLLP 出错了怎么办？接收端会丢弃出错的 DLLP，并利用下一个成功的 DLLP 更新之前丢失的信息。读者可根据上面的例子自行分析。

2. TLP 流控（流量控制，Flow Control）

我们再看看跟流控相关的 DLLP，其格式如图 8-54 所示。

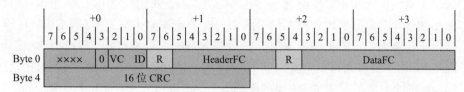

图 8-54　流控 DLLP 格式

我们不打算对每个流控 DLLP 展开解释，这里只简单说说 TLP 流控机制。

TLP 的发送端不能随便向对方发送 TLP，因为接收端处理 TLP 的速度可能赶不上发送 TLP 的速度。接收端如果没有足够的空间接收发过来的 TLP，就会拒绝接收，而发送端必须重复发送该 TLP 直到对方接收，这会在一定程度上影响通信的效率。PCIe 用一套流控机制来保证 TLP 的发送和接收是高效的。

　　TLP 流控基于 Credit。每个 TLP 都有一定大小，发送者在发送前，先看看对方是否有足够的空间来接纳该 TLP，如果有，则发送过去，否则就保留在那里，直到对方有足够的空间再发。那发送者怎样才能知道对方有多少空间呢？PCIe 使用流控 DLLP 来告知。接收端会时不时通过 DLLP 来告诉对方自己有多少 TLP 接收空间，然后发送端依据此信息决定是否生成 TLP 并发送过去，如图 8-55 所示。

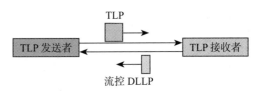

图 8-55　TLP 接收者通过流控 DLLP 告知发送者可用 TLP 接收空间

　　需要注意的是，这里的流控是针对 TLP 传输而言的。DLLP 的传输是不需要流控的，因为每个 DLLP 的大小只有 6B，跟 TLP 相比要小得多。如果 DLLP 需要流控，那就麻烦了。TLP 的流控是通过 DLLP 来实现的，如果 DLLP 还需要流控，那又由谁来帮忙实现呢？

3. 电源管理

最后是跟电源管理相关的 DLLP，其格式如图 8-56 所示。

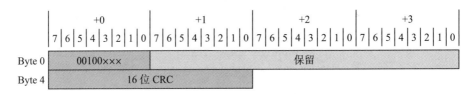

图 8-56　电源管理 DLLP 格式

8.9　物理层

　　物理层是整个 PCIe 协议层的最底层。无论是 TLP 还是 DLLP，到最后都需要物理层来进行实实在在的物理信号传输。因此，有必要深入了解一下物理层在做什么。

　　物理层由电气模块和逻辑模块组成。电气模块方面，我们知道 PCIe 采用串行总线传输数据，使用的是差分信号，即用两根信号线上的电平差表示 0 或 1。与单端信号传输相比，差分信号抗干扰能力强，能提供更宽的带宽（跑得更快）。打个比方，假设用两根信号线上电平差表示 0 和 1，具体来讲：差值大于 0，表示 1；差值小于 0，表示 0。如果传输过程中存在干扰，两根线上加了近乎同样大小的干扰电平，两者相减，差值几乎不变，并不会影响信号传输。但单端信号传输就很容易受干扰，比如用 0 ～ 1V 表示 0，用 1 ～ 3V 表示 1，一个本来是 0.8V 的电压，加入干扰后变成 1.5V，相当于 0 变成 1，数据就出错了。PCIe 抗干扰能力强，因而可以用更快的速度进行数据传输，从而提供更大的带宽（关于 PCIe 速度，可参看 8.1 节）。

　　更多关于电气模块的详细内容，可以读 PCIe 规范。对于 SSD 开发人员（尤其是固件开发者）来说，记住"串行总线，差分信号"就可以了，PCIe 的快是因为在物理传输上使用了这两大技术。

　　我们重点看看物理层发送端的逻辑模块，如图 8-57 所示。

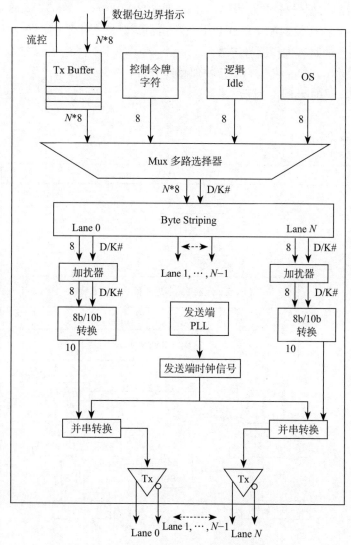

图 8-57　物理层发送端逻辑模块

对图 8-57 说明如下。

❑ 物理层从数据链路层获得 TLP 或者 DLLP，然后放到 Tx Buffer 里。

❑ 物理层给 TLP 或者 DLLP 加入头（Start code）和尾（End code、Gen 3 没有尾巴），给每个 TLP 或者 DLLP 加上边界符号，这样接收端就能把 TLP 或者 DLLP 区分开。

□ 前文提到，PCIe 链路上可能有若干个 Lane。在物理层，TLP 或者 DLLP 数据会分派到每个 Lane 上独立传输。这个过程叫 Byte Stripping（字节条带化），类似于串并转换。

□ 数据进入每条 Lane 后，分别加串扰（Scramble），目的是减少电磁干扰（EMI），手段是让数据与随机数据进行异或操作，输出伪随机数据，然后再发送出去。

□ 加串扰后的数据进行 8/10 编码（Gen3 是 128/130 编码）。8/10 编码是 IBM 的专利，目的主要有：让数据流中的 0 和 1 个数相当，保持直流平衡；嵌入时钟信息，PCIe 不需要专门的时钟进行信号传输。

□ 最后进行并串转换，发送到串行物理总线上。

接收端逻辑模块如图 8-58 所示。

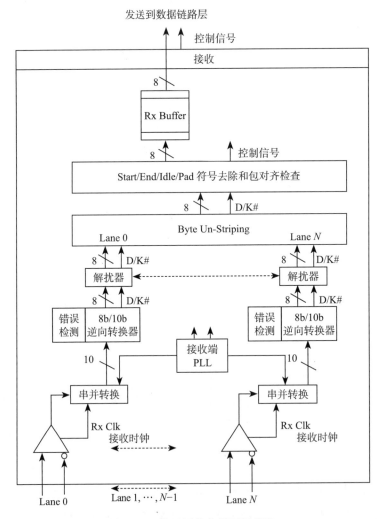

图 8-58 物理层接收端逻辑模块

接收端就是发送端的逆向操作，不再赘述。

PCIe 的三层从上到下依次为事务层、数据链路层和物理层。每层都有自己的数据包定义：事务层产生 TLP，经过数据链路层和物理层传输给接收方；数据链路层产生 DLLP，经过物理层传输到对方；物理层，不仅为上层 TLP 和 DLLP 做嫁衣，其实它也有自己的数据包定义，称为 Ordered Sets（有序集），简称 OS。

TLP 用于传输应用层或者命令层（事务层的顶头上司）数据，DLLP 用于 ACK/NAK、流控和电源管理等，物理层用 OS 管理链路，比如进行链路训练（LinkTraining）、改变链路电源状态等。表 8-8 是 PCIe 中的 OS 列表。

表 8-8　OS 列表

OS	说　　明
TS1OS/TS2OS	用于链路初始化和链路训练等
EIOS	使 PCIe 链路进入空闲状态
FTSOS	使 PCIe 链路从低功耗状态 (L0s) 进入正常工作状态 (L0)
SOS (SKP OS)	用于时钟补偿
EIEOS	PCIe 链路退出空闲状态

8.10　PCIe 重置

PCIe 是一个博大精深的协议，跟 Reset（重置）相关的术语就有不少：Cold Reset（冷重置）、Warm Reset（温重置）、Hot Reset（热重置）、Conventional Reset（常规重置）、Function Level Reset（功能级重置，简称 FLR）、Fundamental Reset（基础级重置）、Non-Fundamental Reset（非基础性重置）。

要想完全理解 PCIe Reset，就要提纲挈领，快速从一大堆概念中理出头绪。

1. 整理出这些 Reset 之间的关系

这些 Reset 之间是从属关系，总线规定了两个重置方式：Conventional Reset 和 Function Level Reset（FLR）。

而 Conventional Reset 又进一步分为两大类：Fundamental Reset 和 Non-Fundamental Reset。

Fundamental Reset 方式包括冷重置和温重置方式，可以用 PCIe 将设备中的绝大多数内部寄存器和内部状态都恢复成初始值。

而 Non-Fundamental Reset 方式为热重置方式。

2. 明白每种重置的功能、实现方式及对设备的影响

Fundamental Reset 由硬件控制，会重启整个设备，包括重新初始化所有的状态机、所

有的硬件逻辑、端口状态和配置寄存器。

当然，也有 Fundamental Reset 搞不定的情况，就是某些寄存器里属性为 Sticky 的字段（Field）。这些字段在调试的时候非常有用，特别是那些需要 Reset Link（重启链路）的情况，比如在重启链接以后还能保存之前的错误状态，这对 FW 以及上层应用来说是很有用的。Fundamental Reset 一般发生在整个系统重启的时候（比如重启电脑），但是也可以只针对某个设备做 Fundamental Reset。

Fundamental Reset 有两种：

❏ 冷重置：设备上掉或掉电（Vcc 通断，Vaux 一直在）。

❏ 温重置（Optional）：保持 Vcc 的情况下该重置流程由系统触发，比如改变系统的电源管理状态可能会触发设备的温重置，PCIe 协议没有定义具体如何触发温重置，而是把决定权交给系统。

有两种方法对一块 PCIe SSD 进行 Fundamental Reset 操作。

系统这边给设备发 PERST#（PCIe Express Reset）信号，以图 8-59 所示为例。

1）如果这块 PCIe 设备支持 PERST# 信号：一个系统上电时，主电源稳定后会有"Power Good"信号，这时 ICH 就会发 PERST# 信号给下面挂的 PCIe SSD。如果系统重启，Power Good 信号的变化会触发 PERST# 的 Assert 和 De-Assert，就可以实现 PCIe 设备的冷重置。如果系统可以提供 Power Good 信号以外的触发 PERST# 的方法，就可以实现温重置。PERST# 信号会发送给所有 PCIe 设备，设备可以选择使用这个信号，也可以不理它。

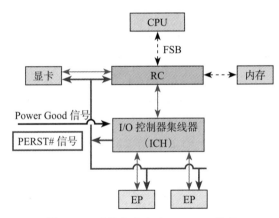

图 8-59　系统上电产生 PERST# 信号

2）如果这块 PCIe 设备不支持 PERST# 信号：上电时它会自动进行 Fundamental Reset。那些特立独行，选择不理睬 PERST# 信号的设备，必须能自己触发 Fundamental Reset。比如，侦测到 3.3V 电压后就触发重置操作（当设备发现供电超过其标准电压时，必须触发重置操作）。

热重置通过 Assert TS1 的 Symbol 5 的 bit [0] 实现（见图 8-60）。

PCIe 设备收到两个连续的带热重置的 TS1 后，经过 2ms 的超时后：

1）LTSSM 经过 Recovery（恢复）和热重置状态，最终停在监测状态（Link Training 的初始状态）；

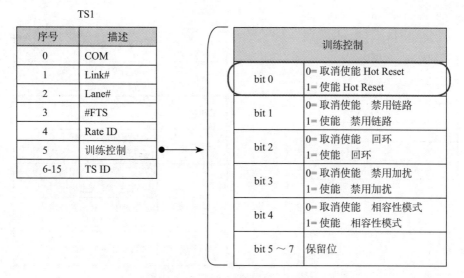

图 8-60 TS1 中的热重置控制位

2）设备所有的状态机、硬件逻辑、端口状态和配置寄存器（Sticky 位除外）都回到初始值。

当 PCIe SSD 出现问题时，可以通过软件触发热重置使其恢复工作，具体方法如下：

1）对 RC 的 Bridge Control Register（控制寄存器）bit[6] – Secondary Bus Reset（二级总线重置）写 "1"；

2）RC 会开始发送带热重置的 TS1；

3）2ms 后设备会进入热重置状态，此时 LTSSM 的状态变化是 L0 → RCVRY → HOTRESET；

4）将 RC 的 Bridge Control Register（桥控寄存器）bit[6] – Secondary Bus Reset 清零，设备的 LTSSM 的状态变化为 HOTRESET → DETECT；

5）重新开始对 LTSSM 进行 Link Training 操作。

软件还可以通过设置设备的 Link Control Register（链路控制寄存器）– Link disable bit（链路禁用位）把设备禁用（见图 8-61）。

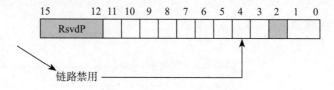

图 8-61 PCIe 链路控制寄存器

当设备的 Link Disable bit 被置上以后，会进入 LTSSM 恢复状态，即开始向 RC 发送带禁用位的 TS1（这个动作只能由 EP 发起，RC 端这个位是只能被保留的），如图 8-62 所示。

TS1

序号	描述
0	COM
1	Link #
2	Lane #
3	# FTS
4	Rate ID
5	训练控制
6-15	TS ID

训练控制	
bit 0	0= 取消使能 Hot Reset 1= 使能 Hot Reset
bit 1	0= 取消使能　禁用链路 1= 使能　禁用链路
bit 2	0= 取消使能　回环 1= 使能　回环
bit 3	0= 取消使能　禁用加扰 1= 使能　禁用加扰
bit 4	0= 取消使能　相容性模式 1= 使能　相容性模式
bit 5 ~ 7	保留位

图 8-62　TS1 中的 Disable Link 控制位

RC 端收到这样的 TS1 以后，其物理层会发送 LinkUp=0 的信号给链路层，之后所有的 Lane 都会进入 Electrical Idle 状态。2ms 超时后，RC 会进入 LTSSM 监测模式，但是设备会一直停留在 LTSSM 的禁用状态，等待重启。

PCIe 链路就像一条大马路，上面可以跑各种各种的车，这些车就是不同的功能。如果某个功能出了问题，可以通过重置整个链路来解决，也可以使用 FLR，哪里不舒服点哪里。并不是所有的设备都支持 FLR，需要检查 Device Capabilities Register（设备能力寄存器）的 bit 28 进行确认（见图 8-63）。

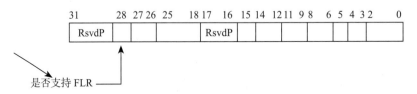

图 8-63　设备能力寄存器

如果设备支持 FLR，那么软件就可以通过 Device Control Register（设备控制寄存器）的 bit 15 来进行功能重置了，如图 8-64 所示。

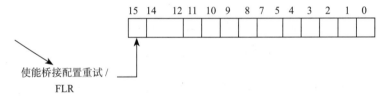

图 8-64　设备控制寄存器

FLR 会把对应功能的内部状态寄存器重置，但是以下寄存器不会受到影响：

❑ 带 Sticky 位的寄存器。冷重置和温重置都拿它们没辙。

❑ HwInit 类型的寄存器。在 PCIe 设备中，有效配置寄存器的属性为 HwInit，这些寄存器的值由芯片的配置引脚决定，后者上电复位后从 EEPROM 中获取。Cold Reset 和 Warm Reset 可以复位这些寄存器，然后从 EEPROM 中重新获取数据，但是使用 FLR 方式不能复位这些寄存器。

❑ 一些特殊的配置寄存器。这类寄存器有 Captured Power（捕获功率）、ASPM Control（ASPM 控制）、Max_Payload_Size、Virtual Channel（虚拟通道）等。

❑ FLR 不会改变设备的 LTSSM 状态。

协议规定一个功能的重置需要在 100ms 内完成。但是软件在启动 FLR 前，要注意是否有还没完成的 CplD，遇到这种情况，要么等这些 CplD 完成再开启 FLR，要么启动 FLR 以后等 100ms 再重新初始化这个功能。这种情况如果不处理好，可能会导致 Data Corruption（数据变质）——前一批事务要求的数据因为 FLR 的影响被误传给了后一批事务。

要避免这种情况，建议这么做：

❑ 确保其他软件在 FLR 期间不会访问这个功能。

❑ 把指令寄存器清空，让功能自己待着。

❑ 轮循 Device Status Register（设备状态寄存器）的 bit 5（Transactions Pending，待处理事务）直到被清空（这个 bit=1 代表还有未完成的 CplD），

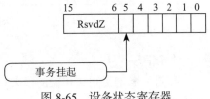

图 8-65 设备状态寄存器

如图 8-65 所示，等待到了 Completion Timeout（完成超时）的时间，如果 Completion Timeout 没有被使能，等 100ms。

❑ 初始化 FLR 后等 100ms。

❑ 重新配置功能并使能。

在 FLR 过程中：

❑ 这个功能对外不能被使用。

❑ 不能保留之前的任何可以被读取的信息（比如内部的闪存需要被清零或者改写）。

❑ 回复要求 FLR 的 Cfg 请求，并开启 FLR。

❑ 对于发进来的 TLP 可以回复 UC（Unexpected Completion，预期外完成）或者直接丢掉。

❑ FLR 应该在 100ms 之内完成，但是其后的初始化还需要花一些时间，在初始化过程中如果收到 Cfg 请求，可以回复 CRS（Configuration Retry Status，配置重试状态）。

下面对重置退出所涉事务进行简单总结：

❑ 从重置状态退出后，必须在 20ms 内开启 Link Training。

❑ 软件需要给链路充分的时间完成 Link Training 和初始化，至少要等上 100ms 才能开始发送 Cfg 请求。

❑ 如果软件等了 100ms 开始发 Cfg 请求，但是设备还没初始化完成，设备会回复 CRS。

❑ 这时 RC 可以选择重发 Cfg 请求或者上报 CPU 说设备还没准备好。

❑ 设备最多可以有 1s 时间（从 PCI 那继承来的），之后必须能够正常工作，否则系统或 RC 就可以认为设备挂了。

8.11　PCIe 最大有效载荷和最大读请求

我们来聊两句 MAX_READ_REQUEST_SIZE 和 MAX_PAYLOAD_SIZE。

这两部分都在 Device Control Register（设备控制寄存器）里，如图 8-66 所示，分别由 bit[14：12] 和 bit[7：5] 控制。

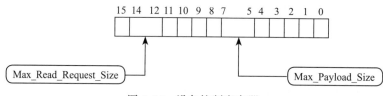

图 8-66　设备控制寄存器

1. MPS

控制一个 TLP 可以传输的最大数据长度。作为接收方，必须能处理跟 MPS（Max Payload Size，最大有效载荷）设定大小相同的 TLP 数据包，作为传输方，不允许创建超过 MPS 设定的 TLP 数据包。

PCIe 协议允许一个最大的有效载荷可以到 4KB，但是规定了在整个传输路径上的所有设备都必须使用相同的 MPS 设置，同时不能超过该路径上任何一个设备的 MPS。也就是说，MPS 高的设备要迁就低的设备。以 PCIe SSD 为例，将它插到一块老旧的主板上（MPS 只有 128B），SSD 的 MPS 再大也是没有用的。

系统的 MPS 设置是在上电以后的设备枚举配置阶段完成的，以主板上的 PCIe RC 和 PCIe SSD 为例，它们都在设备能力寄存器里声明自己能支持的各种 MPS，OS 的 PCIe 驱动侦测到它们各自的能力值，然后挑低的那个设置到两者的设备控制寄存器中。

PCIe SSD 自身的 MPS 则是在其 PCIe Core 初始化阶段设置的。

2. Max Read Request Size（最大读请求）

在配置阶段，OS 的 PCIe 驱动会配置另外一个参数 Maximum Read Request Size，用于控制一个内存读的最大值，最大 4KB（以 128B 为单位）。

读请求的大小是可以大于 MPS 的，比如给一个 MPS=128B 的 PCIe SSD 发一个 512B 的读请求，PCIe SSD 可以通过返回 4 个 128B 的 Cpld 或者 8 个 64B 的 Cpld 来完成对这个请求的响应。OS 层面可以通过控制 PCIe SSD 的 Max Read Request Size 参数平衡多个 PCIe

SSD 之间的吞吐量，避免系统带宽（总共 40 个 Lane）被某些 SSD 霸占。

同时，读请求的大小也对 PCIe SSD 的运行有影响，这个值太小，意味着同样的数据量需要发送更多的请求去获取，而读请求的 TLP 是不带任何有效数据载荷的。

举例来说，要传 64KB 的数据，如果读请求为 128B，则需要 512 个读 TLP，512 个 TLP 的开销可是不小的。

为了提高大数据块的传输效率，可以尽量把读请求设得大一点，用更少的次数传递更多的数据。

8.12　PCIe SSD 热插拔

PCIe SSD 最早是 Fusion-IO 推出的，以闪存卡的形式被互联网公司和数据中心广泛使用。闪存卡一般作为数据缓存来使用，如果要在服务器中集成更多的 PCIe SSD，闪存卡的形式就有局限了。闪存卡有以下缺点：

❑ 插在服务器主板的 PCIe 插槽上，数量有限。

❑ 通过 PCIe 插槽供电，单卡容量受到限制。

❑ 在 PCIe 插槽上，容易出现由于散热不良导致宕机的问题。

❑ 不能热插拔。如果发现 PCIe 闪存卡有故障，必须停止服务，关闭服务器，打开机箱，拔出闪存卡。这对有成百上千台服务器的数据中心来说，管理成本非常高。

所以，如图 8-67 所示，PCIe SSD 推出了新的硬件形式 SFF-8639，又称 U.2。U.2 PCIe SSD 类似于传统的盘位式 SATA、SAS 硬盘，可以直接通过服务器前面板进行热插拔。

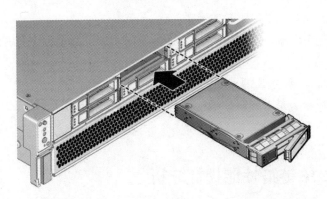

图 8-67　热插拔示意图（本图来源于 Oracle NVMe SSD 热插拔说明）

当服务器有很多个可以热插拔的 U.2 SSD 之后，存储密度大为提升，更重要的是，U.2 SSD 不只可以用作数据缓存，关键数据也可以放在其中。通过多个 U.2 SSD 组成 RAID 阵列，当某个 U.2 SSD 故障之后，可以通过前面板显示灯确定故障 SSD 盘位，予以更换。更换过程不会造成服务器停止服务或者数据丢失。

目前（截至本书第 1 版出版时）很多服务器厂商都发布了有多个 U.2 SSD 盘位的服务器，有的是少数 U.2 SSD 和多数 SATA HDD 混合，有的甚至是 24 个纯 U.2 SSD 盘位。配备了高密度 SSD 的服务器对数据中心来说，可以大幅减少传统服务器的数量，因为很多企业应用对存储容量要求并不高，传统机械硬盘阵列的容量很大，却处于浪费状态。企业对硬盘带宽的要求更高，一台 SSD 阵列服务器能够支持的用户数是 HDD 阵列服务器的好几倍，功耗和制冷成本却少了好几倍。目前，房租和土地成本越来越高，能够在有限的数据中心空间中为大量用户提供服务，对电信、视频网站、互联网公司等企业来说非常重要。所以可以预期，随着闪存价格的逐年下降，配备 SSD 阵列的服务器会越来越普及。

我们来看看 PCIe SSD 热插拔的技术实现。传统 SATA、SAS 硬盘通过 HBA 和主机通信，所以也是通过 HBA 来管理热插拔的。但是，PCIe SSD 直接连到 CPU 的 PCIe 控制器，热插拔需要驱动直接管理。一般热插拔 PCIe SSD 需要几方面的支持：

❑ PCIe SSD 硬件：一方面，需要硬件支持，避免 SSD 在插盘过程中产生电流波峰导致器件损坏；另一方面，控制器要能自动检测到拔盘操作，避免数据因掉电而丢失。

❑ 服务器背板 PCIe SSD 插槽：需要通过服务器厂家了解是否支持 U.2 SSD 热插拔。

❑ 操作系统：要确定热插拔是操作系统还是 BIOS 来处理的，需要咨询服务器主板厂家。

❑ PCIe SSD 驱动：不管是 Linux 内核自带的 NVMe 驱动，还是厂家提供的驱动，都需要在各种使用环境中做过大量热插拔稳定性测试，避免在实际操作中因为驱动问题导致系统崩溃。

拔出 PCIe SSD 的基本流程如下：

1）配置应用程序，停止所有对目标 SSD 的访问。如果某个程序打开了该 SSD 中的某个目录，也需要退出。

2）卸载（umount）目标 SSD 上的所有文件系统。

3）有些 SSD 厂家会要求卸载 SSD 驱动程序，从系统中删除已注册的块设备和硬盘。

4）拔出 SSD。

8.13　SSD PCIe 链路性能损耗分析

本节介绍 PCIe SSD 在 PCIe 协议层面导致性能损耗的因素。

1. 编码和解码

这里所说的编码和解码就是我们通常说的 8/10 转换（Gen3 及以后版本是 128/130，但是道理一样），简单来说就是对数据重新编码，从而保证链路上实际传输的时候 "1" 和 "0" 的总体比例相当，且不要有过多连续的 "1" 或 "0"。同时把时钟信息嵌入数据流，避免高频时钟信号产生 EMI 的问题。对于 Gen1 或者 Gen2 来说，正常的 1 字节数据，经过 8b/10b 转换在实际物理链路上传输的时候就变成了 10b，也就是一个 Symbol，8b/10b 转换会带来 20% 的性能损耗。对 Gen3 来说，由于它是 128/130 编码，这部分性能损耗可以忽略。

2. TLP 数据包开销

PCIe SSD 通过 MemWr 或者 CplD 这两种 TLP 与主机传输数据，从图 8-68 中可以看出，整个 TLP 里有效载荷是有效的传输数据，而 PCIe 协议在外面穿了一层又一层的衣服，Transaction Layer（事务层或传输层）、Link Layer（链路层）和 PHY（物理层）分别在数据包（Payload）外增加了不少东西。PCIe 必须靠这些东西来保证传输的可靠性。

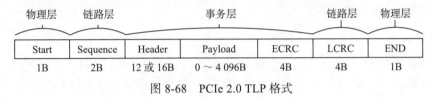

图 8-68　PCIe 2.0 TLP 格式

Header、ECRC、Sequence、LCRC Start、End 这些数据包加起来，会为每个 TLP 带来 20 ～ 30B 的额外开销。

3. 传输开销

PCIe 协议为了进行时钟偏差补偿，会发送 Skip，作用有点像 SATA 协议的 ALIGN。Gen1/Gen2 中一个 Skip 是 4B，Gen3 中是 16B，Skip 是定期发送的。以 Gen2 为例，每隔 1538 个 symbol time（symbol time 就是在 PCIe 链路上发送一个字节的数据需要花费的时间）就必须发一个。 PCIe 协议不允许在 TLP 中间插入 Skip Order-set，只能在两个 TLP 的间隔中间发送，这也会带来损耗。

4. 链路协议开销

PCIe 是有态度的协议，RC（主机）和 EP（PCIe SSD）之间发送的每一个 TLP，都需要对方告知接收的情况。

以主机传输数据给 SSD 为例：

1）主机发送一个 MemWr 的 TLP 以后，会把这个 TLP 存在自己这边数据链路层重传缓冲区（Data Link Layer Replay Buffer）里，同时等 SSD 回复。

2）SSD 收到这个 TLP 以后，如果没问题，就回复 ACK。

3）主机收到 ACK 以后就知道重传缓冲区备份的 TLP 没用了，可以用后续的 TLP 覆盖。

4）SSD 收到 TLP 后如果发现有问题，比如 LCRC 错误，就回复 NAK。

5）主机收到 NAK 以后就把重传缓冲区里的 TLP 拿出来，再发给 SSD 一次。

6）SSD 再检查，然后再回复 ACK。

有态度是要付出代价的，发送 ACK 和 NAK 本身就会造成性能损耗，另外这里还有一个平衡需要掌握：PCIe 要求每一个 TLP 的接收方都发送 ACK 确认，但是允许对方接收几个 TLP 以后再发一个 ACK 确认，这样可以减少 ACK 发送的数量，对性能有所帮助。但是这个连续发送 TLP 的数量也不能太多，因为重传缓冲区是有限的，一旦满了后面的 TLP 就不能发送了。

5. 流控

PCIe 自带一个流控机制，目的是防止接收方接收端缓存溢出（receiver buffer overflow）。

RC 跟 EP 之间通过交换一种叫 UpdateFC 的 DLLP 来告知对方自己目前接收器缓存的情况，显然发送 UpdateFC 也会占用带宽，从而对性能产生影响。

跟 ACK 类似，UpdateFC 的发送需要考虑频率问题，更低的频率对性能有好处，但是要求设备有较大的接收端缓存。

6. 系统参数

系统参数主要有 3 个——MPS（Max Payload Size）、Max Read Request Size 和 RCB（Read Completion Boundary），前两个前面已经介绍过了，这里简单说一下 RCB。

面对 PCIe Trace 时，经常遇到的情况是，PCIe SSD 向主机发了一个 MemRd 的 TLP 请求数据，虽然 MPS 是 256B 甚至是 512B，结果主机回复了一堆的 64B 或者 128B 的 CplD。

导致这个情况的原因就是 RCB。RC 允许使用多个 CplD 回复一个读请求，而这些回复的 CplD 通常以 64B 或 128B 为单位（也有 32B 的），原则就是在闪存里做到地址对齐。

研究完这些因素，需要量化计算。下面用一个公式说明：

$$Bandwidth = [（Total\ Transfer\ Data\ Size）/（Transfer\ Time）]$$

已知条件：

❑ 有 200 个 MemWr TLP；

❑ MPS=128；

❑ PCIe Gen1 × 8。

准备活动：

❑ 计算 Symbol Time，2.5Gb/s 换算成 1B 传输时间是 4ns；

❑ 8 个 Lane，所以每 4ns 可以传输 8B；

❑ TLP 传输时间：[(128B Payload + 20B overhead)/8B/Clock] × [4ns/Clock] = 74ns；

❑ DLLP 传输时间：[8B/8B/Clock] × [4ns/Clock] = 4ns。

假设：

❑ 每 5 个 TLP 回复 1 个 ACK；

❑ 每 4 个 TLP 发送一个 FC Update。

正式计算：

❑ 总共的数据：200 × 128B = 25 600B；

❑ 传输时间：200 × 74ns + 40 × 4ns + 50 × 4ns = 15 160ns；

❑ 性能：25 600B/15 160ns = 1 689MB/s。

可将 MPS 调整到了 512B。重新计算，结果增加到了 1 912MB/s，看到这个数字可知，以前的 SATA SSD 可以退休了。

以上的例子是以 MemWr 为例，而使用 MemRd 的时候，情况略有不同：MemWr 的 TLP 自带有效数据载荷，而 MemRd 是先发一个读请求 TLP，而后对方回复 CplD 进行数据传输，而 CplD 有效载荷的大小则会受到 RCB 的影响。

8.14　PCIe 省电模式 ASPM

现在搭载 SSD 的消费级笔记本电脑越来越多，而搭载 PCIe SSD 正在成为趋势。

做消费级 SSD 的厂商那么多，但常见的 PCIe 主控就那么几款。这些主控都支持一个叫 ASPM 的功能，ASPM 的全称是 Active State Power Management（活跃状态下的功耗管理）。其实 Active 前面还缺省了两个词——Hardware Initiated（硬件触发），这是 ASPM 中第一个重要概念：这是主控自己触发的，不需要主机或者固件干涉，如图 8-69 中的高亮部分所示。

> Components in the D0 state (i.e., fully active state) normally keep their Upstream Link in the active L0 state, as defined in Section 5.3.2. ASPM defines a protocol for components in the D0 state to reduce Link power by placing their Links into a low power state and instructing the other end of the Link to do likewise. This capability allows hardware-autonomous, dynamic Link power reduction beyond what is achievable by software-only controlled (i.e., PCI-PM software driven) power management.

图 8-69　PCIe 协议对 ASPM 的定义截图

ASPM 让 PCIe SSD 在某种情况下能够从工作模式（D0 状态）把自身 PCIe 链路切换到低功耗模式，并且通知对方也这么干，从而达到降低整条链路功耗的目的。

ASPM 定义的低功耗模式有两种——L0s 和 L1（见图 8-70 深色部分）。

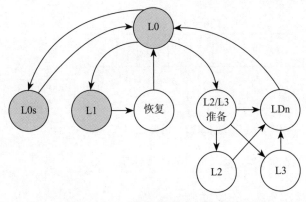

图 8-70　PCIe 链路状态转换关系

图 8-70 中所示各状态的定义如下：

❑ L0：正常工作状态。

❑ L0s：低功耗模式，恢复时间短。

❑ L1：更低功耗模式，恢复时间较长。

❑ L2/L3 准备：断电前的过渡状态。

❑ L2：链路处于辅助供电模式，极省电。

❑ L3：链路完全没电，功耗为 0。

❑ LDn：刚上电，LTSSM 还未到达前链路所处状态。

要看一款 SSD 是否支持 ASPM，你需要查看它的 Link Capabilities Register（链路能力寄存器）的 bit 11：0（见图 8-71）。

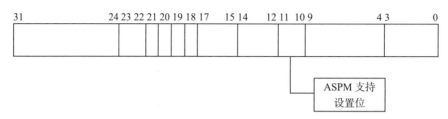

图 8-71　链路能力寄存器

bit11：10（只读属性）中对 ASPM 支持的具体定义如下：

❑ 00b：保留。

❑ 01b：支持 L0s。

❑ 10b：保留。

❑ 11b：支持 L0s 和 L1。

仅支持是没有用的，还需要把开关打开，查看链路控制寄存器的 bit1：0，如图 8-72 所示。

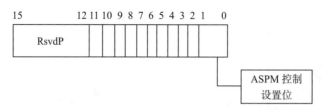

图 8-72　链路控制寄存器

bit1：0（可读写属性）中对 ASPM 控制的具体定义如下：

❑ 00b：禁用。

❑ 01b：L0s 使能。

❑ 10b：L1 使能。

❑ 11b：L0s 和 L1 均使能。

关于 ASPM 控制，在 PCIe 协议手册中是这样描述的：

❑ L0s，即使 RC 和 EP 某一方的 L0s 是关闭的，如果对方要求进入 L0s，本方也要跟着进。

❑ L1，打开时必须先开 RC，再开 EP，关掉时必须先关 EP 再关 RC。

❑ 如果 RC 和 EP 都支持 ASPM L1，那必须把 EP 的 L1 打开。

L0s 的流程比较简单。

❑ 进入：SSD 可以直接在 Tx lane 上启动进入 L0s。如果 SSD 的 Tx 的 L0s 被关闭，Rx 还是会接受来自 RC 的 L0s 请求的。

❑ 退出：双方都可以启动退出流程。先发送 FTS（Fast Training Sequence，快速训练序列），然后发送一个 SKP，对方借此恢复标志位和标志锁（symbol lock）。

进入 L1 的流程相对复杂，如表 8-9 所示。

表 8-9　PCIe ASPM L1 进入流程

步骤	EP	RC
1	停止接收后续的 TLP	—
2	确认发送的最后一个 TLP 已经收到对方的 ACK（确保重传缓冲区是空的）	—
3	确认 FC Credit 足够（可以满足一个最大长度的传输）	—
4	持续发送 PM_Active_State_Request L1 给 RC，直到 RC 回复 PM_Request_ACK	—
5	—	收到 PM_Active_State_Request L1
6	—	停止接收后续的 TLP
7	—	确认发送的最后一个 TLP 已经收到对方的 ACK（确保重传缓冲区是空的）
8	—	确认 FC Credit 足够（可以满足一个最长的传输）
9	—	持续发送 PM_Request_ACK，直到 EP 发送 Electrical Idle
10	收到 PM_Request_ACK，禁用 TLP/DLLP 包的传输	—
11	发送 Electrical Idle，进入 L1	—
12	—	收到 Electrical Idle，禁用 TLP/DLLP 包的传输
13	—	进入 L1

退出：

❑ 双方都可以启动退出流程。

❑ 不是发送 FTS，而是重新进行 Link Training 操作。

❑ 唤醒发起方，发送 TS1，走 LTSSM 的恢复步骤重新建立连接。

链路控制寄存器的定义如图 8-73 所示。

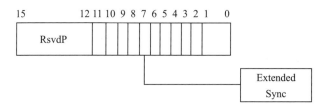

图 8-73 链路控制寄存器定义

最后说一下链路控制寄存器的 bit7——Extended Sync。Extended Sync 是一个神奇的位，置上以后从 L0s 和 L1 退出时，设备会发超多的 FTS 和 TS1，最终让双方"握手"成功（见图 8-74）。

Extended Sync 模式用于当链路中有额外设备（例如 PCIe 分析仪）时，保证能够正常使用标志位和标志锁。遇到 ASPM L1

Extended Synch – When Set, this bit forces the transmission of additional Ordered Sets when exiting the L0s state (see Section 4.2.4.5) and when in the Recovery state (see Section 4.2.6.4.1). This mode provides external devices (e.g., logic analyzers) monitoring the Link time to achieve bit and Symbol lock before the Link enters the L0 state and resumes communication.

For multi-Function devices if any Function has this bit Set, then the component must transmit the additional Ordered Sets when exiting L0s.

Default value for this bit is 0b.

图 8-74 Extended Sync 定义

回不来或者开机找不到 PCIe 设备的情况，也可以通过设置这个位收集更多的参考数据。

8.15 PCIe 其他省电模式

PCIe 链路在 L2 状态下，所有的时钟和电源会全部关闭，从而保证最大的省电效果，但同时，L2 的退出时间相应也增加了很多，达到了毫秒级别。这样的时间在很多应用场景下是无法接受的。

要比 L1 更省电，比 L2 的退出时间更短，PCI-SIG 顺理成章地弄出了两个新的 ASPM Sub 状态——L1.1 和 L1.2。想要使用 L1.1 和 L1.2，RC 和 EP 都必须支持并打开 ASPM Sub 功能，同时还必须支持 CLKREQ# 信号。

在 L1.1 和 L1.2 模式下，PCIe 设备内部的 PLL 处于关闭状态，参考时钟也不保留，发送和接收模块同样关闭，不需要像 L1 状态下那样去侦测 Electrical Idle。

L1.1 和 L1.2 的区别在于，L1.1 状态下 Common Mode Voltage（共型电压）仍然打开，而 L1.2 下会将之关闭。因为 Common Mode Voltage 恢复需要时间，所以 L1.2 的退出时间相对比 L1.1 长一些。

从表 8-10 中可以看到 L1、L1.1、L1.2 功耗和时延对比。

表 8-10　L1、L1.1、L1.2 功耗和时延对比

电源状态		状态（开 / 关）			目　标	
链路状态	PHY/PIPE	PLL	接收端 / 发送端	Common Mode Keeper（共型保持器）	1 条 Lane 功耗	退出时间
L1	P1	开 / 关	关 / 空闲	开	20mW	< 5μs（重新训练）
					10mW	< 20μs(PLL Off)
L1.1	P1.1	关	关	开	< 500μW	< 20μs
L1.2	P1.2	关	关	关	< 10μW	< 70μs

使用 L1.1/L1.2 后，功耗从毫瓦级别降到了微瓦级别，相比之下时延的增加完全在可接受的范围内。

8.16　PCIe 4.0 和 5.0 介绍

2017 年 11 月 PCI SIG 发布了 PCIe 4.0 规范，PCIe 4.0 的速度是 PCIe 3.0 的 2 倍，单通道速率从 8GT/s 提高到 16GT/s。像 PCIe 3.0 一样，PCIe 4.0 向下兼容。这意味着它可以用作 PCIe 3.0 的直接替代品，也意味着，如果将 PCIe 3.0 卡连接到 PCIe 4.0 插槽，则该卡将遵守 PCIe 3.0 规范。

除了提高速度外，PCIe 4.0 还提高了电源效率，因此 PCIe 4.0 成为高速存储系统的理想解决方案。

以 PCIe Gen3 M.2 NVMe SSD 为例。大多数 M.2 NVMe SSD 使用 x4 连接，其带宽为 4GB/s，这是 SSD 的瓶颈。但是，PCIe 4.0 将带宽增加到大约 8GB/s，使系统能够充分发挥 M.2 NVMe SSD 的潜力。因此，可以很容易看出，我们需要通过 PCIe 4.0 来跟上计算硬件的进步。

在 2019 年 5 月，PCI-SIG 官方又发布了 PCIe 5.0 的 1.0 版基础规范，其传输速度再次翻倍，达到了 32GT/s，PCIe 历代总线性能对比如表 8-11 所示。

表 8-11　PCIe 历代总线性能对比

PCIe 版本	发布年份	传输速率 /（GT/s）	吞吐量 / 通道	× 16 吞吐量 /（GB/s）
1.0	2003	2.5	250MB/s	4.0
2.0	2007	5.0	500MB/s	8.0
3.0	2010	8.0	1.0GB/s	16.0
4.0	2017	16.0	2.0GB/s	32.0
5.0	2019	32.0	4.0GB/s	64.0

最近几年 PCIe 协议演进非常迅速的原因主要有以下几个。

❑ **SSD 自身读写带宽不断提高**。其实 NVMe SSD 的顺序读取性能早就达到了 PCIe 3.0 x4 的上限，如果继续使用 PCIe 3.0，性能提升则只能通过提升通道的数量来实现，

这样就会影响 SSD 部署的密度和灵活性，因为现在大多数应用场景都是使用 4 通道。

❑ 低延迟要求的应用场景不断涌现，例如自动驾驶、关键金融安全等。

❑ 要与不断提升的网络架构更好配合。例如 400G 以太网需要 50GB/s 的带宽，才能以最大容量与 CPU 连接，PCIe 4.0 x16 的最大带宽只有 32GB/s，所以无法匹配，而 PCIe 5.0 则可以轻松胜任。

PCIe 总线从 4.0 开始对于信号质量的要求相较于 3.0 有了很大的提高，PCIe 5.0 的推出使得信号质量的问题变得更加严重，这对基于 PCIe 4.0&5.0 研发产品的公司来说提出了更多的挑战，尤其是生产底层示波器、误码仪，以及 PCIe 4.0&5.0 协议分析仪等产品的企业。

2022 年 1 月，PCI-SIG 官方正式发布了 PCIe 6.0 规范，PCIe 6.0 采用和之前全然不同的编码格式，即 PAM4（4-Level Pulse Amplitude Modulation，四电平脉冲幅度调制）编码格式，这和之前 PCIe Gen 1 ～ 5 采用的 NRZ（Non-Return-to-Zero，非归零）编码格式有了很大的不同。

PAM4 使用 4 个信号电平，而不是传统的 1/0（高 / 低）信号，因此可以编码 4 种可能的 2 位模式——00/01/10/11，如图 8-75 所示。

PAM4 可以携带 2 倍于 NRZ 的数据，而不必将传输带宽加倍，但这同时对 Gen6 产品的实现提出更大的挑战。

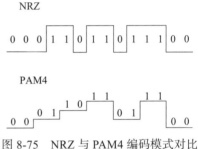

图 8-75 NRZ 与 PAM4 编码模式对比

8.17 SR-IOV

SR-IOV（Single Root I/O Virtualization，单根 I/O 虚拟化）最早由 Intel 提出，最初应用在网卡上。简单来说，SR-IOV 就是一个物理设备可以虚拟出来多个轻量化的 PCIe 设备，从而分配给虚拟机使用。

SR-IOV 有两个重要组成部分——VF（Virtual Function，虚拟功能）和 PF（Physical Function，物理功能）。每个 PF 有标准的 PCIe 功能，能关联到多个 VF。而每个 VF 都有与性能相关的资源，这些资源共享一个物理设备。所以 PF 具有完整的 PCIe 功能，而 VF 能独立使用关键功能。

每个 VF 有一个 RID，这个 RID 相当于身份证，可用于确定唯一的 PCIe 交换源，也能索引 IOMMU 页表，从而使多个 DMA 区域相互隔离，实现 DMA 虚拟化。但是 VF 没有设备初始化和配置资源功能。

下面我们来看 SR-IOV 的实现方式。

VF 驱动运行在客户虚拟机上，PF 驱动运行在宿主物理机上并对 VF 进行管理。宿主机还有 IOVM（I/O virtualization Manager，I/O 虚拟化管理软件）。IOVM 用来表示所有 VF 的配置空间，同时管理 PCIe 拓扑的控制点。SR_IOV 工作原理如图 8-76 所示。

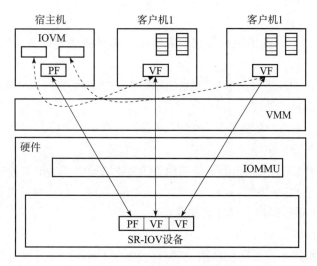

图 8-76　SR-IOV 工作原理

SR_IOV 的具体功能如下。

❑ PF 驱动：可以直接访问 PF 所有资源，同时管理所有 VF 并进行配置。它可以设置 VF 数量，进行全局启动或停止。负责配置 2 层分发，对从 VF 或者 PF 进来的数据进行路由。

❑ VF 驱动：在客户机上完成数据转移，比如 DMA 等操作不需要宿主机 VMM（Virtual Machine Monitor，虚拟机监控程序）参与，可直接与 PCIe VF 设备交互。

❑ IOVM：为每个 VF 分配了完整的虚拟配置空间，客户机可以像普通设备一样配置 VF。一般我们的主机即使发现所有 PCIe 设备是通过枚举实现的，初始化 SR-IOV 时也不能简单地扫描 PCIe Vendor ID 和 Device ID 枚举出所有 VF，因为 VF 没有完整的 PCIe 配置空间。可以用 Linux PCI 热插拔 API 动态为宿主机增加 VF，然后分配给客户机。IOVM 为每个 VF 分配虚拟的完整配置空间，所以当 VF 分配给客户机以后，客户机就能把 VF 当作普通 PCIe 设备进行初始化和配置。

SR-IOV 之所以能够提升虚拟机性能，就是因为实现了 I/O 虚拟化。虚拟机监控软件 VMM 不再干预客户机的 I/O，IOMMU 把客户机地址重映射为宿主机物理地址，这样能直接通过 DMA 在宿主机和 VF 设备之间进行高速数据搬移，并产生中断。当中断产生的时候，VMM 根据中断向量识别出客户机，并将虚拟 MSI 中断通知给客户机。

那 PF 驱动和 VF 驱动之间又是怎么通信的？比如 VF 驱动把客户机 I/O 请求发给 PF 驱动，PF 驱动也会把一些全局设备重置等事件发给 VF 驱动。有的架构采用的是 Doorbell 机制，即发送方把消息放入信箱，按一下门铃，产生中断通知接收方，接收方读到消息在共享寄存器做个标记，表示信息接收了。

SR-IOV 有如下优点。

1）提升性能。

❑ 在数据传输方面，虚拟机和物理机差不多，都可直接和设备交互，可直接进行 I/O 寄存器读写。

❑ 中断重映射：中断延迟是虚拟机性能的大敌，SR-IOV 中的 VMM 把中断交给虚拟机处理，而不是自己处理。

❑ 资源共享：所有 VF 都能共享一个 PCIe 设备，而不是独占。

2）管理简单。

❑ 扩展性高，可以在一个性能很高的设备上运行多个 VF，相比多个性能不高的 PCIe 设备，节省了 PCIe 插槽。

❑ 在底层对 VF 进行隔离，这样更加安全。

3）简化虚拟机设计。

❑ 通用性：虚拟机不需要前端驱动，VMM 不需要后端驱动。

❑ 宿主机负担轻：通过 SR-IOV，虚拟机可直接和 PCIe 设备进行数据交互，这样宿主机负担轻了，从而能支持更多虚拟机。

具体到一款支持 SR-IOV 的 NVMe SSD 上，用户可以在 SSD 上创建多个命名空间（Namespace），然后将这些命名空间与不同的 VF 绑定，这样在宿主机上就会看到虚拟出来的多个 NVMe SSD，且每个 SSD 的存储空间都是隔离的。

目前，云数据中心越来越倾向于部署支持 SR-IOV 的部件，之前传统的网卡需要支持 SR-IOV，现在 NVMe SSD 也需要支持 SR-IOV。

对于支持 SR-IOV 的 NVMe SSD 的兼容性和协议规范性，厂商也提出了要求。例如拥有超过 400 万台主机的微软公司，在 2021 年 9 月就委托 SanBlaze 开发了大量相关测试脚本。

AWS 构建了一套基于 Nitro System 的方案，该方案可实现存储、网络等多种 VF 功能。为此，AWS 在 2015 年以 3.5 亿美元收购了以色列芯片商 Annapurna Labs。在 2013 年到 2017 年，AWS 通过使用 SR-IOV 技术使得虚拟机的网络和存储性能逐步逼近真实物理设备的水平。

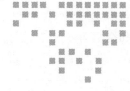

第 9 章 | *Chapter 9*

NVMe 介绍

9.1 AHCI 到 NVMe

HDD 和早期的 SSD 绝大多数都是使用 SATA 接口，跑的是 AHCI（Advanced Host Controller Interface，高级主机控制器接口）。AHCI 是由英特尔联合多家公司研发的系统接口标准。AHCI 支持 NCQ（Native Command Queuing 本机指令队列）功能和热插拔技术。NCQ 最大深度为 32，即主机最多可以发 32 条命令给 HDD 或者 SSD 执行，跟之前硬盘只能逐条命令执行相比，硬盘性能大幅提升。

在 HDD 时代或者 SSD 早期，AHCI 协议和 SATA 接口足够满足系统性能需求，因为整个系统的性能瓶颈在硬盘端（低速，高延时），而不是在协议和接口端。然而，随着 SSD 技术的飞速发展，SSD 盘的性能飙升，底层闪存带宽越来越高，介质访问延时越来越低，系统性能瓶颈已经由下转移到上面的接口和协议处了。AHCI 和 SATA 已经不能满足高性能和低延迟 SSD 的需求，因此 SSD 迫切需要更快、更高效的协议和接口。

时势造英雄，在这样的背景下，NVMe 横空出世。2009 年下半年，在英特尔的领导下，戴尔、三星、Marvell 等巨头，一起制定了专门为 SSD 服务的 NVMe 协议，旨在将 SSD 从老旧的 SATA 和 AHCI 中解放出来。

何为 NVMe？ NVMe 即 Non-Volatile Memory Express，是非易失性存储器标准，是跑在 PCIe 接口上的协议标准。NVMe 在设计之初就充分利用了 PCIe SSD 的低延时、高并行性，还有当代处理器、平台与应用的高并行性。相比 AHCI 标准，NVMe 标准可以带来多方面的性能提升。NVMe 为 SSD 而生，但不局限于以闪存为媒介的 SSD，它同样可以应用在高性能和低延迟的 3D XPoint 这类新型的介质上。

首款支持 NVMe 的产品是三星的 XS1715，于 2013 年 7 月发布。随后陆续有支持 NVMe 的企业级 SSD 推出。2015 年 Intel 750 发布，这标志着支持 NVMe 的产品开始进入消费级市场。如今市面上已经出现很多 NVMe SSD 产品，包括企业级和消费级。如果说前几年 NVMe SSD 是阳春白雪，现如今已是下里巴人，NVMe SSD 已慢慢进入寻常百姓家。

需要指出的是，在移动设备上，NVMe 也占有一席之地。苹果自 iPhone 6s 开始，存储设备上跑的就是 NVMe。

那么，NVMe 究竟有什么好？跟 AHCI 相比，它有哪些优势？

NVMe 和 AHCI 相比，它的优势主要体现在以下几点。

1. 低延时（Latency）

造成硬盘存储延时的三大因素为存储介质、控制器以及软件接口标准。

❑ 存储介质层面，闪存（Flash）比传统机械硬盘速度快太多了。

❑ 控制器方面，从 SATA SSD 发展成 PCIe SSD，原生 PCIe 主控与 CPU 直接相连，而不像传统方式，要通过南桥控制器中转再连接 CPU，因此基于 PCIe 的 SSD 延时更低。

❑ 软件接口方面，NVMe 缩短了 CPU 到 SSD 的指令路径，比如 NVMe 减少了对寄存器的访问次数，使用了 MSI-X 中断管理，并行与多线程优化——NVMe 减少了各个 CPU 核之间的锁同步操作等。

所以基于 PCIe+NVMe 的 SSD 具有非常低的延时，如图 9-1 所示。

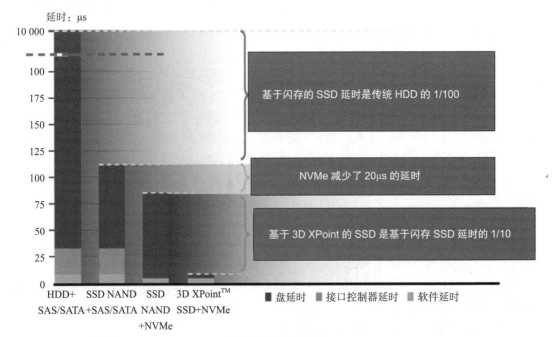

图 9-1　延时对比

2. 高性能（Throughput & IOPS）

理论上，IOPS= 队列深度 / 输入输出延时，故 IOPS 的性能与队列深度有较大的关系（但 IOPS 并不与队列深度成正比，因为实际应用中，随着队列深度的增加，I/O 延时也会提高）。市面上性能不错的 SATA 接口 SSD，在队列深度上都可以达到 32，然而这也是 AHCI 所能做到的极限。但目前高端的企业级 PCIe SSD 的队列深度可能要达到 128，甚至是 256 才能够发挥出最高的 IOPS 性能。而在 NVMe 标准下，最大的队列深度可达 64K。此外，NVMe 的队列数量也从 AHCI 的 1，提高到了 64K。

PCIe 接口本身在性能上碾压 SATA，再加上 NVMe 具有比 AHCI 更深、更宽的命令队列，NVMe SSD 在性能上秒杀 SATA SSD 是水到渠成的事情。图 9-2 是 NVMe SSD、SAS SSD 和 SATA SSD 的性能对比图。

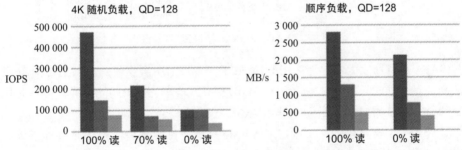

图 9-2　NVMe、SAS 和 SATA 的 SSD 性能对比图

3. 低功耗

NVMe 加入了自动功耗状态切换和动态能耗管理功能，具体在 9.8 节介绍，这里不再赘述。

9.2　NVMe 综述

NVMe 是一种主机（Host）与 SSD 之间通信的协议，它在协议栈中隶属高层，如图 9-3 所示。

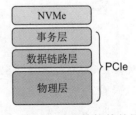

图 9-3　NVMe 处于协议栈的最高层

NVMe 作为命令层和应用层协议，理论上可以适配在任何接口上。但 NVMe 协议的原配是 PCIe，因此如无特别说明，后面章节都是基于 NVMe+PCIe 展开介绍的。

NVMe 在协议栈中处于应用层或者命令层，它是指挥官、军师，相当于三国时期诸葛亮的角色，"运筹帷幄之中，决胜千里之外"。军师设计好计谋，就交由手下五虎大将去执行。NVMe 的手下大将就是 PCIe，NVMe 所制定的任何命令，都交由 PCIe 去完成。虽然 NVMe 的命令也可以由别的接口完成，但 NVMe 与 PCIe 合作形成的战斗力无疑是最强的。

NVMe 是为 SSD 而生的。NVMe 出现之前，SSD 绝大多数用的是 AHCI 加 SATA 的组合，后者其实是为传统 HDD 服务的。与 HDD 相比，SSD 具有更低的延迟和更高的性能，AHCI 已经不能跟上 SSD 性能发展的步伐，而是成为 SSD 性能的瓶颈。所有 SATA 接口的 SSD 的读性能都不会超过 600MB/s（更准确地说是都不超过 560MB/s）。不是底层闪存带宽不够，是 SATA 接口速度限制了带宽，因为 SATA 3.0 最高带宽就是 600MB/s，而且不会再有 SATA 4.0 了，如图 9-4 所示。

	SATA		PCIe	
	2.0	3.0	2.0	3.0
链路速度	3Gb/s	6Gb/s	8Gb/s(×2) 16Gb/s(×4)	16Gb/s(×2) 32Gb/s(×4)
有效数据传输速率	约 275MB/s	约 560MB/s	约 780MB/s 约 1 560MB/s	约 1 560MB/s 约 3 120MB/s

图 9-4　SATA 和 PCIe 接口速度对比

既然 SATA 接口速度太慢，那么用 PCIe 好了，不过上层协议还是 AHCI。AHCI 只有一个命令队列，最多同时只能发 32 条命令，HDD 时代（群雄逐鹿）还能混混，SSD 时代就只有被淘汰的份。SSD 需要 PCIe，更需要 NVMe。

在上述背景下，英特尔等巨头制定了 NVMe 规范，目的就是释放 SSD 性能潜力。最初制定 NVMe 规范的主要公司如图 9-5 所示。

图 9-5　最初制定 NVMe 规范的主要公司

NVMe 制定了主机与 SSD 之间通信的命令，以及命令的执行方式。NVMe 有两种命令，一种叫 Admin 命令，用于帮主机管理和控制 SSD；另外一种就是 I/O 命令，用于在主机和 SSD 之间传输数据，如图 9-6 所示。

NVMe 支持的 Admin 命令如表 9-1 所示。

图 9-6　NVMe 命令

表 9-1　Admin 命令

命　令	必须还是可选	种　类
Create I/O Submission Queue	必须	Queue 管理
Delete I/O Submission Queue	必须	
Create I/O Completion Queue	必须	
Delete I/O Completion Queue	必须	
ldentify	必须	配置
Get Features	必须	
Set Features	必须	
Get Log Page	必须	汇报状态信息
Asynchronous Event Request	必须	
Abort	必须	中止命令
Firmware lmage Download	可选	固件更新 / 管理
Firmware Activate	可选	
I/O Command Set Specific Commands	可选	I/O 命令特有
Vendor Specific Commands	可选	商家特有

NVMe 支持的 I/O 命令如表 9-2 所示。

表 9-2　I/O 命令

命　令	必须还是可选	种　类
Read	必须	必须的数据命令
Write	必须	
Flush	必须	
Write Uncorrectable	可选	可选的数据命令
Write Zeros	可选	
Compare	可选	
Dataset Management	可选	数据暗示
Reservation Acquire	可选	Reservation 命令
Reservation Register	可选	
Reservation Release	可选	
Reservation Report	可选	
Vendor Specific Commands	可选	商家特有

　　跟 ATA 规范中定义的命令相比，NVMe 的命令个数少了很多，它完全是为 SSD 量身定制的。在 SATA 时代，即使只有 HDD 才需要的命令（SSD 上其实完全没有必要），但为了符合协议标准，SSD 还是需要实现它（完全只是为了兼容性）。NVMe 让 SSD 摆脱了这种困境。

　　大家现在别纠结具体的命令，了解一下就好。本章旨在授之以"渔"，而非"鱼"，因此不会介绍具体的 NVMe 命令。

命令有了，那么，主机又是怎么把这些命令发送给 SSD 执行的呢？

NVMe 有三宝——Submission Queue（SQ，提交队列）、Completion Queue（CQ，完成队列）和 DoorBell register（DB，门铃队列）。SQ 和 CQ 位于主机的内存中，DB 则位于 SSD 的控制器内部，如图 9-7 所示。

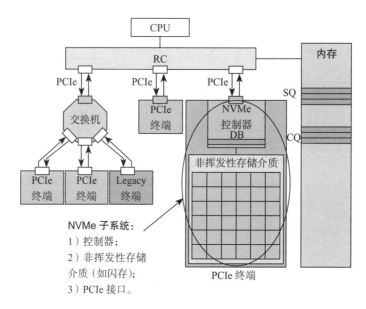

图 9-7　SQ、CQ 和 DB 在系统中的位置

图 9-7 信息量比较大，除了让我们知道 SQ 和 CQ 在主机的内存（Memory）中以及 DB 在 SSD 端外，还让我们对一个 PCIe 系统有了直观的认识。图 9-7 中的 NVMe 子系统一般就是 SSD。SSD 作为一个 PCIe Endpoint（PCIe 终端，简称 EP）通过 PCIe 连着 RC，然后 RC 连接着 CPU 和内存。RC 是什么？我们可以认为 RC 就是 CPU 的代言人或者助理。作为系统中的最高层，CPU 不直接与 SSD 交互，尽管如此，SSD 的地位还是较过去提升了一级，过去 SSD 别说直接接触 CPU，就是连 RC 的面都见不到，SSD 和 RC 之间还隔着一座南桥。

回到我们的"吉祥三宝"（SQ、CQ、DB）。SQ 位于主机内存中，主机要发送命令时，先把准备好的命令放在 SQ 中，然后通知 SSD 来取；CQ 也是位于主机内存中，一个命令执行完成，无论是成功还是失败，SSD 总会往 CQ 中写入命令完成状态。DB 又是干什么用的呢？主机发送命令时，不是直接往 SSD 中发送命令，而是把命令准备好放在自己的内存中，那怎么通知 SSD 来获取命令执行呢？主机就是通过写 SSD 端的 DB 来告知 SSD 的。

我们来看看 NVMe 是如何处理命令的，如图 9-8 所示。

NVMe 处理命令需要几步？答：八步。

第一步，主机写命令到 SQ；

第二步，主机写 SQ 的 DB，通知 SSD 取指；

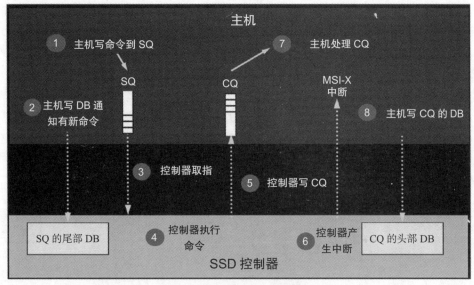

图 9-8　NVMe 命令处理流程

第三步，SSD 收到通知后，到 SQ 中取指；

第四步，SSD 执行指令；

第五步，指令执行完成，SSD 往 CQ 中写指令执行结果；

第六步，SSD 发中断通知主机指令完成；

第七步，收到中断，主机处理 CQ，查看指令完成状态；

第八步，主机处理完 CQ 中的指令执行结果，通过 DB 回复 SSD。

9.3　吉祥三宝：SQ、CQ 和 DB

接下来我们来详细介绍 NVMe 的吉祥三宝。

主机往 SQ 中写入命令，SSD 往 CQ 中写入命令完成结果。SQ 与 CQ 的关系可以是一对一的，也可以是多对一的，但不管怎样，它们是成对的：有因就有果，有 SQ 就必然有 CQ。

前面介绍过，有两种 SQ 和 CQ，一种是 Admin，另外一种是 I/O，前者放 Admin 命令，用于帮主机管理控制 SSD，后者放置 I/O 命令，用于在主机与 SSD 之间传输数据。Admin SQ/CQ 和 I/O SQ/CQ 各司其职，不能把 Admin 命令放到 I/O SQ 中，同样也不能把 I/O 命令放到 Admin SQ 里面。I/O SQ/CQ 不是一生下来就有的，它们是通过 Admin 命令创建的。

正如图 9-9 所示，系统中只有 1 对 Admin SQ/CQ，它们是一一对应的关系；I/O SQ/CQ 却可以多达 65 535 对（64K 减去 1 对 Admin SQ/CQ）。

需要指出的是，对 NVMe over Fabrics，SQ 和 CQ 的关系只能是一对一，此时 I/O SQ/CQ 也不是通过 Admin 命令创建。

主机端每个 CPU 核（Core）可以有一个或者多个 SQ，但只有一个 CQ。给每个 CPU 核分配一对 SQ/CQ 好理解，为什么一个 CPU 核中还要有多个 SQ 呢？一是性能有需求，一个 CPU 核中有多线程，可以做到一个线程独享一个 SQ；二是 QoS 有需求。假想这样一个场景：蛋蛋一边看电影，一边在后台用迅雷下载某大型应用，由于电脑配置差，看电影总卡顿。蛋蛋不想要卡顿，怎么办？NVMe 建议你设置两个 SQ，一个赋予高优先级，一个赋予低优先级，把看电影所需的命令放到高优先级的 SQ，迅雷下载所需的命令放到低优先级的 SQ，这样电脑就能把有限的资源优先用于满足看电影了。至于迅雷卡不卡，下载慢不慢，这个时候已经不重要了。能让蛋蛋舒舒服服地看完一部电影就是好的 QoS。实际系统中用多少个 SQ，取决于系统配置和性能需求，可灵活设置 I/O SQ 个数。

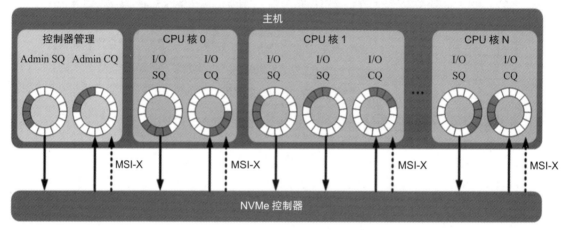

图 9-9　SQ 和 CQ

关于系统中 I/O SQ 的个数，NVMe 白皮书给出表 9-3 所示建议。

表 9-3　NVMe 白皮书对 NVMe 的配置建议

特　　性	企业级应用推荐	消费级应用推荐
I/O 队列数	16 ～ 128	2 ～ 8
物理不连续队列	取决于设计	不要
逻辑块大小	4KB	4KB
中断支持	MSI-X	MSI-X
固件更新	支持	支持
端到端数据保护	支持	不支持
SR-IOV 支持	支持	不支持

作为队列，每个 SQ 和 CQ 都有一定的深度：对 Admin SQ/CQ 来说，其深度可以是 2 ～ 4096（4K）；对 I/O SQ/CQ 来说，深度可以是 2 ～ 65 536（64K）。队列深度也是可以配置的。

SQ/CQ 的个数可以配置，每个 SQ/CQ 的深度也可以配置，因此 NVMe 的性能是可以通过配置队列个数和队列深度来灵活调节的。

我们已经知道，AHCI 只有一个命令队列，且队列深度是固定的 32，和 NVMe 相比，无论是在命令队列广度还是深度上，都是无法望其项背的。NVMe 命令队列的百般变化，更是 AHCI 无法做到的。PCIe 也是可以百般变化的。一个 PCIe 接口，可以有 1、2、4、8、12、16、32 条 Lane！

每个 SQ 放入的是命令条目，无论是 Admin 还是 I/O 命令，每个命令的条目大小都是 64B；每个 CQ 放入的是命令完成状态信息条目，每个条目大小是 16B。

在继续谈 DB 之前，先对 SQ 和 CQ 做个小结：

- ❑ SQ 用于主机发送命令，CQ 用于 SSD 回复命令完成状态；
- ❑ SQ/CQ 可以在主机的内存中，也可以在 SSD 中，但一般在主机内存中（本书中除非特殊说明，不然都是基于 SQ/CQ 在主机内存中进行介绍）；
- ❑ Admin 和 I/O 两种类型的 SQ/CQ，前者发送 Admin 命令，后者发送 I/O 命令；
- ❑ 系统中只能有一对 Admin SQ/CQ，但可以有很多对 I/O SQ/CQ；
- ❑ I/O SQ 与 CQ 可以是一对一的关系，也可以是多对一的关系；
- ❑ 可以赋予 I/O SQ 是不同优先级的；
- ❑ I/O SQ/CQ 深度可达 64K，Admin SQ/CQ 深度可达 4K；
- ❑ I/O SQ/CQ 的广度和深度都可以灵活配置；
- ❑ 每条命令是 64B，每条命令完成状态是 16B。

SQ/CQ 中的 "Q" 指 Queue，是队列的意思（见图 9-10），无论是 SQ 还是 CQ，都是队列，并且是环形队列。队列有几个要素，除了队列深度、队列内容，还有队列的头部（Head）和尾部（Tail）。

队伍头部的部分表示正在被服务或者等待被服务，一旦其服务完成，就会离开队伍。可见队列的头尾很重要，头决定谁会被马上服务，尾巴决

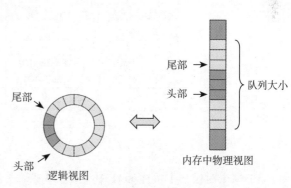

图 9-10　队列（Queue）的概念

定了新来的人站的位置。DB 就是用来记录一个 SQ 或者 CQ 的头和尾。每个 SQ 或者 CQ 都有两个对应的 DB——Head DB（头部 DB）和 Tail DB（尾部 DB）。DB 是 SSD 端的寄存器，记录 SQ 和 CQ 的头和尾巴的位置。

如图 9-11 所示是一个队列生产者 / 消费者（Producer/Consumer）模型。生产者往队列的尾部写入东西，消费者从队列的头部取出东西。对一个 SQ 来说，它的生产者是主机，因

为它向 SQ 的尾部写入命令，消费者是 SSD，因为它从 SQ 的头部取出指令并执行；对一个 CQ 来说，刚好相反，生产者是 SSD，因为它向 CQ 的尾部写入命令完成信息，消费者则是主机，它从 CQ 的头部取出命令完成信息。

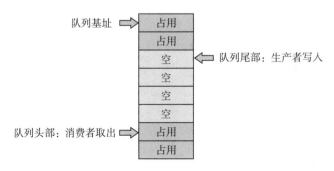

图 9-11　队列生产者 / 消费者模型

下面举个例子说明。

1）开始假设 SQ1 和 CQ1 是空的，Head = Tail = 0，如图 9-12 所示。

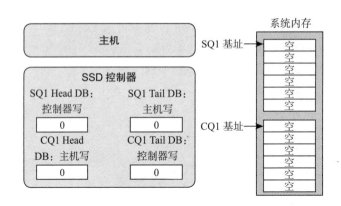

图 9-12　SQ、CQ、DB 初始化状态

2）这个时候，主机往 SQ1 中写入了 3 条命令，SQ1 的 Tail 变成 3。主机往 SQ1 写入 3 条命令后，然后更新 SSD 控制器端的 SQ1 Tail DB 寄存器的值为 3。主机更新这个寄存器的同时，也是在告诉 SSD 控制器：有新命令了，去我那里取一下，如图 9-13 所示。

3）SSD 控制器收到通知后派人去 SQ1 把 3 条命令都取回来执行。SSD 把 SQ1 的 3 条命令都消费了，SQ1 的 Head 也调整为 3，SSD 控制器会把这个 Head 值写入本地的 SQ1 Head DB 寄存器，如图 9-14 所示。

4）SSD 执行完 2 条命令，于是往 CQ1 中写入 2 条命令完成信息，将 CQ1 对应的 Tail DB 寄存器的值更新为 2。同时发消息给主机：有命令完成，请注意查看，如图 9-15 所示。

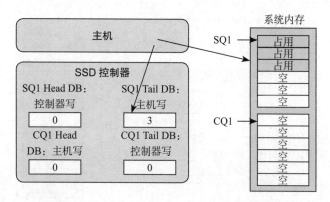

图 9-13　主机往 SQ 中写入 3 条命令

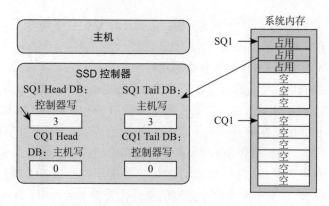

图 9-14　SSD 取走 3 条命令

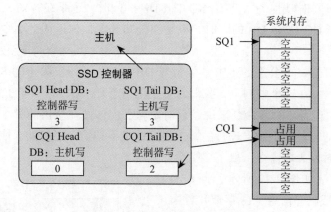

图 9-15　SSD 完成 2 条命令后写 CQ

5）主机收到 SSD 的短信通知（中断信息），于是从 CQ1 中取出那 2 条完成信息。处理完毕，主机又将 CQ1 Head DB 寄存器中 CQ1 的 Head 值更新为 2，如图 9-16 所示。

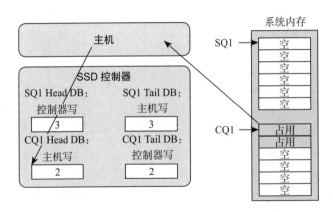

图 9-16 主机处理完 CQ 中的两个命令状态

通过这个例子我们重温了命令处理流程。之前也许只记住了命令处理需要 8 步，现在我们应该对命令处理流程有了更深入具体的认识。

那么，DB 在命令处理流程中起了什么作用呢？

首先，如前文提到的，它记住了 SQ 和 CQ 的头和尾。对 SQ 来说，SSD 是消费者，它直接和队列的头打交道，很清楚 SQ 的头在哪里，所以 SQ Head DB 由 SSD 自己维护；但它不知道队伍有多长，尾巴在哪，后面还有多少命令等待执行，相反，主机知道，所以 SQ Tail DB 由主机来更新。SSD 结合 SQ 的头和尾，就知道还有多少命令在 SQ 中等待执行了。对 CQ 来说，SSD 是生产者，它很清楚 CQ 的尾巴在哪里，所以 CQ Tail DB 由自己更新，但是 SSD 不知道主机处理了多少条命令完成信息，这需要主机告知，因此 CQ Head DB 由主机更新。SSD 根据 CQ 的头和尾，就知道 CQ 还能不能，以及能接受多少命令完成信息。

DB 还起到了通知作用：主机更新 SQ Tail DB 的同时，也是在告知 SSD 有新的命令需要处理；主机更新 CQ Head DB 的同时，也是在告知 SSD，你返回的命令完成状态信息我已经处理。

这里有一个对主机不公平的地方：主机对 DB 只能写（还仅限于写 SQ Tail DB 和 CQ Head DB），不能读。在这个限制下，我们看看主机是怎样维护 SQ 和 CQ 的。SQ 的尾部没有问题，主机是生产者，对新命令来说，它清楚自己应该站在队伍的哪个位置。但是头部呢？ SSD 在取指的时候，是偷偷进行的，主机对此毫不知情。主机发了取指通知后，它并不清楚 SSD 什么时候去取命令、取了多少命令。

怎么办？处理方法如图 9-17 所示，即 SSD 往 CQ 中写入命令完成状态信息（16 字节）。

SSD 往 CQ 中写入命令状态信息的同时，还把 SQ Head DB 的信息告知了主机！这样，主机中就有了 SQ 队列的头部和尾部的信息。

CQ 呢？ 主机知道它队列的头部，不知道尾

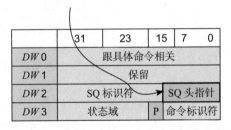

图 9-17 SQ 的 Head DB 在命令完成状态里

部。那怎么能知道尾部呢？思路很简单，既然 SSD 知道，那由 SSD 告诉主机呗！ SSD 怎么告诉主机呢？还是通过 SSD 返回命令状态信息获取。图 9-17 中所示的"P"就是用来做标记的。

具体是这样的：一开始 CQ 中每条命令完成将条目中的 P 位初始化为 0 的工作，SSD 在往 CQ 中写入命令完成条目时，会把 P 写成 1（如果之前该位置为 1，控制器写 CQ 的时候翻转该位，即写 0）。记住一点，CQ 是在主机端的内存中，主机可以检查 CQ 中的所有内容，当然包括 P 了。主机记住上次队列的尾部，然后往下一个一个检查 P，就能得出新的队列尾部了，如图 9-18 所示。

最后，对 DB 做个小结：

❑ DB 在 SSD 控制器端是寄存器；

❑ DB 记录着 SQ 和 CQ 队列的头部和尾部；

❑ 每个 SQ 或者 CQ 有两个 DB——Head DB 和 Tail DB；

❑ 主机只能写 DB，不能读 DB；

❑ 主机通过 SSD 往 CQ 中写入的命令完成状态获取队列头部或者尾部。

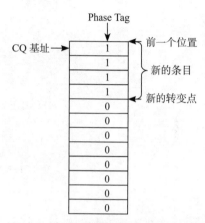

图 9-18　主机根据 Phase Tag（相位标记）计算 CQ 队列的尾部

9.4　寻址双雄：PRP 和 SGL

数据从主机端来要到 SSD 去，或者数据从 SSD 来要去主机端。

主机如果想往 SSD 上写入用户数据，需要告诉 SSD 写入什么数据，写入多少数据，以及数据源在内存中的什么位置，这些信息包含在主机向 SSD 发送的写命令中。每笔用户数据对应着一个叫作 LBA（Logical Block Address，逻辑块地址）的东西，写命令通过指定 LBA 来告诉 SSD 写入的是什么数据。对 NVMe/PCIe 来说，SSD 收到写命令后，通过 PCIe 去主机的内存中数据所在位置读取数据，然后把这些数据写入闪存，同时生成 LBA 与闪存位置的映射关系。上述过程示意如图 9-19 所示。

主机如果想读取 SSD 上的用户数据，同样需要告诉 SSD 需要什么数据，需要多少数据，以及数据最后需要放到主机内存的哪个位置上，这些信息包含在主机向 SSD 发送的读命令中。SSD 根据 LBA 查找映射表（写入时生成的），找到对应闪存物理位置，然后读取闪存获得数据。数据从闪存读上来以后，对 NVMe/PCIe 来说，SSD 会通过 PCIe 把数据写入主机指定的内存。这样就完成了主机对 SSD 的读访问。

在上面的描述中，大家有没有注意到一个问题，那就是主机在与 SSD 传输数据的过程中，主机是被动的一方，SSD 是主动的一方。主机需要数据，是 SSD 主动把数据写入主机的内存；主机写数据，同样是 SSD 主动去主机的内存中取数据，然后写入闪存。

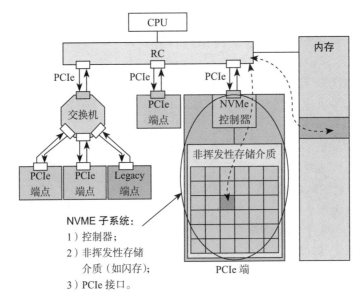

图 9-19 数据在主机内存和 SSD 中流动

主机不亲自传输数据，那总该告诉我 SSD 去内存中什么地方取用户数据，或者要把数据写入到内存中的什么位置。主机也有两种方式来告诉 SSD 数据所在的内存位置，一是 PRP（Physical Region Page，物理区域页，有人戏称其为"拼人品"），二是 SGL（Scatter/Gather List，分散/聚集列表，有人戏称其为"死过来，送过来"）。

先说 PRP。NVMe 把主机端的内存划分为一个一个物理页（Page），页的大小可以是 4KB、8KB、16KB…128MB。

PRP 是什么？长什么样？这就要看图 9-20 所示了。

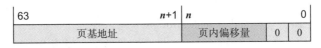

图 9-20 PRP 条目（Entry）布局（Layout）

PRP 条目本质就是一个 64 位内存物理地址，只不过这个物理地址被分成两部分——页起始地址和页内偏移。最后两位是 0，说明 PRP 表示的物理地址只能 4 字节对齐访问。页内偏移可以是 0，也可以是个非零的值，如图 9-21 所示。

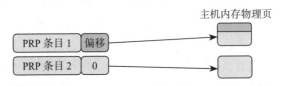

图 9-21 PRP 描述内存物理空间示例

一个 PRP 条目描述的是一个物理页空间。如果需要描述若干个物理页，那就需要若干个 PRP 条目。把若干个 PRP 条目连接起来，就成了 PRP 链表（List），如图 9-22 所示。

PRP 链表中的每个 PRP 条目的偏移量都必须是 0，PRP 链表中的每个 PRP 条目都是描述一个物理页。它们不允许有相同的物理页，不然 SSD 往同一个物理页写入几次数据，会导致先写入的数据被覆盖。

63	$n+1$	n	0
页基地址 k		0h	
页基地址 $k+1$		0h	
...			
页基地址 $k+m$		0h	
页基地址 $k+m+1$		0h	

图 9-22　PRP 链表布局（Layout）

每个 NVMe 命令中有两个域——PRP1 和 PRP2，主机就是通过这两个域告诉 SSD 数据在内存中的位置或者数据需要写入的地址，如表 9-4 所示。

表 9-4　NVMe 命令格式中的 PRP

字　　节	描　　述
63:60	命令 **Dword15（CDW15）**：命令相关
59:56	命令 **Dword14（CDW14）**：命令相关
55:52	命令 **Dword13（CDW13）**：命令相关
51:48	命令 **Dword12（CDW12）**：命令相关
47:44	命令 **Dword11（CDW11）**：命令相关
43:40	命令 **Dword10（CDW10）**：命令相关
39:32	**PRP Entry 2（PRP2）**：命令中第二个地址条目（如果有用到的话）
31:24	**PRP Entry 1（PRP1）**：命令中第一个地址条目
23:16	**MetadataPointer（MPTR）**：连续元数据缓冲区地址
15:8	保留
7:4	**NamespaceIdentifier（NSID）**
3:0	命令 **Dword0（CDW0）**：所有命令都用

PRP1 和 PRP2 有可能指向数据所在位置，也可能指向 PRP 链表。类似 C 语言中的指针概念，PRP1 和 PRP2 可能是指针，也可能是指针的指针，还有可能是指针的指针的指针。别管你包得有多严实，根据不同的命令，SSD 总能一层一层地剥下包装，找到数据在内存的真正物理地址。

一个 PRP1 指向 PRP 链表的示例如图 9-23 所示。

PRP1 指向一个 PRP 链表，PRP 链表位于页 200、页内偏移 50 的位置。SSD 确定 PRP1 是个指向 PRP 链表的指针后，就会去主机内存中（Page 200，Offset 50）把 PRP 链表取过来。获得 PRP 链表就获得数据的真正物理地址，SSD 就会向这些物理地址读取或者写入数据。

对 Admin 命令来说，它只用 PRP 告诉 SSD 内存物理地址；对 I/O 命令来说，除了用 PRP，主机还可以用 SGL 的方式来告诉 SSD 数据在内存中写入或者读取的物理地址，如表 9-5 所示。

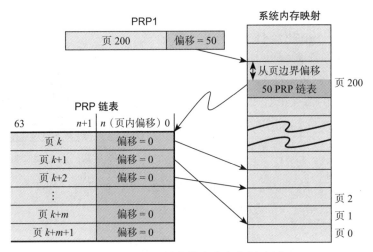

图 9-23　PRP 链表描述内存空间示例

表 9-5　NVMe 命令格式中的 SGL

字　节	描　述
63:60	命令 **Dword15 (CDW15)**：命令相关
59:56	命令 **Dword14 (CDW14)**：命令相关
55:52	命令 **Dword13 (CDW13)**：命令相关
51:48	命令 **Dword12 (CDW12)**：命令相关
47:44	命令 **Dword11 (CDW11)**：命令相关
43:40	命令 **Dword10 (CDW10)**：命令相关
39:24	如果 CDW0[15:14]=00b，则这个域解释为 PRP2+PRP1，即用 PRP 方式描述内存地址； 如果 CDW0[15:14]=01b 或者 10b，则这个域解释为 SGL，即用 SGL 方式描述内存地址
23:16	**MetadataPointer (MPTR)**：连续元数据缓冲区地址
15:8	保留
7:4	**NamespaceIdentifier (NSID)**
3:0	命令 **Dword0 (CDW0)**：所有命令都用

　　主机在命令中会告诉 SSD 采用何种方式。具体来说，如果命令当中的 DW0[15:14] 是 0，就是 PRP 的方式，否则就是 SGL 的方式。

　　SGL 是什么？ SGL（Scatter Gather List）是一个数据结构，用于描述一段数据空间，这个空间可以是数据源所在的空间，也可以是数据目标空间。SGL 首先是一个链表，由一个或者多个 SGL 段（Segment）组成，而每个 SGL 段又由一个或者多个 SGL 描述符（Descriptor）组成。SGL 描述符是 SGL 最基本的单元，它描述了一段连续的物理内存空间：起始地址 + 空间大小。

　　每个 SGL 描述符大小是 16 字节。一块内存空间，可以用来放用户数据，也可以用来放

SGL 段，根据这段空间的不同用途，SGL 描述符也分几种类型，如表 9-6 所示。

表 9-6　SGL 描述符类型

编　码	描述符	编　码	描述符
0h	SGL 数据块描述符（Data Block Descriptor）	3h	SGL 末段描述符（Last Segment Descriptor）
1h	SGL 位桶描述符（Bit Bucket Descriptor）	4h ～ Eh	保留
2h	SGL 段描述符（Segment Descriptor）	Fh	商家指定

由表 9-6 可知，有 4 种 SGL 描述符：

❑ 数据块描述符，这个好理解，它用于表明这段空间是用户数据空间。

❑ 段描述符，SGL 是由 SGL 段组成的链表，既然是链表，前面一个段就需要有一个指针指向下一个段，这个指针就是 SGL 段描述符，它描述的是它下一个段所在的空间。

❑ 对链表当中倒数第二个段，它的 SGL 段描述符我们称之为 SGL 末段描述符。它本质还是 SGL 段描述符，描述的还是 SGL 段所在的空间。为什么需要把倒数第二个 SGL 段描述符单独定义成一种类型呢？目的是让 SSD 在解析 SGL 的时候，碰到 SGL 末段描述符，就知道链表快到头了，后面只有一个段了。

❑ SGL 位桶也是一种描述符，它只对主机读有用，用于告诉 SSD 往这个内存写入的东西不是它要的，所以不用传了。

结合图 9-24 所示 SGL 示例可更好理解上述内容。

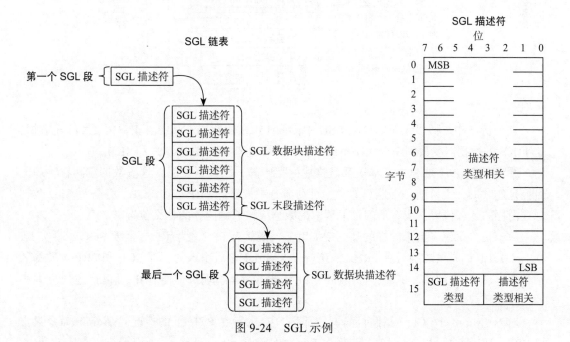

图 9-24　SGL 示例

下面我们再来看一个示例，如图 9-25 所示。

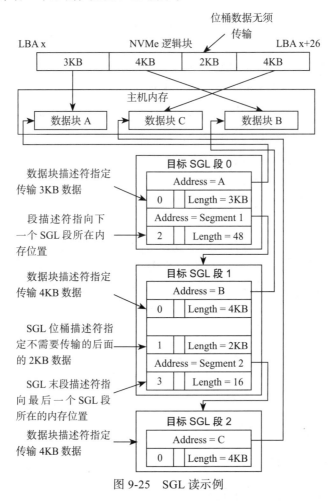

图 9-25　SGL 读示例

这个例子中，假设主机需要从 SSD 中读取 13KB 的数据，其中真正只需要 11KB 数据，这 11KB 的数据需要放到 3 个大小不同的内存中，分别是 3KB、4KB 和 4KB。

无论是 PRP 还是 SGL，本质都是描述内存中的一段数据空间，这段数据空间在物理上可能是连续的，也可能是不连续的。主机在命令中设置好 PRP 或者 SGL，并告诉 SSD 数据源在内存的什么位置，或者从闪存上读取的数据应该放到内存的什么位置。

大家也许跟笔者有个同样的疑问，那就是，既然有 PRP，为什么还需要 SGL？事实上，在 NVMe1.0 的时候的确只有 PRP，SGL 是 NVMe1.1 之后引入的。那 SGL 和 PRP 本质的区别在哪？图 9-26 和图 9-27 道出了真相：PRP 描述的是物理页，而 SGL 可以描述任意大小的内存空间。

对 NVMe over PCIe（我们目前讲的都是 NVMe 跑在 PCIe 上的情况），Admin 命令只支持 PRP，I/O 命令可以支持 PRP 或者 SGL；对 NVMe over Fabrics，所有命令只支持 SGL。

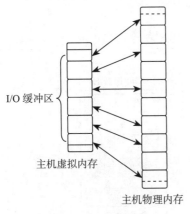

图 9-26　PRP 数据传输

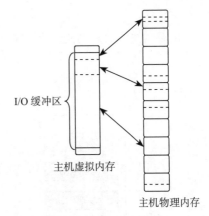

图 9-27　SGL 数据传输

9.5　Trace 分析

前面我们已经看到过图 9-28 所示的结构，任何一种计算机协议都是采用这种分层结构的，下层总是为上层服务的。有些协议，图 9-28 中的所有的层次都有定义和实现；而有些协议，只定义了其中的几层。然而，要让一种协议能工作，就需要一个完整的协议栈。PCIe 定义了下三层，NVMe 定义了最上层，两者一拍即合，构成一个完整的主机与 SSD 通信的协议栈。

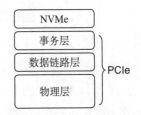

图 9-28　PCIe+NVMe 协议栈

NVMe 最直接接触的是 PCIe 的事务层。在 NVMe 层，我们能看到的是 64 字节的命令、16 字节的命令返回状态，以及跟命令相关的数据。而在 PCIe 的事务层，我们能看到的是事务层数据包（Transaction Layer Packet，TLP）。跟快递做类比，你要寄东西，可能是手机，可能是电脑，不管是什么，你交给快递小哥，他总是把你要寄的东西打包，快递员看到的就是包裹，他根本不关心里面是什么。PCIe 事务层作为 NVMe 最直接的服务者，不管 NVMe 发给的是命令、命令状态，还是用户数据，它统统帮 NVMe 放进包裹，打包后交给下一层，即数据链路层继续处理，如图 9-29 所示。

对 PCIe，我们只关注事务层，因为它跟 NVMe 的接触是最直接、最亲密的。PCIe 事务层传输的是 TLP，它就是个包裹，一般由包头和数据组成，当然也有可能只有包头没有数据。NVMe 传下来的数据都放在 TLP 的数据部分（Payload）。为实现不同的目的，TLP 可分为不同类型，这前文有详细介绍，这里不再重复。

注意，PCIe 的响应 TLP 跟 NVMe 层的响应不是同一个东西，它们处在不同层。PCIe 层的响应 TLP 是对所有 Non-Posted 型的 TLP 的响应，比如一个读 TLP，就需要响应 TLP

来作为响应。

NVMe 层的响应针对的是每个 SQ 中的命令, 这些命令都需要一个响应。

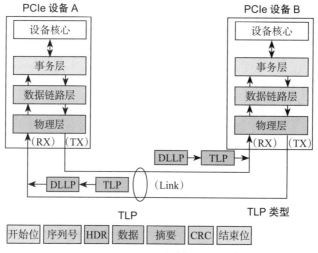

图 9-29 PCIe 两设备通信示意图

在 NVMe 命令处理过程中, PCIe 事务层基本只用读 / 写存储 TLP 来为 NVMe 服务, 其他类型的 TLP 我们可以不用管。

主机发送一个读命令, PCIe 是如何服务的? 接下来, 结合 NVMe 命令处理流程, 带领大家学习图 9-30, 看看 NVMe 和 PCIe 的事务层发生了什么。

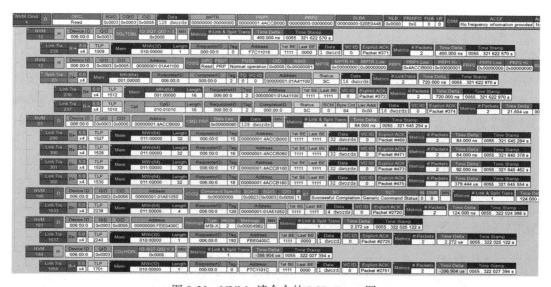

图 9-30 NVMe 读命令的 PCIe Trace 图

首先，主机准备了一个读命令给 SSD，如图 9-31 所示。

NVM Cmd
4
D
OPC
Read
SQID
0x0003
CQID
0x0003
CID
0x0005
Data
128 dwords
MPTR
00000000:00000000
PRP1
00000001:4ACCB000
PRP2
00000000:00000000
SLBA
00000000:020E0448
NLB
0x0000
PRINFO
0x0
FUA
0
LR
0

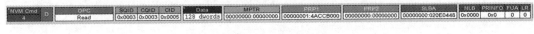

图 9-31　NVMe 读命令

也许你对 NVMe 读命令格式不是很清楚，但从图 9-31 中能得到下面的信息：主机需要从起始 LBA 0x20E0448（SLBA）上读取 128 个 DW（512 字节）的数据，读到哪里去呢？PRP1 给出的内存地址是 0x14ACCB000。这个命令放在编号为 3 的 SQ 里（SQID = 3），CQ 编号也是 3（CQID = 3）。

当主机把一个命令准备好放到 SQ 后，接下来步骤是什么呢？回想一下 NVMe 命令处理的 8 个步骤。

第一步：**主机写命令到 SQ**。这已完成。

第二步：**主机通过写 SQ 的 Tail DB，通知 SSD 来取命令**。

图 9-32 中，上层是 NVMe 层，下层是 PCIe 的事务层，这一层我们看到的是 TLP。主机想往 SQ Tail DB 中写入的值是 5。PCIe 是通过一个写存储 TLP 来实现主机写 SQ 的 Tail DB 的。

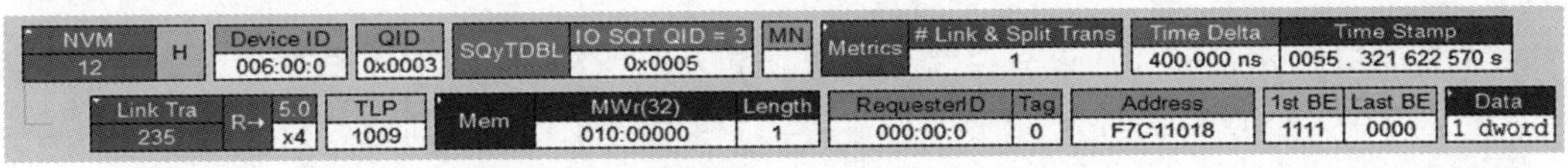

NVM
12
H
Device ID
006:00:0
QID
0x0003
SQyTDBL
IO SQT QID = 3
0x0005
MN
Metrics
Link & Split Trans
1
Time Delta
400.000 ns
Time Stamp
0055 . 321 622 570 s
Link Tra
235
R→
5.0
x4
TLP
1009
Mem
MWr(32)
010:00000
Length
1
RequesterID
000:00:0
Tag
0
Address
F7C11018
1st BE
1111
Last BE
0000
Data
1 dword

图 9-32　主机通过写存储写 SQ 的 Tail DB

一个主机，下面可能连接着若干个终端，该 SSD 只是其中的一个而已，那有个问题，主机怎样才能准确更新该 SSD 控制器中的 Tail DB 寄存器呢？怎么寻址？

其实，在上电的过程中，每个终端（在这里是 SSD）的内部空间都会通过内存映射（Memory Map）的方式映射到主机的内存（Memory）地址空间中，SSD 控制器当中的寄存器会被映射到主机的内存地址空间，当然也包括 Tail DB 寄存器。主机在用写存储写的时候，只要设置该寄存器在主机内存中映射的地址，数据就能准确写入该寄存器。以图 9-32 所示为例，该 Tail DB 寄存器应该映射在主机内存地址 0xF7C11018，所以主机写 DB，只需指定这个映射地址，就能准确无误地将数据写入对应的寄存器中去。

第三步：**SSD 收到通知，去主机端的 SQ 中取指**。

SSD 是通过发一个读存储 TLP 到主机的 SQ 中取指的。可以看到，PCIe 需要从主机内存中读取 16 DW 的数据。为什么是 16 DW？因为每个 NVMe 命令的大小是 64B。由图 9-33 所示我们可以推断，SQ 3 当前的 Head 指向的内存地址是 0x101A41100。怎么推断出的？因为 SSD 总是从主机的 SQ Head 取指的，而图 9-33 所示中，地址就是 0x101A41100，所以我们有此推断。

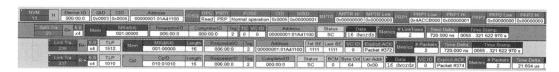

图 9-33　SSD 通过读存储取指

在图 9-33 中，SSD 往主机发送了一个读存储的请求，主机通过响应的方式把命令数据返回给 SSD。和前面的写存储不同，读存储中不含数据，只是一个请求，数据的传输需要对方发一个响应。像这种需要对方返回状态的 TLP 请求，我们叫它 Non-Posted 请求。怎么理解呢？Post 有"邮政"的意思，就像你寄信一样，你把信往邮箱中一扔，对方能不能收到，就看快递员了，反正你是把信发出去了。像写存储这种请求，就是 Posted 请求，数据传给对方，至于对方有没有处理，我们不在乎；而像读存储这种请求，它就必须是 Non-Posted 了，因为如果对方不响应（不返回数据），读存储就是失败的。所以，每个读存储请求都有相应的响应。

第四步：SSD 执行读命令，把数据从闪存中读到缓存中，然后把数据传给主机。

数据从闪存读到缓存中，这是 SSD 内部的操作，跟 PCIe 和 NVMe 没有任何关系，因此，我们捕捉不到 SSD 的这个行为。在 PCIe 接口上，我们只能捕捉到 SSD 把数据传给主机的过程。

如图 9-34 所示，SSD 通过写存储 TLP 把主机命令所需的 128 DW 数据写入主机命令所要求的内存中。SSD 每次写入 32 DW，一共写了 4 次。正如之前所说，我们没有看到响应TLP，这是合理的。

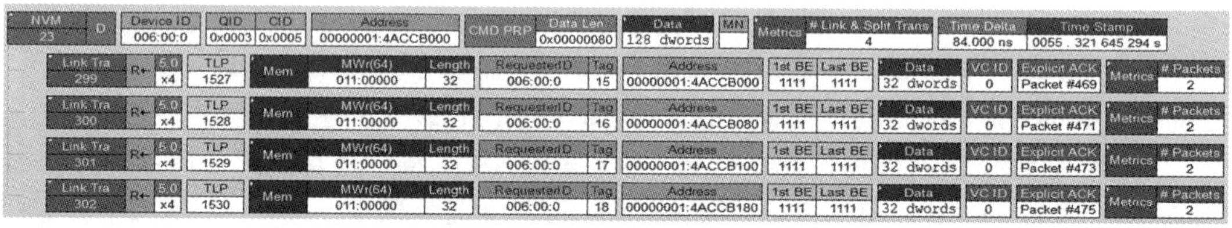

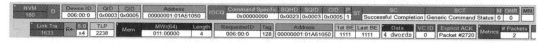

图 9-34　SSD 通过写存储返回数据给主机

SSD 一旦把数据返回给主机，就会认为命令处理完毕。

第五步：SSD 往主机的 CQ 中返回状态。

如图 9-35 所示，SSD 是通过写存储 TLP 把 16B 的命令完成状态信息写入主机的 CQ 中。

图 9-35　SSD 通过写存储写 CQ

第六步：SSD 采用中断的方式告诉主机去处理 CQ。

SSD 中断主机，在 NVMe/PCIe 中有 4 种方式：Pin-Based Interrupt（基于引脚的中断）、

Single Message MSI（单信息 MSI）、Multiple Message MSI（多信息 MSI）和 MSI-X。在图 9-36 中，使用的是 MSI-X 中断方式。跟传统的中断不一样，它不是通过硬件引脚的方式，而是和正常的数据信息一样，通过 PCIe 打包把中断信息告知主机。图 9-36 告诉我们，SSD 还是通过写存储 TLP 把中断信息告知主机，这个中断信息长度是 1 DW。

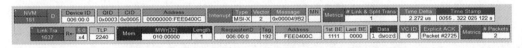

图 9-36　SSD 通过写存储通知主机处理 CQ

第七步：**主机处理相应的 CQ**。这一步是在主机端内部发生的事情，在 Trace 上我们捕捉不到这个处理过程。

最后一步，主机处理完相应的 CQ 后，需要**更新 SSD 端的 CQ 的 Head DB**，告知 SSD CQ 处理完毕。

跟前面一样，主机还是通过写存储 TLP 更新 SSD 端的 CQ 的 Head DB 的，如图 9-37 所示。

图 9-37　主机通过写存储更新 CQ 的 Head DB

通过 PCIe Trace，我们从 PCIe 的事务层看到了一个 NVMe 读命令是怎么处理的，看到事务层基本都是通过写存储和写存储 TLP 传输 NVMe 命令、数据和状态等信息的，看到了 NVMe 命令处理的 8 个步骤。

上面举的是 NVMe 读命令处理的过程，其他命令的处理过程与此其实差不多，这里不再赘述。

9.6　端到端数据保护

接下来，我们要说的话题就是 NVMe 中端到端的数据保护功能，看看 NVMe 中的"保镖"是怎样为我们的数据保驾护航的。

端到端：一端是主机的内存空间，一端是 SSD 的闪存空间。

我们需要保护的是用户数据。主机与 SSD 之间，数据传输的最小单元是逻辑块（Logical Block，LB），每个逻辑块大小可以是 512B、1 024B、2 048B、4 096B，主机在格式化 SSD 的时候，逻辑块大小就确定了，之后两者就按这个逻辑块大小进行数据交互。

数据从主机到 NVM（Non-Volatile Memory，目前一般是闪存，后面我就用闪存来代表 NVM），首先要经过 PCIe 传输到 SSD 的控制器，然后控制器把数据写入闪存；反过来，主机想从闪存上读取数据，首先要由 SSD 控制器从闪存上获得数据，然后经过 PCIe 把数据传送给主机，如图 9-38 所示。

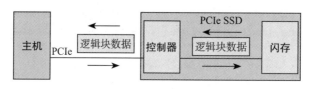

图 9-38　主机与 SSD 之间传输数据

主机与 SSD 之间，数据在 PCIe 上传输的时候，由于信道噪声的存在（说白了就是存在干扰），可能导致数据出错；另外，在 SSD 内部，控制器与闪存之间的数据也可能发生错误。为确保主机与闪存之间数据的完整性，即主机写入闪存的数据与最初主机写的数据一致，以及主机读到的数据与最初从闪存上读上来的数据一致，NVMe 提供了一个端到端的数据保护功能。

除了逻辑块数据本身，NVMe 还允许每个逻辑块带一个"助理"——元数据（Meta Data）。NVMe 虽然没有明确这个"助理"的职责，但如果数据需要保护，这个"助理"就必须能充当"保镖"的角色。

元数据有两种存在方式，一种是作为逻辑块数据的扩展，和逻辑块数据放一起传输，这是"贴身保镖"（见图 9-39）。

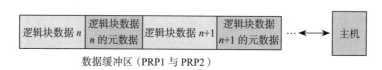

图 9-39　元数据和逻辑块数据放到一起传输

另外一种方式就是逻辑块数据和元数据分开传输。虽不是贴身保护，但"保镖"在附近时刻注意着主人的安全，属于"非贴身保镖"（见图 9-40）。

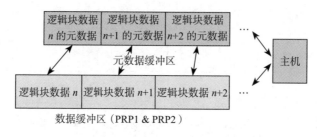

图 9-40　元数据和逻辑块数据分开传输

NVMe over Fabrics 只支持元数据和逻辑数据放一起，即贴身保护。

是否进行贴身保护我们不关心，我们只关心元数据是如何保护逻辑块数据的。NVMe 要求每个逻辑块数据的保镖配备图 9-41 所示武器。

对图 9-41 所示进行说明。

❑ Guard（保镖）：16 位的 CRC，它是基于逻辑块数据算出来的。

❑ Application Tag（应用标签）：这个区域对控制器不可见，为主机所用。

❑ Reference Tag（参考标签）：将用户数据和地址（LBA）相关联，防止数据错乱。

CRC 能够检测出数据是否有错，Reference Tag 用于保证数据不会出现张冠李戴的问题，比如想读 LBA x，结果却读到了 LBA y 的数据。NVMe 数据保护机制能发现这类问题。

配了保镖的数据如图 9-42 所示（以 512B 的数据块为例）。

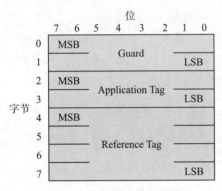

图 9-41　数据保护信息格式

图 9-42　带有保护信息的逻辑数据块

在主机与 SSD 之间传输数据的过程中，NVMe 可以让每个逻辑块数据都带上保镖，也可以让它们不带保镖，还可以在某个"治安环境差"的地方带上保镖，然后在"治安环境好"的地方不用保镖。

主机向 SSD 写入数据，不带保镖（见图 9-43）。

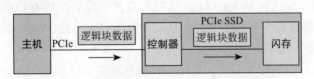

图 9-43　不带数据保护信息的逻辑数据块

什么情况下可以不带保镖？

如果是无关紧要的数据，完全没有必要进行端到端的保护，毕竟数据保护需要传输额外的数据（每个逻辑数据块需要至少 8B 的额外数据保护信息，有效带宽减少），还需要 SSD 做额外的数据完整性校验（耗时，性能变差）。最关键的是在 PCIe 通道上，本来就有 LCRC

的保护，有必要的话还可以使能 ECRC（这个跟 NVMe 关系不大，就不展开了）。

主机向 SSD 写入数据，全程带上保镖的情况（见图 9-44）。

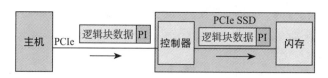

图 9-44 带数据保护信息的数据写流程

图 9-44 中的 PI（Protection Information，保护信息）就是传说中的"保镖"。

主机数据通过 PCIe 传输到 SSD 控制器时，SSD 控制器会重新计算逻辑块数据的 CRC，然后与保镖的 CRC 比较，如果两者匹配，说明数据传输是没有问题的；否则，数据就是有问题的，这个时候，SSD 控制器就会给主机报错。

除了 CRC，还要检测有没有张冠李戴的问题，通过检测 Reference Tag，看看这个没有 CRC 问题的数据是否是与该主机写命令对应的数据，如果不是，同样需要向主机报错。

如果数据检测没有问题，SSD 控制器会把逻辑块数据和 PI 一同写入闪存中。将 PI 一同写入闪存中有什么意义呢？在读的时候有意义，如图 9-45 所示。

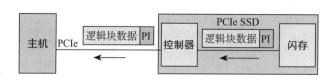

图 9-45 带数据保护信息的数据读流程

SSD 控制器读闪存的时候，会对读上来的数据进行 CRC 校验，如果写入的时候带有 PI，这个时候就能检测出读上来的数据是否正确，从而决定这个数据要不要传给主机。有人要说，对闪存来说，数据不是受 ECC 保护吗？为什么还要额外进行数据校验？没错，写入闪存中的数据是受 ECC 保护，但在 SSD 内部，数据从控制器到闪存，一般都要经过 DRAM 或者 SRAM，在之前从 SSD 控制器写入闪存，或者从闪存读数据到 SSD 控制器，可能就会发生位翻转之类的小概率事件，从而导致数据不正确。如果在 NVMe 层再做一次 CRC 保护，这类数据错误就能被发现了。

除了数据位在 SSD 内发生翻转，由于固件问题或者别的原因，还会出现数据张冠李戴的问题：数据虽然没有 CRC 错误，但是它不是我们想要的数据。因此，还需要做 Reference Tag 检测。

SSD 控制器通过 PCIe 把数据传给主机，主机端也会对数据进行校验，看 SSD 返回的数据是否有错。

主机往 SSD 写入数据，半程带保镖的情况（见图 9-46）。

图 9-46　SSD 内部加入数据保护信息

图 9-46 所示这种情况，主机与控制器端之间是没有数据保护的，因为 PCIe 已经能提供数据完整性保证了。但在 SSD 内部，控制器到闪存之间，由于各种的原因（数据位翻转，LBA 数据不匹配），存在数据出错的可能，NVMe 要求 SSD 控制器在把数据写入闪存前，计算好数据的 PI，然后把数据和 PI 一同写入闪存。

SSD 控制器读闪存的时候，会对读上来的数据进行 PI 校验，如果没有问题，剥除 PI，然后把逻辑块数据返回给主机；如果校验失败，说明数据存在问题，SSD 需要向主机报错，如图 9-47 所示。

图 9-47　SSD 内部根据数据保护信息验证数据

数据端到端保护是 NVMe 的一个特色，其本质就是在数据块中加入 CRC 和与数据块对应的 LBA 等冗余信息，SSD 控制器或者主机端利用这些信息进行数据校验，然后根据校验结果执行相应的操作。加入这些检错信息的好处是能让主机与 SSD 控制器及时发现数据错误，副作用有如下几个。

- 每个数据块需要额外的至少 8B 的数据保护信息，有效带宽减少。数据块越小，对带宽影响越大。
- SSD 控制器需要做数据校验，影响性能。

9.7　Namespace

什么是 Namespace（命名空间，以下简称 NS）？

一个 NVMe SSD 主要由 SSD 控制器、闪存空间和 PCIe 接口组成。如果把闪存空间划分成若干个独立的逻辑空间，每个逻辑空间中逻辑块的地址（LBA）范围是 $0 \sim N{-}1$（N 是逻辑空间大小），这样划分出来的每一个逻辑空间称为 NS。对 SATA SSD 来说，一个闪存空间只对应着一个逻辑空间，与之不同的是，NVMe SSD 可以是一个闪存空间对应多个逻辑空间。

每个 NS 都有一个名称与 ID，如同每个人都有名字和身份证号码，ID 是独一无二的，系统就是通过 NS 的 ID 来区分不同 NS 的。

如图 9-48 所示，整个闪存空间划分成两个 NS，名字分别是 NS A 和 NS B，对应的 NS ID 分别是 1 和 2。如果 NS A 大小是 M（以逻辑块大小为单位），NS B 大小是 N，则它们的逻辑地址空间分别是 $0 \sim M-1$ 和 $0 \sim N-1$。主机读写 SSD，都要在命令中指定读写的是哪个 NS 中的逻辑块。原因很简单，如果不指定 NS，对同一个 LBA 来说，假设就是 LBA 0，SSD 根本就不知道去哪里读或者写到哪里，因为有两个逻辑空间，每个逻辑空间都有 LBA 0。

一个 NVMe 命令一共 64B，其中 Byte[7:4] 指定了要访问的 NS，如表 9-7 所示。

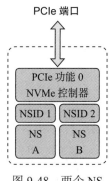

PCIe 端口

图 9-48　两个 NS

表 9-7　NVMe 命令中 NS 域

大小 /B	描　述
63:60	命令 Dword15（CDW15）：命令相关
59:56	命令 Dword14（CDW14）：命令相关
55:52	命令 Dword13（CDW13）：命令相关
51:48	命令 Dword12（CDW12）：命令相关
47:44	命令 Dword11（CDW11）：命令相关
43:40	命令 Dword10（CDW10）：命令相关
39:32	PRP Entry 2（PRP2）：命令中第二个地址条目（如果有用到的话）
31:24	**PRP Entry 1（PRP1）**：命令中第一个地址条目
23:16	**MetadataPointer（MPTR）**：连续元数据缓冲区地址
15:8	保留
7:4	**NamespaceIdentifier（NSID）**
3:0	命令 Dword0（CDW0）：所有命令都用

对每个 NS 来说，都有一个 4KB 大小的数据结构来描述它。该数据结构描述了该 NS 的大小，整个空间已经写了多少，每个 LBA 的大小，端到端数据保护相关设置，以及该 NS 是属于某个控制器还是几个控制器共享等。

NS 由主机创建和管理，从主机操作系统角度看来，每个创建好的 NS 就是一个独立的磁盘，用户可在每个 NS 做分区等操作。

下例中，整个闪存空间划分成两个 NS——NS A 和 NS B，操作系统看到两个完全独立的磁盘，如图 9-49 所示。

每个 NS 是独立的，逻辑块大小可以不同，端到端数据保护配置也可以不同：你可以

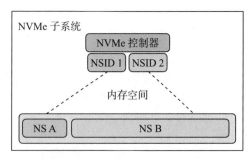

图 9-49　NVMe 子系统中有两个 NS

让一个 NS 使用保镖，另一个 NS 不使用保镖，再一个 NS 半程使用保镖。

其实，NS 更多是应用在企业级产品中，可以根据客户不同需求创建不同特征的 NS，也就是在一个 SSD 上创建出若干个不同功能特征的磁盘（NS）供不同客户使用。

NS 的另外一个重要使用场合是 SR-IOV（Single Root-IO Virtualization，单独根 I/O 虚拟化），SR-IOV 技术允许在虚拟机之间高效共享 PCIe 设备，并且它是在硬件中实现的，可以获得与本机性能媲美的 I/O 性能。单个 I/O 资源（单个 SSD）可由许多虚拟机共享。共享的设备将提供专用的资源，并且使用的是共享的通用资源。这样每个虚拟机都可访问唯一的资源。

如图 9-50 所示，该 SSD 作为 PCIe 的一个终端，实现了一个物理功能（Physical Function，PF），有 4 个虚拟功能（Virtual Function，VF）关联该 PF。每个 VF 都有自己独享的 NS，还有公共的 NS（NS E）。此功能使得虚拟功能可以共享物理设备，并在没有 CPU 和虚拟机管理程序软件开销的情况下执行 I/O。关于 SR-IOV 的更多知识，这里就不展开了，我们只需知道 NVMe 中的 NS 有用武之地就可以了。

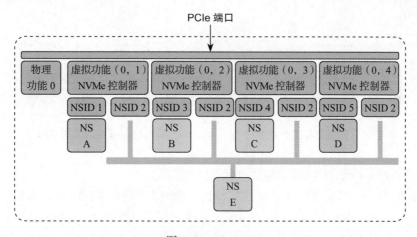

图 9-50　SR-IOV

对一个 NVMe 子系统来说，除了包含若干个 NS，还可以有若干个 SSD 控制器。注意，这里不是说一个 SSD 控制器有多个 CPU，而是说一个 SSD 有几个实现了 NVMe 功能的控制器。

如图 9-51 所示，一个 NVMe 子系统包含了两个控制器，它们分别实现不同的功能（也可以是相同的功能）。整个闪存空间分成 3 个 NS，其中 NS A 由控制器 0（左边）独享，NS C 由控制器 1（右边）独享，而 NS B 是两者共享。独享的意思是说只有与之关联的控制器才能访问该 NS，别的控制器是不能对其进行访问的，图 9-51 所示控制器 0 是不能对 NS C 进行读写操作的，同样，控制器 1 也不能访问 NS A。共享的意思是说，该 NS（这里是 NS B）是可以被两个控制器共同访问的。对共享 NS，由于几个控制器都可以对它进行访问，所以要求每个控制器对该 NS 的访问都是原子操作，从而避免同步问题。

事实上，一个 NVMe 子系统，除了可以有若干个 NS、若干个控制器，还可以有若干个 PCIe 接口。

与前面的架构不一样，图 9-52 所示的架构是每一个控制器都有自己的 PCIe 接口，而不是两者共享一个。Dual Port（双接口）在 SATA SSD 上是没有的。这两个接口往上有可能连着同一个主机，也可能连着不同的主机。现在能提供 Dual PCIe Port 的 SSD 接口只有 SFF-8639（关于这个接口，可参看 www.ssdfans.com 站内文章《SFF-8639 接口来袭》），也叫 U.2 接口，它支持标准的 NVMe 协议和 Dual-Port。

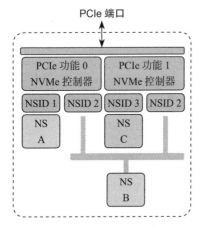

图 9-51　一个 NVMe 子系统中有两个控制器

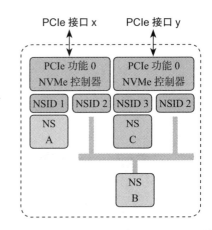

图 9-52　双控制器和双接口 NVMe 子系统

图 9-53 所示是两个 PCIe 接口连着一个主机的情况。

为什么要用两个 PCIe 接口连一个主机？这是因为主机访问 SSD，可以双管齐下，这样性能更好点。不过对 NS B 来说，同一时刻只能被一个控制器访问，是否支持双管齐下就没意义了，但考虑到还可以同时操作 NS A 和 NS C，所以性能或多或少都会有所提升。

更重要的是，这种双接口冗余设计可以提升系统可靠性。假设 PCIe A 接口出现问题，这个时候主机可以通过 PCIe B 无缝衔接，继续对 NS B 进行访问。当然了，NS A 是无法访问了。

如果主机突然死机怎么办？在一些很苛刻的场景下是不允许主机宕机的。但是，是电脑总有死机的时候，怎么办？最直接有效的办法还是采用冗余容错策略：SSD 有两个控制器和两个 PCIe 接口，那么我主机也弄成双主机，一个主机挂了，由另一个主机接管任务，继续执行，如图 9-54 所示。

我们来看一个双接口的真实产品。2015 年，OCZ 发布了业界第一个具有双接口的 PCIe NVMe 的 SSD——Z-Drive 6000 系列（见图 9-55）。

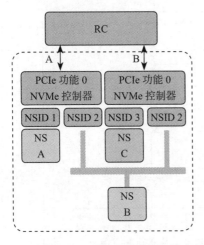

图 9-53　双接口子系统连接主机

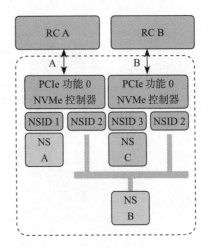

图 9-54　双端口双主机系统

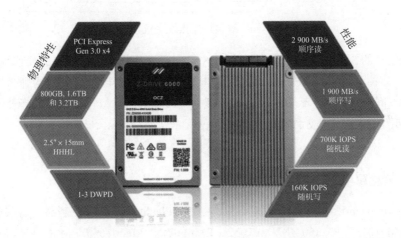

图 9-55　双接口 SSD——Z-Drive 6 000

　　物理上，这些 SSD 都有两个 PCIe 接口，但可以通过不同的固件实现单接口和双接口功能。

　　每个接口可以连接独立的主机，主机端有两个独立的数据通道（Data Path），通过它们可对闪存空间进行访问。如果其中一个数据通道发生故障，OCZ 产品支持的主机热交换（Hot-swap）技术能让另外一个主机无缝低延时地接管任务。有些应用，比如银行金融系统、在线交易处理（OnLine Transaction Processing，OLTP）、在线分析处理（OnLine Analytical Processing，OLAP）、高性能计算（High Performance Computing，HPC）、大数据等，对系统可靠性和实时性要求非常高，这个时候，带有双接口的 SSD 就能派上用场了，如图 9-56 所示。

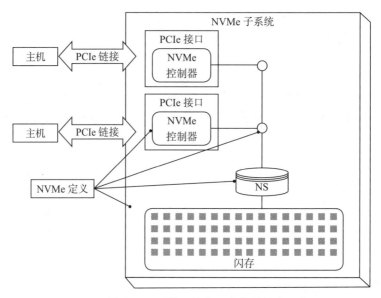

图 9-56　双接口连接双主机系统

带有双接口的 SSD 主要是面向企业级用户。对普通用户来说，没有必要使用双接口。

多 NS，多控制器，多 PCIe 接口，给 NVMe SSD 开发者以及存储架构师带来很大的发挥空间：给不同的 NS 配置不同的数据保护机制，或者采用虚拟化技术，或者使用冗余容错机制（提高系统可靠性），或采用其他的设计……

9.8　NVMe 动态电源管理

PMC（Microsemi）管自己的 PCIe SSD 主控叫 Flashtec NVMe 控制器，一共有 4 款——PM8602 NVMe1016、PM8604 NVMe1032、PM8607 NVMe2016 和 PM8609 NVMe2032。这 4 款产品可以分为两个系列——10×× 和 20××，分别支持 16 个和 32 个通道。

官网上有这样一段话介绍电源管理优化，如图 9-57 所示。

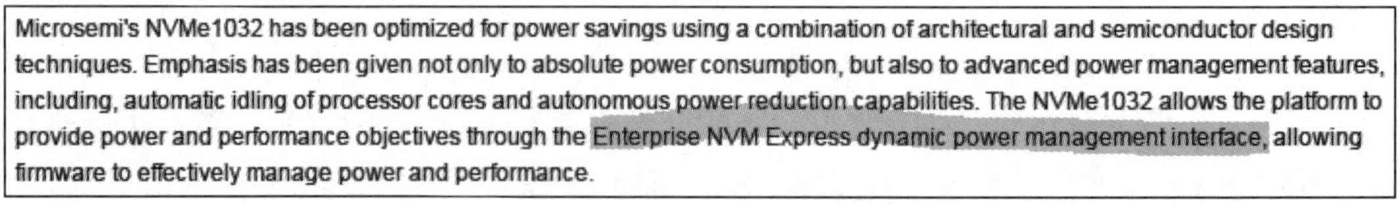

Microsemi's NVMe1032 has been optimized for power savings using a combination of architectural and semiconductor design techniques. Emphasis has been given not only to absolute power consumption, but also to advanced power management features, including, automatic idling of processor cores and autonomous power reduction capabilities. The NVMe1032 allows the platform to provide power and performance objectives through the Enterprise NVM Express dynamic power management interface, allowing firmware to effectively manage power and performance.

图 9-57　Microsemi 官网电源管理优化介绍截图

里面提到一个术语——Enterprise NVM Express dynamic power management interface（企业级 NVMe 动态电源管理接口）。NVMe 电源管理都包括什么？看图 9-58 所示的路线图。

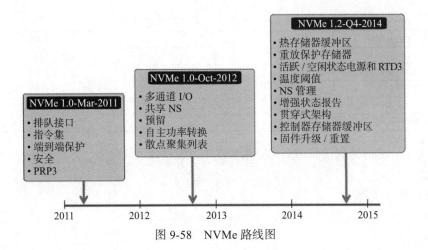

图 9-58　NVMe 路线图

图 9-58 所示路线图中与电源管理相关的内容包括：

❏ 自主功率转换；

❏ 活跃 / 空闲电源状态；

❏ RTD3。

Dynamic Interface（动态接口）是什么？翻看 NVMe 协议手册（NVMe 1.2a），看到图 9-59 中所示的高亮部分，PMC 说的动态接口应该就是对应 NVMe 电源管理这部分。

8.4　Power Management

The power management capability allows the host to manage NVM subsystem power statically or dynamically. Static power management consists of the host determining the maximum power that may be allocated to an NVM subsystem and setting the NVM Express power state to one that consumes this amount of power or less. Dynamic power management is illustrated in Figure 217 and consists of the host modifying the NVM Express power state to best satisfy changing power and performance objectives. This power management mechanism is meant to complement and not replace autonomous power management performed by a controller.

图 9-59　NVMe 1.2a Section 8.4

NVMe 协议里给出了动态电源管理的框图（见图 9-60）。

图 9-60　NVMe 动态电源管理逻辑图

功耗目标和性能目标作为系统应用层面的输入，发送给主机端的 NVMe 驱动。

NVMe 规定 (Identify Controller Data Structure) 最多支持 32 个 Power State Descriptor（电源状态描述符），如表 9-8 所示。其中号电源状态描述符 0 是必须支持的，其他都是可选的。当然，如果只支持一个，就别用什么动态管理了。

表 9-8　NVMe 电源状态描述符

电源状态描述符	强制 / 可选	编号
2079:2048	强制	电源状态描述符 0
2111:20800	可选	电源状态描述符 1
⋮	⋮	⋮
3039:3008	可选	电源状态描述符 30
3071:3040	可选	电源状态描述符 31

　　一个电源状态描述符的具体数据结构为 32B，它定义了该电源状态下的各种属性，具体各位定义如下。

❑ 255:184：保留。

❑ 183:182：Active Power Scale，工作模式功耗粒度。

❑ 181:179：保留。

❑ 178:176：Active Power Workload，用于计算工作模式功耗的工作负载。

❑ 175:160：Active Power，工作模式平均功耗，这个值乘以工作模式功耗粒度，就是工作情况下的实际功耗值。

❑ 159:152：保留。

❑ 151:150：Idle Power Scale，空闲模式功耗粒度。

❑ 149:144：保留。

❑ 143:128：Idle Power，空闲模式平均功耗，这个值乘以空闲模式功耗粒度，就是空闲情况下的实际功耗值。

❑ 127:125：保留。

❑ 124:120：Relative Write Latency，写延迟，值越小代表延迟越低（这个值的分级数量必须小于主控支持的电源状态数量，主控不能一边只支持 5 个电源状态，一边又支持 10 种写入延迟）。

❑ 119:117：保留。

❑ 116:112：Relative Write Throughput，写入吞吐量，值越小代表吞吐量越高（这个值的分级数量同样必须小于主控支持的电源状态数量）。

❑ 111:109：保留。

❑ 108:104：Relative Read Latency，读延迟，值越小代表延迟越低。

❑ 103:101：保留。

❑ 100:96：Relative Read Throughput，读取吞吐量，值越小代表吞吐量越高。

❑ 95:64：Exit Latency，退出该电源状态的时间（微秒级）。

❑ 63:32：Entry Latency，进入该电源状态的时间（微秒级）。

❑ 31:26：保留。

❑ 25：Non-Operational State，为 "0" 代表在这个电源状态主控可以处理 I/O，为 "1" 代表在这个电源状态主控不能处理 I/O。

❑ 24：Max Power Scale，最大负载功耗粒度。

❑ 23:16：保留。

❑ 15:00：MaximumPower，最大负载功耗，这个值乘以最大负载功耗粒度，就是最大负载情况下的实际功耗值。

通过对上述这些值的修改，实现如图 9-61 所示的主机和主控之间的沟通。

图 9-61 主机和控制器之间交流电源状态和性能信息

同时主机通过 Entry Latency 和 Exit Latency 两个值，做出决策是否进入及何时进入某个电源状态。

主机要进行的具体操作都有哪些？

1）主机给主控发送 Identify Controller 命令，主控会回复一个 4KB 的数据包。

2）主机解析字节 263 获知主控支持的电源状态的数量。

3）主机解析字节 2079:3140 获知每个电源状态下主控的具体属性。

例如主控可以支持如下 4 种电源状态。

❑ PS0: 均衡模式（平衡考虑功耗、读写性能、延迟、但每个都不突出）。

❑ PS1:OLTP 模式，大量随机小 I/O（要求低延迟）。

❑ PS2: 视频模式，大量连续大 I/O（要求高吞吐量）。

❑ PS3: 绿色模式，低能耗。

NVMe 协议里也给出了不同电源状态的示例，如表 9-9 所示。

表 9-9 不同电源状态对比

电源状态	最大负载功耗 /W	进入时间 /μs	退出时间 /μs	读吞吐量	读延迟	写吞吐量	写延迟
0	25	5	5	0	0	0	0
1	18	5	7	0	0	1	0
2	18	5	8	1	0	0	0
3	15	20	15	2	0	2	0
4	10	20	30	1	1	3	0
5	8	50	50	2	2	4	0
6	5	20	5 000	4	3	5	1

4）主机根据正在运行的应用（例如邮箱服务、数据库服务、视频服务和股票交易服务等）选择适合主控的电源状态，具体是通过 Set Feature 命令（Feature ID 0x02）实现的，即在 DW 11 的 Bit 04:00 上实现，如表 9-10 和表 9-11 所示。

表 9-10　Set Feature 命令中功耗管理定义

功能 ID	描　　述	功能 ID	描　　述
00h	保留	04h	温度阈值
01h	仲裁命令	05h	错误恢复
02h	电源管理	……	……
03h	LBA 范围类型		

表 9-11　功耗管理命令 DW11 定义

位	描　　述
31:08	保留
07:05	负载类型：指明使用工作负载的类型，用于优化性能
04:00	电源状态：指明设备接下来准备转入的电源状态

5）同理，主机也可以通过 Get Feature 命令来获知当前主控所处的电源状态，如图 9-62 所示。

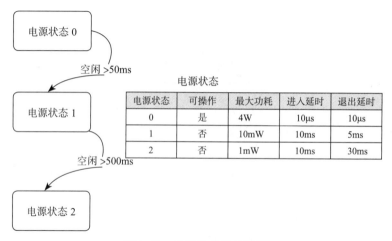

图 9-62　功耗状态跳转示例

让几个状态跳来跳去容易，但制定具体的跳转策略很难，要结合当前 I/O 模式、功耗要求和 Enter/Exit 延迟来决定跳不跳，何时跳，跳哪里。因此跳转策略才是核心。这块没法继续看手册找答案了，如果有条件，抓几个典型应用场景切换时的 PCIe trace，那应该可以发现部分策略，另外可以读到支持的电源状态描述符（Power State Descriptor），由这些描述符也能反推出一些制定策略的考虑点。

9.9　NVMe over Fabrics

注意：本书 NVMe over Fabrics 部分的内容来自 MemBlaze 的路向峰先生，SSDFans 获得授权收录他的文章，感谢路向峰先生对我们的信任。

NVMe 是为新型的 Non-Volatile 存储器（比如闪存、3D XPoint 等）量身定制的，对于今天的应用来说，基于 NVMe 协议的 SSD 可以提供对性能、延迟、I/O 协议栈开销的完美优化。一个 SSD 高达几十万甚至上百万 IOPS 的随机读写性能可以使单机应用的用户体验飞速提升，但往往单机应用没法充分填满这么多带宽。

NVMe SSD 目前的主要应用之一是全闪存阵列，但是 PCIe 接口并不适合用于存储设备的横向扩展（Scale Out）：想象一下如何把几百块 NVMe SSD 通过 PCIe 接口接入一个存储池中？

按照传统的模式，将少量的 NVMe SSD 组成存储节点，再通过 iSCSI 连接到前端，如图 9-63 所示。

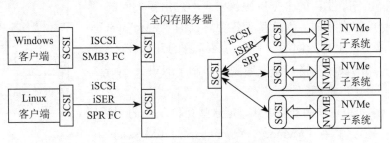

图 9-63　传统存储连接方式

上述方式会带来一个问题：NVMe 未来的小目标是将延时（Latency）做到 10μs 以内，而 iSCSI 协议（或者 iSER、SRP）的延时是 100μs，如图 9-64 所示。

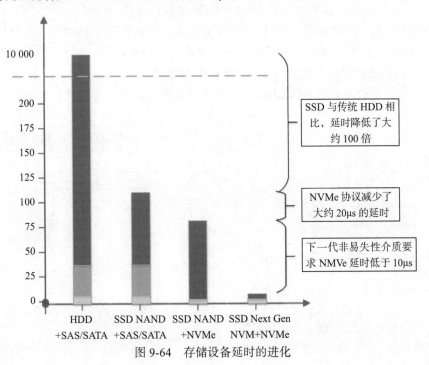

图 9-64　存储设备延时的进化

NVMe over Fabrics 就是为了解决这个问题而生的, 其与传统协议栈的对比如图 9-65 所示。

9.9.1 概述

NVMe over Fabrics 协议定义了使用各种通用的事务层协议来实现 NVMe 功能的方式。协议中所说的事务层包括 RDMA、FibreChannel（光纤通道, 简称 FC）、PCIe Fabrics 等实现方式。

由于 NVMe over Fabrics 协议的这种灵活性, 使它可以非常方便地生长在各个主流的事务层协议中。不过由于不同的互联协议本身的特点不同, 因此基于各种协议的 NVMe over Fabrics 的具体实现也是不同的。一些协议本身的开销较大, 另一些需要专用的硬件网络设备, 客观上限制了 NVMe over Fabrics 协议在其中的推广。

虽然有众多可以选择的互联方式, 但这些互联方式按照接口类型可分成三类: 内存（Memory）型接口、消息（Message）型接口和消息内存混合（Memory&Message）型接口。相应的互联类型和例子如图 9-66 所示。

在众多事务层协议中, 重点介绍一下 RDMA。RDMA（Remote Direct Memory Access, 远程 DMA）通过网络把数据直接传入计算机的存储区, 从而降低了 CPU 的处理工作量。当一个应用执行 RDMA 读或写请求时, 不执行任何数据复制操作。在不需要任何内核内存参与的条件下, RDMA 请求会直接从运行在用户空间的应用中发送到本地网卡, 然后经过网络传送到远程网卡, 如图 9-67 所示。

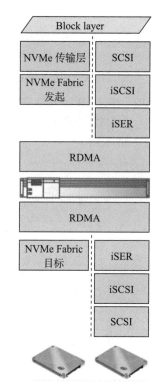

图 9-65 NVMe over Fabrics （左）与传统协议栈 （右）比较

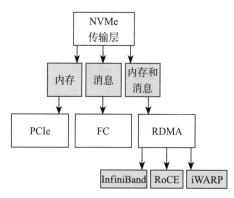

图 9-66 存储互联方式的分类

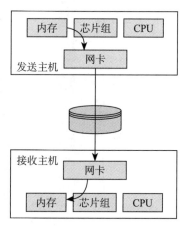

图 9-67 用 RDMA 实现数据传输

RDMA 在 NVMe over Fabrics 协议中的便利性体现在以下几个方面。

❑ 提供了低延时、低抖动和低 CPU 使用率的事务层协议。

❑ 最大限度利用硬件加速，避免软件协议栈的开销。

❑ 定义了丰富的可异步访问的接口机制，这对于提高 I/O 性能是至关重要的。

RDMA 设计初衷就是为了高性能、低延迟访问远端节点，并且它的语义非常类似本地 DMA，因此很自然就可以将 RDMA 作为 NVMe 协议的载体，实现基于网络的 NVMe 协议。

但是，毕竟基于网络的传输模型与本地的 PCIe 传输模型有各种差异，因此将 NVMe 协议拓展到互联层面需要解决一系列问题。所以，综合 RDMA、FC 等各种不同事务层协议的特点，NVMexpress Inc. 提出了 NVMe over Fabrics 协议，这是一个完整的网络高效存储协议。

对于 NVMe over Fabrics 协议来说，要解决下面几个问题。

❑ 提供针对不同互联透明的消息和数据的封装格式。

❑ 将进行 NVMe 操作所需要的接口方式映射到互联网络。

❑ 解决互联网络的节点发现、多路径等因互联引入的新问题。

NVMe over Fabrics 协议定义了一整套数据封装方案，与传统的 NVMe 协议相比，这套封装方案针对互联做了一些调整和适配。NVMe 定义了一套由软件驱动硬件执行相应动作的异步操作机制，发送和完成包仅携带必要的描述，而真正的数据和 SGL 描述符都是放在内存中并且由硬件通过 DMA 方式取得。这是以 PCIe 的 DMA 操作延迟很短（1μs）为前提设计的。然而在互联协议中，节点之间的交互时间大大增加，为了减少两个节点之间不必要的交互，发送请求可以直接携带附加的数据或 SGL 描述符，完成请求也可以携带需要回传的数据。

图 9-68 所示为 NVMe Fabric 命令数据包。

图 9-69 所示为 NVMe Fabric 响应数据包。

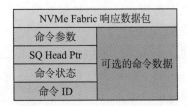

図 9-68　NVMe Fabric 命令数据包　　　図 9-69　NVMe Fabric 响应数据包

与此同时，为了减少系统交互，在 NVMe over Fabrics 协议中，完成队列没有使用流控机制，因此需要主机在发送新命令之前确保完成队列有足够的可用空间（这跟 NVMe 把 SQ/CQ 都放在主机端相比变化很大，有点从基于主机到基于控制器的意思）。

一次 I/O 的传输过程如图 9-70 所示。

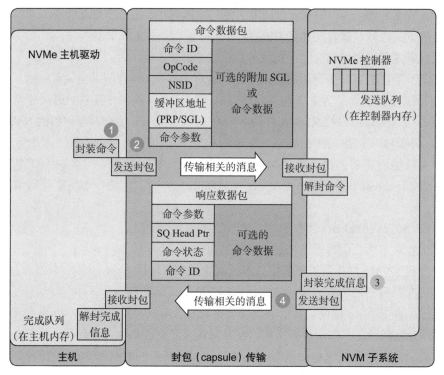

图 9-70　NVMe Fabric I/O 传输流程示意图

对图 9-70 所示解读如下。

1）发送端（Initiator）驱动程序封装发送请求并派发给硬件。

2）发送端硬件将发送请求发到目标端（Target）的发送队列。

3）目标端控制器处理完成 I/O 请求，并准备将完成请求派发给硬件。

4）目标端硬件将完成请求发到发送端的接收队列。

由于发送请求和完成请求可以直接携带数据，从而降低了互联中消耗的交互时间。

如果不需要在请求中携带数据，也可以由目标端在过程中直接从发起端获得相应的数据，如图 9-71 所示。

通过上述机制，NVMe over Fabrics 协议实现了对 NVMe 协议的命令和数据传输的扩展。普通的 NVMe 命令都可以通过这套机制完成映射，NVMe 的标准命令摇身一变，就成为互联协议的命令。不过还是有一些场景是需要特殊考虑的，为了支持这些场景，协议扩展了 NVMe 命令，增加了与互联相关的命令——Connect、Property Get/Set、Authentication Send/Receive。下面重点说一说 Connect 和 Property Get/Set。

在 NVMe over Fabrics 协议中，约定每个发送队列都有一个接收队列与之一一对应，不允许多个发送队列使用同一个接收队列。发送接收队列对是通过 Connect 命令来创建的。Connect 命令携带 Host NQN、NVM Subsystem NQN 和 Host Identifier 信息，并且可以指定连接到一个静态的控制器，或者连接到一个动态的控制器。一个主机可以通过不同的 Host NQN 或不同的 Fabric 端口（Port）建立到一个 NVM 子系统多重连接。这赋予了 NVMe over Fabrics 极大的灵活性。

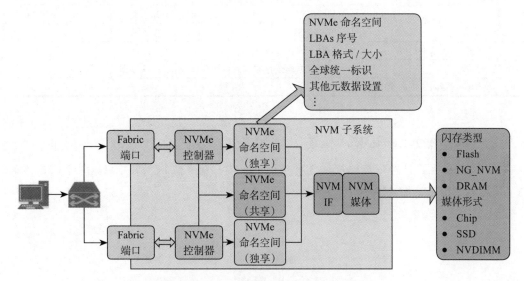

图 9-71 目标端直接从发起端获得数据

在 NVMe 协议中，控制器是一个代表与主机进行沟通的接口实体。由于 PCIe 协议是一种树状拓扑结构，因此一旦控制器所处的 PCIe 端口定下来，接口所关联的控制器就完全定下来了。而对于 NVMe over Fabrics 协议来说，一个 Fabric 端口可以嵌入多个控制器，因此根据需要不同，可以选择实现静态控制器或动态控制器。动态控制器是一种简单的模型，适用于对主机具有相同服务特性的需求。静态控制器则适用于有不同需要的场景，发起者（Initiator）可以查询一个 Fabric 端口内部包含的静态控制器各自的能力，然后选择连接到指定的控制器以满足自身的需求。

在 NVMe 协议中，PCIe 空间的 BAR0（BAR1）描述了一段内存空间，该内存空间用于对控制器进行基本的寄存器级别配置。由于 Fabrics 结构没有对应的实现，因此 NVMe over Fabrics 协议定义了 Property Get/Set 来表示对控制器端寄存器的读取和写入动作。

至此，NVMe 的标准操作就完全被准确和高效地映射成与互联网络对应的使用方式了。为了能满足互联网络的发现机制，NVMe over Fabrics 协议定义了发现服务，用于让发起者主动发现 NVM 子系统和对应的可访问的命名空间。这个服务还同时用于支持多路径功能。该功能依赖于一个特殊的配置成支持发现服务的 NVM 子系统。发起者可以连接到该服务器并使用 Discovery Log Page 命令来获取可用的资源。

由表 9-12 所示可以看出 NVMe 和 NVMe over Fabrics 的不同实现方式。

表 9-12　NVMe 与 NVMe over Fabrics 的区别

区　　别	NVMe	NVMe over Fabrics
标识符	Bus/Device/Function	NVMe Qualified Name（NQN）
发现机制	总线枚举	通过 Discovery and Connect 命令
队列	基于内存	基于消息
数据传输方式	PRP 或 SGL	仅支持 SGL
发送队列和完成队列对应关系	一对一或者多对一	一对一
元数据存放	和块数据连续存放或者单独存放	和块数据连续存放
是否支持控制器向主机产生中断	支持	不支持

9.9.2　NVMe over RDMA 概述

图 9-72 展示了 NVMe 传输层的 3 种类型——内存型（如 PCIe）、消息型（如 FC）和内存 / 消息混合型（如 RDMA）。

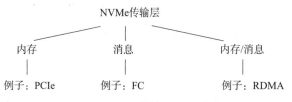

图 9-72　NVMe 传输层的 3 种类型

我们常见的 NVMe SSD 都是基于 PCIe 接口实现的，对此本节不再赘述。

1. 基于 FC 的传输

FC 工作组制定了基于 FC 协议在主机和 NVMe 设备间传输 NVMe 数据包的机制，如图 9-73 所示。

关于 FC 在本书不做展开介绍，感兴趣的读者可以前往 http://www.t11.org 了解更多相关信息。

---

2. 基于 RDMA 的传输

与 FC 类似，RDMA 定义了如何基于 RDMA 协议在主机和 NVMe 设备间传输 NVMe 数据包，如图 9-74 所示。

RDMA 通过 RDMA QP（Queue Pair，队列组）实现 NVMe Admin 和 I/O 命令的传输，并定义了一组命令集用于支持命令包、回复包以及数据包的收发，包括 RDMA_SEND、RDMA_SEND_INVALIDATE、RDMA_READ 和 RDMA_WRITE。

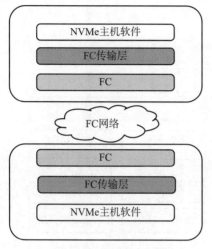

图 9-73　FC 传输层协议

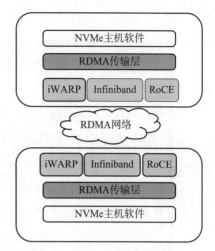

图 9-74　RDMA 传输协议分层

我们来看一个实际的例子。

步骤 1　主机端使用 RDMA_SEND 命令发包，所发的包可以自带数据，或者带有指向数据的 SGL 地址。

步骤 2　NVMe 设备使用 RDMA_READ 命令从主机端读取数据，每个 RDMA_READ 命令都包括主机端的 SGL 地址和本地存储数据的内存地址。

步骤 3　NVMe 设备发送 RDMA_SEND 或者 RDMA_SEND_INVALIDATE 命令通知主机端传输结果。

步骤 4　RDMA_READ 和 RDMA_SEND 必须使用同一组 RDMA QP。

RDMA 最早在 Infiniband 传输网络上实现。Infiniband 是一种专为 RDMA 设计的网络，它从硬件级别保证可靠传输，技术先进，但是价格高昂。后来业界厂家把 RDMA 移植到传统以太网上，使得高速、超低延时、极低 CPU 占用率的 RDMA 技术得以部署在目前使用最广泛的以太网上。RDMA 基于以太网分为 iWARP（这不是一个缩写，大家可把它当作一个专有名词）和 RoCE（RDMA over Converged Ethernet，基于聚合以太网的 RDMA）两种技术。各 RDMA 网络协议栈的对比如图 9-75 所示。

目前 RDMA 网卡的主要玩家有博通、Chelsio、华为海思、英特尔、英伟达、美满科技，以及自成一派的亚马逊、Cornelis 和思科。除了 Infiniband 技术由英伟达一家独大之外，iWARP 和 RoCE v2 阵营中多个厂商都有参与。

RoCE v2 和 iWARP 的设计初衷都是在传统的以太网技术上实现 RDMA，网络层它们都基于 IP，只不过在传输层一个选择了 UDP，一个选择了 TCP。它们都兼容现有的以太网线缆、交换及路由设备，并且都提供软件实现的协议栈，相似的定位和功能意味着它们存在竞争关系。

RoCE 是在 Infiniband Trade Association（IBTA）标准中定义的网络协议，允许通过以太

网络使用 RDMA。RoCE 目前有如下两个版本。

RDMA应用
RDMA API
RDMA软件栈
软件
硬件
IB传输层协议
IB传输层协议
IB传输层协议
iWARP协议
UDP
TCP
IP
IP
IB网络层
IB网络层
IB链路层
Ethernet链路层
Ethernet链路层
Ethernet链路层
Infiniband
RoCE v1
RoCE V2
iWARP
Infiniband管理层
Ethernet/IP管理层
Ethernet/IP管理层
Ethernet/IP管理层

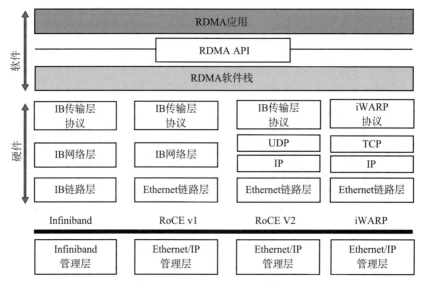

图 9-75　3 种 RDMA 协议栈对比

- ❑ RoCE v1：在以太网链路层之上用 IB 网络层代替了 TCP/IP 网络层，不支持 IP 路由功能，是一种链路层协议。
- ❑ RoCE v2：基于 UDP 封装，支持路由功能，是一种网络层协议。

RoCE v1 与 RoCE v2 报文格式对比如图 9-76 所示。

RoCE v1
Eth L2 包头
Ethertype
IB BTH+
IB 有效载荷
ICRC
FCS
RoCE v2
Eth L2 包头
Ethertype
IP 包头
Protocal#
UDP 包头
Port#
IB 有效载荷
ICRC
FCS

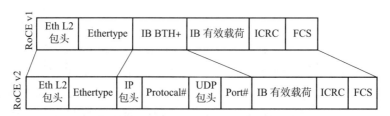

图 9-76　RDMA 传输协议分层 RoCE v1 与 RoCE v2 数据包格式

RoCE v2 报文格式如图 9-77 所示。

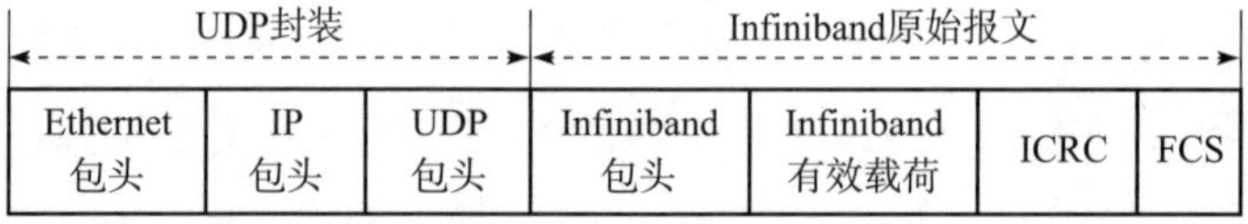

UDP封装
Infiniband原始报文
Ethernet 包头
IP 包头
UDP 包头
Infiniband 包头
Infiniband 有效载荷
ICRC
FCS

图 9-77　RoCE v2 报文格式

对图 9-77 所示报文格式说明如下。

❏ Ethernet 包头：包括源 MAC 地址和目的 MAC 地址。

❏ IP 包头：包括源 IP 地址和目的 IP 地址。

❏ UDP 包头：包括源端口号和目的端口号，其中目的端口号为 4791。

❏ Infiniband 包头：Infiniband 传输层的头部字段。

❏ IB 有效载荷：消息负载。

❏ ICRC 和 FCS：分别对应冗余检测和帧校验。

iWARP 比 RoCE 出现得晚一些，具备直接在标准 TCP/IP 网络上运行的优势。iWARP 在网卡端的延时是 10 ～ 15μs，比 RoCE 要长，但是仍然比传统网卡要快几个数量级。iWARP 的协议栈比 RoCE 复杂，两者对比如图 9-78 所示。

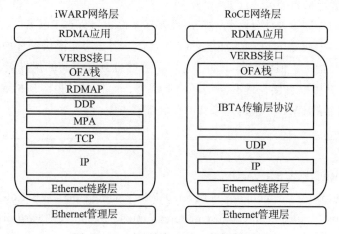

图 9-78　iWARP 与 RoCE 协议栈对比

RoCE 和 iWARP 对比如下。

❏ **性能方面**：RoCE 在性能方面更有优势，这主要体现在高带宽、低延时、低 CPU 占用率等方面。原因在于 iWARP 的初衷是基于现有的 TCP 传输层工作的，为了兼容原本的 TCP 应用，无法在传输层（或以下）区分 RDMA 报文或者普通 TCP 报文，这增加了报文处理的复杂度。硬件难以高效卸载 RDMA 相关的任务。与此相对应，RoCE 可以通过 UDP 包直接识别出 RDMA 报文，这使得硬件卸载实现起来更加容易。

❏ **传输服务**：iWARP 只支持可靠性连接传输服务，不支持广播。RoCE 支持不同的传输服务，包括可靠性连接、非可靠性数据报文，并支持广播。

❏ **扩展性**：RoCE 需要专门的交换机、网卡以及线缆的支持，一旦需要升级则牵一发动全身，故更加适合用于全新搭建的场景。相比之下 iWARP 可以直接使用原有的交换机，能够实现部署与硬件更新解耦。iWARP 还支持纯软件方案，考虑到现在 CPU 性能越来越强大，这也不失为一种好的选择。

总体来说，RoCE 更加流行，已经在全球多家云设备厂商部署，支持 RoCE 的厂商也比较多。RoCE 在网卡端的延时为 1 ～ 5μs，但是它要求是无损网络，这意味着交换机必须支持数据桥接和 PFC（Priority Flow Control，基于优先级的流控机制）。这使得部署 RoCE 的过程比较复杂，同时扩展性也不是很好。

不过，想基于 RoCE 进行扩展也不是不行，只是需要额外有拥塞管理机制，比如 DCQCN（Data Center Quantized Congestion Notification，数据中心拥塞量化通知）。这需要大量有经验的网络维护人员，大厂可以选用，一般公司不建议选用。

选择什么样的 RDMA 方案，与厂商现有的网络环境息息相关。大多数厂商只提供一种方案（RoCE 或者 iWARP），所以他们肯定给自己的方案站台。有的厂商同时支持 RoCE 和 iWARP，这给了客户更大的灵活性。

总结一下。如果你更关注延时而对扩展性要求不高，可以选 RoCE，它的应用场景包括连接控制节点与 NVMe 磁盘阵列的环境，或者只有一到二层交换机的环境。如果延时是你要考虑的一个重要指标，但同时易于部署与可扩展性也具有很高的优先级，iWARP 是更好的选择——iWARP 可以直接在现有网络环境上部署，而且可以很容易扩展（即使是远程数据中心）。一个著名的 iWARP 案例是微软的存储部署方案。

拓展阅读：

不同厂家对 RoCE v2 和 iWARP 的对比

Mellanox：https://www.mellanox.com/related-docs/whitepapers/WP_RoCE_vs_iWARP.pdf

Chelsio：https://www.chelsio.com/wp-content/uploads/resources/iwarp-or-roce-rdma.pdf

Marvell：https://blogs.marvell.com/2019/04/roce-or-iwarp-for-low-latency/

9.9.3　NVMe over TCP 概述

NVMe 协议工作组在其 NVMe-oF 1.1 版本中增加了对 NVMe over TCP（NVMe/TCP）的支持。所谓 NVMe/TCP，就是通过 TCP/IP 的报文来传送 NVMe-oF 的协议包。

如果你熟悉 iSCSI，理解 NVMe/TCP 会非常容易。iSCSI 是 SCSI 协议在 TCP 之上的映射，这样的映射使得远程存储硬盘对主机系统来说就像是本地的。NVMe/TCP 是 NVMe 协议在 TCP 上的映射，让远程的 NVMe SSD 出现在主机系统本地。

NVMe/TCP 的优点（基本上就是 TCP 的优点）：

❑ 充分利用 TCP/IP 协议在兼容性方面的优势，部署时不挑时间，也不挑地方（对部署的环境要求不高）。

❑ 群众基础好，TCP/IP 可能是最被广大群众熟知的协议。

❑ 利于实现大规模、长距离的部署。

❑ 生态好，玩家多。

当然，NVMe/TCP 也有缺点——部署环境的不同可能影响延时表现。

NVMe/TCP 是如何实现的？如图 9-79 所示，NVMe-oF 的报文被作为载荷包含在 NVMe/TCP 的报文（PDU）中，而 PDU 被作为载荷包含在 TCP/IP 的报文中。

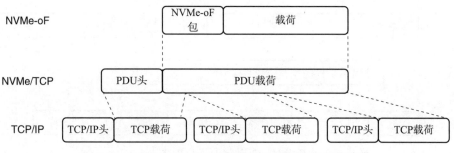

图 9-79　NVMe-oF，NVMe/TCP 与 TCP/IP 报文的关系

NVMe/TCP 的数据包称为 PDU（Protocol Data Unit，协议数据单元），包括 5 个部分：

❑ HDR（Header，包头）：所有的 PDU 都需要，其内容包括 PDU 的类型（共 9 种）、标志位、数据（如果有）在整个 PDU 中的起始值、整个 PDU 的长度，以及针对不同 PDU 类型的特殊信息。

❑ HDGST（Header Digest，包头摘要）：这其实就是 CRC，用于保护包头数据，可选，由主机端和目标端协商是否需要使用。

❑ PAD：主要用于数据填充，可选，是否使用以及填充长度由主机端和目标端协商决定。

❑ DATA（数据）：可选，数据一般包含在 C2HData 或者 H2CData 中。当然在 CapsuleCmd、H2CTermReq、2HTermReq 类型的 PDU 中也会包含。

❑ DDGST（Data Digest，数据摘要）：CRC，用于保护数据，可选，由主机端和目标端协商决定是否使用。

PDU 有 9 种类型，其中主机端使用以下 4 种。

❑ Initialize Connection Request PDU（ICReq）：要求建立连接。

❑ Host to Controller Terminate Connection Request PDU（H2CTermReq）：要求终止连接。

❑ Command Capsule PDU（CapsuleCmd）：发送命令。

❑ Host To Controller Data Transfer PDU（H2CData）：发送数据。

目标端使用的 5 种 PDU 类型如下。

❑ Initialize Connection Response PDU（ICResp）：响应建立连接。

❑ Controller to Host Terminate Connection Request PDU（C2HTermReq）：要求终止连接。

❑ Response Capsule PDU（CapsuleResp）：响应。

❑ Controller To Host Data Transfer PDU（C2HData）：发送数据。

❑ Ready To Transfer PDU（R2T）：发送 PDU 就绪状态。

如图 9-80 所示，NVMe/TCP 的报文封装比较灵活：既可以多个 PDU 封装在一个 TCP/

IP 的报文里，也可以一个 PDU 封装在多个 TCP/IP 报文里。

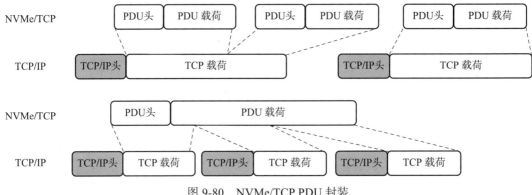

图 9-80 NVMe/TCP PDU 封装

一个 NVMe/TCP 连接包括一组 Admin 命令队列组或一个 I/O 命令队列组（Queue Pair），一个队列组包括 SQ（用于提交命令）和 CQ（用于返回命令完成结果）。NVMe/TCP 协议不支持在一个 TCP 连接上挂载多组命令队列组，或者把一组命令队列组挂载到多个 TCP 连接上。所以主机端和目标端之间至少需要建立两个连接，一个用于 Admin 命令，一个用于 I/O 命令。

图 9-81 展示了建立 NVMe/TCP 连接的过程。

由图 9-81 可知，建立 NVMe/TCP 连接的具体步骤如下。

步骤 1 需要建立一个 TCP 连接。刚开始目标端处于监听模式，等待主机端发出建立 TCP 连接的要求，进而完成连接建立。

步骤 2 一旦 TCP 连接建立，主机端发送 ICReq 给目标端就会要求建立 NVMe/TCP 连接。

步骤 3 目标端收到 ICReq 以后回复 ICResp，通过这个过程，双方建立连接并协商相关的配置信息（比如，要不要使能 HDGST 和 DDGST）。

步骤 4 接下来，主机端就可以封装上层发送的 NVMe 命令，并发送给目标端了。

图 9-81 NVMe/TCP 连接过程

数据传输流程（以目标端到主机端传输 3000h 字节数据为例）如下。

步骤 1 主机端发送 CapsuleCmd PDU 给目标端，该 PDU 中包括了 I/O SQE（I/O 命令内容），其中包含 SGL 地址信息和数据长度（3000h）。

步骤 2 目标端解析命令以后，通过 C2HData PDU 传输 3EBh 字节数据给主机端。因为是首批数据，DATAO（Data Offset，数据偏移位）设为 0h，DATAL（Data Length，数据长度）设为 3E8h，Last_PDU（是否为最后一个 PDU 标志位）设为 0。

步骤 3 目标端继续发送后续的 C2HData PDU，传输 7D0h 字节数据给主机端。DATAO 设为 3E8h，DATAL 设为 7D0h，LAST_PDU 仍然为 0。

步骤 4 目标端继续发送后续的 C2HData PDU，传输 2000h 字节数据给主机端。DATAO 设为 BB8h，DATAL 设为 2000h，LAST_PDU 仍然为 0。

步骤 5 设备端继续发送后续的 C2HData PDU，传输 448h 字节数据给主机端。DATAO 设为 2BB8h，DATAL 设为 448h，因为已经是最后一笔数据，所以 LAST_PDU 设为 1。

步骤 6 目标端发送 CapsuleResp PDU 给主机端，其中包括 CQE（I/O 命令完成状态）。

9.9.4 案例解读

案例 1：WD 方案（OpenFlex Data24）

拥有 NVMe SSD 和 NVMe-oF 两大技术的 WD（西部数据）在 2020 年发布了 OpenFlex Data24 NVMe-oF 存储平台，如图 9-82 所示。

图 9-82 WD OpenFlex Data24 NVMe-oF 存储平台

OpenFlex Data24 的特性包括：

❑ 2U 空间，配置 24 个 Ultrastar DC SN840 NVMe SSD（最大容量 368TB）。

❑ 低延迟。

❑ 均衡存储和网络之间的负载。

❑ 支持基于 RESTful API 的管理。

❑ 采用双 I/O 模块，每个模块配备 3 个支持 RDMA 的 NVMe-oF 网卡。

OpenFlex Data24 可以直接通过 100G 以太网直连服务器，也可以通过交换机连入网络。相比于传统的 SAS JBOF，采用 NVMe-oF 的 JBOF 性能大增，如图 9-83 所示。

西部数据的 NVMe SSD 有 3 个系列：

❑ SN340，适用于大型块级应用 90/10 读写负载的应用场景，如温存储。

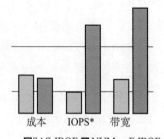

图 9-83 SAS JBOF 和 NVMe-oF JBOF 对比

❑ SN640，适用于 70/30 读写混合负载应用场景，如云服务器。

❑ SN840，适用于 50/50 读写混合负载应用场景，提供最佳性能的企业级存储。

OpenFlex Data24 配备的就是企业级 SSD SN840。企业级存储除了关注性能的绝对数值外，更看重性能的一致性，毕竟几乎全天 24 小时都承接服务，性能波动的影响会非常大。西部数据自研 NVMe SSD 主控芯片，专门针对 QoS 做了很多优化。

SN840 支持双端口，可以支持两台主机，实现高可靠性。

为什么高可靠场景要使用双端口 NVMe SSD？如图 9-84 所示，两台服务器通过 PCIe 交换机连到同一个 SSD，服务器、交换机、SSD 都是双份的，数据同时写到两个盘，相当于有两个备份。

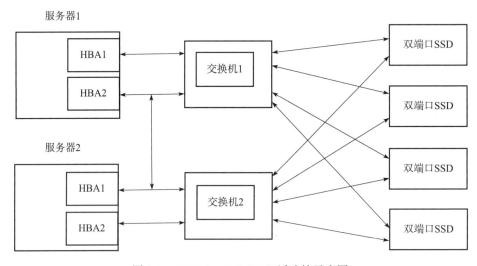

图 9-84　NVMe-oF JBOF 双活连接示意图

当然，你也可以只用一个 PCIe 交换机，数据也不用写双份，只是通过 1 个 PCIe 交换机把 SSD 连到两台服务器上，这样在一个服务器挂掉的情况，另一台服务器会接管它的 SSD，数据能持续被用户访问。

OpenFlex Data24 可以作为共享存储系统部署到高性能基础架构中，也可以作为解耦资源成为虚拟存储系统的一部分。

案例 2：Mellanox BlueField SoC 方案

谈到 NVMe-oF，就不应该错过 Mellanox（2020 年 3 月被 NVIDIA 收购）。

为了给前端提供大量的存储容量，比较常见的做法是通过网络交换机连接存储服务器，然后在存储服务器上连接 JBOD 或者 JBOF。Mellanox 把存储服务器要做的事情整合到了一个 SoC 芯片里，这颗芯片就是 BlueField。

BlueField 在 2017 年闪存峰会上首次发布，其工作原理如图 9-85 所示。

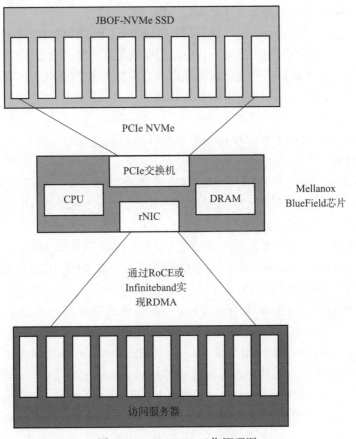

图 9-85　BlueField 工作原理图

BlueField 的硬件配置可谓是亮点满满：

❑ 基于 Mellanox ConnectX-5 的双网络端口（支持 Ethernet 和 Infiniband）实现。

❑ 支持 PCIe Gen 4，这样后端 PCIe 不会成为性能瓶颈，不会拖累前端的 100G 以太网口。

❑ 16 核的 ARM A72 CPU（配置三级缓存），与 DDR4 一起保证了芯片的强大性能。

❑ PCIe 交换机使其可以连接多个 NVMe SSD。

❑ 支持 RDMA 和硬件加密。

在 2018 年闪存峰会上，MiTAC 与 Mellanox 携手推出了名为 HillTop 的 NVMe-oFJBOF 方案。MiTAC 作为一家 OEM 制造商可能并不为大家熟知，但是它的子公司 Tyan（泰安）反而更有名。

HillTop 尺寸为 2U，提供 4 个 100G Ethernet/Infiniband 端口，搭载 24 块 NVMe SSD，最大容量 156TB，IOPS 为 7.5M（平均每个盘为 300k），同时整体延时控制在 3μs 以内。HillTop 的出现标志着 ARM 开始进入本属于 X86 的 NVMe-oF 阵列市场。

案例 3：Ingrasys ES2000 和 Kioxia EM6

在 SC21（高性能计算峰会）上，鸿佰科技（Ingrasys）和铠侠联合带来了 EBOF（Ethernet Bunch of Flash，网络闪存阵列）方案，其中鸿佰科技是富士康的子公司，铠侠是原 Toshiba 的闪存部门独立出来形成的新公司。该方案由鸿佰科技的 ES2000（全闪存阵列机箱）和铠侠的 EM6（以太网 SSD）组成，最多支持 24 块盘。

（1）EBOF 简介

Kioxia EM6 是一款原生 NVMe-oFSSD，EM6 从外观上看跟传统的 NVMe SSD 并无二致，其实内有乾坤，它是通过以太网接口跟背板连接，而非 PCIe；I/O 命令走的是 RDMA 协议，而非 NVMe。EM6 通过专用的硬盘架连接到 ES2000 上，这款硬盘架有两个 EDSFF 的接口，说明该方案支持双端口，而且双端口被集成到同一个物理接口中，这样能够争夺原本属于 SAS SSD 的高可用市场了。

ES2000 搭配的硬盘架非常长，EM6 安装上去以后还会剩余大量的空间。采用这样的设计是为了使用 Marvell 的 NVMe-oF 转接卡搭配普通 NVMe SSD，以达到跟 EM6 同样的效果（EM6 里集成了 Marvell 的 NVMe-oF 芯片）。

ES2000 的控制节点支持 6 个 100G 网口，600G 的带宽正好与后端的 24 个 EM6 匹配（24×25G=600G），并像服务器一样配备了 USB 接口（用于带外管理）和串口。

ES2000 里的交换机芯片使用的是 Marvell 98EX5630，同时 EM6 里的 NVMe-oF 芯片也是由 Marvell 提供的。它的控制单元配备的是 Intel AtomC3538 CPU、M.2 SSD 以及 8GB DDR。两台交换机竖直放置，每块 SSD 可以同时访问两个交换机。

ES2000 里的两个交换机都搭载 SONiC，这是一个开源的、由软件定义网络的交换机管理系统。每个 EM6 SSD 的网络连接都是 25G，因为这些盘都是通过网络进行连接的，我们不仅可以使用 ping 命令进行相关验证，还可以使用 Telnet。ES2000 提供的终端非常简单，这对于维护人员来说非常方便了（比如升级固件版本）。

Servethehome（国外评测网站 https://www.servethehome.com）在 2022 年 4 月拿到了这款 EBOF 的样机。他们首先进行单盘测试，通过网络发现 EM6 设备挂载 NVMe-oF 驱动器、建立文件系统，并进行数据传输。然后是多盘测试，他们成功挂载了 23 个 4TB 的 EM6 SSD，并建立了 RAID0，对这 23 块 SSD 同时进行了读写测试。Servethehome 还对 EM6 进行了实操，热插拔功能使用正常，EDSFF 接口本来就是为热插拔设计的，而且以太网也是原生支持热插拔的。

虽然这次测试的 EM6 都在一个 ES2000 里，但是因为 EM6 是基于网络的，所以完全可以将不同 ES2000 里的 EM6 全部放到一起建立一个巨大的 RAID0，这是 JBOF 方案较难实现的。

（2）EBOF 的意义

我们首先来看基于 SAS Expander 的传统存储阵列是如何提供数据服务的。如图 9-86 所示，一个简单数据访问，服务器先发送一个请求，这个请求经过以太网交换机进入存储节点

（通常为 X86 架构），存储节点解析这个请求然后通过 PCIe 链路发送命令给 SAS HBA，SAS HBA 再发命令给 SAS Expander，最后命令才能到达 SAS SSD。这个过程比较复杂。

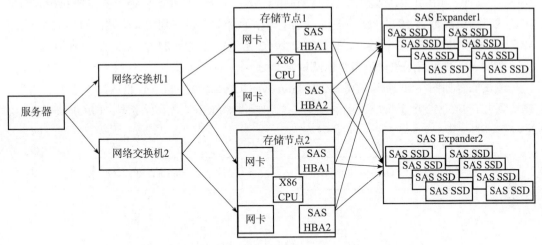

图 9-86　基于 SAS Expander 的数据访问示意图

从图 9-87 可以看到，基于 ES6000+EM6 的架构整个访问路径简单了很多，虽然网络端的管理比之前复杂了一些，但是 X86 CPU、PCIe、SAS HBA、SAS Expander 这些全都没有了。这就好比相同的一段路程，两列火车一个停 10 站，一个只停 3 站，结果可想而知。

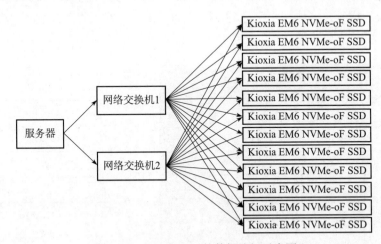

图 9-87　基于 EBOF 的数据访问示意图

我们还可以在 EM6 上创建多个命名空间，并分别从多个 EM6 上选取相同大小的命名空间（100GB）创建 RAID0。不仅是 RAID，Ceph 和 GlusterFS 等其他存储方案都可以应用在 EBOF 上。EBOF 作为一个巨大的技术更新，不可能在一夜之间替换原有方案，但是我们可以看到越来越多的厂商正在逐步加入这个生态。

（3）EBOF 性能测试结果

2021 年 10 月，美满科技联合洛斯阿拉莫斯国家实验室（Los Alamos National Laboratory，LANL）进行了 EBOF 的性能测试。该测试由 LANL 主导，使用高性能存储系统和相应的真实负载，测试尺寸为 19 寸 2U 的样机，其中包括一个双端口交换机（交换机同样为 Marvell 方案）模块和 24 块 NVMe SSD，配置 6 个 200G 的上行端口和 24 个 50G 的下行端口。

测试一：高可用场景块设备性能测试。

测试配置如图 9-88 所示，其中 2 台 Gigabyte R282-Z90 主机，各自通过 4 个 100G 网卡连接到 EBOF 的 12 个上行端口中的一个，总体提供 800Gb/s 的上行带宽。EBOF 满载 24 块 NVMe SSD。

图 9-88　高可用场景块设备性能测试配置

测试结果如图 9-89 所示，EBOF 实现了 87.3GB/s 的顺序写速度，24 块 NVMe SSD 的性能实现了线性增长，整体利用率达到 99%。而且，该方案可以使用普通 SSD 实现 JBOF 架构中原生双端口 SSD 才能实现的功能。

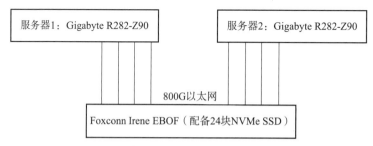

SSD数量	理论带宽/(MB/s)	实际带宽/(MB/s)	带宽效率
4	14 745.6	14 392.8	98%
8	29 491.2	28 643.9	97%
12	44 236.8	42 798.5	97%
16	58 982.4	58 461.0	99%
20	73 728.0	73 205.3	99%
24	88 473.6	87 394.8	99%

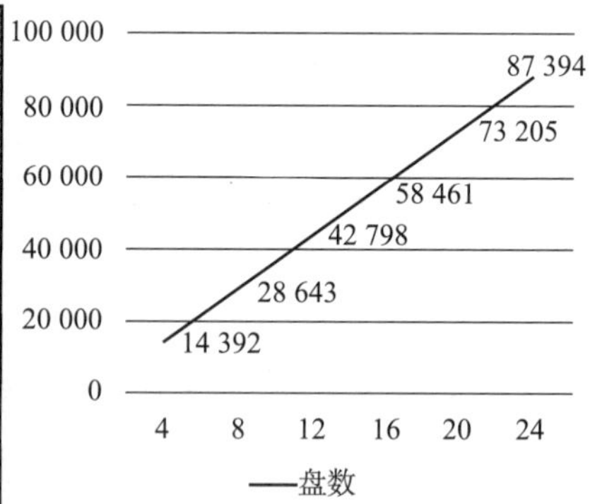

图 9-89　高可用场景块设备性能测试结果

测试二：高可用场景 Lustre 文件系统性能测试。

Lustre 文件系统可扩展强，它可以满足从小型 HPC 到超级计算机等不同规模系统的需求，而且 Lustre 是使用基于对象的存储构建块创建的。

测试配置如图 9-90 所示，其中 1 台 Gigabyte R282-Z90 主机，通过 4 个 100G 网卡连接到 EBOF 的 12 个上行端口中的一个，总体提供 400Gb/s 的上行带宽。EBOF 搭载 12 块 NVMe SSD。

测试在 Lustre OST 上通过 1 个 I/O 管理器进行，达到 41GB/s 的带宽（与块设备的 44GB/s 性能相差很小）。据此推测满载 24 块 SSD 可以达到 80GB/s 以上的带宽。从结果来看，Lustre OST 性能测试结果与块设备性能强相关，如图 9-91 所示。

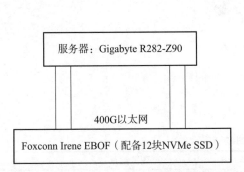

图 9-90　高可用场景 Lustre 文件系统性能测试配置

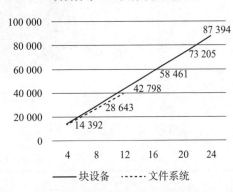

图 9-91　高可用场景 Lustre 文件系统性能测试结果

整体来看，这个基于 Marvell 88SN2400 的 EBOF 方案整体性能优秀，块设备和文件系统两个测试场景的整体带宽利用率分别达到 98% 和 95%。通过存储与计算的解耦，保证了存储系统性能能够随着部署的 SSD 数量线性增长。

案例 4：三星以太网 SSD

在 ODCC 2021 开放数据中心峰会上，三星展出以太网 SSD。这款 SSD 主要情况如下。

❑ 采用 2 个 25G 以太网口（向下兼容 10G），支持 IPv4 和 IPv6。

❑ 支持 3 种 NVMe-oF 传输：RoCE v2、iWARP 和 NVMe/TCP。

❑ 支持 NVMe1.2 和 NVMe-oF1.0。

❑ 采用 1024 组 NVMe 队列组，128 个命名空间。

❑ 支持多种网络服务，如 ICMP、ARP、SNTP、LLDP。

❑ 采用的外部接口包括 SPI Flash（放固件）、8 个 GPIO、1 组 I2C、2 个 I2C/MDIO。

❑ 提供企业级数据保护：数据通路校验保护，内存 ECC 保护，错误日志存储，发生不可恢复错误时立即将数据写入闪存，支持双镜像（带 CRC 保护）。

连接方案如图 9-92 所示。

三星在 ODCC 大会上现场展示的方案中，交换机是 Broadcom 的。以太网信号直接从 SFF-8639/9639（U.3）连接器上走，未来应该是配合 EBOF 的背板比较多。

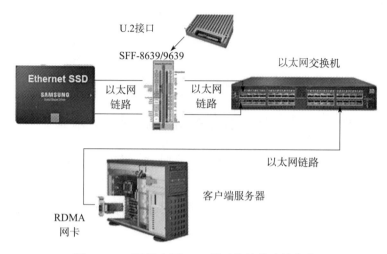

图 9-92 三星以太网 SSD 展示的整体连接方案

三星以太网 SSD 性能测试结果如表 9-13 所示。

表 9-13 性能测试结果

测试项目	测试结果
顺序读写 /（GB/s）	2.7/2.3
随机读写 /IOPS	669k/139k

三星在 2019 年存储开发大会（SDC2019）上发布了一份资料，其中介绍了以太网 SSD 的一些使用场景，具体如下。

❏ 对象存储。

❏ 数据压缩。

❏ 用于 CDN 的边缘缓存，ESSD 甚至可能替代边缘服务器。

不管是以太网 SSD 还是 EBOF，从技术层面来说 NVMe-oF 都是有先进性的，现在最需要的就是建立良性发展生态。三星作为 SSD 行业的头牌参与进来，对 NVMe-oF 这个技术的发展很有好处。

案例 5：益思芯的端到端 NVMe-oF

在 NVMe-oF 工业标准出现之前，已经有 NVMe 控制器以及采用 NVMe 盘做存储系统的厂商在尝试通过以太网协议对 NVMe 协议进行网络化扩展。这当中有 Apeiron Paladian Data 提出的私有化 NOE，还有 CNEX Labs 提出的 NVMOE（NVMe over Ethernet）协议。Apeiron 的 NOE 是通过软件方式先把 NVMe 命令转化成以太网包，然后通过以太网交换机传递到远端的 NVMe 盘。CNEX Labs 创始人申请的专利 NVMOE 通过硬件加速把 NVMe 命令转化成 NVMOE 包，然后传递到远端的以太网端口连接的 NVMOE SSD 盘，CNEX 的 NVMOE 在主机端可以用标准的 NVMe 协议访问。

益思芯在业界第一个用 SSD 控制器硬件实现了 NVMe 的网络化卸载。在 2016 年 CNEX Labs 推出的 Westlake NVMe SSD 控制器里实现了 NVMOE 功能。NVMOE 控制器主要实现了如下功能。

- ❑ 在 PCIe 端有标准的 NVMe 协议控制器，支持原生的 NVMe 驱动。
- ❑ 硬件处理 I/O 数据通过通道转换为 L2 以太网包。
- ❑ Westlake NVMe 控制器实现了将 NVMOE 的命令和数据同步进行打包传输的能力，从而实现了 NVMe 协议到 NVMOE 网络化协议的硬件卸载。

NVMOE 网络协议硬件加速是 DPU 整体硬件加速的一个重要组成部分。DPU 的主要功能包括虚拟交换硬件加速，在虚拟网卡上通过 SRIOV 实现以太网口、存储协议和 RDMA 协议等的硬件卸载。这些功能早在 2011 年就在业内的先进计算网络项目中被提出，在业内第一个实现的是 Annupurna Labs（被 AWS 收购）的 Nitro 芯片。Nitro 实现了云计算虚拟交换以及 NVMe over Ethernet 协议加速，提供了符合工业标准的接口功能，同时提供了对虚拟化 I/O 接口的硬件加速。

益思芯在 2020 年创立之后，推出了基于 NVMe 以及 NVMe-oF 标准协议的端到端的存储加速方案。和之前多数 NVMe-oF 加速方案不同，益思芯的硬件加速方案实现了 NVMe-oF 的发起端和目标端融为一体，并且在主机端支持原生的 NVMe 驱动。

之前的 NVMe-oF 方案主要关注客户端一侧的加速，但是基于主机端软件的 NVMe-oF 实现在虚拟化的过程中，因为需要采用软件模拟或者轮询的方式，因此 CPU 的使用率成为瓶颈。

如图 9-93 所示，益思芯的端到端 NVMe-oF 方案实现了完全的 NVMe 控制器和 NVMe-oF 硬件加速。

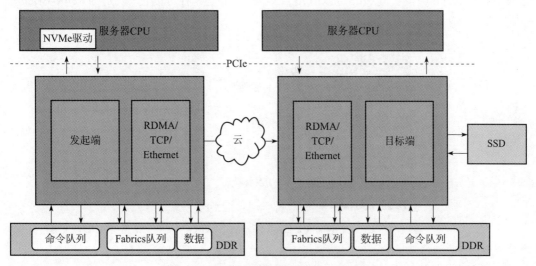

图 9-93　益思芯端到端 NVMe-oF 方案

在益思芯的方案中，通过 DPU 芯片，实现了如下功能。

❑ 发起端和目标端都实现了数据通道的硬件加速器，两者可以同时整合。

❑ 高效的 NVMe I/O 命令和 Fabrics 命令之间的映射，可以实现基于协议标准的映射和客户定制化的映射。

❑ NVMe 协议的控制路径和数据路径的分离，控制路径使用软件处理从而增加了灵活性，数据路径使用全硬件的低延时实现。

❑ 在 NVMe 协议网络化的方案中，益思芯在之前的 NVMe-oF 方案上用硬件加速了网络协议的处理，使整个架构中 NVMe 命令和网络协议灵活耦合，实现了多网络协议的支持。

益思芯认为 NVMe 协议会取代 SCSI 协议成为新的工业标准，进而实现 NVMe 协议通过网络的扩展，而益思芯的 DPU 会成为整个方案的重要组成部分。

9.9.5　全闪存阵列

经常听人说起全闪存阵列（AFA），全闪存阵列到底是什么？下面将以某一款 EMC XtremIO 为例来带你入门。

本节参考了 Vijay Swami 写的 *XtremIO Hardware/Software Overview & Architecture Deepdive*，图片也主要来自这篇文章。

---

1. 整体解剖

（1）结构

图 9-94 所示是一个标准的 XtremIO（简称 XIO）全闪存阵列，含有两个 X-Brick，它们之间用 Infiniband 交换机互联。可以看出，X-Brick 是全闪存阵列的核心，那么 X-Brick 里面究竟是什么？

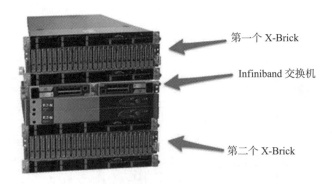

图 9-94　XtremIO 全闪存阵列结构

一个 X-Brick 包括：

❑ 1 个高级 UPS 电源；

❑ 2 个存储控制器；

❑ 磁盘阵列存储柜 DAE，其中放有很多个 SSD，每个 SSD 都用 SAS 连接到存储控制器；

❑ 如果系统有多个 X-Brick，那么还需要 2 个 Infiniband 交换机来实现存储控制器高速互联。

（2）存储控制器

如图 9-95 所示，存储控制器其实就是一个 Intel 服务器，配有 2 个电源，看起来是 NUMA 架构的 2 个独立 CPU、2 个 Infiniband 控制器、2 个 SAS HBA 卡。Intel E5 CPU 中的每个 CPU 都配有 256GB 内存。

如图 9-96 所示，X-Brick 后面插有各种线缆。X-Brick 设计的架构适用于集群，所以线缆有很多是冗余的。

图 9-95　存储控制器机箱内部

图 9-96　X-Brick 背面连线图

阵列正面照，LCD 显示的是 UPS 电源状态。图 9-97 所示的一个个竖着的物件就是 SSD，它们组成了 SSD 阵列。

图 9-97　XIO 全闪存阵列正面照片

（3）配置

如表 9-14 所示，一个 X-Brick 物理容量是 10TB，可用容量 7.5TB，但是考虑到数据去重和压缩大概为 5∶1 的比例，最终可用容量为 37.5TB。

表 9-14　XtremIO 配置表

组件	1 个 X-Brick	2 个 X-Brick 的集群	4 个 X-Brick 的集群	8 个 X-Brick 的集群
组件	2 个 X-Brick 控制器 1 个 X-Brick DAE 2 个备用电源	4 个 X-Brick 控制器 2 个 X-Brick DAE 2 个备用电源 2 个 Infiniband 交换机	8 个 X-Brick 控制器 8 个 X-Brick DAE 8 个备用电源 2 个 Infiniband 交换机	16 个 X-Brick 控制器 8 个 X-Brick DAE 8 个备用电源 2 个 Infiniband 交换机
功耗 /W	750	1 726	3 226	6 226
空间 /U	6	13	23	43
制冷需求 /（BTU/h）	2 559	5 889	11 000	21 244
物理容量 /TB	10	20	40	80
可用容量 /TB	7.5	15	30	60
去重压缩后容量 /TB	37.5	75	150	300

（4）性能

有人做了 XIO 性能测试，在 2 个 X-Brick 的全闪存阵列上跑了 550 个虚拟机，为 7000 个用户服务器提供服务。该全闪存阵列每天平均读写带宽为 350 ～ 400MB/s，20k IOPS；最高时达到 20GB/s，200k IOPS。

（5）软件控制台

我们来看看软件控制台参数，如图 9-98 所示，图中左侧显示数据降低率为 2.5∶1，其中去重率为 1.5∶1，压缩率为 1.7∶1；图中右侧所示是带宽、IOPS 和延迟监控图，显示每个 SSD 当前的性能和汇总的读写性能。

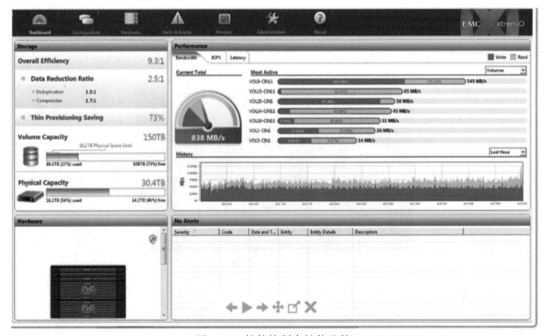

图 9-98　软件控制台性能监控

　　图 9-99 是每个 SSD 的监控图，DAE 中每个盘下面有模拟的灯，根据盘当前的读写活动情况不断闪烁。

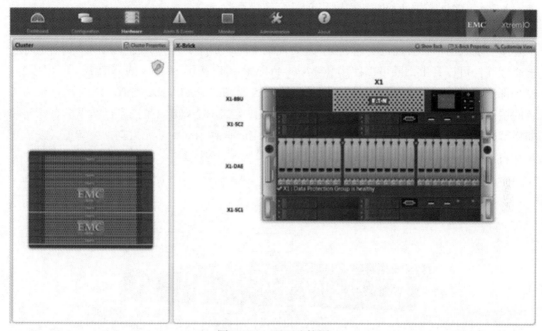

图 9-99　SSD 监控图

2. 硬件架构

　　EMC XIO 是 EMC 对全闪存阵列市场的突袭，它从底层开始完全根据闪存特性设计。

　　如图 9-100 所示，1 个 X-Brick 包含 2 个存储控制器，1 个装了 25 个 SSD 的 DAE，还有 2 个电池备用电源（Battery Backup Unit，BBU）。每个 X-Brick 包含 25 个 400GB 的 SSD，原始容量 10TB 使用的是高端的 eMLC 闪存，一般擦写寿命比普通的 MLC 长一个数量级。如果只买一个 X-Brick，配有 2 个 BBU，其中一个是为了冗余。如果继续增加 X-Brick，那么其他的 X-Brick 只需要 1 个 BBU。

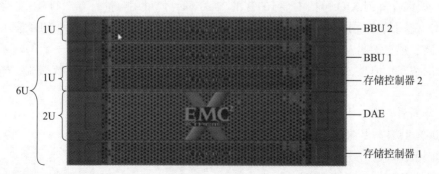

图 9-100　X-Brick 尺寸

X-Brick 支持用级联的方式来增加容量，所以它是一种 Scale-Out 架构，最多可以扩展到 8 个 X-Brick。

X-Brick 之间采用 40Gb/s 的 Infiniband 交换机互联。

图 9-101 所示是一个 X-Brick 存储控制服务器的所有端口，40Gb/s Infiniband 接口是为了连接后端数据，其实就是实现 X-Brick 之间的互联。那么，阵列和主机控制端如何进行数据交互呢？可以看出，既可以使用 8Gb/s 的 FC，也可以使用 10Gb/s 的 iSCSI。那又是如何连到那么多的 SSD 上的呢？用的是 6Gb/s 的 SAS 接口，这和 VNX 类似。同时，电源和所有的接口都是有冗余的，用来应对故障。那么对一个 X-Brick 节点来说自己数据的存储问题如何解决呢？ X-Brick 配有 2 个 SSD，用于在掉电时保存内存中的元数据。要知道，去重还是很占用内存的，因为一般每个数据块需要计算出一个 Hash 值，甚至双重 Hash 值，然后用 Hash 值来判断唯一性。X-Brick 同时还有 2 个 SAS 硬盘，作为操作系统运行的磁盘。

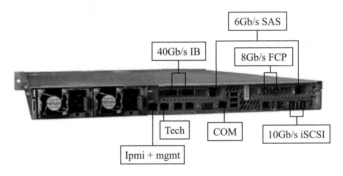

图 9-101　X-Brick 存储控制器端口

这样一来，存储控制器有自己的硬盘，又不占用 DAE 里面的 SSD 阵列，闪存阵列只用于存储用户数据，它们受 2 个存储控制器管理。这种架构的好处是结构清晰、界限分明，未来还能直接升级存储控制器软硬件而不动闪存阵列里的数据。

再来看看每个存储控制器的配置：配有 2 个 CPU 插槽的 1U 机箱，2 个 8 核 Intel Sandy Bridge CPU，256GB 内存。

EMC 全闪存阵列 XIO 包括 1 个 10TB 的 X-Brick，但可用容量只有 7.5TB，考虑到数据去重，用户能用的容量其实很大，具体跟实际的应用相关。比如虚拟桌面 VDI 应用，数据重复率很高，想想不同人安装的 Windows XP 虚拟机的系统文件基本都是一样的，去重可以省下多大的空间！但是一般的数据库应用重复率很低，毕竟数据库存储的数据几乎都是随机数据。

我们来看看一个 X-Brick 的 IOPS（见图 9-102）。

❑ 100% 4KB 写：100k IOPS。

❑ 50/50 4KB 读 / 写：150k IOPS。

❑ 100% 4KB 读：250k IOPS。

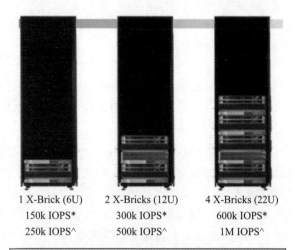

1 X-Brick (6U)　　　2 X-Bricks (12U)　　　4 X-Bricks (22U)
150k IOPS*　　　　300k IOPS*　　　　600k IOPS*
250k IOPS^　　　　500k IOPS^　　　　1M IOPS^

*IOPS 测量标准：4KB 随机访问，读写比 50%：50%
^IOPS 测量标准：4KB 随机访问，100% 全读操作

图 9-102　XIO 性能

如果是 2 个或更多 X-Brick 级联，性能会呈线性增长。

有一点必须强调，上面说的这个性能看起来一般，但是要知道，这是实际使用的性能，而且不是空盘上的性能，而是全盘写了至少 80% 之后的性能。为什么要写至少 80% 才能测得真正的性能？因为空盘写不会触发垃圾回收，当用户占满了整个带宽，且盘快写满的时候，垃圾回收机制才开始工作，此时用户能分到的带宽就少了，性能自然下降。而我们买了盘，肯定很快会写很多数据，所以只有快写满了才是常态。

3. 软件架构

存储行业发展到今天，硬件标准化越来越高，所以已经很难靠硬件出彩了。若能够制造存储芯片，从底层开始都自己做，则可靠巨大的出货量坐收硬件的利润。但这种模式投资巨大，一般企业玩不起，所以只能靠软件走差异化了，而且软件还有一个硬件没有的优势——非标准化。比如 IBM 的软件很多是基于自己的 UNIX 系统开发的，别人用了之后切换到其他厂家的软件的难度很大，毕竟丢数据的风险不能随便冒。

看了前面的 XIO 硬件架构之后，不少人可能觉得并没有什么复杂的，基本上就是系统集成、组装机。但是，全闪存阵列的核心在软件，软件做好了，才能让用户体验到闪存阵列的性能。

（1）XIO 软件几大杀器

❏ 去重：提升性能，同时因为写放大系数降低，延长了闪存的寿命，提高了可靠性。

❏ Thin Provisioning（精简自动配置）：分区的容量可以随着使用而自动增长（直到达到满阵列状态），这样关键时刻不会影响性能。

❏ 镜像：先进的镜像架构保证了容量和性能不会受损。

❑ XDP 数据保护：用 RAID6 保护数据。

❑ VAAI 集成：后文会解释这是个什么。

（2）XIO 软件核心设计思想

1）一切为了随机性能：在任何节点上访问任意数据块，都不会产生额外的成本，即必须公平访问所有的资源。这是为什么？这样的结果可保证即使节点增加，性能也能够线性增长，扩展性也好。

2）尽可能减少写放大系数：对 SSD 来讲写放大不仅会导致寿命缩短，还会因为闪存的擦写次数升高导致数据质量下降，数据可靠性下降。XIO 的设计目标就是让后台实际写入的数据尽量少，起到数据衰减的作用。

3）不做全局垃圾回收：XIO 使用的是 SSD 阵列，而 SSD 内部是有高性能企业级控制器芯片的，当前的 SSD 主控都非常强大，垃圾回收效率很高，所以 XIO 并没有重复做垃圾回收。这样做的效果是降低了写放大系数，毕竟后台搬移的数据量少了，同时，节省出时间和系统资源，这些资源可提供给其他软件功能、数据服务和 VAAI 等。

4）按照内容存放数据：数据存放的地址用数据内容生成，跟逻辑地址无关。这样数据可以存放在任何位置，从而提升随机性能，同时还可以针对 SSD 做各种优化。数据可以平均放置在整个系统中。

5）True Active/Active 数据访问：LUN 没有所有者一说，所有节点都可以为任何卷服务，这样就不会因为某一个节点出问题而使性能受损。

6）扩展性好：性能、容量等都可以线性扩展。

（3）XIO 软件为什么运行在 Linux 用户态？

如图 9-103 所示为 XIO 的全闪存阵列软件架构。XIO OS 和 XIO 的软件都运行在 Linux 的用户态，这样做有什么好处呢？我们知道，Linux 系统分为内核态和用户态，我们的应用程序都在用户态运行，各种硬件接口等系统资源都通过内核态管理，用户态通过 system call 访问内核资源。XIO 软件运行在用户态有如下几大优点。

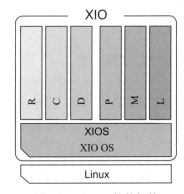

图 9-103　XIO 软件架构

❑ 避免了内核态的进程切换。

❑ 开发简单，不需要借助各种内核接口，以及复杂的内存管理和异常处理。

❑ 不必受到 GPL 的约束。Linux 是开源系统，程序在内核运行必然要用到内核代码，按照 GPL 的规定，这部分代码需要开源，在用户态自己开发的应用就不受此限制。这种商业性软件里面有很多东西都是公司花了很多心血开发的，不可能开源。由此也可以看出软件对全闪存阵列的价值。

在每个 CPU 上运行着一个 XIOS 程序——X-ENV，如果你敲一下"top"命令，就会发现这个程序掌控所有的 CPU 和内存资源。为什么这么做？

第一就是为了 XIO 能 100% 使用硬件资源。

第二是不给其他进程影响 XIO 性能的机会,保证性能稳定。

第三是提供了一种可能性:未来可以通过简单修改就移植到 UNIX 或者 Windows 平台,或者从 X86 CPU 移植到 ARM、PowerPC 等 CPU 架构,因为这都是上层程序,不涉及底层接口。

XIO 是完全脱离了硬件的软件,为什么这么说?因为 XIO 被 EMC 收购之后,很快就从自己的硬件架构切换到了 EMC 的白盒标准硬件架构,这说明其软件基本不受硬件限制。而且,XIO 的硬件基本没有自己特有的组件,不包含 FPGA,没有自己开发的芯片、SSD卡、固件等,用的都是标准件。这样做的好处是可以使用最新、最强大的 X86 硬件,还有最新的互联技术,比如比 Infiniband 更快的技术。如果自己开发了专用的硬件,要跟着 CPU 一起升级就很麻烦了,总是会慢一拍。

XIO 甚至完全可以只卖软件,只是目前 EMC 没这么干而已。现在是硬件、软件、EMC 客户服务一起卖。没准哪天,硬件不赚钱了,EMC 就只卖 XIO 软件了。

4. 工作流程

（1）6 大模块

XIO 软件分为 6 个模块,其中包括 3 个数据模块 R、C、D,3 个控制模块 P、M、L。

❑ P（Platform,平台模块）:监控系统硬件,每个节点都有一个 P 模块在运行。

❑ M（Management,管理模块）:实现各种系统配置。通过和 XMS 管理服务器通信来执行任务,比如执行创建卷、创建 LUN 的掩码等从命令行或图形界面发过来的指令。由一个节点运行 M 模块,其他节点运行另一个备用 M 模块。

❑ L（Cluster,集群模块）:管理集群成员,每个节点运行一个 L 模块。

❑ R（Routing,路由模块）:

- 把发过来的 SCSI 命令翻译成 XIO 内部的命令。
- 负责管理来自两个 FC 和两个 iSCSI 接口的命令,是每个节点的出入口"看门大爷"。
- 把所有读写数据拆成 4KB 大小。
- 计算每个 4KB 数据的 Hash 值,用的是 SHA-1 算法。
- 每个节点运行一个 R 模块。

❑ C（Control,控制模块）:

- 包含一个映射表——A2H（数据块逻辑地址——Hash 值）。
- 具备镜像、去重、自动扩容等高级数据服务。

❑ D（Data,数据模块）:

- 包含了另一个映射表——H2P（SSD 物理存放地址——Hash 值）。由此可见,数据的存放地址跟逻辑地址无关,只跟数据有关,因为 Hash 值是通过数据算出来的。
- 负责读写 SSD。

■ 负责 RAID 数据保护——XDP（XIO Data Protection）。

（2）读流程

读流程如下。

1）主机把读命令通过 FC 或 iSCSI 接口发送给 R 模块，命令包含数据块逻辑地址和大小。

2）R 模块把命令拆成 4KB 大小的数据块，转发给 C 模块。

3）C 模块查 A2H 表，得到数据块的 Hash 值，转发给 D 模块。

4）D 模块查 H2P 表，得到数据块在 SSD 中的物理地址，将数据读出来。

（3）不重复的写流程

不重复的写流程如下（见图 9-104）。

1）主机把写命令通过 FC 或 iSCSI 接口发送给 R 模块，命令包含数据块逻辑地址和大小。

2）R 模块把命令拆成 4KB 大小的数据块，计算出 Hash 值，转发给 C 模块。

3）C 模块发现 Hash 值没有重复，所以插入自己的表，转发给 D 模块。

4）D 模块给数据块分配 SSD 中的物理地址，写入数据。

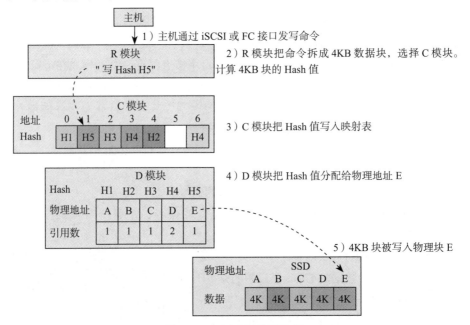

图 9-104　不重复的写流程

（4）可去重的写流程

可去重的写流程如图 9-105 所示。

1）主机把写命令通过 FC 或 iSCSI 接口发送给 R 模块，命令包含数据块逻辑地址和大小。

2）R 模块把命令拆成 4KB 大小的数据块，计算出 Hash 值，转发给 C 模块。

3）C 模块查 A2H 表（估计还有一个 H2A 表，或者是一棵树、Hash 数组之类的），发现有重复，转发给 D 模块。

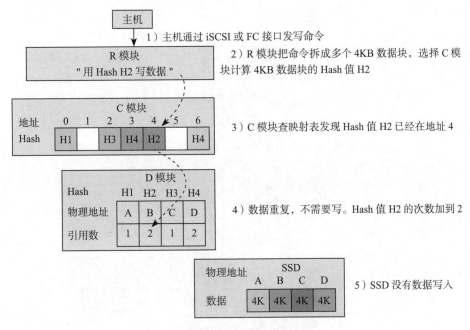

图 9-105　可去重的写流程

4）D 模块知道数据块有重复，就不写了，只是把数据块的引用数加 1。

可以看出，自动扩容和去重都是在后台自然而然完成的，不会影响正常读写性能。

我们可以畅想整合了文件系统 inode 表和 SSD 映射表之后，复制会很简单，只需要两个逻辑块对应到一个物理块就可以了，并不需要将数据读出来再写下去。要知道自从全闪存阵列有了去重功能之后，复制这个基本的文件操作实现起来竟然如此简单：没有数据搬移，仅需要对某几个计数登记一下就可以了。

（5）ESXi 和 VAAI

首先我们来解释一下 ESXi 和 VAAI 这两个名词。

对于 VMware 的虚拟化产品，就个人、小企业而言，有 Workstation、ESXi（vSphere，免费版）、VMware Server（免费版）可以选择，Workstation 和 VMware Server 需要装在操作系统（如 Windows 或 Linux）上，ESXi 则内嵌在操作系统中。所以 ESXi 可以看成虚拟机平台，上面运行着很多虚拟机。

VAAI（vStorage APIs for Array Integration）是虚拟化领域的标准语言之一，其实就是 ESXi 等发送命令的协议。

（6）复制流程

图 9-106 所示是复制前的数据状态。

复制流程（见图 9-107）如下。

1）ESXi 上的主机用 VAAI 语言发送一条虚拟机（VM）复制命令。

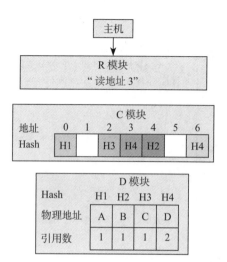

图 9-106 复制前的数据状态

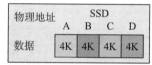

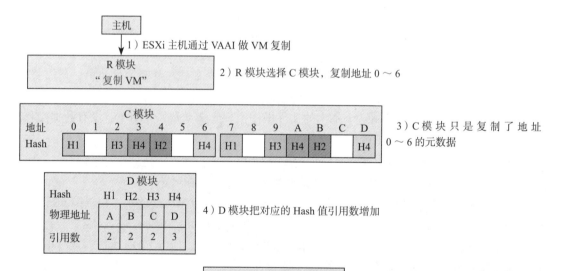

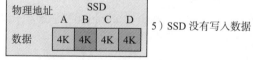

图 9-107 复制流程

2）R 模块通过 iSCSI 或 FC 收到命令，并选择一个 C 模块执行复制。

3）C 模块解析出命令内容，把原来 VM 的地址范围 0～6 复制到新的地址 7～D，并把结果发送给 D 模块。

4）D 模块查询 Hash 值表，发现数据是重复的，所以没写数据，只把引用数增加 1。

这样就复制完成了，这个过程没有真正进行 SSD 读写。

不过有个问题，这些元数据操作都是在内存中完成的，那万一突然掉电了怎么办？XIO 设计了一套非常复杂的日志机制：通过 RDMA 把元数据的改动发送到远端控制器节点，使用 XDP 技术把元数据更新写到 SSD 里面。XIO 的元数据管理是非常复杂的，前面只是对该流程进行简单介绍而已。

由于使用了 A2H、H2P 两张表，数据可以写到 SSD 阵列的任何一个地方，因为写入位置只跟数据的 Hash 值有关，跟逻辑地址没关系。

全闪存阵列底层采用了闪存，所以速度很快，为了不浪费闪存的速度，上层的通信也需要非常高效。下面揭秘 XIO 全闪存阵列的内部通信。

（7）回顾 R、C、D 模块

前文介绍了 R、C、D 这 3 个与数据相关的模块。可以看出，R 和上层打交道，C 和中间层打交道，D 和底层 SSD 打交道。

我们要搞清楚，这些模块在物理层面怎么放在控制服务器里面。前面说过，1 个 X-Brick 的控制服务器有 2 个 CPU，每个 CPU 运行一个 XIOS 软件。如图 9-108 所示，R、C 模块运行在一个 CPU 上，D 则运行在另一个 CPU 上。为什么要这么做呢？

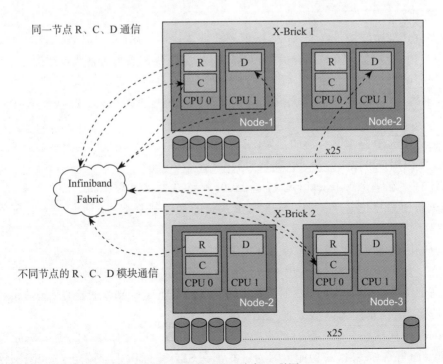

图 9-108　X-Brick 内部互联图

因为 Intel Sandy Bridge CPU 集成了 PCIe 控制器（Sandy Bridge 企业版 CPU 集成了 PCIe 3.0 接口，不需要通过南桥转接）。所以，在多 CPU 的架构中，让设备直连 CPU 的 PCIe 接口，性能会很高，而 R、C、D 模块的分布也是按照这个需求来设计的。例如 SAS 转接卡插到了 CPU 2 的 PCIe 插槽上，所以 D 模块就要运行在 CPU 2 上，这样性能才能达到最优。从这里我们可以看出 XIO 在架构上的优点：软件完全可以按照标准化硬件来配置，通过布局达到最优的性能。如果 CPU 的分布变了，应根据新的架构简单调整软件分布来提升性能。

（8）模块间通信：扩展性极佳

我们再来说说正题：模块间如何通信？其实并不要求模块必须在同一个 CPU 上，就像图 9-108 所示一样，R 和 C 并不一定要在一个 CPU 上才行。所有模块之间的通信通过 Infiniband 实现，数据通路使用 RDMA，控制通路通过 RPC 实现。

我们来看看通信的时间成本。XIO 的 I/O 总共延时是 600 ～ 700μs，其中 Infiniband 只占了 7 ～ 16μs。为什么使用 Infiniband 来互联？其实还是为了扩展性，X-Brick 即使增加，延时也不会增加，因为通信路径没变化。任意两个模块之间还是通过 Infiniband 通信，如果系统里面有很多 R、C、D 模块，当一个 4KB 数据块发到一个前端 R 模块上，它会计算 Hash 值，Hash 值会随机落在任意一个 C 模块上，没有谁特殊。这样一切都是线性的，X-Brick 的增减会线性地导致性能增减。

5. 应用场景

闪存价格现阶段还是比较高的，尤其是企业级应用使用的 eMLC 或 SLC，所以全闪存阵列 XIO 并不能取代大容量的存储阵列 SAN。那它跟哪种应用场景比较般配呢？想想就知道了，闪存的优势就是延迟低、性能高，所以适用于对容量要求不高，但是对低延迟、高 IOPS 敏感的应用，比如 VDI（虚拟桌面基础架构，就是虚拟机）、数据库、SAP 等企业级应用。

数据库使 XIO 是非常合适的，为什么？首先是可大幅提高性能，其次就是复制几乎不占空间，所以用户可以很方便、快速地为数据创建多个副本。

已经有人在一个 X-Brick 上运行了 2500 ～ 3500 个 VDI 虚拟机，而延时在 1ms 以内。虚拟机上很多数据也是重复的，毕竟每个系统的文件都差不多，所以去重也能发挥很大作用。

企业应用领域也有人使用 XIO 加速了关键应用。

总之，只要容量足够，那使用 XIO 后你的应用用起来肯定比以前快多了！

看完了整个全闪存阵列 XIO 的技术揭秘，我们发现其实 XIO 的核心还是在软件，因为硬件都是标准件，都是 X86 服务器、SAS 接口的 SSD。

全闪存阵列到底有什么独特的地方呢？相比 SSD，它没有垃圾回收、Wear Leveling、Read Disturb 等传统 SSD 的功能，因为这些都在 SSD 里面由主控搞定了。相比传统阵列，它的特色是去重和 RAID 6 每次都写到新的地址。

以前可能你也不知道全闪存阵列到底是怎么弄的，看完了这一节，相信你已经不觉得它神秘了。甚至可以这样看：U 盘是由一两个闪存芯片和控制器封装得到的，SSD 是很多 U 盘组成的阵列，全闪存阵列是很多 SSD 组成的阵列，只不过 U 盘是最差的闪存，SSD 好一点，全闪存阵列是更好的。但是，它们的应用场景各不相同，软硬件架构要重新设计。

9.10　ZNS 简介

在 NVMe2.0 的协议里面，我们能看到一个重磅特性——ZNS。ZNS 的全称为 Zoned Namespace，而 ZNS SSD，是指实现了 ZNS 协议的 SSD。为了更好阐述 ZNS，我们先从 Open-Channel 说起。

9.10.1　从 Open-Channel 说起

随着 SSD 容量的不断变大，无论是企业级产品还是数据中心级产品，单盘容量为 8 ~ 16TB 的 SSD 已经得到普遍应用。之前单块 SSD 只服务于一种业务的场景正在逐渐减少。取而代之的是，很多不同业务的数据，比如数据库中的数据、传感器数据、视频数据、云服务中虚拟机里的用户数据等，会存在于同一块大容量 SSD 上。然而不同业务数据混在一起，带来了一些问题，具体如下。

1. SSD 的写放大受到影响

拿两个顺序写入的业务数据举例：如果这些数据分别存储在两块 SSD 上，数据在 SSD 内部都是顺序写入的，它们往往也会一起失效（被重新写入或者删除），这样不需要垃圾回收，所以几乎没有写放大。然而两种数据混在一起后，可能分布在 SSD 内部的同一个物理闪存块上，这样就算其中一种数据作废，依然无法直接擦除这个闪存块，仍然需要垃圾回收，从而引入写放大。

2. 不同业务的数据访问影响彼此的延时

先看读取过程碰到读取过程的场景。我们知道，分布在同一个闪存 Die 上的两种数据不可以同时访问，要依次访问。比如，一种业务是频繁顺序读取 512KB 数据，另外一种业务是低频率随机读取 4KB 数据，显然后者很大概率每一次访问都会碰上前者访问同一片闪存 Die，这样它的延时就会变差。

再看读取过程碰到写入过程的场景。若一个业务正在写某个闪存 Die 里面的某个闪存页，此时另外一个只读的业务正好也要访问该闪存 Die 的数据，那么读的业务就要等待闪存页写完。我们知道闪存页写入时间（毫秒级别）相对于闪存页读取时间（几十微秒级别）来说要漫长得多，这会导致读业务被写业务引入延时。如果读取操作碰到擦除操作，引入的延时会更长。

3. 数据稳定性相互影响

假如一个业务 A 会高频访问数据，那么在同一个闪存块里面业务 B 的数据会受到读干扰的影响，甚至可能出现较多位翻转，B 业务读取数据时就需要固件额外进行纠错处理。

如何才能解决上述问题呢？答案是将不同的数据在 SSD 内部进行物理隔离。这里的物理隔离严格上来说指的是两种数据在 SSD 中（闪存上），数据的存入以及读出过程都完全独立。具体来说是写入和读取闪存的带宽独立且不共享，彼此之间不存在干扰，且具有独立的延时。SSD 如何区分不同的业务数据，并且知道哪些数据该放哪里呢？这就要借助 Open-Channel SSD 了。

Open-Channel 的字面意思是把 SSD 内部的物理通道等拓扑信息以某种方式通知主机端。这是一种很自然的解决方案：让最懂业务数据特点的主机端来决定该数据如何在 SSD 内摆放。

Open-Channel 的核心思想是把 SSD 内部的 FTL 层上移到主机端（没错，主机端需要一个 FTL），把 SSD 的后端（Backend，负责管理闪存的接口封装）暴露给主机端。主机端可以直接操控数据存入的物理位置，由于 FTL 由主机端接管，所以垃圾回收也由主机端负责。下面介绍 Open-Channel 的两个核心概念。

- ❑ Chunk：指一系列连续的逻辑块。在一个 Chunk 内，主机端只能按照逻辑块地址顺序写入，如果要重新写入前面写过的某个逻辑块，需要重启该逻辑块所在的 Chunk，如图 9-109 所示。
- ❑ 并行单元（Parallel Unit，PU）：SSD 是通过并行操控闪存来实现高速读写的。PU 是 SSD 内部并行资源的一个单位，主机端可以指定数据写到哪一个 PU 上。一个 PU 可能包含一个或多个闪存 Die 内的所有 Chunk。不同的 PU 可以完全做到物理隔离。值得说明的是，在最新的 NVMe 协议里面，I/O determinism（I/O 确定性）已经解决了物理隔离的问题，而在 Open-Channel 提出的时候，尚没有标准解决方案，这也是 Open-Channel 的价值所在。

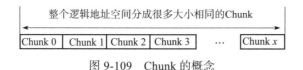

图 9-109　Chunk 的概念

整个 Open-Channel SSD 的逻辑拓扑如图 9-110 所示。

对图 9-110 说明如下。

- ❑ 很多 Chunk 组成了 PU。
- ❑ 很多 PU 组成了 Group（其具体定义，请读者参阅 Open-Channel 协议，此处不展开）。
- ❑ 很多 Group 组成了 SSD。

在 Open-Channel SSD 中的逻辑地址的概念被重新定义，它包含了 PU、Chunk 和 Group 的信息，它的编码格式如图 9-111 所示。

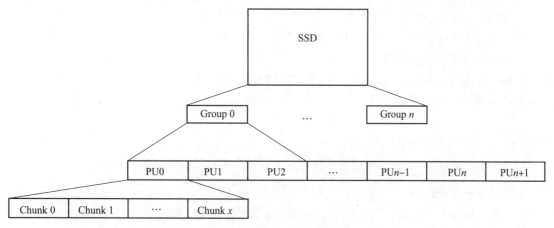

图 9-110　Open-Channel SSD 的逻辑拓扑图

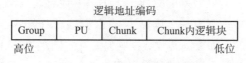

图 9-111　逻辑地址编码格式

　　Open-Channel 的使用场景是大规模数据中心产品、全闪存阵列、存储系统供应商产品等。它的出现如平地惊雷，使 SSD 内部的管理与主机端的数据管理相融合成为趋势，这主要体现在如下几个方面。

❏ 通过释放 FTL，SSD 内部逻辑变得简单，并不需要特别的大的 DRAM 来存储 FTL 表。

❏ 实现了不同业务之间的数据隔离。

❏ 采用顺序写入，减小了写放大系数。

❏ 优化了数据访问的延时。

Open-Channel 有以下缺点。

❏ 受顺序写入的限制，Open-Channel 需要主机端软件层面的支持，或者需要重新增加一个软件层来匹配原来的软件堆栈。目前软件生态并未完善，有些上层应用需要进行较大改动。

❏ 主机端存储开发人员需要透彻理解 SSD 内部原理，并且实现定制的 FTL。

❏ 主机端与 SSD 分工协作复杂，尤其是处理后端纠错及解决闪存磨损问题的时候。

　　为了规避上述问题，有没有可能既允许主机端尽量自由摆放数据，又有标准的软件生态呢？答案就是 ZNS，它作为 Open-Channel 的下一代协议被提出。ZNS 协议由 NVMe 工作组提出，旨在达到以下目的。

❏ 标准化 Zone 接口。

❏ 减少设备端的写放大问题。

❏ 更好地配合上层软件生态。

❑ 减少 OP，节省客户成本。

❑ 减少 DRAM 使用，毕竟 DRAM 在 SSD 中的成本不可忽视。

❑ 增加带宽，减少延时。

那 ZNS 都说了什么？ 什么是 Zone ？ ZNS 能否以及如何达成上述目标？下面开始介绍与 ZNS 相关的知识。

9.10.2 ZNS 的核心概念

本节首先介绍几个与 ZNS 相关的核心概念，后面再对其他方面展开介绍。

1. Zone 存储模型

在传统硬盘上，由于读磁头和写磁头所需磁场强度不同，所操作的对应的磁道数目（记作磁头宽度）也不同。写磁头宽度大于读磁头宽度，有效数据磁头宽度和读磁头宽度一致，这是为了保证每次重写这些有效数据的时候，不影响其他有效数据。有效数据的周边被无效数据包围，并且写磁头宽度内只有一个读磁头宽度的有效数据，这实际上浪费了很多空间。

为什么不在写磁头宽度里面放满有效数据呢？叠瓦式硬盘（Shingled Magnetic Recording，SMR）的发明者也是这么想的。叠瓦式硬盘并没有改变传统硬盘的制造工艺，只是在写磁头宽度内放了更多有效信息。

这里简单说一下叠瓦式硬盘的原理，如图 9-112 所示。每次写入的有效数据磁头宽度仍然为读磁头宽度，但是相邻两次写入的磁道范围有重合：第一次写入的数据除了有效数据外，其他无效的数据将会被第二次写入的数据覆盖，第三次写入的时候会覆盖第二次写入的无效数据。依此类推，每一次写入都会存储新的有效数据，同时覆盖上一次写入的无效数据，如同叠瓦，这就是叠瓦式硬盘名字的由来。

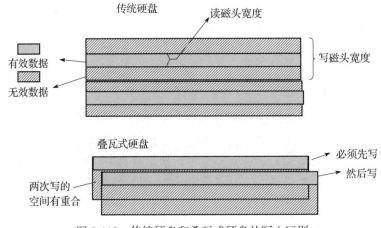

图 9-112 传统硬盘和叠瓦式硬盘的写入区别

然而事情似乎没有那么简单，传统硬盘支持按照读磁头宽度进行顺序写入和随机写入。

叠瓦式硬盘却比较麻烦：顺序写入没有问题，但随机写入会覆盖周围的有效数据。叠瓦式硬盘如果支持随机写入，就要经过读→改→写操作，这大大降低了随机写入的速度并带来了写入延迟。叠瓦式硬盘虽然很大程度利用了磁盘的空间，却不得不付出额外的代价。

所以叠瓦式硬盘对写入行为进行了约束，尽量避免随机写入。具体来说包括如下几点。

❑ 把磁盘空间划分成很多独立、不重合、容量相同的 Zone，Zone 之间完全隔离。

❑ 在 Zone 内部，主机端必须严格按照顺序写入。一旦写入的数据乱序，就会发生有效数据被覆盖的情况。

❑ Zone 也是磁盘空间回收的最小单位，即一个 Zone 内部的数据总是一起作废，可以从头被重写。

目前有两种类型的叠瓦式硬盘：一种是在硬盘内部完成了上述写入约束的硬盘，它对外的接口与传统硬盘完全一致；另外一种是开放了内部 Zone 信息的硬盘，它与主机端进行协作完成写入约束。

对于第二种叠瓦式硬盘，主机端做了很多软件优化来保证其在 Zone 内部的顺序写入，包括块设备层的优化，以及采用 ZBC（Zone Block Command set，Zone 块命令集）和 ZAC（Zoned-device ATA Command set，Zone 设备 ATA 命令集）等。

读到这里，我们回想一下 9.10.1 节的内容，发现其实 Open-Channel SSD 的 Chunk 与 SMR HDD 中的 Zone 非常相似：

❑ 具有顺序写入的约束。

❑ 都有数据间的隔离——Chunk 与 Chunk 之间，Zone 与 Zone 之间的数据隔离。

鉴于此，Open-Channel 协议的提出者希望能复用叠瓦式硬盘的成熟软件生态。Zone 存储模型（Zone Storage Model）应运而生，它把 ZBC/ZAC 所定义的 Zone 接口从叠瓦式硬盘扩展到了 SSD，使 SSD 可以无缝（或者做很少改动）使用与叠瓦式硬盘同样的软件栈。对 NVMe SSD 而言，Zone 存储模型由 ZNS 协议定义。

下面重点介绍 NVMe 定义的 ZNS 协议。

2. Zone 相关定义

Zoned Namespace（Zoned 命名空间）是指为运行 ZNS 协议而定义的命令集合的命名空间。

把整个 Zoned Namespace 分化成的大小相同、连续、不重合的逻辑块（Logical Block）空间，这些逻辑块空间就是 Zone。

每个 Zone 都拥有自己独立的属性，这些属性在 Zone 描述符的数据结构里定义，现摘取部分如下。

❑ **Zone 大小（Zone Size）**：指一个 Zone 里面的逻辑块数目。根据定义，对一个命名空间而言，Zone Size 是固定的。

❑ **Zone 类型（Zone Type）**：ZNS 目前支持的是完全顺序写入的 Zone Type——Sequential Write Required Zones。至于支持随机写入的 Random Write Zones，在本书完稿时尚在提议中，所以这里就不介绍了。

- **写指针**（Write Pointer）：记录了该 Zone 里面下一个可写的逻辑块地址。
- **Zone 状态**（Zone State）：每个 Zone 都有自己的状态，并且 ZNS 定义了一套完整的状态机。后面会对此展开论述。
- **Zone 开始处逻辑块地址**（Zone Start Logical Block Address，ZSLBA）：指一个 Zone 里面最小的逻辑块地址。
- **Zone 容量**（Zone Capacity）：在 Zone 内并不是所有的逻辑块都可以被主机端使用，一个 Zone 里面能被主机端使用的逻辑块数目称为 Zone Capacity。所以 Zone Capacity 永远小于等于 Zone Size。
- **Zone Descriptor Extension Valid**（Zone 有效扩展描述符）：这是一个标记，表明是否有一个额外的数据（Zone Extension data）与这个 Zone 关联。主机端可以为每一个 Zone 绑定特别的用户信息。

Zone Size、Zone 容量和写指针（Write Pointer）的关系如图 9-113 所示。

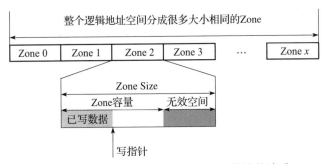

图 9-113　Zone Size、Zone 容量和写指针的关系

3. Zone 相关的资源

由于所有的 Zone 都共享 SSD 内部的资源（包括硬件引擎或者内部 DRAM 缓冲区）等，SSD 可以并行接受写入命令的 Zone 个数是有限的，其中可以同时写入的 Zone 个数也是有限的。

SSD 把与 Zone 相关联的资源分为 Active Resources 和 Open Resources，后者是前者的子集。与 Zone 相关联的资源是否充足会影响 Zone 的状态机切换。

Active Resources 决定了主机端可以发写入命令的 Zone 个数。举个例子，假如主机端为每种业务数据分配一个 Zone 供其写入，那么该资源决定了 SSD 可支持的最大业务数。

而 Open Resources 决定了有多少 Zone 可以被同时写入。假如主机端为每种业务数据分配一个 Zone 供其写入，那么该资源决定了能同时发起写入的业务数。

4. Zone 状态和状态机

每个 Zone 的状态受到以下因素影响。

- 与 Zone 相关联的资源。
- 主机端通过显式发送 Zone Management 命令来指定 Zone 的状态切换。
- 收到的 I/O 命令。

❑ 收到 Format 命令。

❑ 系统状态变化，比如 NVM 子系统重启和控制器关闭。

对 Zone State 的取值列举如下。

❑ **ZSE**：Empty，也就是空状态，往往在 Zone 初始化时（比如收到 Format 命令）进入，没有写过的 Zone 大多数也在这个状态。

❑ **ZSIO**（Zone State Implicitly Opened，隐式打开状态）：主机端没有通过发送 Zone Management 命令来改变 Zone 状态，而是在 Open Resource 充足的情况下直接发起了对该 Zone 的写入，这时 Zone 会自动切换为 ZSIO 状态。

❑ **ZSEO**（Zone State Explicitly Opened，显式打开状态）：相比于 ZSIO，ZSEO 是在 Open Resource 充足的情况下通过主机端显式发送 Zone Management 命令，从而把 Zone 设置为 ZSEO 的状态。

❑ **ZSC**（Zone State Closed，关闭状态）：指的是 SSD 没有足够 Open Resource 时，即同时 Open（包括 ZSIO/ZSEO 状态）的 Zone 个数满了的时候，为了支持新的写入命令，SSD 会把一些 Open（包括 ZSIO/ZSEO 状态）的 Zone 切换出去，让它们不占据 Open Resource，这些切换出去的 Zone 的状态标记为 Zone State Closed。后续可以通过对 ZSC 状态的 Zone 写入让它重新申请 Open Resource，进而切换到 ZSIO/ZSEO。

❑ **ZSF**（Zone State Full，满状态）：大多数时候指的是 Zone 被写满的状态。Zone 进入写保护时也需要切换到这个状态。

❑ **ZSRO**（Zone State Read Only，只读状态）：通过 Zone Management 命令设置。

❑ **ZSO**（Offline，离线状态）：通过 Zone Management 命令设置。

Zone 状态机如图 9-114 所示。

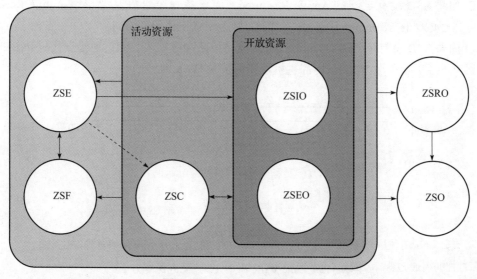

图 9-114　Zone 状态机切换图

9.10.3 ZNS 中的核心命令

这里介绍 ZNS 中几个关键的命令——Read、Write、Zone Append。

1. Read 命令

ZNS 中的 Read 命令跟 NVM 命令集中 Read 命令的定义并无区别。这里需要说明的是，ZNS 的 Read 命令需要根据填写的 LBA 范围定位到 Zone。

❑ 如果 Read 命令的逻辑块地址范围跨越了 Zone 的边界，在 CQE 中返回错误代码 0xB8h。

❑ 如果 LBA 范围所在的 Zone 的状态为 Offline（ZSO），则在 CQE 中返回错误代码 0xBBh。

2. Write 命令

ZNS 中的 Write 命令同样符合 NVM 命令集的定义，但是 ZNS 协议要求 Write 命令要受到 Zone 类型的约束。

目前的协议中暂时只支持一种 Zone 类型——Sequential Write Command Required Zone（顺序写入命令所需 Zone）。在这种 Zone 类型下，Write 命令需要在一个 Zone 中顺序写入。

❑ 如果 Write 命令里给出的 LBA 范围跨越了 Zone 边界，会在 CQE 中返回错误代码 0xB8h。

❑ 如果要写入的 Zone 的状态已经是 Full（ZSF）状态，则返回错误代码 0xB9h。

❑ 如果要写入的 Zone 的状态已经是 Read Only（ZSRO）状态，则返回错误代码 0xBAh。

❑ 如果要写入的 Zone 的状态已经是 Offline（ZSO）状态，则返回错误代码 0xBBh。

❑ 如果写入的命令的起始 LBA 与 Zone 的 Write Pointer 不相等，则返回错误代码 0xBCh。

❑ 如果 SSD 没有足够的 Active Resource，而该条命令恰好又要申请 Active Resource（比如 Zone 从 Empty 开始写的时候），则返回错误代码 0xBDh。

❑ 如果 SSD 没有足够的 Open Resource 支持该条命令写入，则返回错误代码 0xBEh。

图 9-115 展示了一个 Zone 内部主机端如何下发 Write 命令。

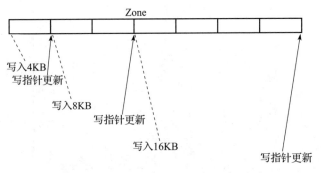

图 9-115　Zone Write 命令处理（队列深度为 1）

可以发现，ZNS 对 NVMe Write 命令的约束导致了以下结果：因为 NVMe 支持乱序执行，同一个 Zone 内部，Write 命令支持的队列深度只能为 1（Queue Depth 为 1），队列深度一旦超过 1，若同时 SSD 乱序执行那么就会出错。

那么如何解决这个问题呢？这就要用到 ZNS 里面非常酷的一条命令——Zone Append 了。

3. Zone Append

我们知道，在传统 SSD 内部，FTL 起到了把主机端数据的 LBA 空间映射到闪存的物理地址空间的作用。SSD 可以同时接收很多写命令，然后把这些命令的数据按照自己内部的调度排列好（可以和接收命令的顺序不一致）。写入到闪存之后，一笔写命令的逻辑块地址对应的物理位置才更新到 FTL。

回到 ZNS，Zone 可以类比成闪存。主机端如果不指定具体写入的逻辑块地址，只给出数据，那么就可以由 SSD 来担任主机端数据到逻辑块地址的映射，这样 SSD 可以同时接收很多写入命令，并把这些命令的数据按照 SSD 内部的调度排列好（可以和接收命令的顺序不一致），然后写入 Zone，这时每一笔命令的数据才得到自己的逻辑块地址（由写入位置决定）。然后 SSD 把得到的逻辑块地址信息通过 CQE 返回给主机端。这就是 Zone Append 命令的核心思想。

图 9-116 展示了 Zone Append 命令更新写指针的过程。

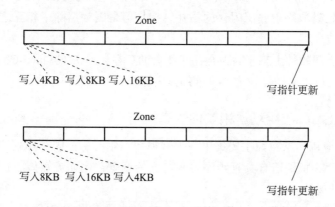

图 9-116　Zone Append 命令处理（队列深度 >=1）

由图 9-116 可以看到：

❑ 主机端写入支持很深的队列深度，写入速度问题得到解决。

❑ 改动块设备层，原来是逻辑块地址和数据一起写入 SSD，现在是先把数据写入 SSD 才会获得 SSD 分配的逻辑块地址。幸运的是，这部分操作可以复用现有的叠瓦式硬盘的软件栈。

总结一下：Zone Append 命令让 SSD 采用了与 FTL 更新物理地址类似的方式，为主机端的数据分配 Zone 内部的逻辑块地址。

9.10.4　ZNS 的优势

前面介绍了 ZNS 的关键概念和命令集,大家应该已经知道 ZNS 的核心要义,那么回到本节开始处提出的问题,ZNS 做到了如下内容。

- ❏ **提供标准化 Zone 接口**。这里应用了叠瓦式硬盘中的 Zone 的概念。
- ❏ **减少了设备端的写放大问题**。因为 ZNS 对 Zone 的写入做了约束,所以 SSD 内部不需要对 Zone 进行垃圾回收,设备端写放大系数接近 1。
- ❏ **减少了 OP,节省了客户成本**。在传统 SSD 中需要 OP 来完成垃圾回收。ZNS 由于不需要垃圾回收所以不需要很高的 OP,同时由于减少了写放大系数,闪存的擦写次数也被减少,主机端可写入数据 TBW 变大,SSD 寿命变长,客户成本降低。
- ❏ **减少了对 DRAM 的使用**。在 SSD 内部实现 ZNS 不需要传统的 FTL,ZNS 仅需要维护所有与 Zone 相关的信息,而传统 SSD 需要 1/1024 容量的 DRAM 来存储映射表,所以 ZNS SSD 可以节省 DRAM 使用。
- ❏ **增加带宽,减少时延**。这一点对写入命令而言很好理解。垃圾回收会浪费掉大量写入带宽,相比之下 ZNS 没有写放大,就会大大增加主机端写入带宽,同时减少垃圾回收引入的延时。对读命令而言,因为不同业务分配的 Zone 之间可以做到数据隔离,所以延时取决于底层闪存的拓扑结构,但是因为消除了相互之间的干扰,所以延时总体减少了。
- ❏ **更好配合上层软件生态**。因为叠瓦式硬盘的存在,ZNS 跟 Open-Channel 相比一个很大的优势是软件生态比较成熟,这部分内容会在下一节详述。

9.10.5　ZNS SSD 应用场景和软件生态

ZNS SSD 的应用场景目前主要集中在大规模数据中心、全闪存阵列、存储系统、云服务业务等方面。ZNS 特别适合具有顺序写入特性的场景,比如流媒体、视频监控以及对数据隔离非常敏感的场景。

之前提到过,ZNS SSD 可以与 ZBC/ZAC 叠瓦式硬盘共享软件栈,其软件生态日趋完善。

Linux Kernel 4.10 已开始支持 Zoned Block Devices(包括 NVMe ZNS SSD 和 ZBC/ZAC SMR HDD),Linux kernel 提供了 Device Mapper(dm-zoned)和 ZBD-aware 文件系统。软件栈如图 9-117 所示。

由 Zone Storage 社区可以看到,越来越多的上层应用已经支持 Zone Block Devices,包括但不限于 Percona Server for MySQL 和 RocksDB with Zenefs。

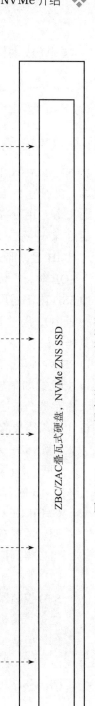

图 9-117 Zoned 设备的 Linux 软件栈

9.11　CMB 和 HMB 简介

本节主要介绍 CMB（Controller Memory Buffer，控制器存储器缓冲区）和 HMB（Host Memory Buffer，主机内存缓冲区）。

9.11.1　CMB 简介

在 NVMe 协议中，允许 SSD 控制器将 SSD 内部的通用缓冲区映射到主机端，从而让主机端直接通过 PCIe memory read/write 的形式访问。这样做有如下好处。

❑ 充分利用设备内部的 RAM 存储空间。

❑ 在某些场合下，节省了主机端进行 PCIe DMA 的次数，比如将 NVMe SQ 建立在 CMB 上，那么主机端更新 SQE（Submission Queue Entry）只需要一次写入。设备取 SQE 时，不再需要经过 PCIe 总线。

❑ SSD 内部通用缓冲区可以作为网卡设备到 NVMe 存储设备的缓冲区（在 NVM-oF 场景中），通过 PCIe 点到点（Peer to Peer）技术，减少 CPU 的开销和数据访问的延时。

具体来说：

❑ SSD 可以选择是否支持 CMB，这体现在 NVMe 寄存器 CAP.CMBS 上。

❑ 主机端如果想要使用 CMB，会设置 CMBMSC.CRE 位，这样 CMBSZ 和 CMBLOC 寄存器会被使能，否则这两个寄存器清零。

❑ 主机端需要 CMBSZ 和 CMBLOC 寄存器的支持。

　　■ CMBSZ：对主机端而言是只读的。它决定 SSD 内部缓冲区可用于 CMB 的大小，以及最小颗粒度。CMBSZ 指明对应 CMB 是否支持读/写数据，是否支持指向 CMB 的 PRP List/SGLs，以及是否支持 SQ、CQ 建立在 CMB 中。

　　■ CMBLOC：告诉主机端 CMB 对应的 PCIe 地址范围（提供 CMB 的 offset（必须按照颗粒度对齐）以及 BIR（Base Indicator Register，基极指示寄存器），结合 CMBSZ 可以得到地址范围），以及一些其他的约束。在这里，主机端可通过设置 CMBMSC. CBA（Controller Base Address，控制器基址）来告诉 SSD 控制器访问 CMB 的地址范围。SSD 控制器访问的地址从 CBA 开始，CMB 地址范围会被映射到 CMB。在 NVMe1.4 之前，主机端访问 CMB 需要的 PCIe 地址和 SSD 控制器看到的 CBA 是固定且一致的。但是 NVMe1.4 及之后的版本，允许这两个地址范围有所不同，但必须一一对应。

❑ 使能 CMB 之后，主机端发送的 PCIe 地址访问请求一旦命中 CMB 配置的 PCIe 地址范围，SSD 将会把该 PCIe 地址的内存读写请求转换成对相应的 CMB 的读写请求。

9.11.2　HMB 简介

NVMe 协议提供了一种机制让主机端可以分配一部分内存给 SSD 控制器使用。这是一种"尽力而为"的机制，SSD 控制器在识别控制器（Identify controller）命令上表达自己对

HMB 的诉求。主机端有可能没办法提供任何 HMB 或者只能提供很小的 HMB。SSD 要表示理解，并承诺就算没有 HMB 也能正常工作。

HMB 的使用场景很多，其中最重要的就是 DRAM-less 的 SSD。出于价格和成本考虑，DRAM-less SSD 内部配置的可用 RAM 非常小，它会从 HMB 中直接受益。HMB 在其中可充当如下角色。

❑ 数据缓存区。

❑ FTL 缓冲区（如前文提到的使用 HMB 存储映射表数据）。

使用 HMB 的具体流程如下。

❑ 主机端软件通过 Identify controller 命令了解 SSD 对 HMB 的诉求。

❑ 主机端通过 set feature 命令把分配的 HMB 信息告诉 SSD，同时使能 HMB（设置 EHM 比特）。

　　■ 在 Set feature 命令中包括 HMB 描述符列表的位置，里面存了很多 HMB 描述符，每个 HMB 描述符包括自己的起始地址和大小，它们组合到一起可描述一个连续的主机缓冲区。

　　■ 在每次重置时候，主机端都需要保留重置之前的 HMB 分配方案和 HBM 的内容；在重置之后，原封不动地通过 set feature 命令重新将 HMB 信息分配给 SSD，并提示 SSD 这是 memory return（设置 MR 位）。

❑ 主机端保证从此不写这些分配的 HMB 信息。

❑ SSD 控制器自由使用 HMB 以提升自己的性能，主机端通过 set feature 命令（清除 EHM 位）来让 SSD 控制器释放 HMB。SSD 回复 set feature CQE（Completion Queue Entry，完成队列条目）时候，就不能访问 HMB 了。所以 SSD 在回复 CQE 之前，一定要保证要访问 HMB 的业务都已完成。

9.12　Key Value 命令集简介

NVMe 2.0 提出了一个专门支持 Key Value 的命令集。接下来将介绍 Key Value 存储，基于块设备和基于 Key Value 设备的存储架构，以及 NVMe 定义的面向 Key Value 设备的命令集。

9.12.1　Key Value 存储架构

Key Value 存储（又称键值存储，KV 存储）是设计用来存储、检索和管理关联数组的数据存储范式。——维基百科

Key Value 存储的基础是 Key Value 对。简单来说，Key Value 对是相关联的一对数据，

Key 是唯一指向对应 Value 的标识符。很多具体的应用都可以用 Key Value 对的思想去抽象，比如在通讯录中 Key 是联系人姓名，Value 是具体的联系方式。

Key Value 存储是以 Key Value 对为基础结构的存储架构，Key 作为唯一的标识符，可以用来检索（读取）对应的 Value 数据。Value 数据并不限制具体的格式。图 9-118 所示为 Key Value 存储格式示例。

相对于固定格式的存储架构，Key Value 存储有如下优势。

Key	Value	
123	021-4123456	
张三	0xdeadbeef	
李四	<value=Object>	
	<账单地址>	上海…
	<交易记录>	
	1	2022…	100
	2	2022…	20
	3	2022…	−20
	4	2022…	20
	5	2022…	−100

图 9-118　Key Value 存储的格式

❑ 可以节省空间，因为固定格式里面可能有很多空数据。

❑ 由于读取写入数据均为有效数据，数据量访问量减小，存储访问速度变快。

❑ 可扩展性强，上层应用使用简单。

同时，我们也对 Key Value 存储和传统的块存储做一个简单的对比，如表 9-15 所示。

表 9-15　Key Value 存储和块存储对比

对比项	Key Value 存储	块存储
索引方式	用 key 索引	用逻辑块地址索引
索引长度	key 的长度不固定	逻辑块地址长度固定
数据存储形式	value 没有固定的格式和大小	由大小固定的块组成

基于块设备的 Key Value 存储架构如图 9-119 所示，传统的 Key Value 存储是在块设备的基础架构上实现的。在软件层，主机端花费了很多代价把 Key Value 存储方式映射成块存储的接口，从而复用块设备的软件栈。

基于给主机减负（off-loading）的原则（节省主机端高昂的 CPU 软件开销，一些工作下沉到离数据更近的设备端），一种全新的 Key Value 存储架构浮出水面。

Key Value 存储架构直接基于 Key Value 设备（比如 Key Value SSD）而不是块设备实现，如图 9-120 所示。

基于 Key Value 设备的 Key Value 存储架构有以下优点。

❑ 节省了主机端的软件开销，提升了主机性能。

❑ Key Value 设备可以用来实现原本在主机端的搜索功能，以及原本在主机端的压缩功能、编解码功能等。

❑ 节省了存储相关的额外开销：不需要块设备的转换层，比如 SSD 内部的 FTL。

❑ 由于 Key 的长度是变动的，Key Value 设备的 Key 的大小和索引不受物理存储空间限制。

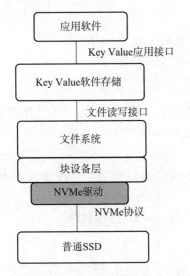

图 9-119　基于块设备的 Key Value 存储架构

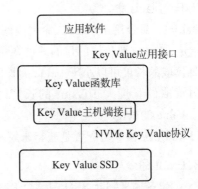

图 9-120　基于 Key Value 设备的 Key Value 存储架构

- 块设备的 LBA 范围是完全受物理存储空间约束的。
- Key Value 可以实现在很多设备里，且全都保持 Key 的唯一性。
- 不同的块设备其实内部都靠逻辑块地址索引，比如都有 LBA 0，LBA 1000 等。

9.12.2　NVMe Key Value 命令集

NVMe 协议定义了 Key Value 命令集，使 SSD 可以成为一个 Key Value 设备。同时对 SSD 的 Key 和 Value 的格式做了约束：

❑ Key 的长度为 1 ～ 16 字节，按字节对齐。

❑ 长度不相等的 Key，就算数值相等，仍然为两个不同的 Key，比如 000h 和 0h 为两个不同的 Key。

❑ value 的长度为 0 ～ 4GB。

除了支持 NVMe 基础协议定义的 NVMe format、Namespace Management 等命令外（此处不作介绍），Key Value 命令集还定义了以下几个关键的命令。

1. Store 命令

Store 命令负责将 Key Value 对存储到 SSD 的命名空间。Value 的长度在命令里面指定，Value 的源地址在命令里通过 PRP 或者 SGL 指定。

Store 命令要保持原子性，原子性是指要么彻底地成功，让 Value 成为 Key 对应的数据；要么彻底地失败，仿佛从未来过（Key 对应的 Value 应当与之前保持一致，不应该出现受本次 Value 污染的情况）。

Store 命令可以配置如下选项：

❑ 指定 SSD 是否可以对 Value 进行压缩。

❑ 指定如果该 Key 已经存在，SSD 是否应该接收本次的 Key Value 对。

❑ 指定如果该 Key 尚未存在，SSD 是否应该接收本次 Key Value 对。

2. Retrieve 命令

Retrieve 命令用来从 SSD 命名空间读取一对 Key Value。要读取的 Value 的长度在命令里面指定，Value 要传输的目的地址在命令里通过 PRP 或者 SGL 指定。

❑ 读取的长度可以小于 Value 的长度。

❑ 读取的长度大于 Value 的长度时，把 Value 全部返回给主机端，并在 CQE 里标记 Value 的长度。

❑ Retrieve 命令可配置是获得未解压的原始数据还是获得解压之后的数据。

3. Exist 命令

Exist 命令用来判断 SSD 中某个 Key 是否存在。

4. Delete 命令

Delete 命令用来删除指定 Key 所对应的 Key Value 对。

5. List 命令

List 命令会返回主机端一个由在 SSD 上存储的 Key 所组成的序列。List 命令里可以指定一个 Key，如果该 Key 存在，SSD 应把该 Key 作为第一个元素，并将其返回给主机端以及排在它后面的所有由 Key 组成的序列。

需要注意的是，List 命令获得 Key 的排列顺序并不是 SSD 接收 Store 命令的顺序。这个顺序由 SSD 决定，但是除非有命令（比如 Format NVM、Store、Delete 等命令）影响 Key 的集合，否则 Key 的排列顺序应保持不变。

第 10 章 | Chapter 10

UFS 介绍

在我们的手机里，其实也是有 SSD 的，它们用于存储照片、视频、APP、文档等。现在主流手机中的存储设备是一种名为 UFS 的东西，它也是由主控和闪存构成的存储设备。本章将带大家了解我们手机中的 SSD——UFS。

10.1 UFS 简介

我们知道，电脑有三个大件——CPU、内存和硬盘。CPU 用于计算和控制，内存用于临时存储程序运行时所需的数据（掉电后数据丢失），而硬盘用于长久保存数据（掉电后数据不丢失）。

我们每天使用的手机，本质就是一个移动的小型计算机，同样有三个大件——CPU/GPU、内存和存储设备。其中的存储设备相当于电脑的硬盘，用于长久保存手机上的数据，比如视频、照片、音乐、操作系统等。

电脑的硬盘分为机械硬盘（HDD）和固态硬盘（SSD）。前者是机械存储设备，存储介质是磁盘；后者是电子存储设备，存储介质是闪存。我们不可能在小小的手机中塞入一个机械存储设备，所以手机上的存储设备只能是电子存储设备，存储介质都是闪存。

随着智能手机的发展，尤其是近年来 5G 技术的发展，人们对手机的要求越来越高：速度要快，容量要大，操作不卡顿……

为了让手机更快，手机厂商使用更快、更多核的 CPU，加大系统内存（4GB 不够了就用 8GB，8GB 不够了就用 12GB），使用更快的存储设备。无论是电脑还是手机，三驾马车（CPU、内存和存储设备）中，目前跑得最慢的都是存储设备。CPU 和内存的快速发展，要求最慢的存储设备也需要努力跟上，不然即使有再快的 CPU 和再大容量的内存，手机用起来也会让你觉得不爽。

近年来，随着闪存技术的应用和发展，无论是电脑上的硬盘，还是手机中的存储设备，都变得越来越快。

电脑上，从 HDD 到 SSD，从 SATA SSD 到 PCIe SSD，硬盘运行速度越来越快；手机上，从 SD 卡到 eMMC，再到 UFS，移动存储设备的速度也是越来越快，如图 10-1 所示。

为什么 UFS 会是本章的主角？为什么本章要带大家了解 UFS？因为 UFS 将是未来一段时间内手机存储的主流，我们有必要了解 UFS 及其相关技术。

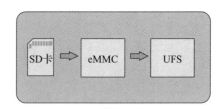

FORESEE®

手机存储的发展

图 10-1　手机存储的发展

UFS（Universal Flash Storage，通用闪存存储）有两层意思，一层是指一种移动存储接口协议，类似 SATA、PCIe/NVMe；另一层是指使用该协议的移动存储设备。后文出现 UFS，读者应根据上下文理解具体为哪层含义。

为什么说 UFS 是手机存储的未来？无他，快！大家可通过表 10-1 所示感受一下。

表 10-1　UFS 接口带宽

UFS 版本	2.0/2.1/2.2	3.0/3.1	4.0
单通道最大接口速率 /（Mb/s）	5 836.8	11 673.6	23 347.2
单向最大通道数	2	2	2
单向最大有效带宽（MB/s）	1 081	2 163	4 326

注：表中最大有效带宽不包括协议开销和 8/10 编码开销，这是一种二进制速率。

UFS 协议是 JEDEC（www.jedec.org）组织制定的，三星、海力士、铠侠等公司力捧。我们可以看到，UFS 协议一直在大踏步朝着更高更快的目标前进。

UFS 为什么能那么快？

1）它在数据信号传输上使用的是差分串行传输。这是 UFS 快的基础。所有的高速传输总线，如 SATA、SAS、PCIe 等，都是串行差分信号。串行，可以使用更快的时钟（时钟信息可以嵌在数据流中）；差分信号，即用两根信号线上的电平差表示 0 或者 1。与单端信号传输相比，差分信号抗干扰能力强，能提供更宽的带宽（跑得更快）。打个比方，假设用两根信号线上电平差表示 0 和 1，具体来讲，差值大于 0 表示 1，差值小于 0 表示 0。如果传输过程中存在干扰，两根线上加了近乎同样大小的干扰电平，两者相减，差值几乎不变。但对单端信号传输来说，就很容易受干扰，比如 0 ～ 1V 表示 0，1 ～ 3V 表示 1，一个本来是 0.8V 的电压，加入干扰，变成 1.5V，相当于 0 变成 1，数据就出错了。因为具有抗干扰能力强的特性，所以差分串行信号线可以用更快的速度进行数据传输，从而提供更宽的带宽。

UFS 的前辈是 eMMC。eMMC 使用的是并行数据传输方式。并行最大的问题是速度上不去，因为一旦时钟上去，干扰就变大，信号完整性无法保证。另外并口需要更多的数据传输线。

2）UFS 和 PCIe 一样，支持多通道数据传输，目前，一个方向上最多支持两个通道。多通道选项可以让 UFS 在成本、功耗和性能之间做取舍。

3）UFS 采用全双工工作模式，就是读写可以并行。它的前辈 eMMC 是半双工，读写不能同时进行。两者的对比如图 10-2 所示。

要让 UFS 速度快，底层硬件基础设施要跟上是必须的，但要充分利用底层高速数据传输通道，还需要上层数据传输协议的配合。就好比我们想要速度快，除了需要一条又宽敞又平坦的高速公路，还需要一辆可高速行驶的汽车。你如果仅有一辆拖拉机，那么即使上了高速公路也跑不快。

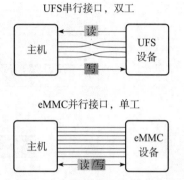

图 10-2　UFS 和 eMMC 工作模式对比

UFS 上层协议怎样来充分发挥底层硬件速度快的优势呢？

UFS 支持命令队列，也就是主机可以同时发很多个命令，然后 UFS 设备支持并行和乱序执行，谁先完成谁先返回状态。这种命令处理方式称为异步命令处理。而它的前辈 eMMC，早期版本是不支持命令队列的，命令一个一个执行或者一包一包（每个包里面含有若干个命令）执行，前面命令没有执行完成，后面的命令是不能发下去的。这种命令处理方式称为同步命令处理。

我们来比较一下"全双工 + 异步命令处理"和"半双工 + 同步命令处理"两者命令处理方式的执行效率。

1. 半双工 + 同步

如图 10-3 所示，主机发了一个写命令 W1 给设备，主机把数据写到设备。同步命令处理方式下，命令是被串行处理的，所以在发读命令 R2 之前，必须等前一个写命令 W1 处理完成。同样，在发送写命令 W3 之前，必须等命令 R2 处理完成。

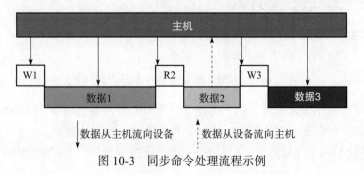

图 10-3　同步命令处理流程示例

2. 全双工 + 异步

由于支持命令队列，主机一下可以发若干个命令给设备。如图 10-4 所示，主机同发了一个写命令 W1 和一个读命令 R2 给设备。设备可以并行处理这两个命令。由于协议支持全双工操作，主机传输写命令 W1 的数据给设备的同时，设备也可以把读命令 R2 的数据返回给主机。后面命令 R3、R4、W5 的处理方式与此类似。

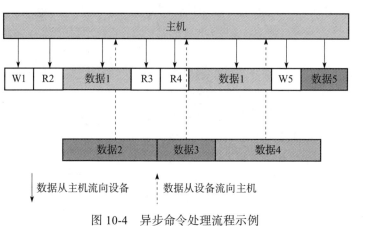

图 10-4　异步命令处理流程示例

再形象一点，我们以搬运货物为例来比较一下 eMMC 和 UFS 命令执行方式，如图 10-5 所示。

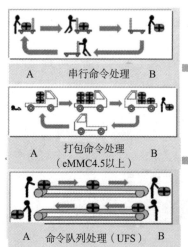

要把货物从A运到B，只有一个小推车，小推车只能放一包货物。一包货物搬走后，必须等小推车送回来，才能搬运下一包货物（单条命令串行执行方式）

小推车换成能装更多货物的运货车，一次可以装若干包货物。但还是只有一辆运货车，一批货物运走后，必须等运货车回来才能运下一批货物。相比小推车，小货车一次能装更多的货物（命令打包模式）

A到B，安装了双向货物传输带，A的货物可以源源不断地发送给B。与此同时，B还可以向A传输货物。这样A和B之间运输货物的效率大大提高（命令队列模式）

图 10-5　eMMC 和 UFS 命令处理方式对比

现在的手机，应用非常丰富，用户可能要一边看新闻，一边听歌，一边聊微信，多线程操作。由于全双工和命令队列的存在，UFS 处理命令的效率大大提高，给用户极好的体验。

前面我们拿 UFS 和 eMMC 做了对比，但什么是 eMMC？　eMMC（Embedded Multi-

Media Card）和 UFS 一样，也是 JEDEC 制定的一种移动存储协议，它是 UFS 前一代协议标准。eMMC 最新标准是 2015 年发布的 eMMC 5.1，支持的最高速度是 400MB/s。JEDEC 已经有了 UFS，应该不会再发布新的 eMMC 标准。毕竟，并行传输的 eMMC 受限于物理信号，速度想要有质的飞跃是不现实的。

UFS 正在慢慢取代 eMMC 成为主流移动存储协议，UFS 最终取代 eMMC 也是必然。图 10-6 所示是 eMMC 和 UFS 的应用趋势变化。

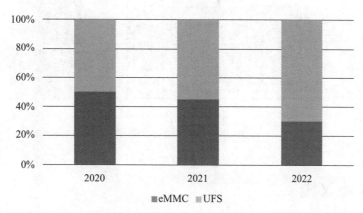

图 10-6　eMMC 和 UFS 的应用趋势变化（来源：CFM 闪存市场）

不过，UFS 一统天下的道路上还有一个拦路虎，那就是 NVMe。有人说，NVMe 不是 SSD 的协议标准吗？没错，不过，要提醒大家的是，现在苹果手机中的存储协议是 PCIe + NVMe 而不是 UFS。在短期内，UFS 和 NVMe 会分别在安卓和苹果手机中存在。长期来说，UFS 和 NVMe 是二分天下，还是合二为一，我们只能拭目以待了。但笔者认为两者并存的概率大，毕竟这是一个多元化的世界。但以后两者可能会"越长越像"——UFS 会借鉴 NVMe 的优点，毕竟 NVMe 走在前面。

在本节结束前，给大家看看嵌入式 UFS 的实物图，如图 10-7 所示。

图 10-7　UFS 设备实物图

嵌入式 UFS 为 BGA 形态，一般尺寸为 $11.5\text{mm} \times 13\text{mm} \times 1\text{mm}$（或 0.8mm），如大拇指的指甲盖大小。但麻雀虽小，五脏俱全。UFS 存储芯片内部（见图 10-8）封装了 UFS 控制器和闪存阵列，和 SSD 结构很相似。不过和 SSD 相比，由于它的容量更小，因此闪存 Die 比较少，闪存的通道数也少。另外，出于功耗和成本考虑，UFS 芯片一般是不带 DRAM 的。

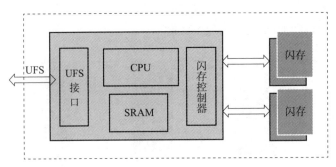

图 10-8　UFS 设备框架图

10.2　UFS 协议栈

任何一种接口或者协议，都是由一个完整的协议栈组成的，UFS 也不例外。UFS 的协议栈如图 10-9 所示。

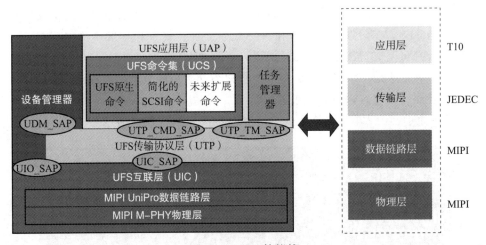

图 10-9　UFS 协议栈

UFS 定义了一个完整的协议栈，从上到下依次为应用层、传输层、数据链路层和物理层。UFS 使用 MIPI（Mobile Industry Processor Interface，移动产业处理器接口）联盟的 UniPro 作为数据链路层，使用 MIPI 的 M-PHY 作为物理层，两者合起来称为 UFS 互联层（UFS InterConnect Layer，UIC）。UFS 主机（比如手机、平板电脑等设备）和 UFS 存储设备两侧都需要实现 UFS 协议栈。

目前，UFS 主要使用的命令是简化的 SCSI 命令（基于 SBC 和 SPC），这是由 INCITS T10 组织定义的。关于 SCSI 相关协议，大家可以参看相应的协议规范，这里不再展开。

UFS 协议栈的四层中有三层是别人的：命令层是 T10 的，数据链路层和物理层是 MIPI 的，只有传输层是 JEDEC 自己的。

UFS 至今已经有多个版本（UFS 最新版本是 UFS4.0，2022 年 8 月发布。若无特别说明，本章内容都是基于 UFS4.0 之前版本撰写的），每个版本使用的 UniPro 和 M-PHY 版本也不尽相同，如表 10-2 所示。

表 10-2　UFS 版本和对应的各层版本

协　议　层	协　议	规　范	组　织	UFS 1.1	UFS 2.×	UFS 3.×	UFS4.0
应用层	SCSI	SPC-4 SBC-3 SAM-5	T10	Rev. 27 Rev. 24 Rev. 05	Rev. 27 Rev. 24 Rev. 05	Rev. 27 Rev. 24 Rev. 05	Rev. 27 Rev. 24 Rev. 05
传输层	UTP	UFS	JEDEC	UFS 1.1	UFS 2.×	UFS 3.×	UFS4.0
互联层（数据链路层 + 物理层）	UIC	UniPro	MIPI	1.41	1.6	1.8	2.0
		M-PHY	MIPI	2.00	3.0	4.1	5.0

下面我们依次来看看这几层。

10.2.1　应用层

应用层包括 UFS 命令集、设备管理器（Device Manager）和任务管理器（Task Manager）。应用层是整个协议栈的最高层，所有的命令或者请求都来源于该层。它是最高统帅，所有的战术和策略都是它制定的，真正去冲锋陷阵的是将军和士兵（应用层下面的各层）。

1. 命令集

如前所述，UFS 主要使用简化的 SCSI 命令，具体如表 10-3 所示。

表 10-3　UFS 使用的 SCSI 命令集

命　　令	操　作　码	命令支持情况
FORMAT UNIT	04h	必须
INQUIRY	12h	必须
MODE SELECT(10)	55h	必须
MODE SENSE(10)	5Ah	必须
PRE-FETCH(10)	34h	必须
PRE-FETCH(16)	90h	可选
READ(6)	08h	必须
READ(10)	28h	必须
READ(16)	88h	可选

（续）

命 令	操 作 码	命令支持情况
READ BUFFER	3Ch	必须
READ CAPACITY(10)	25h	必须
READ CAPACITY(16)	9Eh	必须
REPORT LUNS	A0h	必须
REQUEST SENSE	03h	必须
SECURITY PROTOCOL IN	A2h	必须
SECURITY PROTOCOL OUT	B5h	必须
SEND DIAGNOSTIC	1Dh	必须
START STOP UNIT	1Bh	必须
SYNCHRONIZE CACHE(10)	35h	必须
SYNCHRONIZE CACHE(16)	91h	可选
TEST UNIT READY	00h	必须
UNMAP	42h	必须
VERIFY(10)	2Fh	必须
WRITE(6)	0Ah	必须
WRITE(10)	2Ah	必须
WRITE(16)	8Ah	可选
WRITE BUFFER	3Bh	必须

2. 设备管理器

顾名思义，设备管理器用于管理 UFS 设备。设备管理器有两个功能：一是处理设备级操作，二是管理设备级配置。前者包括管理设备功耗、设置数据传输相关参数、使能 / 禁止设备后台操作（Background Operation）以及其他设备相关操作。后者通过维护和存储一系列描述符，通过 Query 请求修改或获取设备的配置信息。

如图 10-10 所示，设备管理器既可以通过下层的传输层为自己服务（通过 UDM_SAP 接口），使用 Query 命令去处理设备级操作和修改获取设备配置信息，也可以绕过传输层，直接通过 UIC 提供的服务接口 UIO_SAP 去管理与控制互联层。

设备管理器可以通过互联层提供的接口（UIO_SAP），使用一系列的原语（Primitive）直接控制并操作互联层。这些原语包括重启设备、重启互联层、让物理层进入和退出休眠模式（Hibernate）等。

总之，设备管理器既可以走常规渠道（通过传

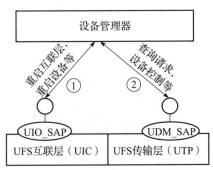

图 10-10 设备管理器通过 UIO_SAP
和 UDM_SAP 接口与互联
层、传输层交互

输层，以数据包 UPIU 的形式传输数据)，也可以走快速通道 (发送互联层能理解的命令，以原语的形式) 管理和操作设备。

3. 任务管理器

任务管理器用于管理命令队列中的命令。比如任务管理器可以发 Abort 命令，中止之前发下去的命令。它也可以清空命令队列中的所有命令。任务管理器的具体功能如表 10-4 所示。

表 10-4　任务管理器功能表

功　　能	值	描　　述
Abort Task	01h	中止指定 LU 队列中的指定任务
Abort Task Set	02h	中止指定 LU 中的任务队列列表
Clear Task Set	04h	清除指定 LU 中的任务队列列表。等同于 Abort Task Set
Logical Unit Reset	08h	重置指定的 LU
Query Task	80h	查询指定 LU 中队列列表中的指定任务
Query Task Set	81h	查询指定 LU 的队列中是否有任务

当某个命令超时时，系统可能发 Abort 命令把这个命令中止。

10.2.2　传输层

传输层为它上面的应用层服务。当传输层收到应用层的命令或者请求后，会生成 UPIU (UFS Protocol Information Unit，UFS 协议信息单元)，把命令块或者请求封装成固定格式的数据结构，然后交由下层传到接收端的传输层。和命令相关的数据、状态，也有相应的 UPIU。UPIU 是主机和设备进行信息交换的基本数据单元，上层命令或者数据都是通过此类数据包封装起来，然后传输到接收端的。

后文会专门介绍 UPIU，这里就不细讲了。

10.2.3　互联层

互联层包括 MIPI UniPro 和 M-PHY，它们分别充当 UFS 数据链路层和物理层的角色。数据链路层负责主机和设备的连接，物理层负责传输实实在在的物理信号。

UniPro 其实不仅定义了数据链路层，还是一个比较完整的协议栈，如图 10-11 所示。

传输层 (L4) 支持多设备之间的双向连接，但 UFS 只支持 CPort0；网络层 (L3) 支持通过设备 ID 寻址多达 128 个设备，但由于 UFS 是点到点传输，所以不需要网络层；数据链路层 (L2) 支持流控、CRC 生成和校验、重传机制

图 10-11　UniPro 协议栈

等，UFS 利用 UniPro 的数据链路层为主机和设备之间的通信提供可靠的连接；物理适配层
（L1.5）对物理层做了抽象，使 UniPro 适配不同的具体物理接口。

物理层（M-PHY）使用 8/10 编码、差分信号以串行的方式进行数据传输。数据传输
分高速（High Speed）和低速（Low Speed）两种模式，每种模式下又有几种不同的速度档
（Gear）。当线上没有数据传输时，M-PHY 会进入省电模式，其中高速模式下对应的省电状
态是 STALL，低速模式下对应的省电状态为 SLEEP，而最为省电的状态为 HIBERNATE。

这里以图 10-12 所示为例来解释一下 M-PHY 连接的一些术语。

- ❏ LINE（线路）：发送模块和相应接收模块之间点对点的互连信号线，包括两根差分信
  号线。
- ❏ Lane（通道）：单向、单信号、物理传输信道，用于点 A 到点 B 的信息传输。由
  图 10-12 可以看到，通道包括发送模块和其对应的接收模块，以及它们之间的连接
  信号线（LINE）。UFS 在每个方向可以有 2 条 Lane，由于相反方向必须具有跟它同
  样多的 Lane，所以 UFS 事实上可以有 4 条 Lane（每个方向各 2 条）。我们平时说
  UFS 有 2 条 Lane，其实是指单方向的。
- ❏ SUB-LINK（子连接）：由同一方向的所有 Lane 组成的连接。两个具有不同方向的子
  连接给 UFS 提供了双向数据传输功能。
- ❏ LINK（连接）：由所有子连接组成的点 A（比如主机）和点 B（比如设备）之间的连接。

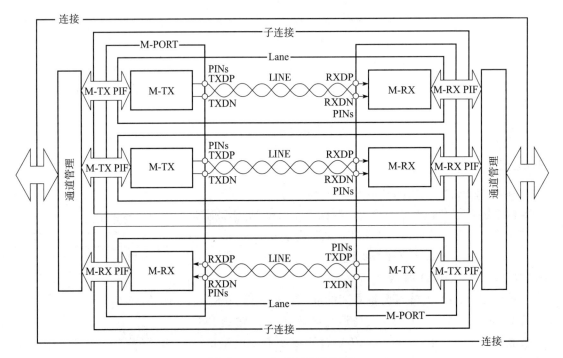

图 10-12　M-PHY通道示例

图 10-13 所示是 2 通道的 UFS 主机和设备连接的示意图，具体信号线如表 10-5 所示。

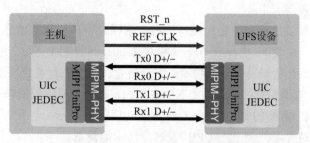

图 10-13　主机和设备互连示意图

表 10-5　UFS 信号线

信号线	输入或者输出（设备角度）	描　述
RST_n	输入	UFS 设备硬件重启信号线
REF_CLK	输入	参考时钟，低速模式下可以关闭
Tx0 D+/-	输出	通道 0 数据传输信号线
Rx0 D+/-	输入	通道 0 数据接收信号线
Tx1 D+/-	输出	通道 1 数据传输信号线
Rx1 D+/-	输入	通道 1 数据接收信号线

10.3　UPIU

UFS 协议中的数据包称为 UPIU，它是固定格式的数据结构，用于传输应用层发来的命令或者请求，以及跟它们关联的数据或者状态信息。UFS 中的 UPIU 类似于 SATA 中的 FIS 和 PCIe 中的 TLP。

UFS 采用"客户 – 服务器"架构（或者说主从的命令架构），UFS 主机（客户）发送命令或者请求给 UFS 设备（服务器），UFS 设备执行命令并返回命令状态（Response）。注意：UFS 所有的数据传输都是主机发起的，设备不能主动发起数据的传输，这跟 PCIe 是不同的（PCIe 设备可以主动向主机传输数据）。

一个命令或者请求的执行包含下面几个阶段，如图 10-14 所示。

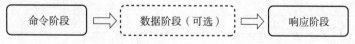

图 10-14　UFS 命令执行过程包含的几个阶段

对图 10-14 所示几个阶段说明如下。

❑ **命令阶段**：主机发起命令或请求给设备，这是"因"。

❑ **数据阶段**：传输跟数据关联的命令（比如读写命令），这个过程肯定会涉及数据的传输；有些命令不涉及数据的传输，就没有这个阶段。所以这个阶段并不是总存在，跟具体命令和请求相关。

□ **响应阶段**：设备执行完命令，必须给主机返回命令执行状态信息。这个是"果"，是必不可少的。在 PCIe 中，有 Posted 和 Non-posted 的 TLP。对于前者，命令执行者无须返回命令执行状态给命令发起者；对于后者，命令执行者必须返回状态给命令发起者。对 UFS 来说，它的命令总是 Non-posted，**即设备必须返回命令状态给主机**。

无论是命令执行过程中的哪个阶段，UFS 主机和设备间都是通过 UPIU 进行信息交互的。

□ UFS 主机通过命令或者请求 UPIU 发命令请求给设备。

□ UFS 主机或者设备通过 UPIU 传输数据。

□ UFS 设备通过 UPIU 返回命令状态信息给主机。

10.3.1 UPIU 事务

下面我们看看 UFS 中都有哪些 UPIU 事务。

1. 命令或者请求 UPIU

应用层包括 UFS 命令、设备管理器和任务管理器 3 个模块，传输层根据不同模块发来的命令或者请求分别产生不同类型的 UPIU。

UFS 命令模块发送简化版本的 SCSI 命令，当传输层收到命令请求后，它会生成 COMMAND UPIU，把命令封装起来。

应用层通过**任务管理器**来管理任务队列，比如中止或查询命令队列中的命令。当传输层收到来自任务管理器的请求后，它会生成 TASK MANAGEMENT REQUEST UPIU，把请求封装起来。

UFS 通过**设备管理器**来管理 UFS 设备，比如设置、查询配置 UFS 设备。当传输层收到来自设备管理器发来的请求后，它会生成 QUERY REQUEST UPIU，把请求封装起来。

我们把命令请求类 UPIU 归总在表 10-6 中。

表 10-6　命令请求类 UPIU

应用层模块	对应的 UPIU	传输方向	作　用
SCSI 命令	COMMAND UPIU	主机到设备	主机发送 SCSI 命令给设备
任务管理器	TASK MANAGEMENT REQUEST UPIU	主机到设备	主机管理命令队列中的命令，比如中止或者查询设备命令队列中的命令
设备管理器	QUERY REQUEST UPIU	主机到设备	主机通过设备管理器查询、配置、管理设备

2. 数据传输相关 UPIU

当主机发送了类似读命令这样的与数据相关的命令给设备之后，设备需要通过 DATA IN UPIU 向主机传输数据。

当主机发送了类似写命令这样的与数据相关的命令给设备之后，主机需要通过 DATA OUT UPIU 向设备传输数据。

UFS 主机在向设备写数据的时候，会考虑设备这个时候能不能接收数据（因为此时设备可能没有足够的内存空间接收主机数据），它在向设备发了写命令之后，不会立刻把数据传输给设备，而是在那里等设备的反馈。当设备准备好接收数据并确定能接收多少数据时，设备通过 READY TO TRANSFER UPIU（RTT）告知主机。当主机收到该 RTT 后，才开始根据 RTT 的信息传输数据。RTT 中包含该次传输多少数据的信息，主机根据 RTT 提供的信息进行传输。所以，主机只有在收到设备的 RTT 后才能发 DATA OUT UPIU。

注意，读命令不需要这种机制。因为设备从闪存中获得数据后，是设备控制数据的传输。对主机来说，它在发读命令之前，已经准备好足够的空间来接收数据，所以不存在主机没有空间接收数据的情况。

我们把数据传输类 UPIU 归总在表 10-7 中。

表 10-7　数据传输类 UPIU

数据传输相关的 UPIU	传输方向	作　用
DATA IN UPIU	设备到主机	设备传输数据给主机
DATA OUT UPIU	主机到设备	主机写数据到设备。主机只有收到 RTT 后才能往设备写数据
READY TO TRANSFER UPIU	设备到主机	同步。处理写命令时，设备告诉主机可以传数据以及传多少数据

3. 响应 UPIU

前面看到，主机有 3 种请求——SCSI 命令、任务管理器发出的任务管理请求（Task Management Request），以及设备管理器发出的查询请求（Query Request）。针对不同的命令或者请求，设备在执行完相应的任务后，分别返回对应的状态 UPIU 给主机。

我们把命令响应类 UPIU 归总在表 10-8 中。

表 10-8　命令响应类 UPIU

设备响应 UPIU	传输方向	作　用
RESPONSE UPIU	设备到主机	设备返回命令执行状态
TASK MANAGEMENT RESPONSE UPIU	设备到主机	设备返回任务管理请求执行状态
QUERY RESPONSE UPIU	设备到主机	设备返回设备管理器的查询请求执行状态

4. 其他 UPIU

除了以上常规的 UPIU，还有其他 UPIU，这里进行简单介绍。

设备上电后，主机检测是否与之连接，此时会发 NOP OUT UPIU 给设备。这如同我们平时想看与某台电脑能否连接上会发一个 ping 命令。

当设备收到 NOP OUT UPIU 后，会返回 NOP IN UPIU。主机收到该 UPIU 后，确认与设备连接，然后就可以进行后续操作了。

最后一个 UPIU 就是 **REJECT UPIU**。当设备收到一个无效的 UPIU（或者无法识别的 UPIU）时，它会发 REJECT UPIU 拒绝无效的 UPIU。

我们把其他类 UPIU 归总在表 10-9 中。

表 10-9　其他类 UPIU

辅助 UPIU	传输方向	作　用
NOP OUT UPIU	主机到设备	主机 ping 设备，查询主机是否与设备相连
NOP IN UPIU	设备到主机	设备响应 NOP OUT UPIU。主机收到该 UPIU 后，确认主机与设备相连
REJECT UPIU	设备到主机	设备收到无效的 UPIU，发该 UPIU 给主机

5. 读写命令中 UPIU 交互的例子

前面我们都是单独看每一个 UPIU，现在我们以读写命令为例，看看它们是如何组合完成命令处理的。

首先是一个"主机往设备读取 96KB 数据"的例子，如图 10-15 所示。

首先，主机发送读 96KB 数据的命令给设备，然后设备执行命令，并分 3 批把数据返回给主机，最后返回命令执行状态给主机。

下面是一个"主机往设备写 64KB 数据"的例子，如图 10-16 所示。

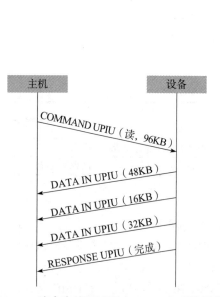

图 10-15　读命令处理过程中 UPIU 交互的例子

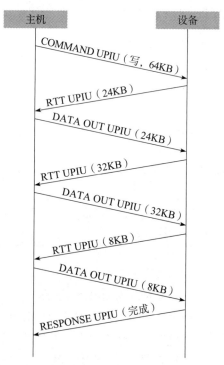

图 10-16　写命令处理过程中 UPIU 交互的例子

主机发送写 64KB 数据的命令给设备，然后在那里等设备响应。很快，设备说，你可以传 24KB 数据下来了，于是主机写 24KB 数据给设备。接着，设备又来说可以继续传 32KB 数据，主机照做。最后，设备通知可以把最后 8KB 数据也传过来，主机于是写最后 8KB 数据。最后，主机收到设备命令执行完成的响应。我们看到，主机必须收到 RTT 后才能启动数据传输。

10.3.2　UPIU 格式

上面我们介绍了 UFS 的各个 UPIU 事务，下面我们具体看一下 UPIU 的内容。UPIU 是有固定格式的数据包，分析数据包格式有助于我们深入理解 UPIU 以及整个 UFS 协议。

每个 UPIU 都有一个 12B 的 Header，再加上跟每个 UPIU 相关的域，如图 10-17 所示。一个 UPIU（包括 Header）最小为 32B，最大为 65 600B。

我们看通用的 Header，具体如表 10-10 所示。

图 10-17　UPIU 内容组成

表 10-10　UPIU Header 格式

基本 UPIU Header 格式			
Transaction Type		Flags	LUN	Task Tag
Initiator ID	Command Set Type	Query Function，Task Manag. Function	Response	Status
Total EHS Length		Device Information	Data Segment Length	

我们看看其中的一些域：

1）Transaction Type（事务类型）：用来标识该 UPIU 是前面介绍的 12 个 UPIU 事务中的哪一个。

2）Flags（标识）：只对命令和其响应的 UPIU 有用，指定命令的属性。

❑ Flags.R：如果该位置起，说明该命令需要设备向主机传输数据（比如读命令）。

❑ Flags.W：如果该位置起，说明该命令需要主机向设备传输数据（比如写命令）。

❑ Flags.CP：表示命令的优先级。1 为高优先级，0 表示没有优先级。注意，该位只适用于简单命令（具有 Simple 属性的命令）。

❑ Flags.ATTR：命令属性域。UFS 命令有 Simple、Ordered 和 Head of Queue 属性，具体如下。

■ Flags.ATTR = 00h，表示命令为 Simple command，就是一般的命令。设备收到这样的命令无须进行特别处理，一般谁先到谁先执行。这是系统中最常见的命令属性。

- Flags.ATTR = 01h，**表示命令为 Ordered command**。设备收到这样的命令，应该把该命令之前的命令都处理完，才处理该命令，后面的命令也必须等该命令处理完成后才能执行。

- Flags.ATTR = 10h，**表示命令为 Head of Queue command**。设备收到该命令后，将其放到命令队列的头部，立刻执行。

3）Task Tag（任务标签）：UFS 支持命令队列，主机可以同时发送很多个命令给设备。为区分这些命令，主机需要为每个命令贴上标签。跟这个命令相关的数据 UPIU 和状态 UPIU，都具有跟这个命令 UPIU 一样的标签。比如对读命令 UPIU 来说，COMMAND UPIU、所有的 DATA IN UPIU 和 RESPONSE UPIU 都具有同一个标签。

5）Command Set Type（命令集类型）：UFS 预期有三类命令，即简化的 SCSI 命令、UFS 原生命令和用户自定义命令。目前，UFS 的命令都是从别人家（SCSI）借来的，自己一个命令也没有制定。如果用户无自定义命令，该域就是 0（SCSI 命令）。

6）Initiator ID（身份编号）：UPIU 发起者身份编号。手机系统中一般一个主机连接一个 UFS 设备，所以主机 ID 一般为 0。

7）Response（响应）：设备告知主机命令是否执行成功。

8）Status（状态）：设备返回的命令执行的状态。UFS 有表 10-11 所示状态。

表 10-11　UFS 状态

状 态 码	响 应	说 明
00h	GOOD	表明命令成功执行
02h	CHECK CONDITION	此状态表示设备已完成命令，但有错误，或者需要其他操作来处理结果。出现此状态时，将在响应 UPIU 中返回最后处理的命令的有效 sense 数据
08h	BUSY	此状态表示逻辑单元忙。当逻辑单元无法接收命令时，将返回此状态。主机稍后发送命令是标准的恢复操作
28h	TASK SET FULL	此状态表示由于缺少资源（如任务队列已满或命令执行所需的内存暂时不可用），逻辑单元无法处理命令

9）Query Function，Task Manag Function（查询和任务管理功能）：任务管理器包括中止任务、中止任务集、清除任务集、重置 LU、查询任务、查询任务集等功能。设备管理器包括标准的查询读、用户自定义查询读、标准的查询写、用户自定义查询写等功能。

10）Device Information（设备信息）：该域往往跟该命令无关，属于设备夹带的"私货"。因为 UFS 主机和设备是主从关系，如果 UFS 主机没有向设备发命令，UFS 设备

是不能主动向主机报告设备状况的。如果 UFS 设备上有特殊事件发生，它可以趁返回
RESPONSE UPIU 的时候把事件告诉主机。所以该域只对 RESPONSE UPIU 有效。

11）Total EHS Length（EHS 总长）和 Data Segment Length（数据段总长）：这两部
分见名知义，很好理解，所以这里不再展开。

以上是 UPIU 头的基本信息，这些是所有 UPIU 都具有的。除此之外，每个 UPIU 有各
自独有的信息，UFS 规格书上都有介绍，读者可以自行阅读。

10.4　逻辑单元

熟悉 NVMe 的读者都知道，NVMe 里面有命名空间的概念，就是把 SSD 物理空间划分
成若干个逻辑地址空间。UFS 中也有这个特性。用户可以把 UFS 设备的物理存储空间分配
成若干个独立的逻辑地址空间（这就是"分区"的概念），我们把这些独立的逻辑地址空间
称为 LU（Logical Unit）。由前文可知，在每个 UPIU 的 Header 中都有一个 LUN 域，这就是
标识与该 UPIU 关联的命令的目标逻辑单元。每个 LU 的地址空间是独立的，主机在发命令
给设备的时候，需通过 UPIU Header 的 LUN 域指定目标逻辑单元。

每个 LU 都是独立的，"独立"表现在以下几个方面。

❑ 逻辑地址空间是独立的，都是从 LBA 0 开始的。

❑ 逻辑块大小可以不同，可以为 4KB、8KB 等。

❑ 可以有不同的安全属性，比如可以设置不同的写保护属性。

❑ 每个 LU 可以有自己的命令队列。

❑ 不同的 LU 可以存储不同的数据，比如有的 LU 存储系统启动代码，有的 LU 存储普
　通的应用数据，有的 LU 存储用户特殊数据。

最新的 UFS 协议中可以有最多 32 个普通 LU 和 4 个核心 LU（4 个 Well known LU，即
众所周知的 LU），如图 10-18 所示。

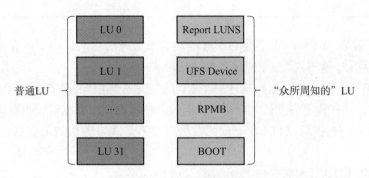

图 10-18　UFS 中支持的 LU

普通 LU 的逻辑块大小至少是 4KB，但 RPMB LU 逻辑块大小为 256B。至于什么是

RPMB LU，后面再讲。

普通 LU 是用来存储用户数据的，这没必要展开了。下面主要来介绍 4个核心 LU。

1）Report LUNS LU：Report LUNS LU 主要用来代表设备向主机汇报设备 LU 清单。主机想知道设备 LU 的支持情况，就需要发命令给该 LU。UFS 中有一个命令 Report LUNS（和该 LU 名字一样）用来访问 Report LUNS。

2）UFS Device LU：UFS 设备的法人。当 UFS 主机不针对某个具体 LU，而是对整个 UFS 设备发命令的时候，UFS Device LU 就成为该命令接收的对象，比如格式化 UFS 设备（FORMAT UNIT 命令）、切换 UFS 设备的功耗模式（START STOP UNIT命令）等时。

3）BOOT LU：顾名思义，就是用来存储启动代码的 LU。不过，BOOT LU 本身是不存储启动代码的，它只是一个虚拟的 LU，启动代码在物理上是存储在普通 LU 上的。有两个 BOOT LU——BOOT LU A 和 BOOT LU B，它们可以用来存储不同的启动代码（比如一个新，一个旧），但在启动过程中，只有一个是活跃的。32 个普通 LU 中的任意一个都可以配成 BOOT LU A 或者 Boot LU B。

主机启动时，首先应该通过设备管理器发送查询请求给设备，获取一个名为 bBootLunEn 的属性，该属性标识当前活跃的 BOOT LU，如表 10-12 所示。如果 bBootLunEn = 01，说明 BOOT LU A 是当前活跃的，因此主机会从与 BOOT LU A 对应的普通 LU 上读取启动代码完成系统的启动；如果 bBootLunEn = 02，则表明 BOOT LU B 是活跃的。

表 10-12　bBootLunEn 属性表

bBootLunEn	描　述
00h	BOOT LU A = 禁止 BOOT LU B = 禁止
01h	BOOT LU A = 使能 BOOT LU B = 禁止
02h	BOOT LU A = 禁止 BOOT LU B = 使能
其他	保留

值得一提的是，BOOT LU不是必须有的。如果系统的启动代码不是存储在 UFS 设备上，那么 BOOT LU 就不需要了，因此 bBootLunEn = 0。

4）RPMB LU：在 UFS 里有这样一个 LU，主机往该 LU 写数据时，UFS 设备会校验数据的合法性，只有特定的主机才能写入；同时，主机在读取数据时，也有对应校验机制，保证主机读取到的数据是从该 LU 上读的数据，而不是攻击者伪造的数据。这个 LU 就是 RPMB LU。

关于 RPMB LU，后面有专门章节介绍，这里不多说了。

4 个核心 LU 分工明确，分别执行不同的任务。下面对它们能接收的命令进行总结，如表 10-13 所示。

表 10-13　核心 LU 能接收命令列表

核心 LU	W-LUN	UPIU 头中的 LUN 域	命令名称
Report LUNS	01h	81h	INQUIRY, REQUEST SENSE, TEST UNIT READY, REPORT LUNS
UFS Device	50h	D0h	INQUIRY, REQUEST SENSE, TEST UNIT READY, START STOP UNIT, FORMAT UNIT
BOOT	30h	B0h	INQUIRY, REQUEST SENSE, TEST UNIT READY, READ(6), READ(10), READ(16)
RPMB	44h	C4h	INQUIRY, REQUEST SENSE, TEST UNIT READY, SECURITY PROTOCOL IN, SECURITY PROTOCOL OUT

　　需要注意的是，写 BOOT LU 和 RPMB LU 时，不支持缓存操作，也就是说，数据必须写到闪存以后这条写命令才算完成。而写一般 LU，大多都是支持缓存操作的，即主机数据写到设备的内部缓存，设备就会将命令完成状态返给主机。

10.5　RPMB

　　本节来看看 RPMB。UFS 主机通过认证（authenticated）的方式访问 RPMB LU。图 10-19 展示了 RPMB 数据写的过程。

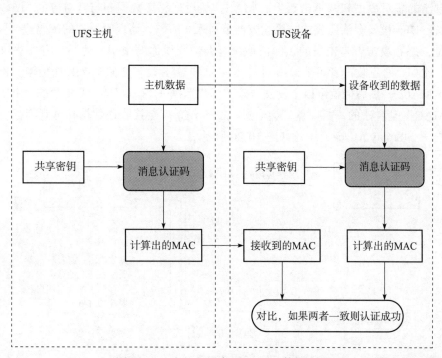

图 10-19　主机和设备写 RPMB 数据流程

对图 10-19 所示流程说明如下。

1）UFS 主机和 UFS 设备共享密钥，该密钥在 UFS 设备出厂时就保存在 UFS 设备。

2）UFS 主机在发送主机数据给 UFS 设备前，会用该密钥和哈希算法生成消息认证码（Message Authentication Code，MAC）。

3）UFS 主机把主机数据连同 MAC 一起发给 UFS 设备。

4）UFS 设备把收到的主机数据和共享密钥在本地重新计算并生成 MAC，然后把计算出的 MAC 和收到的 MAC 做对比，如果一致，则认证成功，写入到闪存；否则，拒绝该笔数据的写入。

UFS 使用 HMAC（Hash-based Message Authentication Code，基于 Hash 的消息认证码）SHA-256 算法生成消息认证码。HMAC 运算利用 Hash 算法，以一个密钥和一个消息为输入，生成一个消息摘要作为输出。关于 HMAC 具体算法可参看 https://en.wikipedia.org/wiki/HMAC，这里不深入介绍。

消息认证码本质是 Hash 值。Hash 的一个特点是，即使只改变原数据中的 1 位，两者的 Hash 值也是截然不同的。如果恶意攻击者在数据传输过程中篡改了用户数据，那么 UFS 设备根据收到的数据和共享密钥生成的 MAC 肯定与接收到的 MAC 不一致，认证通不过，数据就不会写入 UFS 设备。

上述前提是共享密钥不能被恶意攻击者获取，否则，恶意攻击者完全可以模拟主机行为：用自己的恶意数据和共享密钥生成 MAC，然后把恶意数据和与其对应的 MAC 发送给 UFS 设备。UFS 设备会认证成功，恶意数据被写入。所以，请保管好你的密码。

但是，恶意攻击者是狡猾的，即使他没有办法获得你的密钥，他还是有办法对你进行攻击的。比如，恶意攻击者可能监听到 UFS 主机和 UFS 设备之间某次数据传输，得到"用户数据 + MAC"，然后他就可以重复发送该"用户数据 + MAC"给 UFS 设备，由于"用户数据 + MAC"是合法的，所以认证会通过，UFS 设备就会接收该数据并写到闪存。这就是重放攻击——Replay Attack，示意如图 10-20 所示。

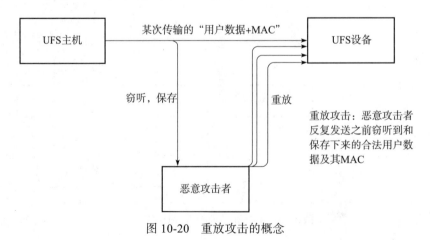

图 10-20　重放攻击的概念

RPMB（Replay Protection Memory Block，重放保护存储块）的名字暗示了 RPMB 是能抵御重放攻击的。那么 RPMB 是怎么对付重放攻击的呢？

UFS 维护了一个写计数（Write Counter），它的初始值为 0。UFS 设备每次成功处理完一个 RPMB 写命令，写计数加 1。主机在往设备写入数据前，获得该计数。然后把用户数据和该计数一起做 MAC 计算。这样，即使恶意攻击者窃听到某次合法的"用户数据 + MAC"，再往设备写入时，由于写计数发生变化，它无法生成写计数改变之后的 MAC 值，因此就无法一直重复往设备写入某次合法的"用户数据 + MAC"。

下面回到 UFS RPMB 协议上来。

UFS 中，RPMB LU 最小逻辑空间为 128KB，最大为 16MB。它的逻辑块大小为 256B（普通 LU 逻辑块大小一般为 4KB）。应用层不是通过普通的读写命令去读 / 写 RPMB 上的数据，而是通过 SECURITY PROTOCOL OUT/IN 命令来访问 RPMB 的。表 10-14 给出了普通 LU 和 RPMB LU 的对比。

表 10-14　RPMB LU 和普通 LU 对比表

对比项	逻辑空间大小	逻辑块大小	访问命令	安全性	存储数据类型
RPMB LU	128KB ～ 16MB	256B	Security Protocol OUT/IN	数据认证	防篡改的重要数据
普通 LU	无限制	一般为 4KB	Read/Write	无	普通用户数据

UFS 主机在访问设备 RPMB 时，可通过表 10-15 所示不同消息类型完成不同功能。

表 10-15　PRMB 消息类型列表

请求（Request）	响应（Response）	说　明
认证秘钥写请求	认证秘钥写响应	用于写认证密钥
写计数读请求	写计数读响应	用于读取写计数
认证数据写请求	认证数据写响应	用于写认证数据
认证数据读请求	认证数据读响应	用于读取认证数据
操作结果读请求	无	读取操作结果
安全写保护配置块写请求	安全写保护配置块写响应	用于写安全写保护配置块
安全写保护配置块读请求	安全写保护配置块读响应	用于读安全写保护配置块

每条消息包含一条或者若干条消息数据帧。消息数据帧大小是 512B，具体如图 10-21 所示。

从图 10-21 中我们看到：

❑ 认证密钥（key）是 32B。

❑ UFS 使用 SHA-256 计算 MAC，也就是说任意长度的数据产生的 MAC 值总是 256 位，即 MAC 大小为 32B。

❑ 逻辑块数据大小为 256B。

❑ 写计数（Write Counter）大小为 4 字节，当该值涨到 0xFFFF FFFF 时，它就会保持不动，不会继续增长了。

❑ Address，RPMB 的逻辑地址，同 LBA，大小为 2 字节，最多表示 65 536 个逻辑块，每个逻辑块大小为 256B，因此 RPMB 逻辑空间最大为 16MB。

❑ Block Count，逻辑块数，即指定读写多少个逻辑块。

❑ Result，RPMB 操作结果（状态）。

位 字节	7	6	5	4	3	2	1	0
0	（MSB）							
				Stuff Bytes	填充字节			
195								（LSB）
196	（MSB）							
				key/MAC	密钥/消息认证码			
227								（LSB）
228				Data [255]		用户数据		
483				Data [0]				
484	（MSB）							
				Nonce	一次性数字			
499								（LSB）
500	（MSB）							
				Write Counter	写计数			
503								（LSB）
504	（MSB）							
				Address	起始LBA地址			
505								（LSB）
506	（MSB）							
				Block Count	块个数			
507								（LSB）
508	（MSB）							
				Result	结果			
509								（LSB）
510	（MSB）							
				请求/响应消息类型				
511								（LSB）

图 10-21　RPMB 消息数据帧格式

下面以"主机写认证数据"为例来帮助大家理解上面的消息。

主机命令层通过 SECURITY PROTOCOL OUT 命令把用户数据和对应的 MAC 发送给设备，然后通过 SECURITY PROTOCOL OUT 请求获取前面数据的写结果，最后通过 SECURITY PROTOCOL IN 读取写结果。写结果中包含新的写计数，这样下次主机就可以利用新的写计数计算 MAC 了。注意，只有本次写认证数据成功，设备才会递增该计数。图 10-22 所示为写 RPMB 数据的流程。

图 10-22　写 RPMB 数据的流程

从图 10-22 中我们可以看到，和普通数据读写相比，RPMB 数据读写过程非常烦琐，比如读写一次需要发若干条命令，主机和设备交互太多。另外，数据传输效率也不高，512B 的数据帧真正有效的数据只有 256B，其他都是元数据。基于此，UFS4.0 提出了 Advanced RPMB，采用 4KB 的数据块，提升了 RPMB 访问效率，简化了读写访问流程。UFS4.0 规范已发布，限于篇幅，这里就不展开了，读者可自行参阅 UFS4.0 规范。

RPMB 提供了认证访问方式和抵御重放攻击的机制，保证了存储在 RPMB LU 上的数据的安全。因此，用户可以把一些敏感和重要的信息写在 RPMB 上。在实际应用中，它通常用于存储一些有防止非法篡改需求的数据，例如手机上指纹支付相关的公钥、序列号等敏感信息。

10.6 UFS 低功耗简介

UFS 作为移动存储设备，对功耗要求很高，尤其是对低功耗的要求，因为移动存储设备大多数时候都处于空闲状态。本节将简单介绍一下 UFS 设备的低功耗管理。

前面提到，UFS 协议采用 MIPI 的 M-PHY 作为物理层和 UniPro 作为数据链路层。M-PHY 有高速模式（High Speed Mode，HS-MODE）和低速模式（Low Speed Mode，LS-MODE）。其中，高速模式下，M-PHY 有 2 种状态——HS-BURST 和 STALL，其中 HS-BURST 表示高速数据传输状态，STALL 表示没有数据传输时链路所处的一种省电状态。低速模式下，M-PHY 有 3 种状态——LINE-CFG、SLEEP 和 PWM-BURST。其中 PWM-BURST 表示低速数据传输状态，SLEEP 表示没有数据传输时链路所处的一种省电状态。

当链路上没有数据传输时，M-PHY 会自动（无需主机或者设备上层干预）切换到 STALL 或者 SLEEP 状态，以达到省电的目的。HS-BURST 和 STALL、PWM-BURST 和 SLEEP 之间的状态切换时间为纳秒级别。

除此之外，M-PHY 还有一种更加省电的状态——HIBERN8（Hibernate，休眠状态）。UFS 主机和 UFS 设备不可能一直交互数据，总有闲下来的时候。和 STALL 和 SLEEP 状态不同的是，进入 HIBERN8 状态需要主机的干预：当 UFS 主机一段时间没有访问 UFS 设备时，它会发命令让彼此（主机和设备）的链路进入休眠状态，即 HIBERN8 状态。

那 UFS 主机如何通知 M-PHY 切换到休眠状态呢？

前面提到，设备管理器可以略过传输层，直接管理与控制互联层（UIC，即 UniPro 和 M-PHY）。如图 10-10 所示，主机设备管理器可以通过原语直接与 UFS 互联层通信。除了图 10-10 所示的重启互联层 / 设备的原语外，UFS 还包括让 UIC 进入和退出休眠状态的原语——DME_HIBERNATE_ENTER（进入休眠状态）和 DME_HIBERNATE_EXIT（退出休眠状态）。

当设备收到主机发来的 Hibernate 进入命令时，它就明白在一段时间内主机不会访问设备，因此，在这段时间内，UFS 设备可以进入低功耗模式：比如把当前 UFS 设备的软硬件上下文保存到闪存，然后切断设备绝大多部分模块的电源以达到省电的目的；当 UFS 设备收到 Hibernate 退出命令时，UFS 重新给这些模块上电，并把软硬件上下文加载回控制器内存继续运行。

注意，UFS 设备进入低功耗的时候，不是切断对所有模块的供电（否则，设备就没有办法接收到 Hibernate 退出命令），而是切断主要模块的供电，比如闪存模块的供电以及 UFS 控制器绝大多数模块的供电。为做到这一点，这就要求控制器采用 Power Domain 的设计，即控制器主要模块处于不同的 Power Domain 中，它们的供电是独立的，关闭某个模块的供电，不会影响到其他模块的供电。

以图 10-23 所示为例，某个控制器有 3 个 Power Domain（不用纠结每个 Power Domain 里具体的模块是什么），当 UFS 设备进入低功耗的时候，它把耗电大户 Power Domain 3（比如 CPU、RAM、LDPC 模块等）的供电切断，是否切断 Power Domain 2 的供电是可选的，保持 Power Domain 1 不断电（用于响应主机发来的 Hibernate 退出命令）。

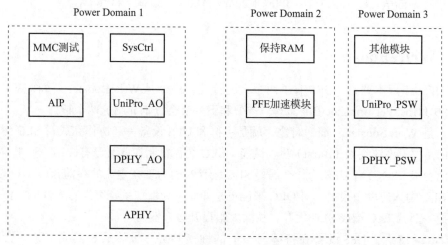

图 10-23　Power Domain 的概念

　　前面提到，UFS 设备进入低功耗状态的时候，需要把设备软硬件上下文保存到闪存，退出的时候再把它们加载回来。相关数据表明，在典型手机应用中，一个 UFS 设备每天接收的 Hibernate 命令有几十万甚至上百万个，如果每次进入低功耗的时候都要写闪存，会加速闪存磨损，从而影响 UFS 设备寿命。另外，与访问内存相比，访问闪存是比较耗时的操作，如果把上下文保存到闪存，会影响 Hibernate 进入和退出的延时，这一方面会影响系统功耗（UFS 设备如果能快点进入低功耗状态，那么整个移动设备也可以尽快进入低功耗状态），另一方面会影响用户体验。UFS 设备低功耗处理追求的是"快进快出"，小于 1ms 的低功耗退出延时也是业界追求的目标。为此，现在的控制器一般都提供比较大的保持内存（Retention RAM，如图 10-23 Power Domain 2 中所示），它可以在比较低的功耗下保持数据。UFS 设备进入低功耗的时候，上下文数据可以保存在保持内存，从而减少或者避免对闪存的访问，这对 UFS 设备寿命和用户体验来说都是一个好选择。

　　表 10-16 所示是某 256GB UFS3.0 设备的工作状态和低功耗状态下的功耗数据。

表 10-16　某 UFS 设备不同功耗模式下的电流值

功耗模式	I_{CCQ}（V_{CCQ}=1.2V）	I_{CC}（V_{CC}=2.5V）
工作模式	500mA	300mA
低功耗模式	580μA	180μA（V_{CC} 不断电）或 0（V_{CC} 断电）

　　表 10-16 中所示低功耗状态，就是 UFS 设备收到 Hibernate 进入命令后设备的功耗状态。根据这张表，我们计算一下 UFS 设备的工作功耗：500×1.2mW + 300×2.5mW = 1350mW。

再看低功耗：

❑ 闪存断电（$V_{CC} = 0V$）：$580 \times 1.2\mu W = 696\mu W$

❑ 内存不断电（$V_{CC} = 2.5V$）：$580 \times 1.2\mu W + 180 \times 2.5\mu W = 1146\mu W$

10.7 WriteBooster

自 UFS3.1 版本开始，UFS 有了两个大的特性，一个是 WriteBooster（简称 WB），另一个是 HPB（Host Performance Booster）。本节和下一节会分别介绍这两个特性。

什么是 WriteBooster？简而言之，就是主机和 UFS 设备一起协作完成对 SLC 缓存的管理，目的是提升系统突发（Burst）写入性能。SLC 缓存机制在前文已有介绍，这里再多介绍几句。消费级 SSD 或者 UFS 为什么需要 SLC 缓存？因为现在主流的存储介质（TLC）写入速度比 SLC 写入速度慢很多，对 QLC 来说更是如此。为增加系统突发写入性能，UFS 存储设备会把一部分 TLC 配成 SLC 缓存，从而大幅提升写入性能。

图 10-24 描绘了 UFS 设备在持续写入下的性能趋势。虽然从 SLC 到 TLC，会存在断崖式的性能下降，但用户在实际使用手机时，可能并不会感觉得到，这是因为待系统空闲时（消费级产品往往是有大把的空闲时间），存储设备内部会在后台做数据搬移——把数据从 SLC 搬移到 TLC，从而再次腾出 SLC 空间，用户使用的时候就又能享受 SLC 的写入性能了。

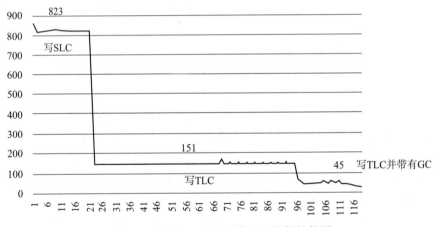

图 10-24 某 UFS 设备顺序写入性能趋势图

在没有 WriteBooster（简称 WB）特性之前，SLC 缓存的管理都是由 UFS 设备自主完成的，设置多大的 SLC 缓存，什么时候对 SLC 缓存数据做回收，当前有多少可用的 SLC 缓存，这些主机一无所知。因此，可能会出现这样的"尴尬"：当主机需要高性能的数据写入时，设备却没有可用的 SLC 缓存；当主机对写入性能没有要求的时候，UFS 设备却使用 SLC 缓存写入，导致设备写放大系数增大。为避免这种"尴尬"，UFS3.1 推出 WB，让主机一起来参与 UFS 设备的 SLC 缓存管理。图 10-25 展示了 WB 的概念。

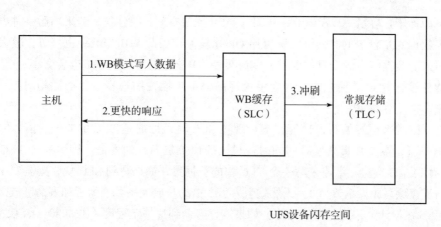

图 10-25　WB 的概念

1. WB 模式

WB 可配置成两种模式，一种是 WB Buffer（缓冲区）只为某个或者某几个 LU 服务：即只有写的数据目标 LU 是这些 WB LU 的时候，数据才会写到 WB Buffer，否则写到常规存储空间（TLC 或者 QLC）。

还有一种是共享模式（Shared buffer mode），即所有的 LU（Well-known LUN 除外）共享 WB Buffer。

2. 写数据到 WB Buffer

当主机想要写数据到 WB Buffer（需要高性能的写），要先通过"置 1" fWriteBoosterEn flag 使能 WB 的写；如果不想写入 WB Buffer，则通过"清零" fWriteBoosterEn flag 禁止 WB 的写。

UFS 设备通过查看 fWriteBoosterEn flag 来决定数据是否写入 WB Buffer。尽管如此，如果当前没有可用的 WB Buffer，即使 fWriteBoosterEn flag 为 1，UFS 设备还是把数据写入普通闪存空间。

3. 冲刷 WB Buffer

WB Buffer 的空间毕竟有限，如果主机一直写数据到 WB Buffer，WB Buffer 很快就会被写满。当 WB Buffer 写满或者即将写满的时候，UFS 设备会通过事件 WRITEBOOSTER_FLUSH_NEEDED 告诉主机。当主机获知该事件后，主机可采用两种方式来冲刷 WB Buffer（即把 WB Buffer 的数据搬到普通的闪存空间），一种是显示命令，一种是允许设备在收到 Hibernate 命令后去执行后台冲刷 WB Buffer。

4. WB 空间配置

WB 空间有两种配置方式：一是牺牲用户容量，单独留一些闪存空间专门用来做 WB Buffer，这样 UFS 设备会无视当前用户写入数据量多少，总有固定大小的 WB Buffer；另外一种是不牺牲用户容量，WB Buffer 从闪存 OP（预留空间）中分配。若采用后一种方式，当用户写入数据的量较少的时候，实际可用 OP 比较大，因此 WB Buffer 也可以比较大；但是当用户写入的数据将占满全盘的时候，实际可用 OP 变小，WB Buffer 也会变小。

业界主要采用第二种方式，因为手机厂商都不想牺牲用户容量，毕竟相对更高的 WB 性能，成本被更加看重。

WB 可以带来更好的写入性能，毕竟现在 SLC 写入性能是 TLC 的 4 ~ 5 倍。但天下没有免费的午餐，在 WB 带来好处的同时，付出的代价是闪存的寿命：因为一个 TLC 当 SLC 来用，牺牲了 2/3 容量，即原来写一个 TLC 块的数据量，如果写到 SLC 块，则需要 3 个 SLC 块，相当于擦除写放大系数为 3，天然就引入了 3 倍的写放大系数。为了和寿命形成平衡，有些 UFS 设备在设计上采用这样的策略：如果闪存寿命到达一定程度（比如 80%），就关闭 WB 功能。所以，当你的手机用了一两年后再去跑 Androbench，就可能达不到最初的写入性能了。

10.8　HPB

HPB（Host Performance Booster）用来提高读取性能（前述的 WB 用来提升系统写入性能）。在介绍 HPB 之前，先交代一下背景。

出于成本、功耗、封装等因素考虑，UFS 存储设备一般都是不带 DRAM（用于存放映射表）的，因此它的 FTL 采用的是 DRAM-less 架构，即绝大部分映射表存储在闪存空间，在固件中会分配一定数量的映射表缓存，映射表按需加载到缓存。由于映射表缓存大小有限，一旦读取的 LBA 范围比较大，映射表缓存命中率就会很低。这意味着读取一笔用户数据，很大概率需要首先加载映射表到缓存以获得 LBA 物理地址，然后根据该物理地址去读取用户数据，即需要访问多次闪存才能获得用户数据。这和带 DRAM 的 SSD 相比，随机读取性能要大打折扣。

现在的移动设备，比如手机，8GB、12GB 甚至更高的内存已成为常态，内存资源相对来说是比较富裕的。因此有人开始打内存的主意，内存能不能分一点空间给 UFS 存储设备用于存储映射表？这样 UFS 设备就能避免频繁从闪存中加载映射表了，从而提升系统读取性能，把存储设备这块性能短板加长了。

HPB 就是在这样的背景下诞生的。它的基本思想就是从主机端内存中分配一部分空间用于存储 UFS 设备的映射表（全部或者部分）。主机在往 UFS 设备发送读取命令的时候，不仅携带 LBA 信息，还把对应的物理地址信息一同发给 UFS 设备，这样 UFS 设备收到该笔读取命令的时候，可以一步到位从闪存中读取 LBA 数据（省略了加载映射表这一步），从而大幅提升系统读取性能。

HPB 现在（至本书完稿时）有两个版本，一个是 HPB1.0，另一个是 HPB2.0，这两个协议都是 UFS 的扩展协议，它们的区别是前者只支持一个 LBA（4KB）的读取命令，而后者是能支持多个 LBA 的读取命令。我们接下来以 HPB1.0 为例介绍 HPB 协议的一些细节。

HPB 功能如图 10-26 所示。

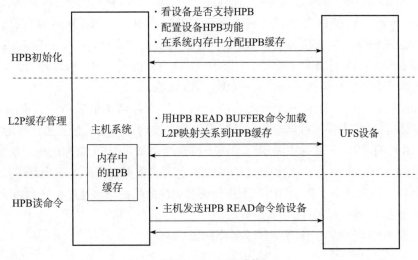

图 10-26　HPB功能

从主机角度看，在 HPB 初始化的时候，首先主机看 UFS 设备是否支持 HPB，如果支持，就配置 HPB 相关参数，并为 HPB 分配内存（HPB 缓存）。然后主机使用 HPB READ BUFFER 命令把部分或者全部映射表加载到该内存。后面，如果要读取的 LBA 映射表内容在 HPB 内存中，主机会发送 HPB READ 命令给 UFS 设备，该命令携带了 LBA 和 PBA（LBA 对应的物理地址）信息。

从 UFS 设备角度看，当 UFS 设备收到 HPB READ BUFFER 命令，它从闪存中加载所需的映射表数据并返给主机（HPB 缓存）；当收到 HPB READ 命令时，它首先要验证该 PBA 是否有效，然后再利用该 PBA（如果有效的话）去读取 LBA 数据。为什么首先要验证 PBA 是否有效？因为 HPB 内存中的映射数据是滞后于真实的映射表数据的，比如该 LBA 被主机重写了，或者 UFS 设备内部垃圾回收把该 LBA 数据从一个地方搬到另外一个地方去了，而这些信息有可能没有及时更新到主机端，从而导致 HPB READ 命令中的 PBA 可能是过时的。

那为什么一个 LBA 的物理地址信息不能及时更新到主机端的 HPB 内存呢？这就要讲到 HPB 内存的更新方式了。当某个 HPB region（映射表的一部分）加载到 HPB 内存，后续这部分 LBA 数据在 UFS 设备内部可能发生重写或者搬移，即映射关系会发生变化。但是，由于 UFS 协议是主从架构，即所有数据的传输发起者必须是主机，因此即使 UFS 设备内部知道这些映射关系发生了变化，它也没有办法直接更新 HPB 内存中的映射关系。它只能在给某个正常的读写命令发送响应（response）的时候"夹带私货"，把某个 HPB region 需要更新的信息告知主机。当主机注意到该事件后，才会发 HPB READ BUFFER 命令给 UFS 设备，重新加载最新的 HPB region 并更新之前老的 HPB region。

早在 NVMe1.2 中，就有一个功能和 HPB 类似——HMB（Host Memory Buffer）。其实 HPB 是向 HMB "致敬"的（这也是我前面说的 " UFS 和 NVMe 可能以后会越长越像"的一个原因）。NVMe 跑在 PCIe 上面，像上面说的映射表更新，如果映射表数据发生变化，带 HMB 功能的 SSD 可以直接去更新 HMB 内存中的映射表数据，而不必像 UFS 一样绕个圈子去更新 HPB 内存。由于绕个圈子，UFS 中 HPB 内存的更新就不够及时了，而且会引入比较大的开销（有时候甚至这个开销大到影响 HPB 性能）。

和 HMB 相比，HPB 还有一个问题：HPB 内存只能存储映射表数据，而 SSD 可以把 HMB 内存当作自己的内存，可以存放包括映射表数据在内的其他任何它想存放的数据。因为读写 HMB 内存 SSD 可以自主完成，无须主机参与。如果 UFS 能有这样一块主机内存，那么进入低功耗状态的时候，就可以把 UFS 设备上下文数据保存到主机内存了，这比保存到闪存中要好。因为这不仅会减少闪存磨损，还会加快低功耗进出速度，毕竟访问内存要比访问闪存快得多（即使这部分内存不在本地）。

更多关于 HPB 的内容，读者可自行参看 HPB 规格书。

测 试 篇

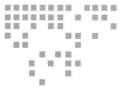

SSD 测试

一款优秀 SSD 产品的问世，除了需要优秀的硬件设计和固件设计外，还需要优秀的测试团队及丰富的测试用例。如果说软硬件设计决定了 SSD 产品的上限，那么测试则决定了 SSD 产品的下限。

11.1 初始 SSD 测试

SSD 测试可以粗分成两大类——协议验证测试和系统应用测试。协议验证测试侧重验证 SSD 接口协议规范，例如验证测试 PCIe、NVMe 协议。协议验证测试是指测试工程师按照协议规范开发大量的测试脚本，对 SSD 的软硬件功能设计进行验证，以此来发现软硬件在设计方面可能存在的问题。系统应用测试则是站在系统应用的角度，模拟 SSD 实际应用场景，通过系统级的测试用例对 SSD 进行验证测试，确认产品参数（例如性能、延时、数据可靠性等）是否达标，发掘潜在的产品缺陷。在系统级测试中发现的问题，往往需要特别重视，因为这是终端用户可能会遇到的问题。

11.1.1 协议验证测试

以当前主流 NVMe SSD 来说，要进行 NVMe 协议验证测试，测试工程师需要精准、高效地发送 NVMe 协议命令，配置各种命令参数，设计出包含多种命令的测试用例，通过这些测试用例来检验 SSD 对 NVMe 命令的处理能力。

对于 SSD 研发公司来说，如果希望对协议规范有很好的覆盖，那么对测试脚本的需求量会非常大，对测试工程师也有一定的技术要求。在实际工作中，好的测试工程师对协议的理解可能比开发工程师还要全面和深刻，也只有这样才能设计出高质量的测试用例，抓到 SSD 的设计漏洞。以 NVMe SSD 为例，一个 10 多人的测试团队，可能需要近 2 年的测试用例开发时间才能确保对协议有不错的覆盖率，可见其工作量之大。

工欲善其事，必先利其器。除了对测试工程师技术背景有要求外，协议测试还需要一个好的测试平台。测试工程师通过测试平台提供的各种接口，针对上层协议命令开发出一个个测试脚本。从技术上讲，除少数大公司可以自己开发一套内部测试平台外，大部分 SSD 研发公司都要购买商业化的测试平台，然后基于第三方平台提供的接口来进行测试开发。大部分公司都不会把宝贵的工程师资源过多地投入到测试平台的开发上，毕竟 SSD 才是公司核心产品。但是一套好用的测试平台，会让测试脚本开发变得轻松。

所以要做好 SSD 协议验证测试，你既要有人（懂协议、懂技术的人才），还要有配套的测试平台。大家要有这样的认知：一款高质量的 SSD 背后，是工程师们大量的辛勤付出。

11.1.2　系统应用测试

相比协议验证测试，系统应用测试就简单得多了，普通爱好者都能轻松上手。系统应用测试就是在操作系统下通过应用软件来测试 SSD，包括我们常说的性能测试、读写压力测试、休眠测试、系统重启测试、正常 / 异常掉电测试、数据校验测试、QoS 测试等。其实我们在日常使用 SSD 产品的过程中就不知不觉地做了这些测试，比如下载电影资源、把大量数据从一块盘复制到另一块盘，都是在对 SSD 进行读写压力测试。

和协议验证测试相比，因为系统软件没有那么丰富的底层命令接口，不容易发送很多协议方面的命令，因此很难为系统应用测试高效精准地构建特定的测试场景。特别是那些内部自定义的接口，系统应用测试就更加不好进行了。不能直接测试，不等于不能测，我们可以通过 SSD 各种行为表现来间接推测出 SSD 的设计是不是够好。

如果说协议验证测试的特点是"精"和"准"，那么系统应用测试则能做到"狠"。测试工程师在做系统应用级测试时，需要制造出大压力的测试场景，设计出"残暴"的测试用例，抓到那些在大压力下才能暴露出的问题。

11.1.3　SSD 的主要测试内容

从 SSD 产品测试角度来看，消费级和企业级 SSD 由于市场定位不同，测试内容也有所不同。例如消费级 SSD 对低功耗有要求，测试时就需要覆盖更多的电源模式，而企业级 SSD 在这方面的要求就较为简单——大多情况下，只要保证最大功耗不超设计标准就行。相比功耗，企业级 SSD 更加看重在稳态下的综合表现。

下面我们对消费级 SSD 和企业级 SSD 要测试的内容进行简单的总结，分别如图 11-1 和图 11-2 所示（实际测试中可以灵活调整）。

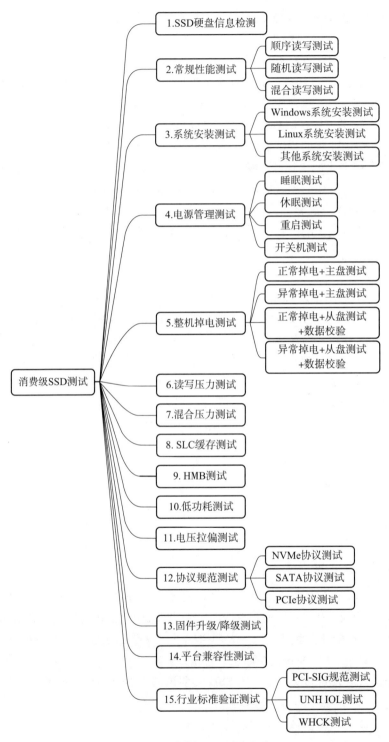

图 11-1　消费级 SSD 测试项

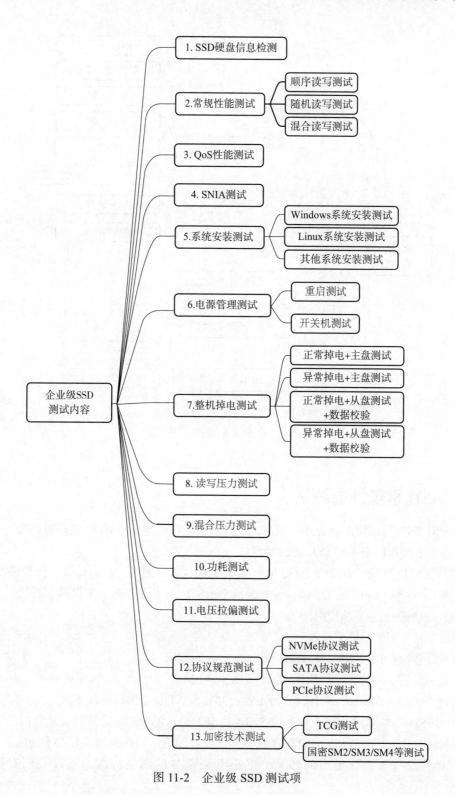

图 11-2　企业级 SSD 测试项

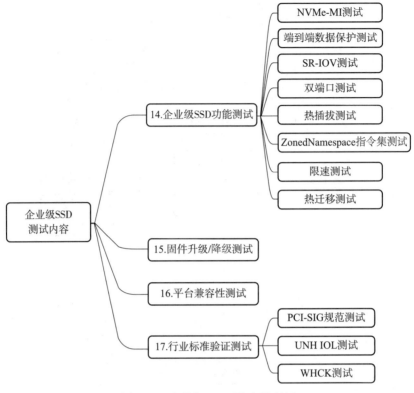

图 11-2　企业级 SSD 测试项（续）

11.2　SSD 常规性能测试

用户对 SSD 的性能的重视程度很高，优异的性能也是推动 SSD 诞生和高速发展的一个重要因素。下面我们来讲讲 SSD 的性能测试。

前面我们提到关于 SSD 性能的几个关键指标：吞吐量（Throughput，反映的是顺序读写性能）、IOPS（Input & Output operations Per Second，反映的是随机读写性能）和延时（Latency，反映的是命令响应时间）。

性能测试常用的参数配置如下。

❑ 顺序读写：BlockSize=128KB，Queue Depth=128。

❑ 随机读写：BlockSize=4KB，Queue Depth=128。

❑ 混合读写：BlockSize=4KB，70% 读、30% 写，Queue Depth=128。

谈到 SSD 性能测试，就不得不提 SNIA 协会。SNIA 协会的主要职责是规范各家 SSD 产品的测试，让大家按照相同的测试条件、测试内容和测试步骤来测试 SSD 性能。

SNIA 是 SNIA 协会提出的标准，但它不是 SSD 的强制标准，所以我们看到各家

SSD 宣传的性能数据不是都按照 SNIA 测试给出的。在实际生产销售时，由于终端客户和应用场景不同，厂家往往会针对不同类型的 SSD 采用不同的测试方式，性能指标的侧重点也会有所不同。按照客户群体的差异，性能测试可粗分为消费级性能测试和企业级性能测试。

企业级客户会参照 SNIA 的标准来验收 SSD 厂商给出的性能数据，所以企业级 SSD 基本都会按照 SNIA 来测试，测试得出的结果也较为真实。

目前市场上消费级 SSD 的质量良莠不齐。消费级的特点决定了人们在追求性能的同时，还要兼顾价格成本。同时大数据显示，大部分用户在 SSD 整个生命周期内，实际使用容量不到 80%。基于这些因素，厂商只要保证 SSD 在前 80% 的容量使用过程中有不错的性能就可以了。如果能通过 SLC 缓存设计让你拥有一小段飞一样的感觉，那基本就完美了（至于能让你飞多远，这就取决 SLC 缓存的设计了，以 1TB 的 TLC SSD 为例，SLC 模式最多能提供 300GB 左右的缓存）。对消费级 SSD 来说，大部分用户不会持续大量写入，只要中间有空闲时间，后台垃圾回收会释放 SLC 缓存。当用户再次写入的时候，又能享受到 SLC 的写入性能，所以普通消费级 SSD 看空盘瞬时峰值性能也是有其合理性的。

11.2.1　消费级 SSD 性能测试

针对消费级市场，有几款软件使用率较高，且大家对它们都较为认可，例如 CrystalDiskMark、AS SSD Benchmar、ATTO Disk Benchmark、PCMark Vantage、IOMeter，其中 CrystalDiskMark 使用率最高，所以下面我们以 CrystalDiskMark 为例对消费级 SSD 性能测试工具进行简单介绍。

CrystalDiskMark 软件是一个测试硬盘或者存储设备的小巧工具。由图 11-3 可知，CrystalDiskMark 软件可以设置测试对象（被测试的分区号）、测试规模以及测试次数。CrystalDiskMark 默认测试次数为 5，每次测试 100MB 的数据量。测试项目包含：顺序传输率测试（块单位 1 024KB），随机 512KB 传输率测试，随机 4KB 测试，随机 4KB QD32（队列深度 32）测试。CrystalDiskMark 在进行软件测试前，会生成一个测试文件（大小取决于用户的设置），一般来说，测试数据量设置得越大，就越能反映 SSD 的真实性能，不过缺点是会严重影响 SSD 的耐久度（写入太多数据会增加 EC 数）。所以一般测试时都采用软件默认值。

软件默认的测试数据为不可压缩数据。测试数据指用于生成测试文件的数据。我们还可以设置固定数据块，选项有 <All 0x00, 0Fill> 或 <All 1x00.1Fill>，这两个选项对应的测试结果大不一样。修改数据模型后有一个明显的特征，CDM 的标题栏上会直接把数据块值标注出来（见图 11-4）。如果把数据模型改为全部是可压缩连续数据，那就跟 ATTO 测试原理一样了，虽然测试出来的成绩相当不错，但实际参考意义不大。

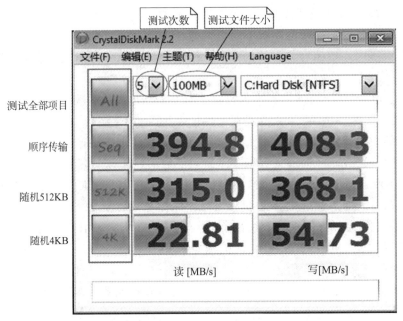

图 11-3　CrystalDiskMark 测试指标

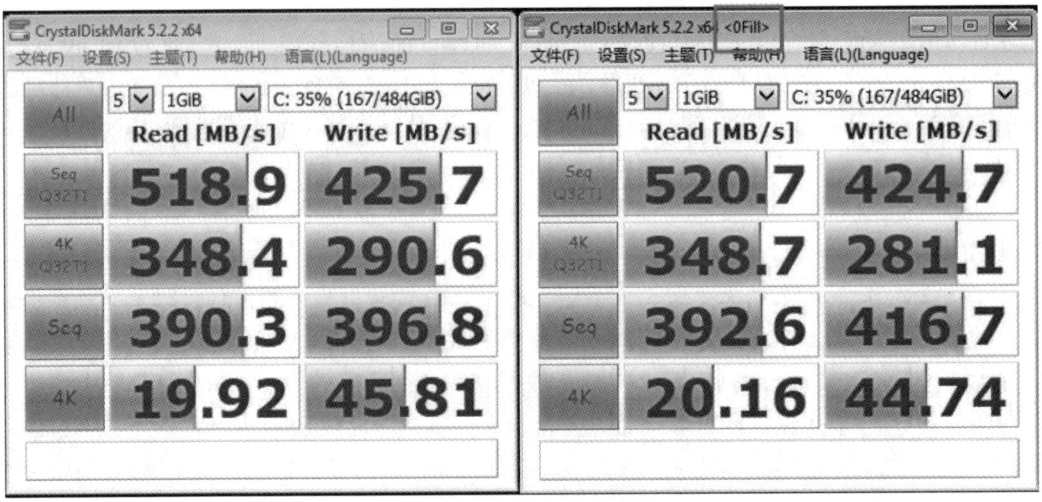

图 11-4　CrystalDiskMark 设置不同填充 Pattern

11.2.2　企业级 SSD 性能测试

企业级 SSD 在性能测试要求、测试流程方面和消费级 SSD 都不一样，企业级 SSD 更加在意 SSD 在稳定状态下的性能，而不是追求短时间的高性能。企业级 SSD 基本不会用 CrystalDiskMark 来做性能测试，大多以 FIO 和 Vdbench 这两款软件为主要测试工具。它们的测试配置都很丰富，能够让使用者自由设置各种测试条件。除了用来测试 I/O 读写性能外，它们还能用来测试延时、数据校验等。FIO 和 Vdbench 这两款软件主要以脚本的形式调用，比较适合工程师使用，对普通用户来讲并不友好。下面分别对这两款工具做简单介绍。

1. FIO

全球各大公司基本都在用 FIO 来测试 SSD 性能。FIO 是 Jens 开发的一个开源测试工具，功能非常强大，这里就只介绍它的基本功能。

（1）基础知识

使用 FIO 之前，要有一些 SSD 性能测试的基础知识。

线程用于表示可以同时有多少个读或写任务并行执行，一般来说，CPU 里面的一个核同一时间只能运行一个线程。

一般系统发送一条读写命令到 SSD 只需要几微秒，但是 SSD 要花几百微秒甚至几毫秒才能执行完这条命令。如果发一条读写命令后线程就进入休眠状态，直到结果回来才唤醒处理结果，那么这种工作模式称为**同步模式**。可以想象，同步模式是很浪费 SSD 性能的，因为 SSD 里面有很多并行单元，比如一般企业级 SSD 内部有 8 ～ 16 个数据通道，每个通道内部有 4 ～ 16 个并行逻辑单元（LUN 或 Plane），所以同一时间可以执行 32 ～ 256 条读写命令。同步模式就意味着，只有其中一个并行单元在工作。

为了提高并行性，大部分情况下 SSD 读写操作采用的是**异步模式**。在异步模式下，线程用几微秒发送命令，发完后，它不会傻傻地在那里等，而是继续发后面的命令。如果前面的命令执行完了，SSD 会通过中断方式告诉 CPU，CPU 会调用该命令的回调函数来处理结果。这样做的好处是，SSD 里面几十上百个并行单元能分工合作，效率暴增。

不过，在异步模式下，CPU 不能一直无限发命令到 SSD。比如 SSD 执行某条读写命令时发生了卡顿，此时系统可能会一直不停地发其他命令，可能有几千条甚至几万条，这样不仅 SSD 会扛不住，还会因有太多命令占用内存导致系统挂掉。因此一个参数——**队列深度**应运而生。举个例子，系统支持最多发 64 条命令，如果填满了就不能再发了。等前面的读写命令执行完了，队列里面空出位置来，才能继续发命令。

一个 SSD 或者文件有大小之分，所以测试读写的时候要设置 **Offset**，也就是明确从某个偏移地址开始测试。

在 Linux 上进行读写的时候，内核维护了缓存，数据先写到缓存，后面再从后台写到 SSD。读的时候也优先读缓存里的数据。这样速度可以加快，但是一旦发生掉电，缓存里的数据就没了。所以出现一种模式——**DirectIO**，在该模式下可跳过缓存，直接对 SSD 进行读写。

Linux 读写 SSD 等块设备使用的是 **BIO**（Block-IO），这是一种数据结构，包含了数据块的逻辑地址 LBA、数据大小和内存地址等。

（2）FIO 初体验

一般 Linux 系统是自带 FIO 的，如果你的系统中没有，要自己从 https://github.com/axboe/fio 下载最新版本源代码并编译安装。进入代码主目录，输入下列命令就可进行编译安装了。

```
./configure;make && make install
```

帮助文档用下面命令查看：

```
man fio
```

先来看一个简单的例子：

```
fio -rw=randwrite  -ioengine=libaio -direct=1 -thread -numjobs=1  -iodepth=64
   -filename=/dev/sdb4  -size=10G -name=job1 -offset=0MB -bs=4k -name=job2
   -offset=10G -bs=512 --output TestResult.log
```

对上述代码中涉及的参数解释如下。

❑ fio：软件名称。

❑ rw=randwrite：读写模式，randwrite 是随机写测试，还有顺序读、顺序写、随机读、混合读写等模式。

❑ ioengine=libaio：libaio 指的是异步模式，如果是同步模式就用 sync。

❑ direct=1：是否使用 directIO。

❑ thread：使用 pthread_create 创建线程，另一种是使用 fork 创建进程。进程的开销比线程要大，一般都采用 thread 测试。

❑ numjobs=1：每个 job 是 1 个线程，这里用了几，后面用 -name 指定的任务就开几个线程测试。所以最终线程数 = 任务数 × numjobs。

❑ iodepth=64：队列深度 64。

❑ filename=/dev/sdb4：数据写到 /dev/sdb4 这个盘（块设备）。这里可以是一个文件名，也可以是分区或者 SSD。

❑ size=10G：每个线程写入的数据量是 10GB。

❑ name=job1：一个任务的名字。名字随便起，重复了也没关系。这个例子指定了 job1和 job2，建立了两个任务，共享 -name=job1 之前的参数。-name 之后的就是这个任务独有的参数。

❑ offset=0MB：从偏移地址 0MB 开始写。

❑ bs=4k：每一个 BIO 命令包含的数据大小是 4KB。常用的 **4KB IOPS 测试**就是在这里设置的。

❑ output TestResult.log：日志输出到 TestResult.log。

（3）用 FIO 做数据校验

用 FIO 可以检验写入数据是否出错。如果设置参数 do_verify 的值为 1，就表示要做数据校验；设置参数 do_verify 的值为 0，就表示不做数据校验。在 do_verify=1 的情况下，可以通过 verify=str 这个参数来选择校验算法的类型，FIO 支持的校验算法类型有 md5、crc16、crc32、crc32c、crc32c-intel、crc64、crc7、sha256、sha512、sha1 等。当 FIO 开启数据校验时，FIO 对内存的占用比较大，因为 FIO 会把每个数据块的校验数据保存在内存里。

另外，verify=meta 时，fio 会在数据块内写入时间戳、逻辑地址等信息，也可以通过 verify_pattern 参数指定 FIO 写入的内容。

（4）FIO 配置文件

前面的例子都是用命令行来测试，FIO 也支持通过配置文件的形式来调用参数。下面的例子通过新建 FIO 配置文件 test.log 来配置测试的参数。

```
[global]
filename=/dev/sdc
direct=1
iodepth=64
thread
rw=randread
ioengine=libaio
bs=4k
numjobs=1
size=10G

[job1]
name=job1
offset=0

[job2]
name=job2
offset=10G

;--end job file
```

保存上述代码后，只需要通过 fio test.log 就能执行测试任务了。

FIO 功能非常强大，可以通过 man 来查看每一个功能，也可以通过网页版帮助文档 https://linux.die.net/man/1/fio 查看。

2. Vdbench

Vdbench 和 FIO 一样，也是一款被高频使用的读写测试工具，可用于文件系统和块设备基准性能测试和数据完整性验证，在 SSD 行业中使用较为普遍。Vdbench 是用 Java 语言编写的，由 Oracle 公司 Henk Vandenbergh 开发并维护。

Vdbench 中用于文件系统测试的参数包括 HD、FSD、FWD、RD。

1）HD：**主机定义**。非必选项，单机运行时不需要配置该参数，多主机联机测试时需要配置该参数。相关配置项如下。

❑ hd= 标识主机定义的名称。

❑ system= 主机 IP 地址或主机名。

❑ vdbench= vdbench 执行文件存放路径。

❑ user= slave 和 master 通信用户。

2）FSD：**文件系统定义**。相关配置项如下。

❑ fsd= 标识文件系统定义的名称。

❑ anchor= 在文件系统中创建目录结构的目录。

❑ width= 在定位符下创建的目录数。

❑ depth= 在定位符下创建的级别数。

❑ files= 在最低级别下创建的文件数。

❑ sizes= 创建的文件大小。

❑ openflags= 用于打开一个文件系统的 flag_list。

3）FWD：**文件系统工作负载定义**。相关配置项如下。

❑ fwd= 标识文件系统工作负载定义的名称。

❑ fsd= 要使用的文件系统定义的 ID。

❑ host= 要用于此工作负载的主机的 ID。

❑ fileio= random 或 sequential，表示文件 I/O 的执行方式。

❑ fileselect= random 或 sequential，标识选择文件或目录的方式。

❑ xfersizes= 数据传输（读取和写入操作）处理的数据大小。

❑ operation= 选择要执行的单个文件操作，包括 mkdir、rmdir、create、delete、open、
close、read、write、getattr 和 setattr 等操作。

❑ rdpct= 读取和写入操作数量占总操作数量的百分比。

❑ threads= 此工作负载的并发线程数量。每个线程需要至少 1 个文件。

4）RD：**运行定义**。相关配置项如下。

❑ fwd= 要使用的文件系统工作负载定义的 ID。

❑ fwdrate= 每秒执行的文件系统操作数量。

❑ format= 在开始测试前是否进行格式化处理。

Vdbench 中用于**块设备测试**的参数包括 HD、SD、WD、RD。

1）HD：**主机定义**。非必选项，单机运行时不需要配置该参数，多主机联机测试时需要配置该参数。相关配置项如下。

❑ hd= 标识主机定义的名称。

❑ system= 主机 IP 地址或主机名。

❑ vdbench= vdbench 执行文件存放路径。

❑ user= slave 和 master 通信用户。

2）SD：**存储定义**。相关配置项如下。

❑ sd= 标识存储定义的名称。

❑ hd= 标识主机定义的名称。

- lun= 写入块设备。
- openflags= 用于打开一个 LUN 或一个文件的 flag_list，一般在这里选择 o_direct（以无缓存方式直接写盘）。
- threads= SSD 的最大并发 I/O 请求数量。

3）WD：**工作负载定义**。相关配置项如下。

- wd= 标识工作负载的名称。
- sd= 要使用的存储定义的 ID。
- rdpct= 读取请求占总请求数的百分比。
- rhpct= 读取命中百分比（默认为）0。
- whpct= 写入命中百分比（默认为）0。
- xfersize= 要传输的数据大小（默认设置为 4KB）。
- seekpct= 随机寻道的百分比（可为随机值，设置为 0 时表示顺序，设置为 100 时表示随机）。
- openflags= 用于打开一个 LUN 或一个文件的 flag_list。
- iorate= 工作负载的固定 I/O 速率。

4）RD：**运行定义**。相关配置项如下。

- rd= 标识运行定义的名称。
- wd= 标识工作负载定义的名称。
- iorate= 此工作负载的固定 I/O 速率。
- warmup= 预热时间（单位为秒），预热时间内的测试不纳入最终测试结果。
- maxdata= 读写数据量大小。
- elapsed= 测试运行持续时间（单位为秒）。
- interval= 报告时间间隔（单位为秒）。

举个简单的例子，对 NVMe SSD 进行随机读测试的代码如下。

```
*Example : Random Read

*SD: Storage Definition
*WD: Workload Definition
*RD: Run Definition
*
*report_run_totals=yes
data_errors=1

sd=sd1,lun=/dev/nvme0n1,threads=128,openflags=o_direct

wd=wd1,sd=sd1,rdpct=100,seekpct=100,xfersize=4k

rd=random_read,wd=wd1,iorate=max,elapsed=1h,interval=60
```

下面以 Linux 系统为例，运行如下脚本。

```
./vdbench  -f  random_read
```

脚本运行完成之后，vdbench 会创建一个包含以下文件的 output 文件夹，文件夹中主要包含以下日志文件。

- ❑ summary.html——主要报告文件，显示每个报告间隔内每次运行生成的总工作负载，以及除第一个间隔外的所有间隔的加权平均值。
- ❑ errorlog.html——当启用了数据验证（-jn）参数时，它可包含一些数据块中与错误相关的信息。
- ❑ logfile.html——包含 Java 代码写入控制台窗口的每行信息的副本。
- ❑ parmfile.html——显示用于测试的每项内容的最终结果。
- ❑ histogram.html——一种包含报告柱状图的响应时间、文本格式的文件。
- ❑ flatfile.html——包含 vdbench 生成的一种逐列的 ASCII 格式的信息。

Vdbench 文件夹下面有一个 examples 子文件夹，其中提供了很多参考脚本以帮助读者熟悉 Vdbench 的用法。读者也可以参考 output 子文件夹下的 parmfile.html，以获得更多帮助。

11.2.3 SNIA 测试

作为一个 SSD 性能测试的标准组织，SNIA 协会为消费级 SSD 与企业级 SSD 都制定了性能测试规范（之所以要把企业级和消费级 SSD 测试分开，主要是因为两者的使用场景和要求不一样），大家都按照这个标准来测试 SSD 性能（SNIA 官网：www.snia.org）。

1. 几个需要了解的概念

进行 SSD 性能测试之前，首先要理解几个关键概念。

- ❑ FOB（Fresh Out of Box）：指的是刚开封的全新的盘。此时 SSD 的性能爆表但不持久，并不是这块盘在未来正常使用过程中的真实能力。
- ❑ Transition：经过一段时间的读写，SSD 逐步趋向于稳定状态，这个过程所处状态称为过渡状态。
- ❑ Steady State：稳定状态，性能数值稳定在一个区间，性能相关的数据（例如吞吐量、IOPS、时延）都必须在稳定状态下获取，据此判断 SSD 的真实性能水平。

如图 11-5 所示，不同的盘性能数据也不同，但趋势一样：爆表→下降→稳定。

稳定状态的官方计算方法（x 为测量窗口内某个时刻的性能值）：

$$[\mathrm{Max}(x) - \mathrm{Min}(x)] \leqslant \mathrm{Average}(x) \times 20\%$$

当 Slope $\leqslant$ 10%，整个测量区间内所有 Performance 数值的最佳线性拟合为 $[\mathrm{Max}(x) - \mathrm{Min}(x)] \leqslant \mathrm{Average}(x) \times 10\%$。

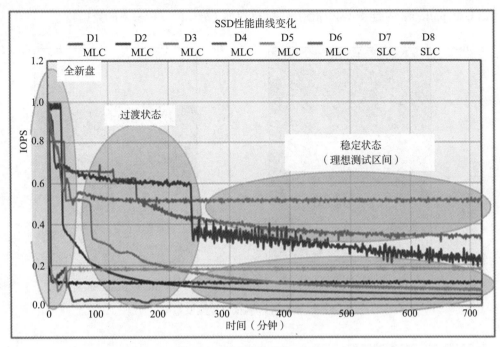

图 11-5　SSD 性能变化趋势

把官方原文贴在这里，供读者参考。

Slope(*x*) is less than 10%: Max(*x*)-Min(*x*), where Max(*x*) and Min(*x*) are the maximum and minimum values on the best linear curve fit of the *x*-values within the measure windows, is within 10% of Ave(*x*) value within the measurement window.

下面我们再来明确几个其他概念。

❑ Purge（擦除）：每次进行性能测试前都必须进行 Purge，目的是消除测试前的其他操作（读写，其他测试）带来的影响（比如，一段小 BS 的随机读写之后立即进行大 BS 的顺序读写，这时候大 BS 的写性能会比较差），从而保证每次测试时盘都是从一个已知的且相同的状态开始。简单来说，可以把 Purge 理解为让盘回到 FOB 状态。可以借助 ATA（安全擦除，使用的是 SANTIZIE 设备，可以理解为块擦除扩展）、SCSI（格式化单元）以及供应商特定方法（厂商的工具）来实现 Purge。

❑ Precondition：通过对盘进行 I/O 操作使其逐步进入稳定状态的过程。这个过程分两步进行，第一步是读写时不使用测试的负载（独立预处理负载，即 WIPC），第二步是读写时使用测试的负载（和测试负载有关的预处理负载，即 WDPC）。

❑ Active Range：测试过程中对盘上的 LBA 发送 I/O 命令的范围，示意如图 11-6 所示。

❑ Data pattern：性能测试必须使用的随机数据（指向闪存中写入的数据）。

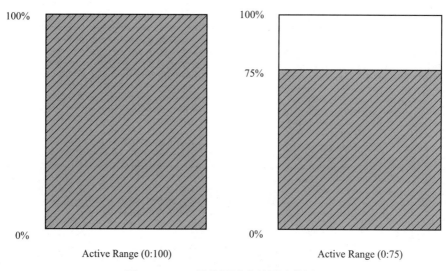

图 11-6　SSD性能测试有效测试范围

2. SNIA 的基本测试流程

SNIA 的基本测试流程如下。

步骤 1　对 SSD 进行 Purge 操作，从而让 SSD 恢复至接近新盘的状态。

步骤 2　运行负载无关的预填充，比如用 128KB 的 BS 顺序把盘写两遍。

步骤 3　进行测试（包括基于负载的预填充）。设置好相关参数（OIO/Thread，Thread count，Data Pattern 等）开始进行负载相关的预填充，最多跑 25 轮。假设 25 轮内达到了稳定状态，例如在第 x 次达到稳定状态那么：

❑ 1 到 x 轮称为稳态收敛区间。

❑ $(x-4)$ 到 x 轮称为测量区间（Measure Window）。

　　如果 25 轮还没有达到稳态，可以选择继续步骤 3 直到达到稳态并记录 x 或直接取 $x = 25$。

注意，步骤 2 到步骤 3 不可以中断或停顿。

3. SNIA 性能测试项目

SNIA 性能测试项目包括 IOPS 测试、吞吐量测试、延时测试和饱和写测试（可选）。下面以 IOPS 测试为例说明具体执行步骤。

步骤 1　对 SSD 进行 Purge 操作，从而让 SSD 恢复至接近新盘的状态。

步骤 2　运行负载无关的预填充，比如用 128KB 的 BS 把盘顺序写两遍。

步骤 3　运行负载相关的预填充和测试。

❑ 用 RW Mix（100/0，95/5，65/35，50/50，35/65，5/95，0/100）和 BS（1 024KB，128KB，

64KB，32KB，16KB，8KB，4KB，512B）组合进行随机读写测试。

❑ 每轮包括 $7 \times 8 = 56$ 个组合，每个组合跑 1min 并记录结果。

❑ 以如下组合的 IOPS 结果判断是否到达稳定状态（参考前文稳态判断标准）：4KB，100% 随机写入，64KB，65% 随机读取 35% 随机写入；1024KB，100% 随机读取。

❑ 在测量区间（Measure Window）记录相关数据。

吞吐量测试和延时测试的步骤大致相同，只是有两点需要特别注意。

❑ 吞吐量测试：BS = 1024KB，BS = 128KB 顺序写和 BS = 1024KB，BS = 128KB 顺序读，用顺序写的值来判断是否达到稳定状态。

❑ 延时测试：只使用 3 种 RW Mix 组合（100/0，65/35，0/100）和 3 种 BS（8KB，4KB，512B），另外需要把队列数和线程数都设为 1。

饱和写测试要对 SSD 进行长时间的随机 4KB 写操作，目的是评测 SSD 经过长期写入操作以后的性能表现。

关于饱和写测试，国外知名网站 TechReport.com 的运营者曾经花了 18 个月，拿了 6 块不同厂商的 SSD 进行了超过 2PB 的连续写入操作，并形成了具体的介绍文档。

原文链接：http://techreport.com/review/24841/introducing-the-ssd-endurance-experiment。

中文链接：http://www.ssdfans.com/?p=672。

性能测试项目配置总结如表 11-1 所示。

表 11-1　SSD 性能测试配置

测试项目	读写比例	数据块大小	随机 / 顺序	Benchmark
IOPS	100/0 ～ 0/100	512B ～ 1MB	随机	写 BS=4KB
吞吐量	100/0 0/100	1MB	顺序	写 BS=1MB
时延	100/0，65/5，0/100	512MB，4KB，8KB	—	—
写饱和	0/100	4KB	随机	N/A

4. SNIA 测试中的几个重要数据解读

以 eBird（后文有相关介绍）提供的 SNIA 测试项为例，它提供的 SNIA 测试脚本是按照 SNIA 标准来设计的。基于某款企业级 SSD，我们来看看 SNIA 测试相关的几个重要数据。

（1）吞吐量

按照前文提到的 SNIA 测试步骤进行吞吐量性能测试，测试的块大小为 1024KB。由于该 SSD 没能在 25 轮测试之内达到稳定状态（后文简称"稳态"），所以我们又统计了 25 轮的数据。从图 11-7 所示可以看出，该 SSD 的 1024KB 顺序读写性能均较为稳定。

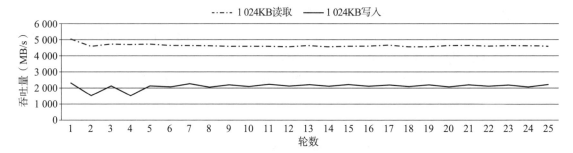

吞吐量测试报告						
设备信息			测试参数		详情	
型号：	1		线程数量：	1	测试日期：	2022_10_10_19_18_40
固件：	1		队列深度：	128	测试工具：	PhxIO
大小：	0.93TB		数据模式：	0%可压缩	Windows版本：	Windows-10-10.0.19043-SP0

吞吐量（MB/s）		
	读/写比例/(%)	
块大小	100/0	0/100
128K	4,595	2,123
1024K	4,602	2,139

吞吐量

┄┄ 1 024KB读取　　── 1 024KB写入

图 11-7　吞吐量

（2）IOPS

按照前文提到的 SNIA 测试步骤进行随机读写、混合随机读写性能测试，以及 IOPS 性能测试，测试的块大小为 4KB。同样由于该 SSD 测试没能在 25 轮之内达到稳态，所以统计了 25 轮的数据。从图 11-8 所示可以看出，该 SSD 的 4KB 随机读写性能均较为稳定，4KB 混合随机读写（65% 随机读 35% 随机写组合）性能抖动则相对较大。

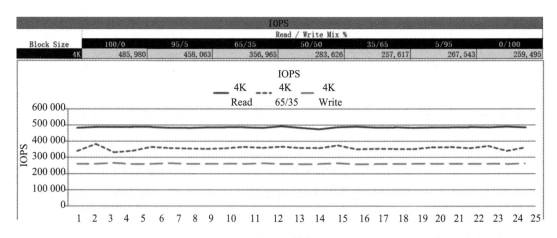

IOPS							
	Read / Write Mix %						
Block Size	100/0	95/5	65/35	50/50	35/65	5/95	0/100
4K	485,980	458,063	356,965	283,626	257,617	267,543	259,495

IOPS

── 4K　　┄┄ 4K　　── 4K
Read　　65/35　　Write

图 11-8　IOPS

（3）延时

对 SSD 延时性能的测试，主要观察块大小为 4KB、队列深度为 1 时的延时。如图 11-9 所示，4KB 随机读平均延时为 0.116ms，4KB 随机写平均延时为 0.025ms，4KB 混合随机读写延时为 0.09ms，延时整体较为平稳，抖动较小。

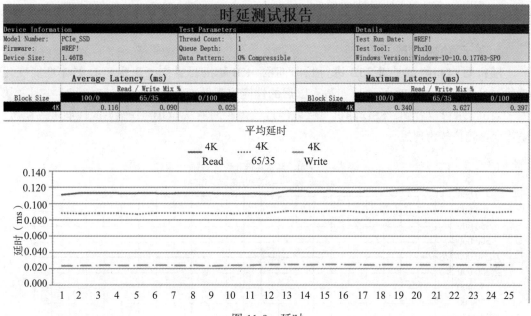

图 11-9　延时

谈到 SSD 延时就要提到一个重要的术语——QoS（Quality Of Service，服务质量）。SSD QoS 是指在服务读 / 写工作负载时延时和 IOPS 性能的一致性和可预测性。QoS 指标证明：对特定时间段内处于最坏情况的工作负载进行测试，发现 SSD 的延时和 IOPS 状况处于特定范围内（通常在预定时间段内至少达到 99.9% 的数据点），而不存在导致应用性能突然下降的意外。

不同企业对为几个 9 的要求可能也不一样，具体取决于企业对自身 SSD 的要求。有的公司要求达到 8 个 9，而大部分企业可能只要求达到 4 个 9 的性能。表 11-2 所示为某厂商给出的不同置信等级下的服务质量数据。

表 11-2　某厂商给出的服务质量数据（4KB，随机，QD=1）

数据量	读取 / 写入	服务质量（99.9%）/ms	服务质量（99.99%）/ms	服务质量（99.999 9%）/ms
480GB	读取	0.2	0.25	1.5
	写入	0.08	0.09	1.1
960GB	读取	0.2	0.2	0.5
	写入	0.05	0.07	0.5

（续）

数据量	读取 / 写入	服务质量（99.9%）/ms	服务质量（99.99%）/ms	服务质量（99.9999%）/ms
1 920GB	读取	0.2	0.25	1.5
	写入	0.04	0.1	0.4
3 840GB	读取	0.2	0.26	1.5
	写入	0.04	0.1	0.4

5. 关于写饱和测试

随机写饱和测试是对 SSD 进行长时间的 4KB 随机写操作，观察 SSD 整体性能变化趋势；目的是评估 SSD 经过长期写入以后的性能表现及变化趋势，测试时间 24 小时。从图 11-10 所示可以看到，SSD 随机写性能经过较短时间便从 FOB（新盘）的性能进入稳态，整体变化趋势较为理想。

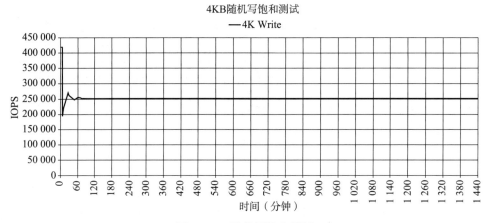

图 11-10　随机写饱和测试

11.3　FTL 功能模块测试

前文提到，FTL 算法直接决定了 SSD 的性能、可靠性、耐用性等，FTL 可以说是 SSD 固件的核心组成部分。在 SSD 硬件配置相同的情况下，一套优秀的 FTL 绝对能带你飞得更高。

既然 FTL 如此重要，那么测试人员如何对其进行测试呢？在 SSD 设计公司，内部固件工程师可以提供测试接口，测试工程师可以通过调用这些接口来获取想要的数据，以便对 FTL 进行测试。

11.3.1　写放大测试

前面介绍过诸如垃圾回收这样的操作需要额外做一些数据搬移工作，这会导致往 SSD

闪存中写入的数据量比实际用户写入数据量要多，即引入了写放大。

对空盘写入来说（未触发垃圾回收），写放大系数（写放大系数＝写入闪存的数据量／用户写的数据量）一般为 1，即用户写入多少数据，SSD 写入闪存也是多少数据（这里忽略 SSD 内部数据的写入，如映射表的写入），没有任何关联"交易"。

对于写放大系数大于 1 的场景，即写入闪存的数据量**大于**用户写的数据量，这个很容易理解。如果写放大系数小于 1，那么就说明一定有问题吗？那也不一定。如果 SSD 带了数据压缩算法，写放大系数就有可能小于 1。闪存的寿命是有限的，要尽量减少对闪存的写操作，从而减少对闪存的擦除次数。于是设计师们想出了压缩算法，它能对用户写入的数据进行实时压缩，然后写入闪存。

我们知道了计算写放大系数的两个重要参数，剩下的就是去获得这两个参数了。下面以 SATA SSD 为例，讲讲怎么获得这两个参数（NVMe SSD 也一样）。

对 SATA SSD 来说，这两个数据从哪里来？这里分两种情况：如果是内部测试，可以直接通过自定义命令拿到相应的数据；如果是外部人员对一个 SSD 进行测试，可以通过诸如 SMART 等信息获得"来自主机的写入数据量"和"平均磨损次数"。通过"平均磨损次数"可以估算出"闪存写入数据量"：

$$闪存写入数据量＝平均磨损次数 \times SSD 容量$$

SSD 容量容易获得，但是 SSD 厂商一般不会把"平均磨损次数"对外发布，所以外部人员要获取"闪存写入数据量"是不太容易的。不过也没关系，至少我们已经知道怎么计算写放大系数了。

11.3.2　垃圾回收测试

SSD 越用越慢，罪魁祸首就是垃圾回收机制。原理虽然都明白，但这不代表开发工程师就能把垃圾回收模块设计得很好。开发工程师需要和内部测试人员配合，反复打磨，直至把垃圾回收功能模块做好。

首先，我们得明白怎么触发垃圾回收，触发点在那里。

外部人员虽然不知道触发垃圾回收的具体阈值，但是可以用个比较暴力的办法，就是持续不停地写，我们只要观察性能曲线的变化，这个阈值一定会找到。通过性能曲线的变化，还是能大致知道垃圾回收发生的点以及垃圾回收对性能的影响的。

我们首先验证顺序写触发的垃圾回收对性能的影响。我们可以设置大尺寸数据块的顺序写，全盘写满 2 遍，正常来讲写了这么多数据，肯定触发了垃圾回收机制，性能也应该下降。然而测试下来我们看到性能基本没有什么变，原因前面已经讲过：顺序写导致的垃圾数据很集中，这个时候垃圾回收可以很快完成（也许仅仅只要一个擦除动作），对性能影响非常小。

测试案例 1：以某企业级 SSD 为例，我们用 BS=1 024KB 顺序写，全盘写满 2 遍，然后测试 25 轮顺序读写性能，性能结果如图 11-11 所示，1 024KB 的顺序读写性能影响均较小，也就印证了顺序写导致的垃圾回收对性能影响较小。

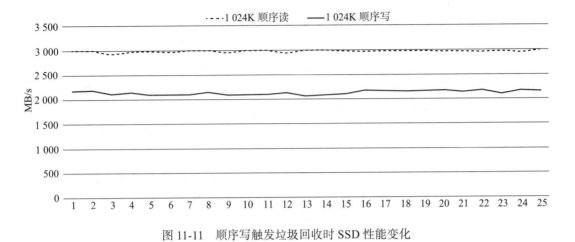

图 11-11 顺序写触发垃圾回收时 SSD 性能变化

既然顺序写触发的垃圾回收对性能的影响很小，对垃圾回收算法根本产生不了什么压力，那我们就来安排随机写触发垃圾回收的场景，看看其对 SSD 的性能影响如何。

测试案例 2：顺序填满盘，然后通过 4KB 随机写使全盘写满 2 遍，性能结果如图 11-12 所示。当 SSD 经过大量随机写之后，带来的性能影响很大，导致在某些时间点上 4KB 随机写性能接近 0。当出现这种情况的时候，说明 SSD 的垃圾回收方案还需要继续优化。

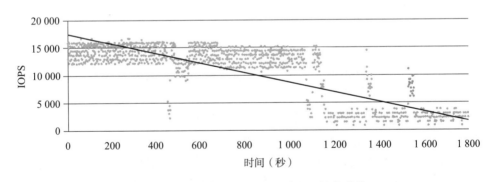

图 11-12 某消费级 SSD 4KB 随机写性能趋势

经过随机写入，整个 SSD 内部情况可能如图 11-13 所示。

当用户持续写入数据的时候，会触发垃圾回收机制，但由于随机写入导致的垃圾数据比较分散，所以 FTL 在做垃圾回收的时候不再像顺序写入数据一样（只需要简单擦除数据块就可以），它在内部需要进行数据搬移，因此垃圾回收对性能影响比较大。具体来说，垃圾数据随机性越强，对性能影响越大。

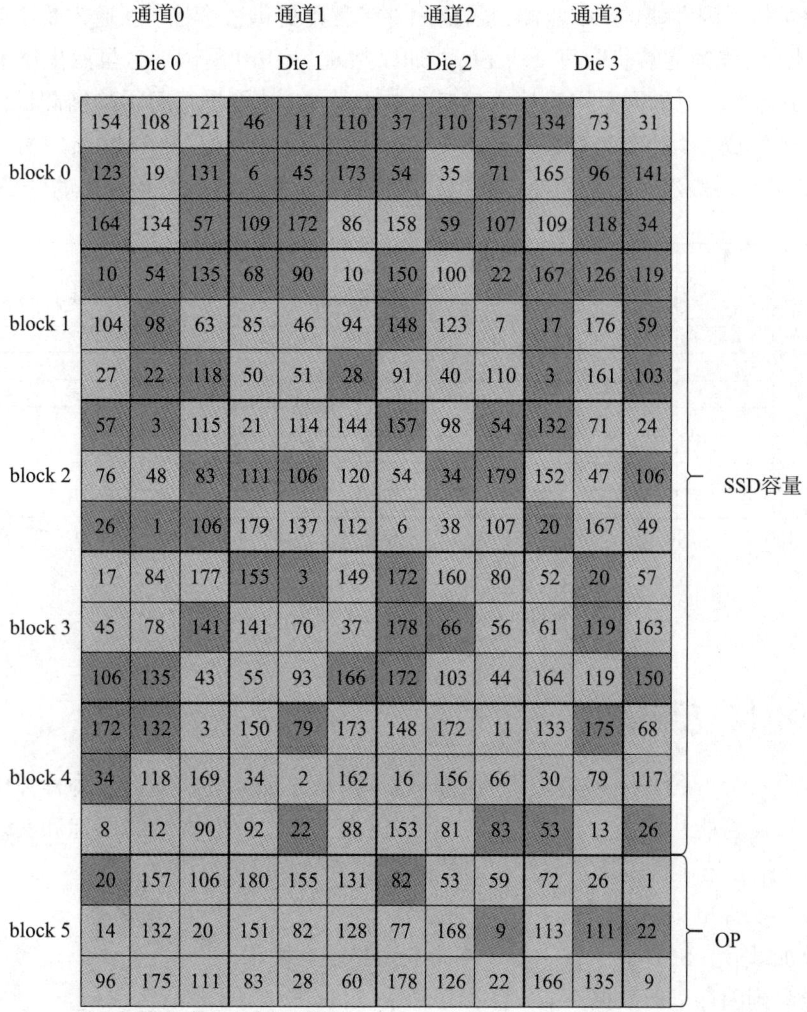

	通道0 Die 0			通道1 Die 1			通道2 Die 2			通道3 Die 3			
block 0	154	108	121	46	11	110	37	110	157	134	73	31	
	123	19	131	6	45	173	54	35	71	165	96	141	
	164	134	57	109	172	86	158	59	107	109	118	34	
block 1	10	54	135	68	90	10	150	100	22	167	126	119	
	104	98	63	85	46	94	148	123	7	17	176	59	
	27	22	118	50	51	28	91	40	110	3	161	103	
block 2	57	3	115	21	114	144	157	98	54	132	71	24	
	76	48	83	111	106	120	54	34	179	152	47	106	SSD容量
	26	1	106	179	137	112	6	38	107	20	167	49	
block 3	17	84	177	155	3	149	172	160	80	52	20	57	
	45	78	141	141	70	37	178	66	56	61	119	163	
	106	135	43	55	93	166	172	103	44	164	119	150	
block 4	172	132	3	150	79	173	148	172	11	133	175	68	
	34	118	169	34	2	162	16	156	66	30	79	117	
	8	12	90	92	22	88	153	81	83	53	13	26	
block 5	20	157	106	180	155	131	82	53	59	72	26	1	
	14	132	20	151	82	128	77	168	9	113	111	22	OP
	96	175	111	83	28	60	178	126	22	166	135	9	

注：深色块表示存有垃圾数据。

图 11-13　随机写之后，SSD 内部块情况

11.3.3　磨损均衡测试

所谓磨损均衡，就是让 SSD 中的每个闪存块的磨损（擦除）都保持均衡。SSD 一般有动态磨损均衡和静态磨损均衡两种算法。磨损均衡就是让部分 EC（Erase Count，擦写次数）较多的闪存块等等那些 EC 较少的闪存块，SSD 固件要做到对每个闪存块"不抛弃，不放弃"，让所有闪存块的 EC 差值维持在一个合理范围内。

既然知道固件工程师的目的是让每个闪存块的 EC 差值维持在一个合理范围内，那作为测试人员来说，只要监测每个闪存块的 EC 是否在某个合理范围内一起增长，就可确保没有 EC 越界。如果闪存块的 EC 都被圈在设计范围内，那么就可以认为磨损均衡的设计方案达到了预期效果。

要实现对每个闪存块的 EC 监测，需要固件工程师提供一个接口（通常是不对外开放的接口），让测试工程师能够获取每个块 EC 并加以判断。eBird 测试平台虽然提供了 LQ_Wear Leveling 测试脚本，但仍需要用户填入接口参数 Get_EC 才能进行磨损均衡测试。运行测试脚本，会直接生成 EC 动态趋势图（见图 11-14），由此可以判断 SSD 磨损均衡设计的实际效果。eBird 平台还构建了一系列冷热数据分离的场景，用来检验磨损均衡的效果。

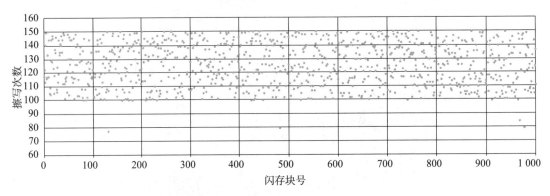

图 11-14　磨损均衡 EC 变化趋势

11.4　掉电恢复测试

SSD 掉电可分两种：一种是正常掉电，另一种是异常掉电。不管是哪种掉电，重新上电后，SSD 都需要能从掉电中恢复过来，继续正常工作。掉电恢复的原理和实现方案，前文已经做了详细介绍，这里就不再赘述。掉电恢复至少要保证以下 3 点。

❑ SSD 能从掉电中恢复回来，不能"变砖"。

❑ 系统加载后，SSD 能正常工作，不影响用户正常使用。

❑ 已经写到闪存里的数据不能发生损坏或丢失。

在实际工作场景中，有时需要对 SSD 进行断电，比如企业用户在对服务器运维时，会直接拔出有问题的 SSD 并插上新的 SSD；普通消费级用户更多的是对电脑进行正常开关机，或者不小心把电源碰掉造成电脑异常掉电。这些都是整机掉电。

下面我们分别对 SSD 掉电和系统整机掉电进行介绍。

11.4.1　SSD 掉电恢复测试

要实现只对 SSD 进行掉电测试，往往需要把 SSD 当作从盘。测试过程中主机始终不会掉电，这样测试方案实现起来比较容易。消费级 SSD 不带掉电保护电容，异常掉电几乎不可避免地会导致缓存里的数据丢失。对消费级 SSD 掉电恢复的基本要求是：上电后，SSD 要能正常进行后续的读写操作，不能影响后续使用；掉电前已经存盘的数据不应该丢失。

掉电测试步骤可粗分为 3 个步骤：写数据，掉电，上电并做数据比较。

从 NVMe 协议级测试角度看，掉电测试可以精确控制掉电发生的点，能够细化到每条 NVMe 命令。可以在每笔写操作成功后，对写入的数据进行比较，并把每次丢掉的数据量打印出来，由此评估该 SSD 在遭遇异常掉电时可能丢失多少数据。

从系统应用级角度看，系统层面就不太容易以命令颗粒度来设置掉电的时间点，只能相对粗略地设置掉电位置。比如写入 10GB 的数据后，再进行掉电操作。当然也可以在数据写入过程中随机掉电，然后再上电进行数据比较。系统级应用测试大多是按照 512B 的颗粒度来进行比较的。

以上两种级别的掉电测试，可让我们对 SSD 掉电恢复能力有一个很好的认识。如果都能通过，那么证明 SSD 在掉电恢复方面做得还是不错的。

11.4.2　整机掉电测试

整机掉电是指 SSD 随着机器一起掉电。这种情况更贴近实际情况，SSD 参与主机完整的掉上电过程。从以往的经验来看，整机掉电耦合的因素会更多，这种方式能抓住很多纯 SSD 掉电方案抓不到的问题。

实际测试中，可以在 SSD 里装上操作系统，将 SSD 作为系统盘来测试，也可以将其作为数据盘来测试。一款 SSD 在质保期内可能遇到上千次的掉上电，所以在 SSD 研发过程中，至少要进行几千次的掉电测试。这靠手动很难实现，所以要借助专业的掉电测试设备和软件来进行测试。

这里基于 PowerShark 测试平台来进行整机掉电测试，由图 11-15 所示可知，测试工程师可以选择各种掉电测试模式，测试过程中可以加入填盘动作和数据校验。组合方式有如下几种：

❏ SSD 作为系统盘（安装操作系统）+ 正常掉电。
❏ SSD 作为系统盘（安装操作系统）+ 异常掉电。
❏ SSD 作为数据盘 + 正常掉电。
❏ SSD 作为数据盘 + 异常掉电。

选择好测试模式后，用户可以根据实际测试需求配置 Test Loops、IO Time、Power On Wait Time、Power Off Wait Time、Precondition Time 等参数。参数解释如下。

❏ Test Loops：测试次数。
❏ IO Time：开机进系统后，对测试 SSD 继续进行读写操作的时间。
❏ Power On Wait Time：测试机从开机到进入系统的时间。
❏ Power Off Wait Time：测试机关机时间。
❏ Precondition Time：测试开始前，对测试 SSD 进行预填盘的时间。

整机掉电测试强度还是很大的，SSD 需要在上电和掉电的过程中和主机链路层进行多次互动。如果这些测试能都能顺利完成，说明我们的 SSD 能轻松驾驭各种掉电场景。

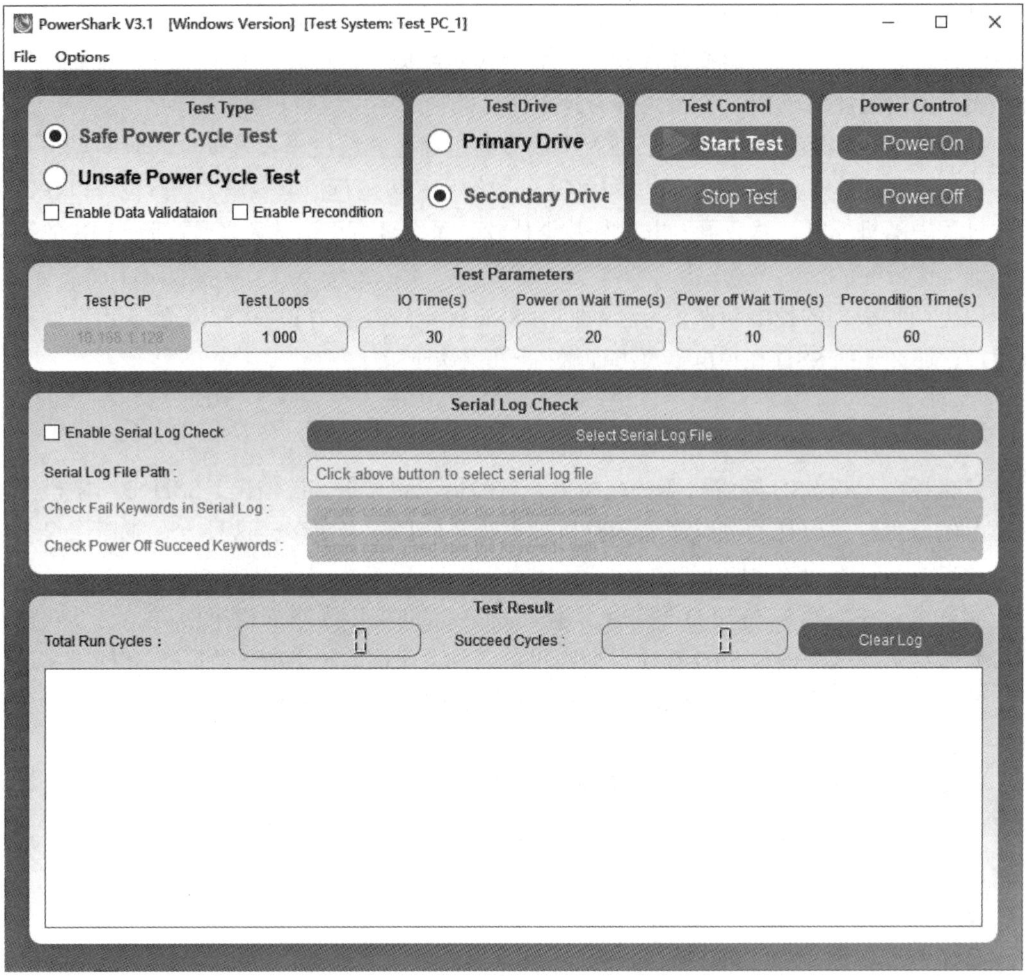

图 11-15　PowerShark 测试界面

11.5　数据完整性测试

数据完整性（Data Integrity）指数据的精准性和可靠性。数据完整性对 SSD 的重要性是不言而喻的——不能保证数据的完整性，其他一切都无从谈起。实际使用中，用户可能对 SSD 进行多种形式的读写操作，写入各种类型数据到 SSD 里面，SSD 要能够很好地处理这些数据，保证各种情形下的数据完整性。实际应用场景千奇百怪，要考虑到各种情况的耦合，要把 SSD 数据完整性做扎实。

数据完整性测试流程如下。

1）往 SSD 写入各种类型的数据：顺序、随机、固定的数据，或者混合的数据等。

2）读取并比较写入的数据。

3）如果想要增加难度，可以再加上 SSD 掉电的因素。

主流的测试场景如下。

❑ 使用顺序数据模式验证数据的完整性。

❑ 使用随机数据模式验证数据的完整性。

❑ 使用固定的数据模式验证数据的完整性。

❑ 使用小 LBA 范围验证数据的完整性。

❑ 使用可变数据模式验证数据的完整性。

11.6　回归测试

从事 SSD 固件研发工作的人都挺不容易的：

❑ 有新的功能要加代码；

❑ 有 Bug 要改代码；

❑ 需求变了要改代码；

❑ 优化性能更要改代码。

这样改来改去就有可能把本来没问题的地方改出问题。比如，改 Bug B 的时候，把上个月解决的 Bug A 给重新放出来了，或者新创建了一个 Bug C。

这种改代码出现副作用的情况，在 SSD 固件开发过程中几乎不可避免。

有问题就要解决，站在测试的角度解决问题的方法就是回归测试（Regression Test）。

回归测试是什么？

❑ 确保新的代码没有影响原有功能；

❑ 从现有功能的测试用例中选取部分或者全部进行测试。

每次发布新的固件，能够把之前所有测试全部跑一遍当然最好，但凡是干过测试的都知道这是不可能的，就算技术上可行，人也不够，就算人够，盘也不够，就算这些都够，时间也不够，这时就需要进行平衡，如图 11-16 所示。

图 11-16　平衡海量测试项目与有限测试时间

选取合适的测试用例，放在回归测试里，还是有些技巧可以参考的：

□ 测试那些经常失败的项目;

□ 用户肉眼可见的测试方式,比如跑 Benchmark;

□ 对核心功能进行测试;

□ 测试那些目前正在进行或者刚完成的功能;

□ 对数据完整性进行测试——R/W/C;

□ 测试边界值。

科学研究证明,有效的回归测试可以节省 60% 的 Bug 修复时间和 40% 的成本。

11.7 DevSlp 测试

增加了 DevSlp 这个功能以后,SATA I/O 在原有的 Partial&Slumber 测试的基础上增加了对 DevSlp 的测试。

新的测试要求主要关注 DevSlp 状态的进出是否正常。要实现这个目标必须具备两点:能让设备进入 DevSlp 状态,进去以后能够侦测到 DevSlp 的状态。

能否进入 DevSlp 状态的问题不用讨论,如果不能进,也不用测试了。

侦测状态,通过检查 SATA Status Register(SATA 状态寄存器)就能够实现,这个寄存器的 Bit[11:8] 映射到 Interface Power Management(IPM)设置。读取这个寄存器就能知道 AHCI 控制器(主机)要求设备进入的状态。SATA 状态寄存器具体定义如表 11-3 所示。

表 11-3 SATA 状态寄存器定义

状 态 值	描 述	状 态 值	描 述
0h	设备不存在或连接未建立	6h	接口处于 Slumber 省电模式
1h	接口处于工作状态	8h	接口处于 DevSlp 省电模式
2h	接口处于 Partial 省电模式		

通过读写状态寄存器可以知道设备能否成功进出 DevSlp 状态。但是具体到物理层上状态切换的各种时间参数(例如 MDAT、DMDT、DETO 等)就没办法测量了。

专业的测试需要专业的仪器,有些第三方仪器可以做这种测试,如图 11-17 所示。

从图 11-17 中可以看到,专业仪器使用了专门支持 DevSlp 的线缆,其中有两个针对 DevSlp 的测试模式:

□ IPM-12:测试进入 DevSlp 模式。

□ IPM-13:测试 DevSlp 模式退出延时。

IPM-12 测试流程如下。

1)先让 SSD 进入 DevSlp 状态。

2)在保持 DevSlp 信号有效的情况下,持续向 SSD 发数据包,确保 SSD 不会回应发过去的包。

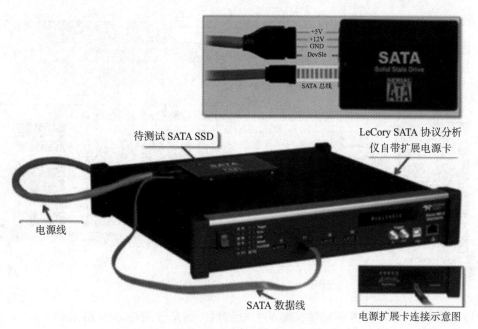

图 11-17　LeCroy SATA 分析仪支持 DevSlp

3）检查各种时间参数是否在规定范围内（SATA 3.2 里面没有包括 DXET，但是测一下还是很有必要的），DevSlp 时序参数及其参考值如表 11-4 所示。

表 11-4　DevSlp 时序参数及其参考值

Symbol 参数	说明	时间要求
MDAT	DevSlp 最小置位时间	10ms
DMDT	DevSlp 最小侦测时间	10μs
DXET	DevSlp 最大进入时间	100ms
DETO	设备 DevSlp 退出超时时间	20μs（除非在标识数据日志中另有规定）

图 11-18 所示是 SATA Analyzer 记录的测试结果。

MDAT 协议规定主机发送信息给设备的时间最少为 10ms，主机可以给设备发送多个 10ms 的信息。

DXET 协议用于规定从主机发信息的 100ms 内，设备必须进入 DevSlp 状态。协议规定，设备进入 DevSlp 状态后，只要 DevSlp 还是置位状态，主机随便怎么操作，设备都不能醒，于是主机为了考验设备，100ms 后开始不停地发 COMRESET 命令要想唤醒设备。

若设备在 DevSlp 的状态下能够侦测到 COMRESET 命令，则说明测试失败，该功能没有做对。

IPM13 的重点是测试 DevSlp 状态退出。

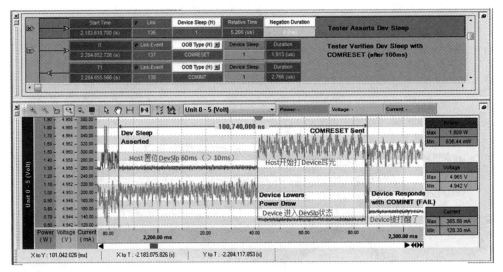

图 11-18　IPM-12 DevSlp 测试结果

❑ 退出 DevSlp 状态并不需要完整的上电流程，而是使用 COMWAKE 信号让 SATA 链路快速进入 PHY Ready 状态。

❑ DETO 协议用于规定设备从 DevSlp 状态下退出需要在 20μs 内完成。先使能（Assert）DevSlp 信号让设备进入 DevSlp 状态，然后禁用（De-Assert）DevSlp 信号开始发送 OOB 信号（同时启动一个计时器），设备必须在 20μs 内响应 OOB 信号。只要响应了就算测试通过，能不能完成 OOB，IPM13 不管，那是 OOB 测试的事情。

图 11-19 是最终测试结果的截图。

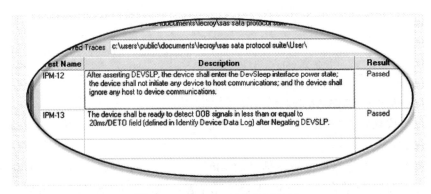

图 11-19　DevSlp 最终测试结果

11.8　PCISIG 测试

PCISIG 是一个大家庭，各公司可以把自己的产品拿去测试。PCISIG 支持的测试如下。

❑ Electrical Testing：电气化测试，重点测试物理层的发送端和接收端。

❑ Configuration Testing：PCIe 设备配置空间测试。

❑ Link Protocol Testing：设备链路层协议相关测试。

❑ Transaction Protocol Testing：事务层协议测试。

❑ Platform BIOS Testing：平台 BIOS 测试。

若某公司的 PCIe SSD 能走完上述所有测试流程，则说明 PCIe 接口没问题。PCISIG 会将该 PCIe SSD 放入光荣榜（Integrators List）。

Workshop 里有一个环节，各家公司可以把自家产品拿出来跟其他公司的产品放到一起对比，看看互相之间组队有没有问题，这个环节就是 Interoperability Test。具体实现流程如下。

1）通过 Link Capability Register（链路能力寄存器）了解双方各自的链路速度 [3:0] 和带宽 [9:4]，如图 11-20 所示。

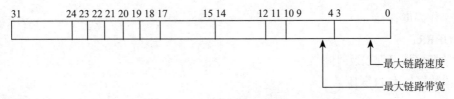

图 11-20　PCIe 链路能力寄存器

这里假设你的 PCIe SSD 最高到 Gen3x4（链路速度 Gen3，带宽为 x4），Synopsys RC 最高为 Gen3x16。

2）把你的 PCIe SSD 插到 Synopsys 带来的开发板上。

3）开机，检查你的 PCIe SSD 是否能被 OS 识别到（过程中可能会提示安装驱动），检查链路状态寄存器以确定链路状态是 Gen3x4，如图 11-21 所示。

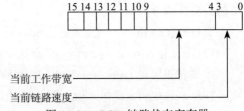

4）如果你的 PCIe SSD 还支持其他带宽——比如 ×1，那么将带宽降到 ×1，重复上述步骤，确保 ×1 也能正常工作。

5）速度和带宽正确还不够，还需要做简单的数据传输测试，以确保数据能顺利通过PCIe 总线。

图 11-21　PCIe 链路状态寄存器

PCISIG 提供了方便查看 PCIe 寄存器的工具——PCITree：http://www.pcitree.de/。

以上都顺利通过，系统会把测试记录上传到 PCISIG 服务器。

11.9 耐久度测试

一款 SSD 出货前必须要经过严格的耐久度（Endurance）测试，简单说来就是测试 SSD 有多扛用。JEDEC 有两份 SSD 耐久度测试协议——JESD 218A（测试方法）和 JESD 219（测试工作负载）。

在进行耐久度测试之前需要了解如下概念。

❑ TBW：总写入数据量。

❑ FFR（Function Failure Requirement）：整个写入过程中产生的累计功能性错误。

❑ Data Retention：长时间不使用（上电）情况下保持数据的能力。

❑ UBER（Uncorrectable Bit Error Rate）：不可纠正的误码率，UBER= 错误数据量 / 读取的数据量。

企业级和消费级 SSD 在耐久度的要求上是不同的，这主要体现在如下几个方面。

❑ 工作时间；

❑ 工作温度；

❑ UBER；

❑ 数据保持温度以及时间。

具体数据如表 11-5 所示。

表 11-5　企业级与消费级 SSD 耐久度测试要求

产品类别	工作负载 （参考 JESD219）	工作条件 （上电状态）	数据保持 （断电状态）	FFR（Functional Failure Requirement，功能性失效要求）	UBER
消费级	消费级	40℃ 8 小时 / 天	30℃ 1 年	≤ 3%	≤ 10^{-15}
企业级	企业级	55℃ 24 小时 / 天	40℃ 3 个月	≤ 3%	≤ 10^{-16}

虽然叫耐久度测试，其实包括了耐久度和数据保持（Data Retention）两部分测试，官方给的方法有两种：

❑ Direct method——直来直去法。

❑ Extrapolation method——拐弯抹角法。

本书着重解释 Direct method，理解了它以后，另一个方法就很容易理解了。

Direct method，简单来说，就是使劲写，使劲读。在这个过程中要注意：

❑ 要求有高低温；

❑ 必须用指定的工作负载；

❑ 耐久度测试完成后马上进行数据保持测试。

在详细介绍上述内容之前，首先要搞明白一个问题：应该拿多少块 SSD 进行耐久度测试？

要求一：如果该系列 SSD 是首次进行测试，则选取的 SSD 要来自至少 3 个不连续的生产批次，如果不是首次，选一个批次就行。

　　要求二：要合理制定标准，这需要用到两个公式。

$$\text{UCL}（\text{functional \_ failures}）\leqslant \text{FFR} \times \text{SS}（用于功能故障）$$

$$\text{UCL}（\text{data\_errors}）\leqslant \min（\text{TBW}，\text{TBR}）\times 8 \times 10^{12} \times \text{UBER} \times \text{SS}（用于数据错误）$$

对其中相关变量说明如下。

❏ Functional-failures：可以接受的出现功能故障的 SSD 的数量；

❏ data_errors：可以接受的数据错误的 SSD 的数量；

❏ TBW，TBR：总写入，读取量；

❏ SS（Sample Size）：就是我们要求的 X（用多少块盘测试）；

❏ UCL（Upper confidence Limit）：这是一个函数，对它来说直接查表就行（见表 11-6）。

表 11-6　UCL 函数查值表

AL	n	AL	n	AL	n	AL	n	AL	n
0	0.92	20	21.84	40	42.30	60	62.66	80	82.97
1	2.03	21	22.87	41	43.32	61	63.68	81	83.98
2	3.11	22	23.89	42	44.35	62	64.69	82	84.99
3	4.18	23	24.92	43	45.36	63	65.71	83	86.00
4	5.24	24	25.94	44	46.38	64	66.72	84	87.02
5	6.29	25	26.97	45	47.40	65	67.74	85	88.03
6	7.34	26	28.00	46	48.42	66	68.75	86	89.05
7	8.39	27	29.02	47	49.43	67	69.77	87	90.06
8	9.43	28	30.04	48	50.46	68	70.79	88	91.08
9	10.48	29	31.07	49	51.47	69	71.80	89	92.08
10	11.52	30	32.09	50	52.49	70	72.82	90	93.10
11	12.55	31	33.12	51	53.51	71	73.83	91	94.11
12	13.59	32	34.14	52	54.52	72	74.85	92	95.13
13	14.62	33	35.16	53	55.55	73	75.86	93	96.14
14	15.66	34	36.18	54	56.56	74	76.88	94	97.15
15	16.69	35	37.20	55	57.58	75	77.89	95	98.16
16	17.72	36	38.22	56	58.60	76	78.91	96	99.18
17	18.75	37	39.24	57	59.61	77	79.92	97	100.19
18	19.78	38	40.26	58	60.63	78	80.94	98	101.21
19	20.81	39	41.29	59	60.64	79	81.95	99	102.22

　　通常我们直接用 AL=0（AL=0 代表没有功能故障），这样对应的 UCL 就是 0.92。

　　这里结合一个实际的例子。假设 FFR = 3%，UBER = 10^{-16}，TBW = 100，代入公式得到：

❑ SS ≥ 0.92/（0.03）=30.1

❑ SS ≥ 0.92/（$100 \times 1 \times 8 \times 10^{12} \times 10^{-16}$）= 11.5

两个 SS 分别能够满足功能故障和数据错误方面的要求，取两者之间的较大值 30.1，所以需要进行测试的 SSD 数量是 31 块。

再把 SS=31 代入公式：UCL（data_errors）≤ $100 \times 1 \times 8 \times 10^{12} \times 10^{-16} \times 31 = 2.48$

用 2.48 这个值去表（见表 11-7）里反查，得到允许的最大数据错误的 SSD 的数量为 1。

表 11-7　表格反查获得最大 Data Error 值

AL	n	AL	n	AL	n	AL	n	AL	n
0	0.92	20	21.84	40	42.30	60	62.66	80	82.97
1	2.03	21	22.87	41	43.32	61	63.68	81	83.98
2	3.11	22	23.89	42	44.35	62	64.69	82	84.99
3	4.18	23	24.92	43	45.36	63	65.71	83	86.00
4	5.24	24	25.94	44	46.38	64	66.72	84	87.02
5	6.29	25	26.97	45	47.40	65	67.74	85	88.03
6	7.34	26	28.00	46	48.42	66	68.75	86	89.05
7	8.39	27	29.02	47	49.43	67	69.77	87	90.06
8	9.43	28	30.04	48	50.46	68	70.79	88	91.08
9	10.48	29	31.07	49	51.47	69	71.80	89	92.08
10	11.52	30	32.09	50	52.49	70	72.82	90	93.10
11	12.55	31	33.12	51	53.51	71	73.83	91	94.11
12	13.59	32	34.14	52	54.52	72	74.85	92	95.13
13	14.62	33	35.16	53	55.55	73	75.86	93	96.14
14	15.66	34	36.18	54	56.56	74	76.88	94	97.15
15	16.69	35	37.20	55	57.58	75	77.89	95	98.16
16	17.72	36	38.22	56	58.60	76	78.91	96	99.18
17	18.75	37	39.24	57	59.61	77	79.92	97	100.19
18	19.78	38	40.26	58	60.63	78	80.94	98	101.21
19	20.81	39	41.29	59	61.64	79	81.95	99	102.22

（2.48 → 对应 1、2 行）

总结：选 31 块盘，跑完耐久度测试，不能有功能故障，最多可以有 1 块 SSD 出现数据错误，满足这些测试才算通过。

耐久度测试使用的工作负载可以从网上下载，整个工作负载大概有 4 亿条 Write、trim、flush 命令（消费级 SSD），每次写完之后需要读回来确保数据是正确的。对具体实现的工具没有要求。

影响耐久度和数据保持的另一个重要因素就是高低温。

具体的温度要求如表 11-8 所示，可以看到企业级 SSD 要求比消费级 SSD 高出不少。

表 11-8　消费级与企业级 SSD 可靠性测试温度要求

产品类别	工作条件（上电状态）	数据保持（断电状态）	耐久度测试温度要求	数据保持测试温度要求
消费级	40℃ 8h/ 天	30℃ 1 年	倾斜策略（Ramped Approach）： 低温：$T \leqslant 25℃$ 高温：$40℃ \leqslant T \leqslant T_{max}$ 分流策略（Split-flow Approach）： 低温：$T \leqslant 25℃$ 高温：$40℃ \leqslant T \leqslant T_{max}$	96h/$T \geqslant 66℃$ 或者 500h/$T \geqslant 52℃$
企业级	55℃ 24h/ 天	40℃ 3 个月	倾斜策略（Ramped Approach）： 低温：$T \leqslant 25℃$ 高温：$60℃ \leqslant T \leqslant T_{max}$ 分流策略（Split-flow Approach）： 低温：$T \leqslant 25℃$ 高温：$60℃ \leqslant T \leqslant T_{max}$	96h/$T \geqslant 66℃$ 或者 500h/$T \geqslant 52℃$

控制温度变化有如下两种策略。

❑ 倾斜策略（Ramped 策略）：将所有 SSD 放在一起，在高低温间来回切换。

❑ 分流策略（Split 策略）：所有 SSD 分两半，一半进行低温测试，一半进行高温测试。

低温要求 ≤ 25℃。高温的要求是一个区间，比如消费级 SSD 的高温区间是 $40℃ \leqslant T \leqslant T_{max}$，高温下限是 40℃，上限没有给出具体数值。

在 JESD-218A 的附录里介绍了通过温度对耐久度和数据保持测试的时间加速作用：温度越高，就能用越短的时间模拟出对 SSD 进行 1 年读写的效果，对应关系如表 11-9 所示。

表 11-9　温度加速时间对照表

实际压力测试时间 /h	Split 策略		Ramped 策略	
	消费级 /℃	企业级 /℃	消费级 /℃	企业级 /℃
50	79	105	86	113
100	72	98	79	105
150	68	93	75	101
200	66	90	72	98
250	64	88	70	95
300	62	86	68	93
350	61	85	67	92
400	60	83	66	90
450	59	82	65	89
500	58	81	64	88
⋮				
2 500	44	66	50	72
3 000	43	64	48	71

以第一行为例，采用 Ramped 策略，当高温达到 86℃时，对一块盘进行 50h 的读写（必须用官方的工作负载）能够达到常温下 1 年的工作效果。

而同样的 SSD，如果高温只有 48℃（最后一行），必须跑 3 000h 的读写才能达到一样的效果。

那怎样确定这个 T_{max} 呢？步骤如下。

1）根据 SSD 容量计算 TBW，比如 160GB 的 TLC SSD，按 PE cycle 500 计算其 TBW 应该是 80TB。

2）工作负载为 1TBW，总共需要把工作负载跑 80 遍。假设跑一遍工作负载需要 5h。那么总时间就是 400h。

3）在表 11-9 中找到与 400h 对应的温度为 66℃（消费级 SSD，Ramped 策略），这个就是 T_{max} 值。

有了工作负载，知道了温度范围，就可以正式进行耐久度测试了，图 11-22 是使用 Ramped 策略的流程图。

从上到下整个过程分别是：

1）取样，确定用多少块 SSD 进行测试。

2）进行耐久度测试。

3）进行部件级常温数据保持测试（可选）。

4）写入数据，为后面的数据保持测试做准备。

5）进行产品级常温数据保持测试（可选）。

6）进行高温数据保持测试。

7）进行数据比较。

8）判断测试是否通过（检查 FFR 和 Data_error 是否满足前面那两个公式的要求）。

步骤 1、2 已经介绍过，步骤 3 ～ 7 都是关于数据保持测试的，这个测试要求在耐久度测试结束以后马上进行：写入数据→断电→高温→上电→数据比较。

而对于某个系列的产品首次进行耐久度测试，还要求进行常温数据保持测试，详细情况可以参考 JESD218A 7.1.5 测试标准。

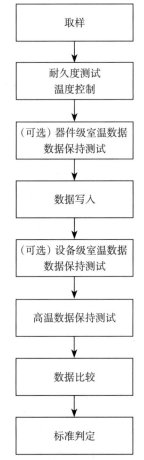

图 11-22　SSD 耐久度测试
Ramped 策略流程图

最后简单介绍一下 Extrapolation method（外延法）。说白了该方法就是用各种方法在最短的时间完成耐久度测试，比如：修改工作负载，以求在更短的时间内造成更多的 PE 循环操作，比如修改随机 / 顺序访问占比，修改传输数据大小，激发更多自发活动等；限制 SSD 的大小，比如把前面的 160G SSD 通过固件限制为 40GB 可用，那么所需要的耐久度测试时间就直接从 400h 降低到 100h，相应高温需要从 66℃调整为 79℃，如图 11-23 所示。

实际压力测试 时间（小时）	Split 策略		Ramped 策略	
	消费级	企业级	消费级	企业级
50	79	105	86	113
100	72	98	79	105
150	68	93	75	101
200	66	90	72	98
250	64	88	70	95
300	62	86	68	93
350	61	85	67	92
400	60	83	66	90
450	59	82	65	89
500	58	81	64	88

图 11-23 通过提高温度减少可靠性测试的时间

要特别注意的是，在限制固件大小的时候，不仅要限制开放给主机的读写区域，还要等比例缩小内部的 OP 空间。

11.10 验证与确认

SSD 从设计、固件到成品出货，少不了各种测试。中文博大精深，将这些都叫测试，到英文里则会对应多个词：Simulation、Emulation、Verification、Validation、Test、QA。

先聊一下 Verification 和 Validation。

为了帮助大家理解，先简单说一下芯片设计的过程：

1）需求：确定这颗芯片要实现什么功能。

2）架构：绘制设计图。

3）设计：ASIC 工程师把各种内部、外部 IP 攒起来。

4）流片。

5）芯片制作完成并返回。

在设计阶段，使用仿真器或者 FPGA 进行测试的过程叫 Verification，中文翻译为"验证"——目的是帮助 ASIC 工程师把事情做对。

在芯片返回以后，使用开发板进行测试的过程叫 Validation，中文翻译为"确认"——目的是确保 ASIC 工程师把事情做对。

在 Verification 阶段，一旦发现问题，ASIC 工程师可以马上修改，然后通过升级仿真器的数据库或者更新 FPGA 的位文件把新的 RTL 交给测试再验证一遍，一直到做对为止。

相同的问题，如果是 Validation 阶段才发现，则只能通过重新流片进行处理或者让固件"打掩护"。

11.11 测试设备与仪器

11.11.1 仿真器

在 SSD 主控芯片设计阶段，除了 RTL 仿真以外，通常还会进行验证工作，而在验证过程中就会用到仿真器（Emulator）或者 FPGA。

先说一下仿真和模拟的区别：

❑ Simulator 是做模拟，用软件实现，重点是实现芯片的功能并输出结果。

❑ Emulator 是做仿真，用硬件实现，通过模拟实现芯片的内部设计，从而实现相应功能并输出结果。

图 11-24 所示为业界比较知名的仿真器提供商 Cadence 旗下的仿真器产品 Palladium 系列。

按照官方的说法，Palladium 系列产品可以做仿真、仿真加速和模拟。

在设计 SSD 主控芯片时，仿真器和 FPGA 都可以用于 ASIC 验证，这两者的区别主要有如下几点。

1）价格：仿真器是百万美元级别，FPGA 是数千到万美元级别。

2）能力：仿真器的逻辑可以到 23 亿门（这是老款 Palladium XP 的数据，最新款的 Palladium Z1 达到了 90 亿门），FPGA 大概是百万门级别。对应到 SSD 主控，一块 FPGA 可能只能模拟前端（PCIe+NVMe），后端（闪存控制器）可能需要另外一块 FPGA，而仿真器只要你想塞，把整个 ASIC 的 RTL 都塞进入也是妥妥的。

图 11-24　仿真器

3）Debug：仿真器可以比较方便地导出 ASIC 工程师所需要的信号并抓取硬件逻辑波形，而 FPGA 在连接协议分析仪、逻辑分析仪方面比较方便。

4）速度：仿真器虽然好，但是速度比 FPGA 要慢得多——来个传说中的例子：如果 FPGA 上安装一个操作系统要几个小时，那在仿真器上安装一个操作系统可能要几天。

5）档次：FPGA 适用于所有公司，仿真器则绝对是实力的彰显——有领导、VIP 客户来参观的时候，给参观一下，顿时就跟其他公司拉开差距了。

归根结底，仿真器和 FPGA 都是很好的工具，需要正确、合理地使用，才能更好地在芯片研发阶段发现更多 ASIC 问题。

仿真器（或 FPGA）的另一个好处是，固件团体可以使用这些工具提前开始开发，不用等芯片回来。他们可以先经历 Bringup 阶段，然后才开始"遇到问题不知道硬件原因还是代码原因的"的开发阶段。

11.11.2　PCIe 协议分析仪

PCIe 协议分析仪（Analyzer）对于开发基于 PCIe 总线的各种产品（包括 SSD 控制器芯片）来说是必备工具。

图 11-25 所示为 SerialTek PCIe 协议分析仪解码界面，其中包括 NVMe 读写命令解码。PCIe 分析仪可以抓取链路上所有的 ordered set（有序集）、DLLP 和 TLP 数据包等，然后按照时间戳的顺序依次解析出 TS1/TS2、DLLP、TLP、NVMe 命令等，使研发、测试工程师在遇到问题的时候可以快速抓包并分析定位各种问题。

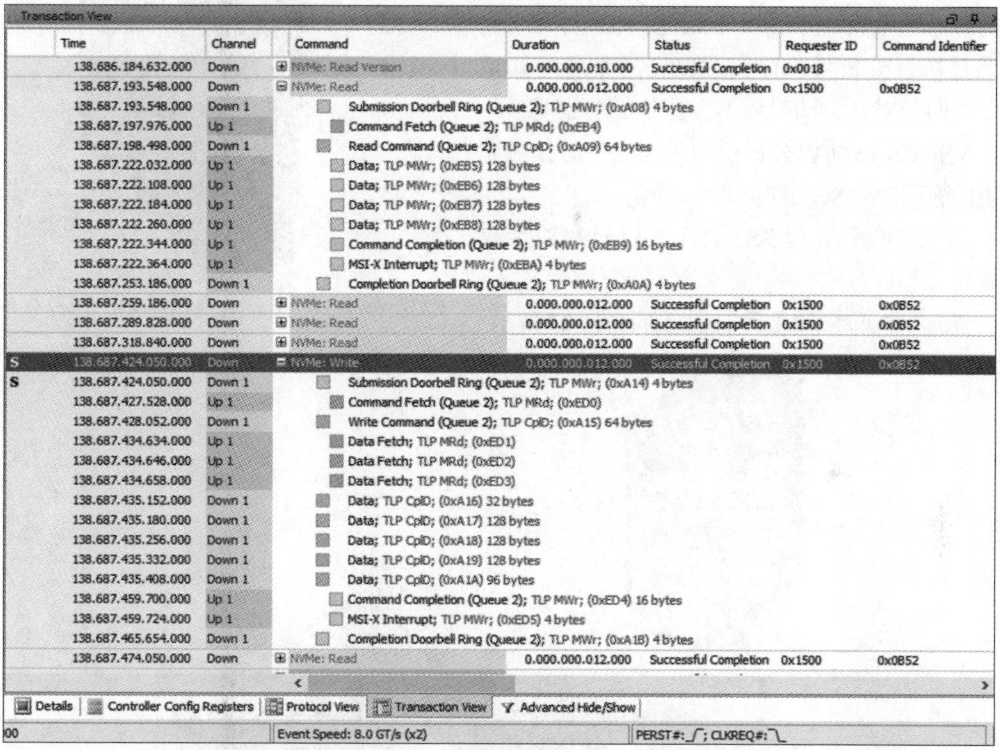

	Time	Channel	Command	Duration	Status	Requester ID	Command Identifier
	138.686.184.632.000	Down	⊞ NVMe: Read Version	0.000.000.010.000	Successful Completion	0x0018	
	138.687.193.548.000	Down	⊟ NVMe: Read	0.000.000.012.000	Successful Completion	0x1500	0x0B52
	138.687.193.548.000	Down 1	▢ Submission Doorbell Ring (Queue 2); TLP MWr; (0xA08) 4 bytes				
	138.687.197.976.000	Up 1	▢ Command Fetch (Queue 2); TLP MRd; (0xEB4)				
	138.687.198.498.000	Down 1	▢ Read Command (Queue 2); TLP CplD; (0xA09) 64 bytes				
	138.687.222.032.000	Up 1	▢ Data; TLP MWr; (0xEB5) 128 bytes				
	138.687.222.108.000	Up 1	▢ Data; TLP MWr; (0xEB6) 128 bytes				
	138.687.222.184.000	Up 1	▢ Data; TLP MWr; (0xEB7) 128 bytes				
	138.687.222.260.000	Up 1	▢ Data; TLP MWr; (0xEB8) 128 bytes				
	138.687.222.344.000	Up 1	▢ Command Completion (Queue 2); TLP MWr; (0xEB9) 16 bytes				
	138.687.222.364.000	Up 1	▢ MSI-X Interrupt; TLP MWr; (0xEBA) 4 bytes				
	138.687.253.186.000	Down 1	▢ Completion Doorbell Ring (Queue 2); TLP MWr; (0xA0A) 4 bytes				
	138.687.259.186.000	Down	⊞ NVMe: Read	0.000.000.012.000	Successful Completion	0x1500	0x0B52
	138.687.289.828.000	Down	⊞ NVMe: Read	0.000.000.012.000	Successful Completion	0x1500	0x0B52
	138.687.318.840.000	Down	⊞ NVMe: Read	0.000.000.012.000	Successful Completion	0x1500	0x0B52
S	138.687.424.050.000	Down	⊟ NVMe: Write	0.000.000.012.000	Successful Completion	0x1500	0x0B52
S	138.687.424.050.000	Down 1	▢ Submission Doorbell Ring (Queue 2); TLP MWr; (0xA14) 4 bytes				
	138.687.427.528.000	Up 1	▢ Command Fetch (Queue 2); TLP MRd; (0xED0)				
	138.687.428.052.000	Down 1	▢ Write Command (Queue 2); TLP CplD; (0xA15) 64 bytes				
	138.687.434.634.000	Up 1	▢ Data Fetch; TLP MRd; (0xED1)				
	138.687.434.646.000	Up 1	▢ Data Fetch; TLP MRd; (0xED2)				
	138.687.434.658.000	Up 1	▢ Data Fetch; TLP MRd; (0xED3)				
	138.687.435.152.000	Down 1	▢ Data; TLP CplD; (0xA16) 32 bytes				
	138.687.435.180.000	Down 1	▢ Data; TLP CplD; (0xA17) 128 bytes				
	138.687.435.256.000	Down 1	▢ Data; TLP CplD; (0xA18) 128 bytes				
	138.687.435.332.000	Down 1	▢ Data; TLP CplD; (0xA19) 128 bytes				
	138.687.435.408.000	Down 1	▢ Data; TLP CplD; (0xA1A) 96 bytes				
	138.687.459.700.000	Up 1	▢ Command Completion (Queue 2); TLP MWr; (0xED4) 16 bytes				
	138.687.459.724.000	Up 1	▢ MSI-X Interrupt; TLP MWr; (0xED5) 4 bytes				
	138.687.465.654.000	Down 1	▢ Completion Doorbell Ring (Queue 2); TLP MWr; (0xA1B) 4 bytes				
	138.687.474.050.000	Down	⊞ NVMe: Read	0.000.000.012.000	Successful Completion	0x1500	0x0B52

🖳 Details　🖳 Controller Config Registers　🖳 Protocol View　🖳 Transaction View　▽ Advanced Hide/Show

Event Speed: 8.0 GT/s (x2)　　　PERST #: ⌐　; CLKREQ #: ⌐

图 11-25　SerialTek PCIe 协议分析仪软件解码界面

PCIe 4.0&5.0 协议分析仪相较于 10 多年前发布的 PCIe 3.0 协议分析仪在硬件设计和实际应用上都有很大的不同，最主要的有两点——信号问题和解码速度。下面先来深入了解分析仪。

1. 协议分析仪

要测试 SSD，需要很多不一样的设备，需要投入很多资金。

目前市面上的 SSD 接口很多，如 SATA、SAS、PCIe、U.2、M.2、MSATA、GumStick，但前端协议就两大类——SATA/SAS 和 PCIe。

一颗 SSD 主控一般分前、中、后三段，前端就是 SATA/SAS 和 PCIe 这些配上 AHCI 或者 NVMe，中段就是 FTL，后端就是闪存控制器。

FTL 是纯软件实现的，对它进行测试基本上不需要设备。

后端跟闪存打交道主要用逻辑分析仪，另一种是价格昂贵的仪器，这里不展开说。

这里先介绍两种协议分析仪，SATA/SAS 协议分析仪和 PCIe 协议分析仪。

协议分析仪是什么？以 SATA 协议分析仪为例，SATA 主机和 SATA SSD 之间传输命令和数据，就像两个人在打电话，不在这个线路上的你，正常情况下是听不到他们说了什么的。但通过协议分析仪，你就可以完完整整地知道他们之间的对话，同时还不会让他们俩察觉。

SATA/SAS 协议分析仪的供应商平时接触比较多的有两家：SerialTek 和 LeCroy。

图 11-26 所 示 为 SerialTek SATA/SAS 协议分析仪。

连在主机和 SSD 之间的示意如图 11-27 所示。

图 11-26　SerialTek SATA/SAS 协议分析仪

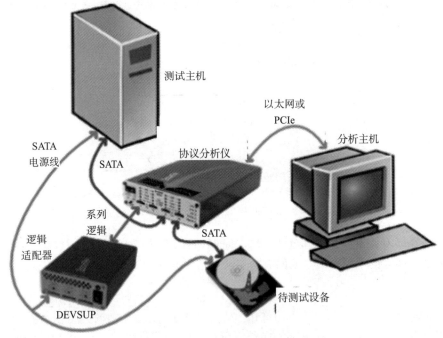

图 11-27　SATA 协议分析仪连接示意图

抓到的 Trace（追踪信息）是这个样子的，如图 11-28 所示。

Time	Store #	Channel	Type - Initiator	Type - Target	Decode	Command
0.000.000.000	I1:260	I1	SATA Speed Neg - …		SATA Speed Neg - First Align at new s…	
0.000.009.772	T1:643	T1		SATA Speed Neg - …	SATA Speed Neg - First non-Align	
0.000.009.934	I1:260	I1	SATA Speed Neg - …		SATA Speed Neg - First non-Align	
0.008.169.948	T1:643	T1		SATA_X_RDY [3]	SATA X_RDY [3]	
0.008.170.048	I1:260	I1	SATA_R_RDY [3]		SATA_R_RDY [3]	
0.008.170.194	T1:645	T1		Register Dev->Hos…	STP REGISTER DEV->HOST (FIS 34); I…	
0.008.170.247	T1:647	T1		SATA_WTRM [3]	SATA_WTRM [3]	
0.008.170.288	I1:262	I1	SATA RX Sequence …		SATA RX Sequence [3]	
0.008.170.361	I1:264	I1	SATA_R_OK [3]		SATA_R_OK [3]	
1.081.568.682	I1:272	I1	SATA_X_RDY [3]		SATA_X_RDY [3]	
1.081.568.808	T1:649	T1		SATA_R_RDY [3]	SATA_R_RDY [3]	
1.081.568.902	I1:274	I1	Register Host->De…		STP REGISTER HOST->DEV (FIS 27); …	Software Reset Assert
1.081.568.955	I1:276	I1	SATA_WTRM [3]		SATA_WTRM [3]	
1.081.569.020	T1:657	T1		SATA RX Sequence …	SATA RX Sequence [3]	
1.081.569.086	T1:659	T1		SATA_R_OK [3]	SATA_R_OK [3]	
1.081.569.162	I1:278	I1	SATA_WTRM [3]		SATA_WTRM [3]	
1.081.569.173	T1:661	T1		SATA_R_OK [3]	SATA_R_OK [3]	
1.081.615.414	I1:280	I1	SATA_X_RDY [3]		SATA_X_RDY [3]	
1.081.615.540	T1:663	T1		SATA_R_RDY [3]	SATA_R_RDY [3]	
1.081.615.634	I1:288	I1	Register Host->De…		STP REGISTER HOST->DEV (FIS 27); …	Software Reset Deassert
1.081.615.687	I1:290	I1	SATA_WTRM [3]		SATA_WTRM [3]	
1.081.615.754	T1:665	T1		SATA RX Sequence …	SATA RX Sequence [3]	
1.081.615.820	T1:769	T1		SATA_R_OK [3]	SATA_R_OK [3]	
1.089.700.506	T1:771	T1		SATA_X_RDY [3]	SATA_X_RDY [3]	
1.089.700.604	I1:292	I1	SATA_R_RDY [3]		SATA_R_RDY [3]	
1.089.700.758	T1:773	T1		Register Dev->Hos…	STP REGISTER DEV->HOST (FIS 34); I…	
1.089.700.811	T1:775	T1		SATA_WTRM [3]	SATA_WTRM [3]	

图 11-28　SATA Trace 示例

PCIe 协议分析仪的供应商主要有三家：LeCroy、SerialTek 和 Agilent。
图 11-29 所示为 LeCroy 的 PCIe 协议分析仪。

图 11-29　LeCroy PCIe 协议分析仪

它配有各种 Interposer（后文介绍），如图 11-30 所示。

抓到的 Trace（这是一个 NVMe 读写的命令，LeCroy 可以帮你解码 NVMe、AHCI 这种常见的存储协议）如图 11-31 所示。由图可知，软件将 PCIe Trace 中的 NVMe 命令解析了出来。

使用 PCIe 协议分析仪可以测量 PCIe 的物理层、链路层、事务层。跟示波器不同，协议分析仪可以基于 PCIe 协议将链路上所有 Lane 上发生的事务都解析出来，并且提供 Trigger（触发）的功能。

图 11-30　LeCroy PCIe 分析仪的 Interposer

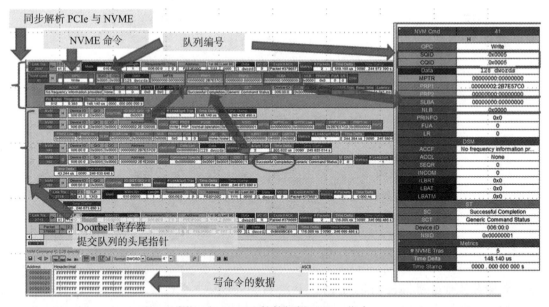

图 11-31　PCIe 软件解析 NVMe 指令

　　协议分析仪的一大挑战就是在链路电源状态切换的过程实现快速适应。越快适应可越早实现正确的抓包并解析对应的包。这在调试的时候尤其重要。看一个实际的例子：对一个寄存器做 CfgWr 操作，但是结果发现写进去的值不对，而且这个问题只在 ASPM 使能的时候才会发生。

电源状态切换对于 PCIe 发送端和接收端来说是属于压力比较大的操作，因此有时会导致链路不稳定从而发送错误的包。调试这种问题需要抓 Trace，而协议分析仪必须把在链路从 L0s 退出进入 L0 时所发送的全部 TLP 都抓到，否则就无法查看错误到底发生在什么地方。因为 L0s 退出的时间非常短，所以协议分析仪需要在链路从 electrical idle（空闲状态）退出后非常短的时间内（几十个 FTS[○]）就能正确抓包并解析对应的包。

工具是死的，人是活的。什么时候抓 Trace？抓哪个阶段？抓的时候满屏的红色怎么办？怎么设 Trigger？ Trace 怎么分析？这些就需要工程师们自己花时间琢磨了。

2. 信号问题

在信号方面，工程师在使用传统协议分析仪的时候，经常会出现如下问题：

❏ 完全抓不到任何数据。

❏ 待测系统无法启动。

❏ 待分析问题症状消失。

❏ 信号不好，抓到各种错误。

碰到上述问题以后，传统 PCIe 协议分析仪需要进行非常复杂的校准过程，用户工程师一般很难搞定这类问题，即便原厂研发设计工程师使用内部专用工具软件进行信号的校准也不一定能搞好，因为这些问题大多是由于 Interposer 内部设计造成的。

Interposer 是串接在 PCIe 链路中间将双向流量导出到"旁路"的协议分析的硬件板卡，有时候也被称为分析板卡。PCIe 协议分析仪的架构决定了如果要抓取链路的双向数据，必须依靠相应接口的 Interposer 串接在链路中间。根据 SSD 或者 PCIe 外设接口不同的型号，Interposer 分为 M.2、U.2、U.3、EDSFF、AIC 等多种。例如图 11-32 所示的情况，如果要分析最常见的企业级 U.2 NVMe SSD，那么就需要一个 U.2 Interposer 串接在 U.2 背板和 U.2 SSD 中间，Interposer 的设计目标是尽最大可能不影响双向数据的交互，同时将双向信号各分出一路送到"旁路"的 PCIe 协议分析仪前面板的上行和下行端口。上行和下行端口在机箱内部分别连接到一块抓包分析逻辑硬件上，该逻辑硬件将收到的有序集或数据包打好时间戳后写到板载的高速缓存，协议分析仪软件将这些数据按时间戳顺序依次展示出来，工程师即可基于此分析 PCIe 双向交互的情况。

由于 PCIe 3.0 链路速度为 8GT/s，信号质量问题虽然也存在，但影响不大。然而，PCIe 4.0（16GT/s）和 PCIe 5.0（32GT/s）对分析仪的 Interposer 设计提出了很大挑战。对此，现在新型的 PCIe 4.0 和 PCIe 5.0 协议分析仪，例如 SerialTek 公司的 PCIe 4.0&5.0 协议分析仪，基于 SIFI 信号高保真设计使其具备自适应的 EQ 能力，这是业内唯一一款在绝大多数场景下无须用户进行信号校准的协议分析仪。并且当 PCIe 链路特性发生变化（例如 Hot-plug 或者 NSSR）的时候，该协议分析仪可以动态调整。该协议分析仪的 Interposer 采用昂贵、自己开发的高端模拟信号芯片，该芯片可将上行和下行信号"旁路"导出到协议分析

　　○　全称为 Fast Training Sequence，快速训练序列。

仪，从而保证了信号进出 Interposer 的时候是一致的——如果进入的时候有信号毛刺，那么出的时候信号毛刺仍在。

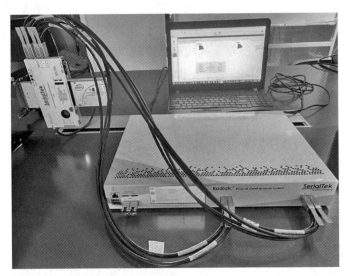

图 11-32　SerialTek 5.0 协议分析仪连接示意图

3. 解码速度

PCIe Gen3 时代的协议分析仪抓包缓存区的大小一般为 4.5GB、9GB、18GB、36GB 等，但是 PCIe 4.0&5.0 由于速度提高了 2～4 倍，相应的分析仪的缓存区大小最低配置为 36GB，一般配置为 72GB 或 144GB。如果分析 PCIe 4.0×16 或者 PCIe 5.0×16，一般都是建议配置最低 144GB 的缓冲区，因为即便这样在双向流量较大的情况下也仅能抓取秒级的数据。

我们以 PCIe 4.0 x4 为例，在双向打满流量（读写并行）的情况下理论吞吐量大概为 $64Gb/s \times 2 = 128Gb/s$（约 16GB/s，128/130b 编码）。由于协议分析仪抓包的时候需加上时间戳及很多其他格式化信息（例如标识数据包是否有 CRC 错误），所以实际占用的缓冲区大小要比我们链路上传输的数据大，基本上读 / 写压力同时加上的话，几秒内会传输几十 GB 的数据。这对 PCIe 4.0&5.0 协议分析仪的 Trace 解码分析速度和文件保存速度带来了挑战。

对于 PCIe 5.0 x16 而言，双向打满数据，大概为 $32Gb/s \times 16 \times 2 = 1Tb/s$（约 100GB/s）。考虑到前述的额外开销，缓冲区大小为 128GB 的协议分析仪可能还无法抓到 1 秒的数据，所以处理这些大的数据的能力就成为协议分析仪需要考虑的一个非常重要的方面。

市场上传统 PCIe 4.0&5.0 协议分析仪采用的都是嵌入式架构设计，这可以简单理解成和一台传统"打印机"或者"投影仪"架构类似，协议分析仪硬件的主要功能只是抓取双向数据，没有任何解码处理能力。所以，一般我们要通过两个步骤才能实现协议解码。

1）工程师通过协议分析仪软件将硬件缓冲区里面抓到的数据传输到电脑，一般使用网口或者 USB。由于这个过程受制于分析仪内部较弱的嵌入式 CPU，所以往往传输速度非常慢。

2）协议分析仪通过软件进行解码，由于这个过程中软件都仅支持单线程进行解码分析，所以速度会非常慢。

因为要处理 100GB 以上的数据，这些数据会在内存和硬盘之间来回"倒腾"，所以受制于电脑内存（例如笔记本电脑的内存通常为 16GB），处理速度极慢，用户的体验很不好。这里列出几个实际使用过程中得到的结果供大家参考：传统协议分析仪传输 32GB 数据大概需要 4h，解码还需要 4h，看到完整解码共需要 8h。如果要解决一些读 / 写不一致的问题，那么可能要抓取尽量多的数据，例如 100GB 的数据，即便电脑和分析仪软件不崩溃，基本上也需要 48h 以上才能看到解码。这对于复现问题后进行故障分析来讲，效率太低了。

SerialTek 公司的 PCIe 4.0&5.0 协议分析仪，采用高性能服务器架构，所有解码工作都在分析仪内部完成，解码完毕后直接将界面传给客户端电脑，这类似于微软的远程桌面或者我们常用的视频会议（如 Webex、Zoom、腾讯会议）的"共享桌面"，实测带宽只需要 20KB/s。停止抓取数据后内部高性能 12 核 CPU 同时解码，解码以及展示非常快。解码 144GB 数据基本 1s 即可完成，即便解码有几千万行数据，工程师也可以在解码界面上直接拖动到最后一行查看解码。如果需要重新抓取数据，下一秒即可开始。

图 11-33 展示了各种 Interposer 图片，大家可以重点看一下 Interposer 两侧的公头和母头，通过这两个头就可以很容易了解每种 Interposer 是如何串接在链路中间的。

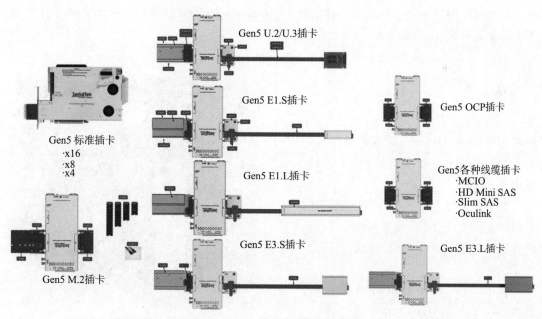

图 11-33　SerialTek 5.0 协议分析仪支持的各种 Interposer 示意图

传统分析仪需要根据需要购买各个接口的 Interposer，价格昂贵，并且很多不支持双端口。双端口功能需要购买两台分析仪通过复杂的堆叠技术才能实现。

11.11.3　Jammer

一块 SSD 到不同客户手上，不知道会接到什么机器上，使用什么样的 OS 和主机驱动，在什么环境下使用。结合巨大的使用数量，不知道哪天某块 SSD 就会从主机那边收到一个不按套路出牌的提示。

举个例子：主机发了一个读命令，SSD 二话不说开始干活，辛辛苦苦地把数据从闪存里读出来，仔仔细细地进行 ECC 解码，小心翼翼传到 DDR，进行 MPECC 检查，再全神贯注地传到 SATA 模块的某个 FIFO，这时候 SSD 写了一张字条，上书"X_RDY"，恭恭敬敬地递给主机，然后把数据拥在怀里，细心地用 SOF 包装好，殷切地期盼主机也回复一张小字条"R_RDY"。主机十分感动地看着 SSD，然后回复了一句"R_ERR"拒绝了它。

客户们的要求是一样的——"主机虐你千百遍，SSD 要待他如初恋"——术语叫作Robustness（健壮性）。

为了保证健壮性，ASIC 和固件工程师们要花大量的精力，脑补出现各种错误的可能性，在 RTL 和 FW 中加入相应的错误处理（Error Handling）流程。

这么做有两个问题：这些错误处理流程，在实验室里面跑一星期，可能都遇不到一个错误；再好的工程师也没法提前考虑到所有错误。

与其让别人找麻烦，不如自己给自己找麻烦。搞测试的就是平时给 ASIC 和固件找麻烦。以 SATA SSD 为例，可以用一种工具——Jammer 进行测试。图 11-34 所示的小一号的那个产品就是 SATA Jammer。

如果说协议分析仪是一个"窃听器"，让你知道主机和设备之间发生了什么，那么 Jammer 就是一个"邮递员"，主机和设备之间所有的通信都必须经过它的手。Jammer 可以把信拆开，对里面的内容进行修改或者替换，再转发出去。

结合之前的例子，我们可以把正常主机回复的 R_RDY 改成 R_ERR，从而检查 SSD 遇到这种情况时处理的过程是否正确。

图 11-35 所示为 Jammer 管理软件截图——向一个 Data FIS 中故意注入CRC 错误。

图 11-34　SATA 协议分析仪和 Jammer

通过在 SATA 链路上创建各种不同的错误，可以确认各种错误处理的流程是否正确或者完善，甚至增加新的流程。

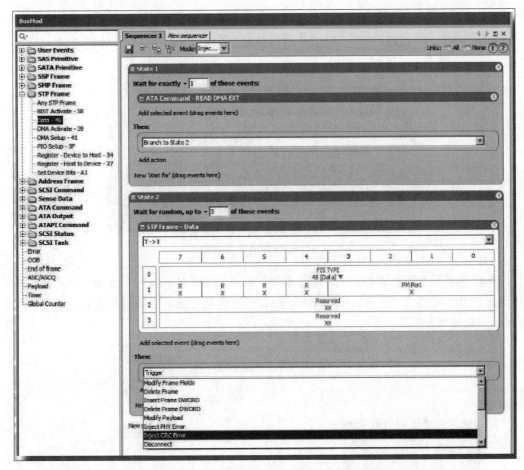

图 11-35　SATA Jammer 管理软件界面

Jammer 还有别的用处，当你想知道某种场景（Scenario）发生以后主机或者设备的反应时，可以通过 Jammer 来知道答案。比如当设备回复的 SDB 里面 Error Bit 被置上，或者设备一直不发 SDB 时，主机是不是会重发命令，重发几次，重发多次设备都没反应的话 Driver 会不会启动 OOB，Application 会不会报错？

Jammer——你值得拥有。

11.11.4　测试平台 eBird 介绍

eBird 是弯起科技开发的一款用于 SSD 测试和开发的平台，提供从 NVMe 协议级到系统应用级的完整测试，可满足 SSD 从研发、量产到企业验收等各个阶段的测试需求。eBird 提供的不仅是测试用例，更是成熟的产品经验。提供整套 Turnkey 测试方案，能够大大缩短 SSD 开发周期，降低 SSD 的测试成本。eBird 提供的测试用例均基于工程师们多年产品化经验开发，具有代表性和针对性，能帮助用户及时、高效地发现问题。

eBird 也是目前业界极少数具备跨平台能力的 SSD 专业测试平台，独特的测试框架能支持多个操作系统（如 Windows、Linux 及其他操作系统）。产品外观如图 11-36 所示。

图 11-36　eBird 产品外观

eBird 具备跨平台测试的能力，即一套测试脚本适用于多种硬件平台和操作系统。同时 eBird 采用分布式连接方式（见图 11-37），这使得它在配置测试终端时非常灵活，让测试更贴近真实使用场景。

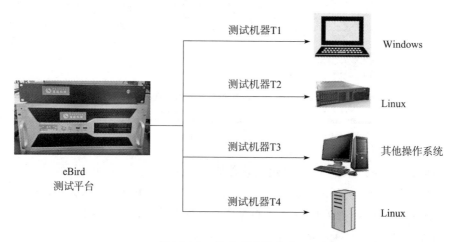

图 11-37　分布式连接方式

用户可以在 eBird 主界面（见图 11-38）上选中要测试的内容，然后点击 Start 按钮开始测试。eBird 可同时测试 4 台机器，且这 4 台机器完全独立，互不干扰。

eBird 是从 SSD 产品化的视角来设计测试框架的，而不是仅提供 NVMe 协议测试。它提供提了多种测试支持，如**系统应用级测试**、**NVMe 协议测试**、**SSD 掉电测试（整机）**、**PCIe 链路层测试**，另外它还提供了**二次开发接口**。

❑ **系统应用级测试**：从系统应用层设计测试用例，贴近 SSD 实际应用场景，测试内容包含终端客户真实的验收案例。

- ❑ **NVMe 协议级测试**：对 NVMe 协议进行完整的测试覆盖，同时基于丰富的 SSD 开发和测试经验，设计了高效的实战用例，有非常好的实测效果。
- ❑ **SSD 掉电测试（整机）**：eBird 既能对 SSD 盘做各种形式的掉电和重启测试，也能进行各种模式的整机掉电测试。
- ❑ **PCIe 链路层测试**：提供 PCIe 链路相关的各种测试用例，测试 SSD 和主板的兼容性。
- ❑ **二次开发接口**：为客户提供完整的测试框架以及 API 接口，便于客户进行测试脚本的二次开发。

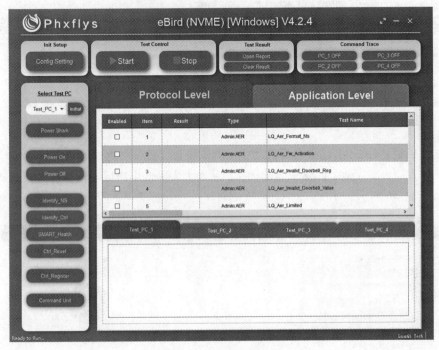

图 11-38　eBird 主界面

常规 SSD 所需的测试内容几乎都囊括在上述测试中，这大大缩短了 SSD 测试开发周期。用户也可以根据自身产品的需求，针对性地选取测试套件。测试套件包括企业级测试内容（可选项）、NVME-MI、ZNS、TCG、SR-IOV、双端口、多命名空间、端到端数据保护、功耗测量、电压拉偏测试。

eBird 提供了整套 SSD 测试开发框架以及丰富的库，完整的开发手册、参考代码和命令日志功能，这可让开发者快速上手。

- ❑ **开发手册**：eBird 不仅提供了丰富的测试脚本库，还提供了丰富的 Python 接口、详细的用户手册，客户基于此能够方便地进行测试脚本的二次开发。
- ❑ **参考代码**：eBird 提供了整套常用的参考源代码，供客户参考和使用。
- ❑ **命令日志**（Trace Log）：eBird 提供了日志打印功能，跟踪日志可以打印出整个过程中 NVMe 命令发送详细情况，包含每笔 NVMe 命令的 SQE、CQE、SC、SCT 等数据，帮助开发人员高效定位问题，如图 11-39。

```
TRACELOG:  NVMeProcessIoctl: Code = 0xe0002000, Signature = 0xNvmeMini
TRACELOG:  NVMeStartIoProcessIoctl, ADMIN OPC = 6 [Opcode 06h - Identify]
TRACELOG:  NVMeStartIoProcessIoctl, **********Submission Queue entry Begin**********
TRACELOG:  CDW0      NSID      MPTR      PRP1          PRP2          CDW10     CDW11    CDW12    CDW13    CDW14    CDW15
TRACELOG:  6         0         0         df14098       1dc13000      1         0        0        0        0        0
TRACELOG:  NVMeStartIoProcessIoctl, **********Submission Queue entry End**********
TRACELOG:  ISSUE NVME CMD on DoorBell, SubQueue=0x0, CplQueue=0x0, CmdId = 0x27
TRACELOG:  IoCompletionRoutine indexCheckQueue
TRACELOG:  NVMeHandleNVMePassthrough, **********Complete Queue entry Begin**********
TRACELOG:  DW0       DW2.SQID DW2.SQHD DW3.CID    DW3.SF.P    DW3.SF.SCT   DW3.SF.SC  DW3.SF.M   DW3.SF.DNR
TRACELOG:  0         0         28        27         1          0            0          0          0
TRACELOG:  NVMeHandleNVMePassthrough, **********Complete Queue entry End**********
TRACELOG:  NVMeProcessIoctl: Code = 0xe0002000, Signature = 0xNvmeMini
TRACELOG:  NVMeStartIoProcessIoctl, ADMIN OPC = 2 [Opcode 02h - Get Log Page]
TRACELOG:  NVMeStartIoProcessIoctl, **********Submission Queue entry Begin**********
TRACELOG:  CDW0      NSID      MPTR      PRP1          PRP2          CDW10     CDW11    CDW12    CDW13    CDW14    CDW15
TRACELOG:  2         0         0         143592718     0             7f0001    0        0        0        0        0
TRACELOG:  NVMeStartIoProcessIoctl, **********Submission Queue entry End**********
TRACELOG:  ISSUE NVME CMD on DoorBell, SubQueue=0x0, CplQueue=0x0, CmdId = 0x28
TRACELOG:  IoCompletionRoutine indexCheckQueue
TRACELOG:  NVMeHandleNVMePassthrough, **********Complete Queue entry Begin**********
TRACELOG:  DW0       DW2.SQID DW2.SQHD DW3.CID    DW3.SF.P    DW3.SF.SCT   DW3.SF.SC  DW3.SF.M   DW3.SF.DNR
TRACELOG:  0         0         29        28         1          0            0          0          0
TRACELOG:  NVMeHandleNVMePassthrough, **********Complete Queue entry End**********
TRACELOG:  NVMeProcessIoctl: Code = 0x2d1400, Signature = 0xPROTOCOL
TRACELOG:  FYI: CDB pointer is NULL!
TRACELOG:  FYI: SRB status 0x6 scsi 0x0 for BTL 0 0 0
```

图 11-39　命令日志打印

测试完成后，eBird 测试平台可自动生成测试报告文件，对测试结果进行详细统计和分类，用户可直观、高效地了解整个测试状况，从而大大降低用户后期资源投入。测试结果报告示例如图 11-40 所示。

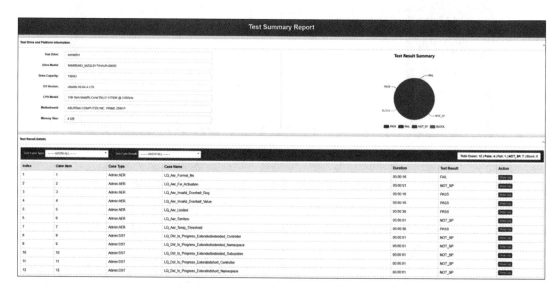

图 11-40　自动生成 eBird 测试结果报告

11.11.5　Gen 4&5 NVMe SSD 研发测试工具

SSD 在研发和生产过程中，需要借助测试仪器和平台进行测试验证，图 11-41 所示是美国 SanBlaze 公司 Gen 5 NVMe SSD 测试设备之一，其在三星、西数、日立、闪迪、铠侠、建兴、海力士、英特尔的 PCIe Gen 5 SSD 研发测试实验室中获得广泛使用。

图 11-41　SanBalze Gen 5 机架式研发 / 测试设备——RM5

SanBlaze NVMe SSD 研发 / 测试设备支持测试各种 PCIe Gen 5 消费级和企业级 NVMe SSD 的各项性能、功能、协议层兼容性，包括 NVMe 命令集、I/O、重启、命名空间管理、NVMe 管理接口命令集、双端口、热插拔以及链路、ZNS、NVMe 厂商自定义消息、时钟模式、TCG Opal 安全管理规范、IOL 认证等多项测试内容。

11.11.6　NVMe SSD 热插拔、掉电、电压拉偏、功耗测试、边带信号测试

本节主要介绍 Quarch 公司的产品，他们的 PCIe 热插拔、掉电、电压拉偏等相关测试设备可以在测试阶段更好地覆盖热插拔、PCIe 信号质量以及电压相关问题，功耗和边带信号相关测试设备可有效提高研发、测试效率。

1. NVMe SSD 热插拔和掉电测试

热插拔是 SAS/SATA HDD/SSD，PCIe Gen 4&5 NVMe SSD 的一个必测项目。热插拔测试和掉电测试是完全不同的两种测试。一般来讲，掉电测试相对简单，主要用来加速复现一些 SSD 或者固件的问题。但是热插拔测试如下几个关键点是单纯依靠掉电测试无法仿真模拟的。

❑ 热插拔有针脚接入顺序的先后差异。

❑ 在热插拔过程中可能会在针脚插入槽位时出现信号接触不好的情况。

❑ 在热插拔过程中以及插到位信号稳定以后都可能产生信号毛刺问题。

当然，热插拔测试带来的一个附属功能就是掉电测试，只是通过热插拔模块实现掉电功能需要选择合适的产品型号，例如有些产品可以关闭信号毛刺注入的功能，这些产品价格会更低一些。

SSD 热插拔测试套件的主要功能是实现对盘的热插拔测试，通过该套件可对某些针脚（包括电源）进行如下模拟操作

❑ 断掉。

❑ 接触不好。

❑ 某个方向 x4 的差分信号线中或某个方向的两根差分信号线中的一根不通。

❏ 在上述差分信号的方向导入一些信号毛刺，以此来模拟一些故障场景，看 SSD 在这些特殊情况下是否可以可靠、稳定工作。

常见问题和故障模拟：

❏ 模拟盘的热插拔。

❏ 模拟盘热插拔过程中因针脚反弹导致接触不好的情况。

❏ 模拟某些针脚断掉。

❏ 模拟某些针脚长通。

❏ 模拟某些针脚上面的信号毛刺。

■ 物理毛刺有多少？仅注入一次毛刺，还是一直有毛刺？前后两个毛刺之间注入时间间隔多长？

■ 毛刺的高低、疏密、持续的时间。

❏ 模拟某个通道中的某些差分信号有毛刺，或者某个通道不通。

❏ 模拟快速通 / 断。

图 11-42 所示为 Gen 4 U.2 NVMe SSD 热插拔模块连接的最简模式，其中采用 QTL1260 单端口管理控制器（中间的方形小盒），该控制器支持 USB 或者串口管理，可直接进行连接并控制电脑。

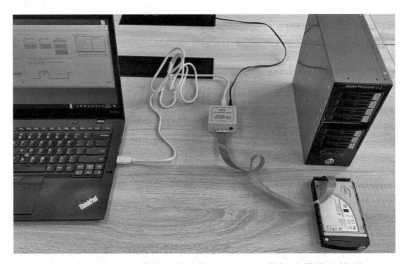

图 11-42　Quarch 单端口管理控制器 + U.2 热插拔模块连接图

如果需要通过脚本同时管理很多 SSD 热插拔模块，建议采用 4 端口或者 28 端口控制器，这两款控制器支持网络管理，可以同时控制 4 个或者 28 个热插拔模块。

注意　各种热插拔模块配合 Quarch Compliance 套件还可以很方便地在实验室实现 UNH IOL 的热插拔认证测试。

2. NVMe SSD 电压拉偏测试

Quarch 提供的可编程电源（Programmable Power Module，PPM）可以通过 API 或者 GUI 界面突然将输出电压降为 0，也可以模拟各种各样的电压异常和波动进行电压拉偏。程序控制的最小粒度为 1μs，即你可以设置这 1μs 内的电压输出为一个数值，然后设置在下一个 1μs 内输出另外一个数值，如图 11-43 所示。

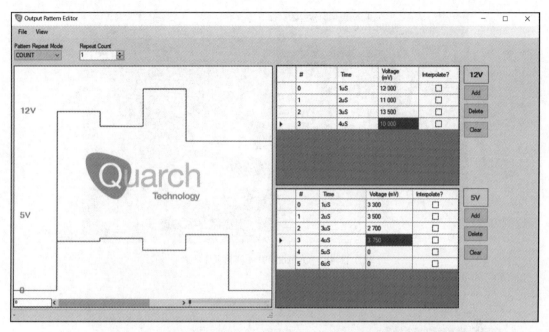

图 11-43　Quarch PPM 电压拉偏设置界面

PPM 前面板右下角的输出口可以输出 12V/5V 电压，通过转接线缆串接在具有各种接口的 SSD 和主板插槽之间，实现为 SSD 供电。这里所说的转接线缆包括最常见的 M.2 接口（用于笔记本）、标准 PCIe 接口（用于台式机）和 U.2 接口（用于服务器）。

如图 11-44 所示，U.2 SSD 使用 U.2 电源夹具接入测试盘柜的背板进行测试，该 U.2 电源夹具可以断开主机给 SSD 的供电，真正的供电将由软件控制 PPM 实现。后面可以使用管理软件编辑并控制 SSD 的输入电源。

3. NVMe SSD 功耗、带外信号测试

随着众多的消费级 M.2 NVMe SSD 应用于各种各样的场景，例如笔记本电脑、GPS、汽车电子等，研发/测试工程师发现诊断、分析、排除关于低功耗的问题，采用万用表或者示波器来捕获波形的传统手段越来越难以应付。

Quarch 公司的 PAM（Power Analysis Module，功耗分析模块）使得用户分析这些低功耗问题变得易如反掌。Quarch Gen 4 M.2 NVMe SSD PAM 模块串接在 M.2 SSD 和 M.2

Socket 之间（见图 11-45），可以长时间、高精度地记录电压、电流、功耗，以及各个带外信号，例如 PERST#、SMDAT、SMCLK、CLKREQ#、WAKE# 等。这样当笔记本电脑进入低功耗状态的时候，通过 PAM 的管理软件 QPS（Quarch Power Studio，Quarch 功耗套件）可以实时、清晰地获得所有你想获得的信号信息，也可以事后进行回溯分析，而抓取的数据也可以生成 CSV 等表格并用于事后处理分析。

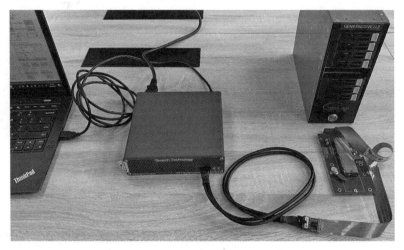

图 11-44　Quarch PPM 实际连接图

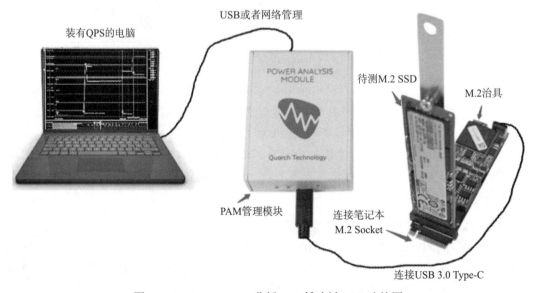

图 11-45　Quarch PAM 分析 M.2 低功耗 L1.2 连接图

除了 M.2 PAM 之外，Quarch 也可以提供针对 Gen 4 U.2/U.3 SSD 的 PAM 来分析 2.5'Gen 4 NVMe SSD 的电压、电流和功耗等，同时，Quarch 也提供针对 AIC 插卡的 PAM，允

许工程师分析各种 PCIe 插卡，包括 PCIe Gen 4&5 x8 NVMe SSD 卡，或者任意其他网卡、显卡、GPU、HBA、RAID 的电压、电流和功耗信息。

11.11.7　NAND 闪存测试工具

对于 SSD 主控或者 SSD 研发来讲，设计 LDPC 纠错算法的前提是了解所要支持的 NAND 的特性。NAND 在不同的温度下特性往往差异较大。在实际工作环境中往往会因周围环境（例如控制器）影响而出现温度过高的情况，所以需要在 NAND 支持的最大速率（1.6GT，2.0/2.4GT）以及加温条件下针对 NAND 进行非常细致的测试才能了解这些特性。

从图 11-46 所示我们可以很清晰地看出，NAND 在 30℃、50℃ 及 70℃ 的时候 BER 的曲线变化差异很大。

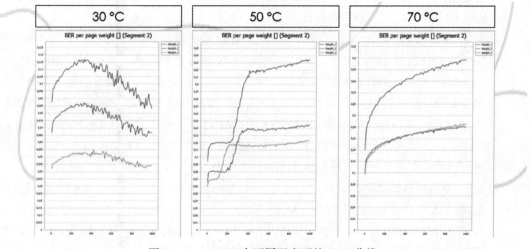

图 11-46　NAND 在不同温度下的 BER 曲线

要了解 NAND 的特性，少不了用到相关的测试工具。意大利公司 NplusT 的 NanoCycler 3D NAND 测试设备就可以胜任这样的工作。该设备的特点包括：支持各个主流原厂 NAND，最高速度 2.4GT/s，可对每个 NAND 单元独立进行测试，能够精准控制每个单元的温度，可使用智能滤波算法检测平均和峰值电流，时间精度高（皮秒级），具有多种预定义 ONFI 命令（也可以自定义），拥有高效的测试数据采集系统等。

11.11.8　SSD 存储开放实验室介绍

为了更好地服务于国内众多的中小型芯片设计公司，总部位于上海的 Saniffer 公司（www.saniffer.com）基于其在总线协议测试领域近 20 年的测试工具相关经验，以及拥有的丰富的针对存储各项总线技术的测试工具资源，在上海浦东新区张江高科技园区设立开放实验室，为涉及 PCIe、SAS/SATA、UFS、NAND、SD/eMMC、USB、FC、iSCSI、

FCoE、NVM-oF 等计算和存储总线的客户提供协议分析、问题诊断和测试相关服务，可访问 https://www.saniffer.com 了解更多内容。目前 Saniffer 开放实验室可提供如下测试工具。

❑ **PCIe 协议分析仪**：实验室提供 SerialTek PCIe Gen5 x16 协议分析仪，兼容 x4 和 x8，支持 CXL 协议分析，最高可配置 144GB 缓冲器，无须设置过滤条件，可实现秒级解码，可提供业内最全面的 13+ 以上的转接卡，包括 AIC x16/8/4、U.2、U.3、E1.S、E1.L、E3.S、E3.L、M.2、OCP、MCIO、MINI SAS HD、SLIM SAS、OCULINK 等各种接口。实验室也提供 SerialTek PCIe Gen4 和 Gen3 最高配置的协议分析仪。

❑ **SAS/SATA 协议测试工具**：实验室提供 SerialTek 等公司的 12G SAS 协议分析仪，以及 6G SAS/SATA 协议分析仪，这些分析仪涉及开发、测试过程中的各种功能，包括协议分析、generator 发包、jammer 故障注入、6G SATA/SAS 主机模拟、6G SATA/SAS 硬盘仿真，以及协议兼容性测试 CTS 等。

❑ **SSD 性能 / 功能测试设备（研发测试）**：实验室提供 SanBlaze 公司的 PCIe Gene4/5 NVMe SSD 研发 / 测试设备。该设备提供了 900 多个测试用例，支持测试各种消费级和企业级 NVMe SSD 的性能和功能，例如各种 admin 命令、I/O 命令、复位命令、命名空间管理、管理接口、双端口、热插拔、PCIe 链路、ZNS、SRIS、TCG、VDM、DSSD OCP 2.0 特性、SR-IOV、UNH IOL NVMe v1.4 和 v2.0、UNH IOL NVMe-MI v1.4，JEDEC 耐久度等，支持各种 SSD 接口的，如 U.2、U.3、M.2、EDSFF E1.S、E1.L、AIC 等。需要特别指出的是，基于 PCIe Gen5 的 RM5 支持 L1.1 和 L1.2 低功耗测试。

❑ **SSD 热插拔自动化测试设备**：实验室提供 Quarch 公司针对各种接口 SSD 的热插拔和故障注入工具，包括 AIC x16、M.2、U.2、U.3、E1.S、E1.L、E3.S、E3.L 等各类接口的 PCIe Gen5/4/3，24G/12G/6G SAS/SATA 等。提供的测试包括热插拔测试、各类模拟插卡的通断测试，还可以模拟底层信号问题，比如导入位错误、CRC 错误，对于各种带外信号进行断言 / 取消断言的操作，模拟某些针脚虚焊断掉、接触不好等异常。

❑ **SSD 电压拉偏、功耗测试、电压 / 电流检测自动化设备**：实验室提供 Quarch 公司针对各种接口 SSD 的电压拉偏、功耗测试、电压 / 电流检测自动化设备，主要包括 PPM 和 PAM。其中 PPM 提供针对各种接口的 SSD 进行电压拉偏的功能，最高可超过标准 20% 输出，最低可以降到 0V，还可以方便地模拟各种供电异常和故障，电压输出精度为 4mV。该工具还能对电压、电流、功耗进行实时采样（最高 250K/s，测量精准度 4Mv/25uA）、分析、回溯分析等，支持 PCIe Gen 4 U.2，U.3，M.2，AIC，EDSFF E1.2/E1.L 等接口，以及 12G SAS，6G SAS，6G SATA SSD 等产品。PAM 支持 PCIe Gen AIC，U.2/U.3，M.2 等主流 SSD 接口以及 SAS/SATA SSD 等产品。PAM 模块串接在盘和背板（主板）之间或插卡和 PCIe 插槽之间，可以实时分析或者长时间记录监测电压、电流、功耗，对分析应用于笔记本电脑的 PCIe M.2 SSD 的低功耗模式非常有帮助。

- ❑ **PCIe Gen 4/5 SSD 测试环境**：实验室基于 SerialCables 提供支持 PCIe Gen 4/5 搭建环境的主机、转接卡、PCIe 交换机卡、盘柜、延长线、掉电卡等。
- ❑ **NAND 特性测试和分析设备**：实验室提供 NplusT 公司的针对 NAND 800MT、1.6GT、2.4GT 的闪存特性分析工具。
- ❑ **UFS 3.0/4.0，SD 3.0，eMMC 5.1，USB 协议分析仪**：实验室提供 Prodigy 公司的 UFS 4.0 协议分析仪、exerciser/ CTS 测试套件，以及 SD3.0 和 eMMC 5.1 协议分析仪，同时提供 Ellisys 公司的 USB 3.0/3.1 协议分析仪。
- ❑ **针对存储系统的各种协议测试工具**：实验室提供针对 FC SAN、iSCSI、FCoE、NVM-oF、SAS 等总线协议的诊断、分析、仿真、测试工具，包括 SanBlaze 公司的 FC/FCoE/iSCSI/SAS/NVM-oF（含 NVMe over FC 和 NVMe over 100GE）Initiator 仿真和 Target 仿真功能。Initiator 仿真工具主要用来测试待测的 Target 系统。Target 仿真工具主要用来测试主机系统，可供开发服务器、存储系统机头、JBOD/JBOF 盘柜的公司进行主动测试使用。

扩 展 篇

Chapter 12 第 12 章

闪存文件系统

随着闪存的发展，为了提高闪存的寿命和性能，市面上出现越来越多针对闪存特性设计的文件系统。本章先从基本的 EXT4 文件系统入手，介绍文件系统的基本知识，随后介绍针对闪存设计的 F2FS 文件系统。

12.1 EXT4 文件系统

EXT4（Fourth Extended File system，第四代扩展文件系统）是自 2008 年以来实际装在 Linux 操作系统中的文件系统。2010 年，Google 宣布在 Android 2.3 上使用 EXT4。10 余年来，EXT4 以其强盛的生命力向我们证明了它的稳定、高效、可靠。笔者将在此揭开 EXT4 的神秘面纱，探寻 EXT4 如此强大的原因。

12.1.1 EXT4 的发展历史

EXT4 中的 "4" 虽然代表 "第四代"，但其实 EXT 家族可以追溯到 MINIX 文件系统——一个发行于 1987 年，比 Linux 还要早 4 年的产品。"以史为鉴，可以知兴替"，通过 EXT 家族的发展变迁，我们可以理解为何 EXT4 会是如今的模样。

1. MINIX 文件系统

在最初写 Linux 内核时，Linus Torvalds 不想自己写文件系统，而他当时使用的机器恰好运行着 MINIX 操作系统，就直接将它的文件系统嫁接到 Linux 上了。

搭建文件系统的目的是为上层操作系统提供管理底层文件的接口。在文件系统的所有功能中，最基础的功能之一就是组织底层文件，并且对它们的数据进行索引。MINIX 文件系统组织和索引文件内数据的方式非常经典，底层逻辑一直被沿用到 EXT3。图 12-1 展示了 MINIX 文件系统的硬盘布局，其中的数据结构"索引节点"（inode）实现了对文件数据的组织和索引。

←　1　→	←　1　→	←索引节点的数目/块的大小→	←数据区数目/块的大小→	←索引节点大小×数目/块的大小→	←许多块→
保留块	超级块	索引节点位图	数据区位图	索引节点列表	数据区

图 12-1　MINIX 文件系统的硬盘布局

如图 12-2 所示，标记文件位置信息的是一个包含 9 个块指针的数组（i_zone），其中前 7 个指针指向普通的数据块，块内存放的就是文件的内容，而后 2 个指针分别指向间接数据块和二级间接数据块。所谓"间接数据块"，即块内存储的是指向普通数据块的指针，而"二级间接数据块"内存储的是指向"间接数据块"的指针。

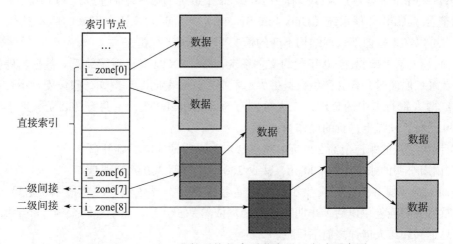

图 12-2　MINIX 文件系统的索引节点寻址方式示意图

假如块大小为 1KB，每个指针大小为 2B，那么一个间接数据块中可以存储 512 个指向普通数据块的指针，此时 MINIX 文件系统理论上可以表示的最大文件大小为 $(512 \times 512 + 512 + 7)$ KB，即约 256MB。但是，由于 MINIX 使用 unsigned short 类型（16 位）作为块指针，最多可以表示 2^{16} 个块。当每个块大小为 1KB 时，MINIX 实际可以表示的最大硬盘容量仅为 64MB（以下将文件系统可以管理的最大容量简称为文件系统的容量），居然比可以表示的文件大小还要小。发行于 1984 年的 IBM 3480 磁带系统的存储量已经达到 200MB，发行于 1990 年的 IBM 9345 HDD 的最大容量也达到 1.5GB，MINIX 上层可管理的容量小于当时实际存储盘容量。因此，Linux 需要一个新的文件系统。

2. EXT 文件系统

1992 年，为了解决 MINIX 文件系统的容量问题，Rémy Card 为 Linux 操作系统写了原始的 EXT 文件系统，它把块指针的数据结构改为 unsigned long（32 位），并把 i_zone 数组的大小扩充为 12，新增了三级间接数据块，由此将文件系统的容量提升到 16TB（假设块大小为 4KB）。

同时，为了方便添加新文件系统，Linux 内核新增了 VFS（Virtual File System，虚拟文件系统）层，EXT 文件系统也是 Linux VFS 的第一个实例。然而，由于时间戳过少，它很快就被 EXT2 文件系统取代了。

3. EXT2 文件系统

1993 年，Rémy Card 开发出了 EXT2 文件系统作为 EXT 文件系统的替代品。EXT2 文件系统把时间戳扩充为 atime（access time，索引节点访问时间）、ctime（creation time，索引节点创建时间）、mtime（modified time，索引节点修改时间）和 dtime（deletion time，索引节点删除时间），同时进一步扩充了容量。当块大小为 1KB 时，管理的最大文件大小可达 16GB，文件系统容量达 4TB。作为 Linux 操作系统的第一个商业级文件系统，EXT2 文件系统整合了 UFS 文件系统（Unix File System）的优点，并且为将来的版本迭代做了准备——它可以在维持内部数据结构不变的情况下方便地进行扩充。

然而，和其他 20 世纪 90 年代的文件系统一样，EXT2 文件系统缺乏对数据的保护，当断电或者系统崩溃时，容易产生数据丢失、数据不一致等问题。例如，假设硬盘中存储了小明和小红两人银行卡中的余额，二人分别有 500 元和 200 元，一共有 700 元。当小红向小明借 200 元时，硬盘上进行的操作为：

1）读出小红的账户余额 200 元，增加 200 元，写回 400 元到硬盘。

2）读出小明的账户余额 500 元，减少 200 元，写回 300 元到硬盘。

然而，若步骤 2 执行时发生了断电或者系统崩溃，导致没有成功把 300 元写回硬盘，当系统重启或者恢复供电后，小明的账户余额依然是 500 元，而小红的余额已经增加到 400 元了，总金额和二人借钱之前不一致。

4. EXT3 文件系统

EXT2 之所以会产生数据不一致的问题，是因为修改后的数据仅写入内存，而没有及时写入硬盘。若系统掉电，内存中的存储信息丢失，文件系统无法得知硬盘中修改过的数据（即"脏数据"）是哪些，那么周期性地把内存中的脏数据写入硬盘，是否可以缓解这个问题呢？当硬盘容量不大或者脏数据在硬盘中的分布比较集中时，这种办法是可行的，然而，实际上脏数据散布在硬盘各处，且当今硬盘中块数目十分可观，若进行周期性且大量随机写入，会严重干扰正常的硬盘访问，影响性能。

既然脏数据散布在硬盘各处，那么人为将其聚集到一个特殊的"日志块"上，岂不是避免了上文中提到的"大量随机写入"的问题了？这就是"日志文件系统"的由来，名称中的

"日志"（journaling）来源于日记——记录了人一生的变化——日志则记录硬盘数据的改变。

　　例如，在上文小明和小红的例子中，若使用日志文件系统，步骤 1 和步骤 2 中的"写硬盘"实际上写入硬盘中的日志块，直到两个步骤都完成后，才把数据从日志块复制到数据块。图 12-3 列出了 5 种发生系统崩溃的情况，接下来分别对这些情况进行说明。情况 1 和 5 发生时，硬盘信息并未执行更新，不影响数据的一致性。情况 3 和 4 发生时，日志块中已经写好更新的信息，在进行恢复时直接从日志块复制新信息到数据块即可。情况 2 发生时，可使用校验码，检测日志是否完整。

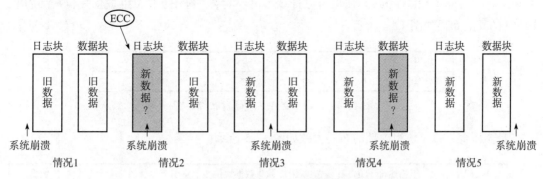

图 12-3　日志对文件系统提供保护

　　1998 年，Stephen Tweedie 为 EXT2 扩展了日志功能，并将相关工作发表在论文 *Journaling the Linux ext2fs Filesystem* 上。2001 年，日志文件系统 EXT3 正式加入 Linux 内核大家庭。EXT3 文件系统具有不错的生命力，以至于现在我们偶尔还能遇见它。但可惜的是，由于日期戳的限制——EXT3 使用 32 位的日期戳，这不足以表示 2038 年 1 月 18 日之后的文件（这个问题也被称为 year 2038 问题）——EXT3 已经濒临灭绝。

5. EXT4 文件系统

　　除去上文提到的 year 2038 问题外，随着存储硬件的发展，EXT3 的 16TB 容量也开始捉襟见肘。2006 年，IBM Linux 技术中心为 EXT3 提出了一系列补丁，包括更大的文件系统容量和范围映射（extent mapping）——这无疑改变了硬盘格式，损坏了向前兼容性。为了维持 EXT3 使用者的稳定性，开发者们决定开发新的分支——EXT4。2008 年，EXT4 正式加入 Linux 2.6.28 内核。

12.1.2　EXT4 的物理结构

　　目前 Linux 默认使用的文件系统是 EXT4，如果你现在正在使用 Linux，可以直接窥探 EXT4 的物理结构（又叫硬盘布局）。首先，输入命令 df -lhT 查看文件系统类型，找到 EXT4：

```
:~$ df -lhT
文件系统      类型    容量    已用    可用    已用%    挂载点
/dev/sda2    ext4    916G    418G    452G    49%      /
```

随后使用命令 sudo dumpe2fs -h /dev/sda2 查看该文件系统的超级块的信息,该命令会输出一长串信息,我们留意到其中有:

```
Block count:            244059136
Block size:             4096
Blocks per group:       32768
```

Block size 即文件系统的物理块大小,这里为 4096B(4KB)。EXT4 把整个磁盘空间划分为多个块组(即 Block group)。Blocks per group 即每个组内的块数。在这个例子中,每个块组有 32 768(32K)个块。所以可以计算得出一共有 244 059 136/32 768=7 449 个块组。EXT4 的硬盘布局如图 12-4 所示。

块组	0				···
物理块	0	1	2	···	···

图 12-4 EXT4 文件系统硬盘布局简图

具体而言,每个块组内部的布局大致如图 12-5 所示。

保留	EXT4 超级块	组描述符(GDT)	保留的 GDT 块	数据块位图	索引节点位图	索引节点表	数据块
1 024B	1 个块	许多块	许多块	1 个块	1 个块	许多块	许多块

图 12-5 EXT4 部分块组内布局(仅在块组 0 中保留开头的 1 024B)

文件系统使用块组 0 内的超级块和组描述符表(GDT),并且将这些信息备份在**部分**(**由 sparse_super 决定**)块组中。在没有备份的块组中,组内布局从数据块位图开始。除了数据块的物理结构外,超级块中还标记了起始的日志块号、长度和校验和等。而 GDT 则描述了每个块组内数据块位图、索引节点位图、索引节点表的位置。有多少个块组,GDT 就有多少项,保留的 GDT 块用于之后的大小扩展。后方的数据块位图、索引节点位图中,每一位表示对应序号的数据块或者索引节点是否被使用。不同于 EXT3,为了更大的文件系统容量,EXT4 对索引节点进行了扩展,具体细节将在 12.1.4 节介绍。数据块则存储了文件数据、间接块索引、范围映射块(将在后文介绍)和一些扩展信息。

除了超级块和 GDT(如果有的话)会在块组的开头部分,位图和索引表其实可以在块组中的任何位置,甚至可以在不同的块组中,而且它们出现的顺序也不受限制。EXT4 允许把几个块组在逻辑上看成单个块组,这些块组中的第一个块组内的位图和索引节点表表示了自己和剩下的其他块组内的信息,这就是 EXT4 的**灵活块组(flex_bg)**。这一特性可让元数据聚集在一起,从而提高性能。这对大文件非常友好。

12.1.3 EXT4 的内存结构

上一节提到的超级块、组描述符、索引节点等都在内核的文件系统代码中有对应的数据结构。接下来我们将进一步了解其中的细节。

1. EXT4 的超级块

EXT4 的超级块定义在 ext4_super_block 数据结构中。它的域在表 12-1 中列出。其中 __le16、__le32、__le64 表示小端 16 位、32 位和 64 位；__u8 表示 8 位无符号数。

表 12-1　EXT4 基础超级块的域

类型	域	描　述
__le32	s_inodes_count	索引节点数目
__le32	s_blocks_count_lo	EXT4 文件系统块的数目
__le32	s_r_blocks_count_lo	保留的块数目
__le32	s_free_blocks_count_lo	空闲块数目
__le32	s_free_inodes_count	空闲索引节点数目
__le32	s_first_data_block	第一个数据块的位置，若块大小恰好是 1KB（回忆一下上文提到的保留块），则从 1 开始，否则从 0 开始
__le32	s_log_block_size	以 2 的幂次表示的块大小，以 1KB 为单位，因此，块大小为 $2^{10+s\_log\_block\_size}$B
__le32	s_log_cluster_size	以 2 的幂次表示的集群大小，如果启用了 bigalloc，则集群大小为 $2^{s\_log\_cluster\_size}$B。否则 s_log_cluster_size 必须等于 s_log_block_size
__le32	s_blocks_per_group	每个块组的块数
__le32	s_clusters_per_group	每个块组的集群数
__le32	s_inodes_per_group	每个块组的索引节点数目
	s_mtime	文件系统最后一次挂载的时间，单位为从 epoch（1970 年 1 月 1 日 00:00:00 UTC）开始计算的秒数
__le32	s_wtime	文件系统最后一次写操作的时间，单位为从 epoch 开始计算的秒数
__le16	s_mnt_count	从上一次 fsck 开始算起的文件系统挂载次数
__le16	s_max_mnt_count	最大挂载次数，如 20。当文件系统挂载次数达到此值时，系统提示用户需要执行 fsck 操作
__le16	s_magic	魔数，如果不是 0xEF53 则表示出错了
__le16	s_state	文件系统的状态
__le16	s_errors	当检测到错误后，文件系统执行的操作。如继续执行或者挂载为只读文件系统等
__le16	s_minor_rev_level	次版本号
__le32	s_lastcheck	上次检测的时间，单位为从 epoch 开始计算的秒数
__le32	s_checkinterval	两次检测之间的最大间隔
__le32	s_creator_os	创建文件系统的操作系统，0 表示 Linux
__le32	s_rev_level	超级块版本号。0 表示 original，1 表示 dynamic
__le16	s_def_resuid	保留块的默认 UID
__le16	s_def_resgid	保留块的默认 GID，一些磁盘块保留并供超级用户使用（或者由 s_def_resuid、s_def_resgid 指定）

表 12-2 所示是 dynamic 超级块所有的域。兼容特征集和不兼容特征集的区别是，只要内核不理解的不兼容特征集的位置 1 了，文件系统将被拒绝挂载，兼容特征集则不会如此。

表 12-2 dynamic 超级块的域

类型	域	描　　述
__le32	s_first_ino	第一个未保留的索引节点
__le16	s_inode_size	一个索引节点的大小，单位是 B（字节）
__le16	s_block_group_nr	这个超级块管理的块组数目
__le32	s_feature_compat	兼容特征集，通常由 COMPACT_XX 命名。内核即使并不明白这些标签的意义，也可以对其进行读写（fsck 就不能了），如索引文件的内嵌数据、是否保留一些组描述符块、是否支持日志等
__le32	s_feature_incompat	不兼容特征集，通常由 INCOMPAT_XX 命名。如果内核或者 fsck 不理解这些标签，那么它们的运行会停止，如范围映射、灵活块组等
__le32	s_feature_ro_compat	只读兼容特征集，通常由 RO_COMPAT_XX 命名。内核即使不理解这些标签，也可以用只读方式挂载文件系统，如超大文件、bigalloc、组描述符校验和等
__u8	s_uuid[16]	128 位的文件系统标识符（UUID）
char	s_volume_name[16]	卷名
char	s_last_mounted[64]	上次挂载所在的目录
__le32	s_algorithm_usage_bitmap	用于压缩

表 12-3 所示为与提高性能的标签相关的域。

表 12-3 与提高性能的标签相关的域

类型	域	描　　述
__u8	s_prealloc_blocks	为文件预分配的块数
__u8	s_prealloc_dir_blocks	为目录预分配的块数（当 EXT4_FEATURE_COMPAT_DIR_PREALLOC 启用时有效）
__le16	s_reserved_gdt_blocks	保留的 GDT 块数

表 12-4 所示为与日志操作相关的域，由 EXT4_FEATURE_COMPAT_HAS_JOURNAL 开启。

表 12-4 与日志操作相关的域

类型	域	描　　述
__u8	s_journal_uuid[16]	日志超级块的标识符
__le32	s_journal_inum	日志文件的索引节点编号
__le32	s_journal_dev	日志文件所在的设备编号
__le32	s_last_orphan	要删除的孤儿索引节点列表头
__le32	s_hash_seed[4]	HTREE 的 Hash 种子
__u8	s_def_hash_version	用于目录项 Hash 的默认算法

（续）

类型	域	描　述
__u8	s_jnl_backup_type	如果是 0 或者 EXT3_JNL_BACKUP_BLOCKS，则域 s_jnl_blocks 包含 i_block[] 数组和 i_size 的备份
__le16	s_desc_size	组描述符的大小，单位是 B
__le32	s_default_mount_opts	挂载选项，如一些日志选项
__le32	s_first_meta_bg	如果 META_BG 被使用，该项表示第一个元块组
__le32	s_mkfs_time	文件系统创建时间，单位为从 epoch 开始计算的秒数
__le32	s_jnl_blocks[17]	前 15 项为日志索引节点的 i_block[] 备份。16 项和 17 项是 i_size 的备份

表 12-5 所示为对 64 位系统提供支持的域，由 EXT4_FEATURE_COMPAT_64BIT 开启。

表 12-5　支持 64 位系统的域

类型	域	描　述
__le32	s_blocks_count_hi	块数目的高 32 位
__le32	s_r_blocks_count_hi	保留块数的高 32 位
__le32	s_free_blocks_count_hi	空闲块数的高 32 位
__le16	s_min_extra_isize	所有索引节点的最小尺寸，单位是 B
__le16	s_want_extra_isize	新的索引节点应该保留的尺寸，单位是 B
__le32	s_flags	各种标签
__le16	s_raid_stride	RAID 步幅
__le16	s_mmp_interval	下一次多挂载预防（Multi-mount prevention，MMP）检测等待的秒数
__le64	s_mmp_block	多挂载保护的数据的块数
__le32	s_raid_stripe_width	RAID 条带宽度
__u8	s_log_groups_per_flex	用 2 的幂次表示的灵活块组（flex_bg）的大小，大小为 $2^{s\_log\_groups\_per\_flex}$
__u8	s_checksum_type	元数据校验和类型，唯一有效值为 1（crc32c）
__le16	s_reserved_pad	填充
__le64	s_kbytes_written	在生命周期内写入文件系统的 KB 数
__le32	s_snapshot_inum	活跃快照的索引节点编号
__le32	s_snapshot_id	活跃快照的序列 ID
__le64	s_snapshot_r_blocks_count	为将来的活跃快照预留的块数
__le32	s_snapshot_list	盘上快照列表头的索引节点编号
__le32	s_error_count	发现的错误数
__le32	s_first_error_time	第一次发生错误的时间，单位为从 epoch 开始计算的秒数
__le32	s_first_error_ino	第一次发生错误时包含的索引节点
__le64	s_first_error_block	第一次发生错误时包含的块数
__u8	s_first_error_func[32]	发生错误时的函数名
__le32	s_first_error_line	发生错误时的行号
__le32	s_last_error_time	最近发生错误的时间，单位是自 epoch 算起的秒数

（续）

类型	域	描　述
__le32	s_last_error_ino	最近发生的错误包含的索引节点
__le32	s_last_error_line	最近发生错误时的行号
__le64	s_last_error_block	最近的发生错误包含的块数
__u8	s_last_error_func[32]	最近发生错误的时的函数名
__u8	s_mount_opts[64]	挂载操作的 ASCIIZ 字符
__le32	s_usr_quota_inum	用户配额文件的索引节点号
__le32	s_grp_quota_inum	组配额文件的索引节点号
__le32	s_overhead_blocks	文件系统的块或者集群开销
__le32	s_backup_bgs[2]	含有超级块备份的块组（如果使用 spares_super2）
__u8	s_encrypt_algos[4]	使用的加密算法
__u8	s_encrypt_pw_salt[16]	string2key 加密算法的加盐值（salt）
__le32	s_lpf_ino	lost+found 目录的索引节点号
__le32	s_prj_quota_inum	追踪项目配额的索引节点
__le32	s_checksum_seed	用于文件系统元数据校验和计算的种子
__le32	s_reserved[98]	填充到块末尾
__le32	s_checksum	超级块校验和

2. EXT4 的组描述符

每个块组有组描述符，数据结构为 ext4_group_desc。组描述符的域如表 12-6 所示。

表 12-6　EXT4 的组描述符的域

类型	域	描　述
__le32	bg_block_bitmap_lo	数据块位图所在的起始块号
__le32	bg_inode_bitmap_lo	索引节点位图所在的起始块号
__le32	bg_inode_table_lo	索引节点表所在的起始块号
__le16	bg_free_blocks_count_lo	该块组未使用的块数
__le16	bg_free_inodes_count_lo	该块组未使用的索引节点数
__le16	bg_used_dirs_count_lo	该块组使用的目录数
__le16	bg_flags	块组标签（INODE_UNINT 等）
__le32	bg_exclude_bitmap_lo	排除快照的位图
__le16	bg_block_bitmap_csum_lo	数据块位图校验
__le16	bg_inode_bitmap_csum_lo	索引节点位图校验
__le16	bg_itable_unused_lo	未使用的索引节点数量
__le16	bg_checksum	块组校验

开启 64 位后使用的域如表 12-7 所示。

表 12-7　开启 64 位后使用的域

类型	域	描　述
__le32	bg_block_bitmap_hi	数据块位图的起始块号的高 32 位
__le32	bg_inode_bitmap_hi	索引节点位图的起始块号的高 32 位
__le32	bg_inode_table_hi	索引节点表的起始块号的高 32 位
__le16	bg_free_blocks_count_hi	空闲块数的高 32 位
__le16	bg_free_inodes_count_hi	空闲索引节点数的高 32 位
__le16	bg_used_dirs_count_hi	使用的目录数的高 32 位
__le16	bg_itable_unused_hi	未使用的索引节点数的高 32 位
__le32	bg_exclude_bitmap_hi	排除快照的位图的高 32 位
__le16	bg_block_bitmap_csum_hi	数据块位图校验的高 32 位
__le16	bg_inode_bitmap_csum_hi	索引节点位图校验的高 32 位
__u32	bg_reserved	保留

3. EXT4 的索引节点

EXT4 的索引节点数据结构是 ext4_inode，其域如表 12-8 所示。

表 12-8　EXT4 的索引节点的数据结构

类型	域	描　述
__le16	i_mode	文件类型和访问权限
__le16	i_uid	文件所有者 ID
__le32	i_size_lo	文件大小，单位 B
__le32	i_atime	访问时间
__le32	i_ctime	索引修改时间
__le32	i_mtime	文件内容修改时间
__le32	i_dtime	删除时间
__le16	i_gid	用户组 ID
__le16	i_links_count	连接数量
__le32	i_blocks_lo	块数量
__le32	i_flags	文件类型
union	osd1	操作系统信息 1
__le32	i_block[EXT4_N_BLOCKS]	extent 树的根节点（具体见 12.1.4 节）
__le32	i_generation	文件版本
__le32	i_file_acl_lo	文件访问控制（ACL）
__le32	i_size_high	文件大小的高位
__le32	i_obso_faddr	废弃的段地址
union	osd2	操作系统信息 2
__le16	i_extra_isize	extra 大小
__le16	i_checksum_hi	校验和
__le32	i_ctime_extra	extra 修改索引节点时间

（续）

类型	域	描 述
__le32	i_mtime_extra	extra 修改文件时间
__le32	i_atime_extra	extra 访问时间
__le32	i_crtime	文件创建时间
__le32	i_crtime_extra	extra 文件创建时间
__le32	i_version_hi	64 位版本号高 32 位
__le32	i_projid	项目 ID

12.1.4　EXT4 的容量扩展：范围映射

　　为了解决容量的问题，EXT4 提出了范围映射（extent mapping）的概念来表示连续的大文件，该概念同时还可扩充文件系统容量。过去的间接映射使用一个项对应一个块这种一对一的方式进行逻辑块到物理块的转换，这对小文件而言是有效的。然而，当文件变大后，这种方式需要维护海量元数据，造成不小的容量和性能开销。与之相对的，如图 12-6 所示，范围映射仅使用一个描述符就可以表示一组连续的块：48 位的起始物理块号标记了起始物理块，而一个 extent 描述符可以表示 2^{15} 个连续物理块。由于把物理块指针扩展到了 48 位，所以如果块大小为 4KB，EXT4 的文件系统容量可以达到 $2^{(48+12)}=2^{60}$B（1EB）。

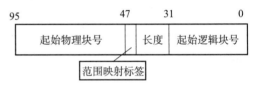

图 12-6　EXT4 中 ext4_extent 的结构

　　也许你会好奇，为什么不直接把物理块号扩展为 64 位呢？首先，1EB 的容量在当时来看够用了。其次，当时使用 e2fsck 检查一遍 1EB 的文件系统需要足足 119 年，扩展为 64 位后时间会成倍增长。如何减少检查的时间、保证文件系统的可靠性在当时是更为紧迫的问题。

　　另外，细心的你也许发现了，文件系统的大小还受限于块组的数量。每个块组描述符大小为 64B，而当块大小为 4KB 时，每个块组大小为 $32768 \times 4KB = 2^{27}$B，所以块组 0 中最多有 $2^{27}/64 = 2^{21}$ 个组描述符（即最大块组数量）。那么文件系统最大为 $2^{21} \times 2^{27}$B $= 2^{48}$B（256TB）。解决办法是使用**元块组（META_BG）**：EXT4 文件系统被分为一系列元块组，每个元块组包含一些块组，而这些块组的组描述符存储在**元块组的**第一个块组中。此时最大块组数受限于 32 位的指针域，达到 2^{32}，最大文件系统达到 $2^{32} \times 2^{27} = 512$PB，超过了 1EB。

　　Extent 以树的形式存储，ext4_extent 存储在树的叶子节点中。此外，还有 ext4_extent_index 和 ext4_extent_header 两类数据结构。ext4_extent_index 存储在树的中间节点中，它的定义如下：

```
struct ext4_extent_idx {
    __le32 ei_block;        /* 该中间节点表示区域包含的逻辑块号 */
    __le32 ei_leaf_lo;      /* 下一级节点的物理块号的低 32 位 */
    __le16 ei_leaf_hi;      /* 下一级节点的物理块号的高 16 位 */
    __u16 ei_unused;
};
```

每个 extent 节点都有 ext4_extent_header，它的定义如下。

```
struct ext4_extent_header {
    __le16 eh_magic;
    __le16 eh_entries;      /* 有效节点的数目 */
    __le16 eh_max;          /* 节点存储的容量 */
    __le16 eh_depth;
    __le32 eh_generation;
};
```

如图 12-7 所示，在 EXT4 的索引节点中，i_block 存储了 extent 树的根节点——即一个大小为 60B 的数组。其中，第一个 12B 为 ext4_extent_header，剩余部分为 ext4_extent_index 或者 ext4_extent。在除去索引节点中的每一个 extent 块中，ext4_extent_header 标注了中间节点和叶子节点。若 eh_depth>0，则该块是中间节点，接下来有 eh_entries 个 ext4_extent_index；若 eh_depth==0，则该块是叶子节点，接下来有 eh_entries 个 ext4_extent。在 extent 块的末尾，数据结构 ext4_extent_tail 存储了 32 位的校验和，不过位于索引节点中的 extent 数组无须校验，因为在索引节点中已做了校验。

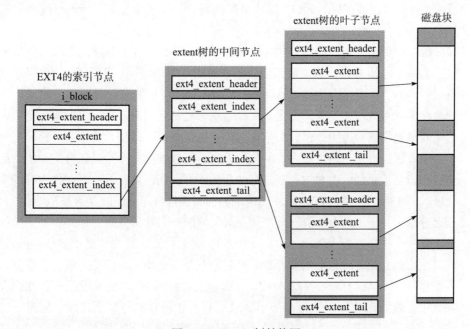

图 12-7　extent 树结构图

根据文件类型的不同，EXT4 索引节点中的 i_block 变量除了可以存储 extent 树根节点外，还可以存储直接 / 间接映射块号、小于 60B 的符号链接目标或者内嵌数据（inline data）。

12.1.5　EXT4 的分配策略

EXT4 开发伊始，世界还处于机械硬盘时代，彼时若碎片过多会影响磁盘寻道时间，进而影响带宽。进入闪存时代，尽管访问数据不需要寻道，但由于闪存必须先擦后写，且擦的粒度大于写的粒度，若小文件在大文件中间，有可能导致删除小文件时，要先搬移部分大文件的内容，从而产生额外的写，所以尽可能让同一文件的内容连续分布依然是有意义的。下面的实验可以直观体现这一结果。

在金士顿 512MB 的 SD 卡（FTL 采用了块映射的方式）上，交错写入 124KB 和 4KB 大小的文件直到写满（初始化写），然后将所有的 4KB 文件删除，写入一个 15MB 的文件（碎片写）。测试的写入时间如表 12-9 所示，由于碎片化，传输速率慢了 50 倍，可见碎片的影响之大。

表 12-9　初始化写和碎片写测试结果

写 类 型	数据大小	时 间	传输速率
初始化写	486MB	291s	1.67MB/s
碎片写	15.2MB	492.6s	0.031MB/s

为了减少碎片、提高带宽，EXT4 结合范围映射，实现了预分配、延迟分配和多块分配等分配方式。

- ❑ 预分配：所谓预分配，即给应用（如数据库、流媒体应用）分配比要求的数量更多的块，适用于应用对它将来要使用的块数有一定了解的情况。因为是一次性分配的块，所以可以最大可能保证块是连续的，从而减少了碎片数量。需要注意的是，预分配的块在实际写入前并没有初始化，文件系统只是将它们进行标记，以避免把块中含有的无效数据暴露给应用。预分配是永久的，也就是说，即使系统重启，预分配的块也不会被收回。对于只执行顺序写的应用而言，可以使用一个变量区分文件中的已初始化区和未初始化区；而对执行随机写的应用而言，则需要区分一个文件中间的未初始化区。图 12-6 所示的 EXT4 就使用范围映射标签区分了 extent 是否被初始化。

- ❑ 延迟分配：对于大的 I/O 请求而言，一次只分配一个块很低效。但是，上层块的分配请求是一个一个通过 VFS 下发的，底层的文件系统无法预先知道哪些请求可以聚集。同时一次只分配一块也会增加碎片。延迟分配是一个不错的解决方案。在数据真正写入硬盘时（即执行 flush 时）才分配块（而非执行 write 时），此前数据暂存在内存的缓冲区中。这一做法可以聚集多个小请求的写，使得它们尽可能连续，同时可以降低 CPU 消耗，对于某些短期存在的文件而言，也可以减少不必要的块分配。在论文 *The new ext4 filesystem*: *current status and future plans* 中，作者使用 FFSB 标准检查程序测出，得益于范围映射和延迟分配，相比 EXT3，EXT4 提高了 35% 的带宽。

❑ **多块分配**：有了延迟分配的支持，多块分配也变得可能了。分配一个包含多个连续物理块的 ext4_extent，而非一次分配一个块。EXT4 使用磁盘上的块位图寻找空闲块，进而生成满足条件的 ext4_extent。

同时，EXT4 还可以利用局部性信息减少碎片数量，提高带宽。例如将一个目录下的所有索引节点放在一个块组内。

12.1.6　EXT4 的可靠性

可靠是 EXT3 文件系统流行的主要原因，因此 EXT4 的开发者也很在意 EXT4 文件系统的可靠性。应对不断发生的系统崩溃的第一道防线就是主动检测和避免问题。这一行为的实现有赖于内部的多级冗余数据和校验和。系统调用 fsck 可以检错和纠错。

对于可靠性，人们关心的一大问题是：文件系统多久可以从崩溃中恢复？在一个相对"干净"的 2TB EXT3 文件系统中，fsck 需要花费 2 ～ 4 小时。EXT4 中实现了一系列措施以加速这一过程。此外，随着内置缓存的广泛应用，EXT3 中使用的旧校验和无法保证数据一致性，EXT4 也对此进行了扩展。

1. 快速检错和纠错

检测索引节点是一项耗时的工作，它需要读取一整张超大的索引节点表，然后区分有效的、无效的和未使用的索引节点，最后确认和更新块与索引节点的位图。EXT4 文件系统标记了未初始化的块组和索引节点表中的部分，使得 e2fsck 可以跳过这些部分的检查，根据文件系统的情况，这样做可以提高 2 ～ 20 倍的检索速度。EXT4 在块组的索引节点表末尾存储了未使用的索引节点数目，同时使用了校验和保证这一域的可靠性。

2. 日志校验和

为了提高硬盘的性能，越来越多的厂家在自己的产品中内置缓存（通常是易失性存储器）。然而，数据从缓存写入实际存储器的顺序是文件系统无法控制的——数据写入缓存后，硬盘就会上报主机"写已完成"。若日志中的"提交"信息发生在事务从缓存写入后方存储器之前，那么一旦在事务永久写入之前发生掉电，就会丢失对应数据的修改记录，主机会误认为这个事务是有效的（因为该事务已经提交了）。此时，有可能出现无效数据覆盖有效数据的情况。EXT4 校验和的作用就是标记并处理此类无效的日志信息——在日志的"提交"信息后附加整个事务的校验和，回滚日志时检查校验和，若不一致则认为日志是无效的。

12.1.7　EXT4 的局限性

在机械硬盘时代，数据可以覆写，所以不需要使用 FTL 进行额外的地址转换，此时日志块和数据块在硬盘中是严格分离的。然而，使用了 FTL 之后，即使日志块和数据块在逻辑上是分离的，在物理上也可能是交错的。同时，EXT4 文件系统是循环写入日志数据的，在日志块写满之前，不会主动删除日志信息，这样一来，闪存可能存在许多**分散的**但实际上不再使用的日志信息，这会影响闪存的垃圾回收等操作。针对这一问题，一个可能的优化思路是主动删除不必要的日志信息。

12.2　F2FS 文件系统

F2FS 是一个专门为带有 FTL 的闪存设备而设计的文件系统，它是基于传统的日志结构文件系统（Log-structured File System，LFS）设计得到的，解决了 LFS 的滚雪球问题和较高的垃圾回收开销问题，能够较大改善闪存的访问效率。

日志文件系统的日志会把需要写入的元数据（inode）和位图以日志的形式保存在磁盘中，其物理位置与磁盘数据分开，在提交时才会将日志中的修改持久化到数据区域，以保证磁盘故障恢复时的一致性；而日志结构文件系统指的是把整个磁盘看作一个 append only log（仅追加日志），数据永远都是顺序追加到日志最后的，以保证写操作的顺序性。正是因为日志结构文件系统采用这种追加写入的方式，才会需要在占满存储空间后进行垃圾回收的操作，以释放无效数据占用的空间。

12.2.1　F2FS 磁盘布局

如图 12-8 所示，F2FS 将磁盘的逻辑空间分为了两个区域——元数据区域和主数据区域。其中，元数据区域（包括超级块、检查点、段信息表、节点地址表和段摘要域）用来存储所有与文件系统管理有关的数据。为了保证元数据在空间访问位置的确定性，它采用"就地更新"的方式；主数据区域被用来存储文件、目录、索引节点等数据，同时为了配合闪存的特点，采用的是日志顺序写的"异地更新"方式。接下来将分别对这两个区域的存储内容和功能划分进行介绍。

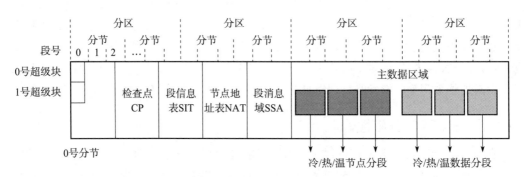

图 12-8　F2FS 磁盘布局

1. 元数据区域

F2FS 的元数据区域用于存放与存储设备文件管理相关的信息，主要由超级块、检查点、段信息表、节点地址表、段摘要域等组件构成。对于每种元数据，F2FS 都保存着该数据内容的两份备份，以保证设备故障时可进行正确恢复。

（1）超级块（Super Block）

超级块记录了大量文件系统的配置信息。表 12-10 列举了超级块结构体（f2fs_sb_info）中的一些关键属性和对应的功能。

表 12-10　F2FS 超级块信息 f2fs_sb_info 结构体定义

数据类型	属　性　名	功能描述
struct super_block *	sb	VFS 超级块的指针
struct f2fs_super_block *	raw_super	超级块源数据指针
struct f2fs_nm_info *	nm_info	节点管理器
struct f2fs_sm_info *	sm_info	分段管理器
struct f2fs_checkpoint *	ckpt	源检查点指针
int	cur_cp_pack	保存当前的检查点数据包
struct list_head []	inode_list	脏索引节点链表
unsigned int	log_sectors_per_block	说明每个分区的块数
unsigned int	blocksize	数据块大小
unsigned int	root_ino_num	根索引节点编号
unsigned int	node_ino_num	节点的索引节点编号
unsigned int	meta_ino_num	元数据索引节点编号
unsigned int	blocks_per_seg	每个分段的块数
unsigned int	segs_per_sec	每个分节的段数
unsigned int	secs_per_zone	每个分区的节数
unsigned int	total_sections	分区总计数
unsigned int	total_node_count	节点块总计数
unsigned int	total_valid_node_count	合法节点块计数
block_t	user_block_count	用户数据块计数
block_t	total_valid_block_count	合法块总计数
struct f2fs_mount_info	mount_opt	挂载选项
struct f2fs_gc_kthread*	gc_thread	GC 线程

从表 12-10 中可以看到，超级块的结构体中保存了用于进行系统恢复的检查点信息、用于数据段分配和段摘要域维护的段管理器、用于指向 NAT 地址信息和 NAT 基本信息的节点管理器、文件系统中需要写回的脏索引节点链表、各种数据存储单位的大小配置以及当前系统的数据块使用计数。超级块的两个备份分别存放在逻辑块 0 和 1 中，以便于文件系统读取。文件系统的数据写入和各种文件操作的执行依赖超级块提供的这些基本信息，同时随着这些

操作的完成,超级块也会进行对应的刷新操作,以保证拥有一个最新的、一致的系统状态。

(2)检查点(Checkpoint)

检查点用于在设备冲突或崩溃时恢复数据。表 12-11 描述了检查点的关键数据结构及其功能说明。

表 12-11　F2FS 检查点 f2fs_checkpoint 结构体定义

数据类型	属　性　名	功能描述
__le64	checkpoint_ver	检查点版本号
__le64	user_block_count	用户数据块计数
__le64	valid_block_count	主数据区合法块计数
__le32	overprov_segment_count	预留段计数
__le32	free_segment_count	主数据区空闲段计数
__le32[MAX_ACTIVE_NODE_LOGS]	cur_node_segno	当前节点段编号
__le16[MAX_ACTIVE_NODE_LOGS]	cur_node_blkoff	当前节点段的块偏移
__le32[MAX_ACTIVE_DATA_LOGS]	cur_data_segno	当前数据段编号
__le16[MAX_ACTIVE_DATA_LOGS]	cur_data_blkoff	当前数据段的块偏移
__le32	cp_pack_total_block_count	检查点数据包的总块数
__le32	cp_pack_start_sum	数据总结块的起始块号
__le32	valid_node_count	有效节点计数
__le32	valid_inode_count	有效索引节点计数
__le32	next_free_nid	下一个空闲节点号
__le32	sit_ver_bitmap_bytesize	SIT 版本大小
__le32	nat_ver_bitmap_bytesize	NAT 版本大小
__le32	checksum_offset	检查点内部校验和偏移
unsigned char[MAX_ACTIVE_LOGS]	alloc_type	当前段的分配类型
unsigned char[]	sit_nat_version_bitmap	SIT 和 NAT 版本位图

检查点中存放了很多与文件、系统状态相关的信息,包括当前配置信息、当前节点段信息、数据段信息,以及 SIT 和 NAT 的位置信息等,这些信息能够保证通过检查点中保存的数据恢复到最近的系统一致状态。检查点同样也存在两个备份,一份为激活状态备份,一份为稳定状态备份。一般使用激活状态备份进行系统恢复,只有当激活态的检查点无法使系统恢复到一致状态时,才会使用稳定态的备份进行系统恢复。

(3)段信息表(Segment Information Table,SIT)

段信息表用于记录每一个段的信息,使用 64 位的长度表示当前段的有效性。段信息表及其表项定义的实现代码如以下所示。

```
struct f2fs_sit_entry {
    __le16 vblocks;                      /* 记录段分配类型 [15:10] 和有效块数 [9:0]*/
    __u8 valid_map[SIT_VBLOCK_MAP_SIZE];/* 有效块位图 */
    __le64 mtime;                        /* 当前段的修改时间 */
```

```
} __packed;
struct f2fs_sit_block {
    struct f2fs_sit_entry entries[SIT_ENTRY_PER_BLOCK];
} __packed;
```

段信息表的每个记录标记了当前段的 4 个相关属性，包括当前段的类型（与写入点的分类有关）和有效数据块的个数、段中数据块的有效性位图，以及当前段的修改时间。通过段信息表中保存的信息，系统可以获知每个段的有效数据情况，以为后续的垃圾回收做准备。

（4）节点地址表（Node Address Table，NAT）

节点地址表会对每一个节点进行物理映射，从而截断由于数据更新操作而导致的滚雪球效应（具体原理会在下一节中进行详细介绍）。节点地址表及其表项定义的实现代码如下所示。

```
struct f2fs_nat_entry {
    __u8 version;                    /* 当前 NAT 的版本号 */
    __le32 ino;                      /* 节点的唯一逻辑号 */
    __le32 block_addr;               /* 映射的物理地址 */
} __packed;

struct f2fs_nat_block {
    struct f2fs_nat_entry entries[NAT_ENTRY_PER_BLOCK];
} __packed;
```

节点地址表中会保存每个节点的唯一节点号（ino），同时记录该节点映射的物理地址，以便通过 NAT 直接在物理设备中找到节点数据。

（5）段摘要域（Segment Summary Area，SSA）

每个段都会有一个段信息块存储在段摘要域中，用于记录段中数据块的父节点信息。段摘要域的定义实现代码如下所示。

```
/* 段中每个 4KB 的数据块的总结表项 */
struct f2fs_summary {
    __le32 nid;                      /* 父节点 id（对于数据块来说，指的是对应目录节点的 id）*/
    union {
        __u8 reserved[3];
        struct {
            __u8 version;            /* 节点版本号 */
            __le16 ofs_in_node;      /* 在父节点中的块偏移 */
        } __packed;
    };
} __packed;
```

2. 主数据区域

F2FS 会将主数据区域分为不同的数据层级进行管理，包括块（Block）、段（Segment）、节（Section）、区（Zone）4 个管理单元。其中，块是数据访问的基本单位，与闪存设备的读写单位大小对齐，一般为 4KB；多个连续的块构成一个段，是数据管理的基本单元，一个段一般由 512 个块构成，大小为 2MB；同样地，多个连续的段会构成一个节，节是垃圾回收的基本单元，一般与底层数据擦除单元大小对齐，F2FS中默认由一个段构成一个节；最大的数据管理单位是区，这是进行数据分离的单元。其中不同冷热程度和不同类型的数据会被分配到不同的区，保证每个区内部数据更新频率的相似性，从而尽量减小垃圾回收的代价。

整个主数据区域包括两种类型的块——节点块和数据块。其中，节点块包含数据块的索引节点或索引，而数据块包含目录或用户文件数据。

我们可以用一个文件访问的操作来说明文件查找是如何完成的。假设用户要访问文件 /dir/file，F2FS 会执行以下步骤。

1）通过读取 NAT 的表项获取文件系统的根索引节点。

2）在根索引节点所指向的数据块中查找名为 dir 的目录项，得到其索引节点编号。

3）将检索到的索引节点编号通过 NAT 转换为物理位置。

4）通过读取对应的块得到名为 dir 的索引节点。

5）在 dir 索引节点中，识别名为 file 的文件项，获得其索引节点编号。

6）将检索到的索引节点编号通过 NAT 转换为物理位置，获得索引节点。

7）根据索引信息，从主数据区域获得实际的 file 数据。

12.2.2　F2FS 中的重要算法

作为一个针对闪存设计的文件系统，F2FS 在算法层面也进行了很多针对性的设计，以便最大化提高闪存的访问性能和使用寿命。接下来将对这些算法进行介绍。

1. NAT 解决滚雪球问题

对于传统的日志结构文件系统来说，对文件进行修改时产生的滚雪球效应会对系统的访问性能造成极大影响。什么是滚雪球效应？下面以写入一个文件的操作为例，如图 12-9 所示。

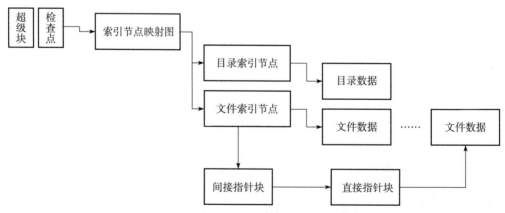

图 12-9　日志结构文件系统的文件索引

在写入文件数据之后，对文件数据内容的修改必然会引起索引文件数据的直接指针块的变化，而修改直接指针块也会对应引入间接指针块的变化。因此在进行文件写入操作时，除了会写入文件数据，还会引入额外的直接指针块和间接指针块的重新写入，从而造成严重的写放大问题。这就是日志结构文件系统的滚雪球效应。

F2FS 引入的 NAT 由于直接保存了节点索引关系和物理地址映射关系，所以可以解决这种写操作的迭代问题。由 NAT 来解决日志结构文件系统滚雪球问题的实例如图 12-10 所示。

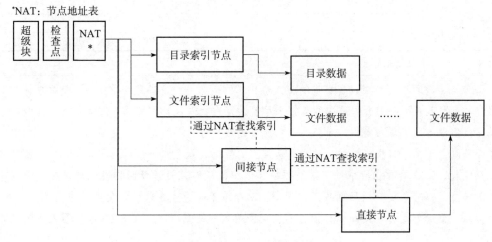

图 12-10　F2FS 文件索引

由图 12-10 可以看到，由于从文件索引节点到间接节点和从间接节点到直接节点之间的索引都是通过 NAT 中进行查找获得的，因此当修改文件内容时引起的索引关系的改变只需要对 NAT 的内容进行统一修改，而不需要像传统日志结构文件系统一样对各级索引中的数据进行修改，因此避免了写操作的迭代。

以写一个系统中存在的文件为例。当文件本身较大时，可能会存在多级索引结构以保存相应数据的地址信息。那么在对这个文件进行修改或者写数据时，系统不仅要写入更新的数据内容，还要对对应的各级索引的指针所在的数据页执行更新操作，导致一个数据页的写可能会引入多个数据页的更新。而在 F2FS 中，只需修改数据所在的页和 NAT 所在的数据页的信息。同时 NAT 数据页会聚合其他节点提交的更新信息，这大大分摊了单个节点的更新代价。因此写操作的代价基本上只与重新写入的数据量相关，没有引入额外的写放大。F2FS 正是通过 NAT 这种结构解决了日志结构文件系统的滚雪球问题，提高了文件写的操作效率。

2. 数据分配管理算法

为了进行数据分类，提高文件系统垃圾回收的效率，F2FS 原生支持 16 个写入点，其中 8 个是节点数据的写入点，8 个是普通数据的写入点。在默认的 F2FS 系统配置中，支持 6 个写入点进行数据写入，其中有 3 个是节点数据的写入点，3 个是普通数据的写入点，这两类写入点分别用于冷热及温热数据的分离。冷热数据分离可降低垃圾回收的开销。系统中默认的 6 个写入点类型以及其中存放的数据类型说明如表 12-12 所示。

表 12-12　F2FS 不同类型数据冷热划分

类　型	更新频率	包含对象
节点数据	热	目录的索引节点、直接索引块
	温	文件的索引节点、直接索引块
	冷	间接索引块
普通数据	热	目录数据块
	温	文件数据块
	冷	多媒体文件数据、搬移数据块

写入点，也可以理解成设备数据的写入流，指的是在进行设备写入操作时，数据被分为多个数据流进行写入，同一个数据流中的数据会尽量放置在物理位置相邻的存储空间。这样做一方面可以并行化设备端的写入操作，对多个数据流中的数据进行并行写入，提高写入操作的效率；另一方面可以通过将具有相同类型或类似更新频率的数据放置在同一个垃圾回收单元中，使得在做垃圾回收时，选中的数据段中的有效数据块尽量少，从而减轻垃圾回收操作时对有效数据块搬移的工作量，以有效提升垃圾回收工作效率，减小设备写放大系数，优化产品访问性能和寿命。多流写入的概念就是为了提高闪存设备的垃圾回收效率而提出的，在 F2FS 中以写入点的方式被实现。

F2FS 除了支持在正常情况下的日志写入方式（异地更新）外，还支持传统的就地更新方式。就地更新方式一般在存储空间剩余较少时被触发，这种数据更新方式不会再遵循传统日志结构文件系统中采用的日志写方式进行有效数据块搬移，而是会将数据直接写入选中段的无效块所在的逻辑地址，目的是尽量减少当空间余量不足时文件系统层面垃圾回收操作的触发，从而保证比较好的系统性能。但是这种就地更新方式会引入对闪存设备的随机写，造成设备层面更严重的写放大问题，因此这种数据写入方式会对闪存的性能和寿命造成极大的影响，在 F2FS 的实际使用时要尽量避免。

3. 垃圾回收操作

F2FS 的垃圾回收主要分为前台垃圾回收和后台垃圾回收两种操作，都有各自不同的触发时机和待回收数据段选择策略。

（1）前台垃圾回收

F2FS 的前台垃圾回收是一种基于需求的垃圾回收操作，主要发生在系统空闲空间不足时。在 F2FS 进行任何写入操作的时候，系统都会进行空间余量的检查，一旦发现没有剩余的数据段，就会触发前台垃圾回收。

前台垃圾回收使用贪心算法来选择待回收的数据段，也就是会在段信息表中查找具有最少有效块的数据段作为待回收段，之后会根据段信息表中的有效数据位图，对该数据段中的有效数据进行迁移复制，以及时释放该数据段无效数据所占用的空间。

（2）后台垃圾回收

F2FS 的后台垃圾回收是一种在系统空闲的时候执行的垃圾回收操作。当文件系统挂载时，系统就会启动一个垃圾回收线程，该线程会周期性检查系统是否空闲以及当前文件系统中的无效数据是否足够多，若满足条件则进行垃圾回收操作。

后台垃圾回收使用成本收益导向（Cost-Benefit）的方式来进行垃圾分段选择，目的是尽量优化改善垃圾回收的效率。由于后台垃圾回收操作被触发时系统处于仍有剩余空闲空间的状态，因此回收模块在选中待回收分段后不会立即进行实际的迁移复制工作，而是将其中的有效页放入页高速缓存中，等待页高速缓存写条件被触发时统一写回。通过这种方式聚合碎片写操作，可提高写效率。

4. 检查点的构建

检查点用于在系统掉电或者出错时进行系统恢复，目的是保证文件系统的一致性。目前 F2FS 支持维护两个检查点——当前检查点（活跃态检查点）和过期检查点（稳定态检查点）。检查点中维护了大量文件系统的元数据信息，通常会在文件系统的元数据发生改变时进行检查点的创建，以保证系统的一致性。

在创建检查点前，系统需要阻塞所有的 I/O 操作，同时刷回所有的底层 I/O 数据，刷回最新版本的段信息表和地址映射表，确保生成一个一致的系统状态。检查过程最终通过以下流程来建立检查点。

1）填充检查点结构体，记录当前信息。

2）将包括大量更新好的信息的检查点写入检查点区域。

3）将孤儿节点信息写入检查点区域。

4）将多个写入点的 SSA 写入检查点区域。

5）再次将检查点结构体首页写入检查点区域，从而构成完整的检查点区域。

孤儿节点，顾名思义就是无主的节点，表示该文件的索引节点在文件系统中已经没有硬链接存在，可以作为被删除的文件对象。孤儿节点的概念最初在 ext 系列文件系统中被引入，作用是在文件系统中维护一个待删除的文件链表，只有文件被彻底删除后才会从孤儿节点链表中卸载，避免出现因系统崩溃而导致文件删除不完全的现象。F2FS 也沿用了这种孤儿节点的概念，用于进行系统的一致性检查和故障恢复。

检查点建立之后需要马上通过写直达的方式将检查点写回存储设备（数据必须写入介质），以保证系统维护有一个完整、最新的一致性状态。检查点写入完成后，最近一段时间的后台垃圾回收操作产生的空闲空间会被释放，并在空闲段表中被标记，以供后续数据分配使用。

12.2.3　F2FS 特点总结

F2FS 作为一种专门针对闪存设计的文件系统，必然在闪存访问性能上有一定的优化效果，具体表现在以下方面。

- □ 布局上，采用块、段、节、区的方式进行设计，最大化配合底层 FTL 的管理方式，提高底层设备的使用效率。
- □ 使用 NAT 解决传统日志结构文件系统的滚雪球问题，由于在 NAT 中保存节点 ID 和物理地址之间的映射，对节点指针的修改只需要在 NAT 中进行，从而可避免在文件数据更新时引入写放大。
- □ 将数据根据类型和冷热进行分类写入，通过将具有相近更新频率的数据进行统一放置，可以有效提高垃圾回收的效率，降低垃圾回收的开销。

由于 F2FS 结构和配置特性，在实际使用时也有一定的局限性：F2FS 在配置时具有大量需要调整和匹配的参数，只有了解底层设备结构和文件系统的专业人士才能发挥 F2FS 的最优性能。因此从发挥 F2FS 最佳性能角度看，当前的系统版本还有很大的改进空间。

12.2.4　F2FS 最新进展

与 Linux 内核代码类似，F2FS 也在不断进行更新迭代以提供更加完善的服务。在这里对 F2FS 的文件压缩和 ZNS 接口的支持进行介绍。

1. 支持文件压缩

F2FS 已经支持了比较简单的本机压缩功能，并且具有可选的压缩配置。F2FS 支持的 compress_extension 挂载选项，用于仅压缩具有匹配文件扩展名的文件。除了 compress_extension 选项之外，还可以使用 chattr+ c 手动对选定的文件 / 目录进行压缩。

目前的 F2FS 支持使用 LZ0、LZ4、Zstd 等压缩算法对文件进行压缩，具体算法可通过 compress_algorithm mount 选项进行设置。F2FS 目前实现的压缩算法是一种简单的压缩机制，只支持针对指定文件的定向压缩，未来可以通过设置更加智能化的压缩触发机制和压缩文件选择机制实现对文件智能压缩。

2. 扩展 ZNS 接口

尽管针对闪存定制化设置的 F2FS 在一定程度上放大了底层闪存设备的带宽优势，但实际上还是需要通过老式的块设备接口与闪存设备进行交互的。随着存储介质的迭代，很明显这种老式的 LBA 接口已无法适应闪存的高带宽数据传输需求，所以 ZNS 应运而生。这种接口支持随机读，但写入采取的是分区顺序写入的形式。这种接口放弃了对随机写的支持，反之由主机端负责垃圾回收工作。具体的接口细节已发表于 ATC'21 的 *ZNS: Avoiding the Block Interface Tax for Flash-based SSDs* 这篇文章中。作者对 F2FS 文件系统的源码进行了适应性的修改，以测试 ZNS 接口对闪存性能的提升。实验结果证明，这种接口可以显著提升数据库应用在随机写和覆盖写负载下的性能表现。通过将底层块设备接口替换为 ZNS 接口，F2FS 文件系统的吞吐量有了很大的提升。最新的 F2FS 已经增加了对 ZNS 接口的支持，以求更大化利用底层闪存设备的高带宽特性。